复合材料手册　　6

CMH-17协调委员会 编著

汪 海　沈 真 等译

共 6 卷

复合材料夹层结构

Structural Sandwich Composites

CMH-17
COMPOSITE MATERIALS HANDBOOK

上海交通大学出版社
SHANGHAI JIAO TONG UNIVERSITY PRESS

内容提要

本书是《复合材料手册》(以下简称 CMH‑17)的第 6 卷,其前身是已撤销的 Military Handbook 23。本书主要包括聚合物基复合材料夹层结构设计、分析、制造、试验、修理、质量控制和检测方法与技术,以及相关的材料和结构性能数据和曲线。书中内容主要来自军用和民用飞行器中聚合物基复合材料夹层结构的相关研究和应用成果。

本书可供航空、航天、汽车、材料等领域及其相关行业的工程技术人员、研发人员、管理人员,以及高等院校相关专业师生参考使用。

图书在版编目 (CIP) 数据

复合材料手册. 第 6 卷,复合材料夹层结构/美国 CMH‑17 协调委员会编著;汪海等译. —上海:上海交通大学出版社,2016 (2023重印)
ISBN 978‑7‑313‑14803‑2

Ⅰ. ①复… Ⅱ. ①美…②汪… Ⅲ. ①复合材料-手册 Ⅳ. ①TB33‑62

中国版本图书馆 CIP 数据核字 (2016) 第 076160 号

复合材料手册 第 6 卷
复合材料夹层结构

编　著:【美】CMH‑17 协调委员会	译　者:汪　海　沈　真　等
出版发行:上海交通大学出版社	地　址:上海市番禺路 951 号
邮政编码:200030	电　话:021‑64071208
印　制:苏州市越洋印刷有限公司	经　销:全国新华书店
开　本:787mm×1092mm　1/16	印　张:20.25
字　数:406 千字	
版　次:2016 年 4 月第 1 版	印　次:2023 年 2 月第 3 次印刷
书　号:ISBN 978‑7‑313‑14803‑2	
定　价:198.00 元	

《复合材料手册》第6卷
译校人员

第1章　总论
　　翻译　李玉亮　　　　　　校对　沈　真

第2　性能试验指南
　　翻译　李玉亮　　　　　　校对　沈　真

第3章　材料数据
　　翻译　丁惠梁　　　　　　校对　沈　真

第4章　夹层结构的设计和分析
　　翻译　周　翔　赵　剑　校对　陈　杰　梁　嫄

第5章　夹层结构的制造
　　翻译　刘龙权　　　　　　校对　周　翔

第6章　质量控制
　　翻译　张开达　　　　　　校对　徐继南

第7章　支持性
　　翻译　徐继南　　　　　　校对　张开达

译　者　序

1971 年 1 月,《美国军用手册》第 17 分册(MIL‐HDBK‐17)第一版 MIL‐HDBK‐17A《航空飞行器用塑料》(*Plastics for Air Vehicles*)正式颁布。当时,手册中几乎没有关于复合材料的内容。随着先进复合材料在美国军用飞机上的用量迅速增大,美国于 1978 年在国防部内成立了《美国军用手册》第 17 分册协调委员会。1988 年,该委员会颁布了 MIL‐HDBK‐17B,并把手册名称改为《复合材料手册》(*Composite Materials Handbook*)。近年来,先进复合材料在结构上的应用重心开始从最初的军用为主向民用领域转变,用量也迅速增加。为了适应这种变化,该委员会的归口管理机构于 2006 年从美国国防部改为美国联邦航空局,该手册退出军用手册系列,改为 CMH‐17(Composite Materials Handbook‐17),但协调委员会的组成保持不变,继续不断地将新的材料性能和相关研究成果纳入手册。2012 年 3 月起,该委员会陆续颁布了最新的 CMH‐17G 版,用以替代 2002 年 6 月颁布的 MIL‐HDBK‐17F。

在过去的四十多年里,大量来自工业界、学术界和其他政府机构的专家参与了该手册的编制和维护工作。他们在手册中建立和规范化了复合材料性能表征标准,总结了复合材料和结构在设计、制造和使用维护方面的工程实践经验。这些持续的改进最终都体现在了 MIL‐HDBK‐17(或 CMH‐17)的多次改版和维护上,并极大地推动了先进复合材料(特别是碳纤维增强树脂基复合材料)在美国和欧洲航空航天及相关工业领域的广泛应用。

由于手册中收录的数据在测试、处理和使用等各个环节上完全符合相关规范和标准,收录的设计、分析、试验、制造和取证等方法均经过严格验证,因此,该手册在权威性和实用性方面超越了其他所有手册,成为美国联邦航空局(Federal Aviation Administration,FAA)适航审查部门认可的具有重要指导意义的文件,在国际航空航天和复合材料工业界得到广泛应用,甚至被誉为"复合材料界的圣经"。

最新版 CMH-17G 共分为 6 卷。名称如下:

第 1 卷 《聚合物基复合材料——结构材料表征指南》

第 2 卷 《聚合物基复合材料——材料性能》

第 3 卷 《聚合物基复合材料——材料应用、设计和分析》

第 4 卷 《金属基复合材料》

第 5 卷 《陶瓷基复合材料》

第 6 卷 《复合材料夹层结构》

相比 MIL-HDBK-17F 版,CMH-17G 无论在内容完整性还是在对工程设计的具体指导方面,都有较大变化。特别是在聚合物基复合材料性能表征、结构设计与应用等方面,增加了大量最新研究成果,还特别对原来的 MIL-HDBK-23(复合材料夹层结构)进行了更新,并纳入为 CMH-17G 版的第六卷。

CMH-17G 是对美国和欧洲过去四十多年复合材料及其结构设计与应用研究经验的全面总结,也是美国陆海空三军、NASA(美国国家航空航天局)、FAA 及工业部门应用复合材料及其结构最具权威性的手册。虽然手册中多数信息和内容来自航空航天领域研究成果,但其他所有使用复合材料及其结构的工业领域,无论是军用还是民用,都会发现本手册是非常有价值的。

鉴于本手册对我国研发和广泛应用先进复合材料结构具有重要意义,在上海市科学技术委员会的支持下,上海航空材料与结构检测中心与上海交通大学航空航天学院民机结构强度综合实验室联合组织国内长期从事先进复合材料研究和应用的专家翻译了本手册。

本手册经原著版权持有者——美国 Wichita 州立大学国家航空研究院(NIAR,National Institute of Aviation Research)授权,经与 SAE International 签订手册中文版版权转让协议后,在其 2012 年 3 月陆续出版的 CMH-17G 英文版基础上翻译完成。

本手册的翻译出版得到了上海交通大学出版社和江苏恒神纤维材料有限公司的大力支持,在此一并表示感谢。同时,也对南京航空航天大学乔新教授为本手册做出的贡献表示感谢。

译校工作委员会

2014 年 4 月

序

《复合材料手册》(CMH‐17)为复合材料结构件的设计和制造提供了必要的资讯和指南。其主要作用是：①规范与现在和未来复合材料性能测试、数据处理和数据发布相关的工程数据生成方法，并使之标准化。②指导用户正确使用本手册中提供的材料数据，并为材料和工艺规范的编制提供指南。③提供复合材料结构设计、分析、取证、制造和售后技术支持的通用方法。为实现上述目标，手册中还特别收录了一些满足某些特殊要求的复合材料性能数据。总之，手册是对快速发展变化的复合材料技术和工程领域最新研究进展的总结。随着有关章节的增补或修改，相关文件也将处于不断修订之中。

CMH‐17 组织机构

《复合材料手册》协调委员会通过深入总结技术成果，创建、颁布并维护经过验证的、可靠的工程资讯和标准，支撑复合材料和结构的发展与应用。

CMH‐17 的愿景

《复合材料手册》成为世界复合材料和结构技术资讯的权威宝典。

CMH‐17 组织机构工作目标

● 定期约见相关领域专家，讨论复合材料结构应用方面的重要技术条款，尤其关注那些可在总体上提升生产效率、质量和安全性的条款。

● 提供已被证明是可靠的复合材料和结构设计、制造、表征、测试和维护综合操作工程指南。

● 提供与工艺控制和原材料相关的可靠数据，进而建立一个可被工业部门使用的完整的材料性能基础值和设计信息的来源库。

● 为复合材料和结构教育提供一个包含大量案例、应用和具体工程工作参考方案的来源库。

● 建立手册资讯使用指南,明确数据和方法使用限制。

● 为如何参考使用那些经过验证的标准和工程实践提供指南。

● 提供定期更新服务,以维持手册资讯的完整性。

● 提供最适合使用者需要的手册资讯格式。

● 通过会议和工业界成员交流方式,为国际复合材料团体的各类需求提供服务。与此同时,也可以使用这些团队和单个工业界成员的工程技能为手册提供资讯。

注释

(1) 已尽最大努力反映聚合物(有机)、金属和陶瓷基复合材料的最新资讯,并将不断对手册进行审查和修改,以确保手册完整反映最新内容。

(2) CMH-17 为聚合物(有机)、金属和陶瓷基复合材料提供了指导原则和材料性能数据。手册的前三卷目前关注(但不限于)的主要是用于飞机和航天飞行器的聚合物基复合材料,第4,5和6卷则相应覆盖了金属基复合材料(MMC)、包括碳-碳复合材料(C-C)在内的陶瓷基复合材料(CMC)及复合材料夹层结构。

(3) 本手册中所包含的资讯来自材料制造商、工业公司和专家、政府资助的研究报告、公开发表的文献,以及参加 CMH-17 协调委员会活动的成员与研究实验室签订的合同。手册中的资讯已经经过充分的技术审查,并在发布前通过了全体委员会成员的表决。

(4) 任何可能推动本手册使用的有益的建议(推荐、增补、删除)和相关的数据可通过信函邮寄到:

CMH-17 Secretariat, MaterialsSciences Corporation, 135 Rock Road, Horsham, PA 19044,

或通过电子邮件发送到:handbook@materials-sciences.com.

致谢

来自政府、工业界和学术团体的自愿者委员会成员帮助完成了本手册中全部资讯的协调和审查工作。正是由于这些志愿者花费了大量时间和不懈的努力,以及他们所在的部门、公司和大学的鼎力支持,才确保了本手册能够准确、完整地体现当前复合材料界的最高水平。

《复合材料手册》的发展和维护还得到了材料科学公司手册秘书处的大力支持,美国联邦航空局为该秘书处提供了主要资金。

目　　录

第1章　总　　论

1.1　手册介绍

以统计为基础的标准化材料性能数据是进行复合材料结构研制不可或缺的,材料供应商、设计工程师、制造部门和结构最终用户都需要这样的数据。此外,复合材料结构的高效研制和应用,必须要有可靠且经验证过的设计与分析方法。本手册的目的是旨在为下列领域提供全面的标准化做法:

(1) 用于研制、分析和颁布复合材料性能数据的方法。

(2) 基于统计基础的复合材料性能数据组。

(3) 对采用本手册颁布的性能数据的复合材料结构,进行设计、分析、试验和支持的通用程序。

在很多情况下,这种标准化做法的目的是阐明管理机构的要求,同时为研制满足客户需求的结构提供有效的工程实践经验。

复合材料是一个正在成长和发展的领域,随着其变得成熟并经验证可行,手册协调委员会正在不断地将新的信息和新的材料性能纳入手册。虽然多数信息的来源和内容来自于航宇应用,但所有使用复合材料及其结构的工业领域,不管是军用还是民用,都会发现本手册是有用的。本手册的最新修订版包括了更多与非航宇领域应用有关的信息,随着本手册的进一步修订,将会增加供非航宇领域使用的数据。

Composite Materials Handbook -17(CMH-17)一直是由国防部和 FAA 共同编写和修订的,包括了大量来自工业界、学术界和其他政府机构的参与者。虽然最初复合材料的结构应用主要是军用的,但最近的发展趋势表明这些材料在民用领域的应用越来越多。部分是由于这种原因,本手册的正式管理机构于 2006 年已从国防部改为 FAA,手册的名称也由 *Military Handbook* -17 改为 *Composite Materials Handbook* -17,但手册的协调委员会组成人员和目的保持不变。

1.2　手册内容概述

Composite Materials Handbook -17 由 6 卷本的系列丛书构成。

第1卷　聚合物基复合材料——结构材料表征指南（Volume 1：Polymer Matrix Composites-Guidelines for Characterization of Structural Materials）

第1卷包括了用于确定聚合物基复合材料体系及其组分,以及一般结构元件性能的指南,包括试验计划、试验矩阵、取样、浸润处理、选取试验方法、数据报告、数据处理、统计分析及其他相关的专题。对数据的统计处理和分析给予了特别的关注。第1卷包括产生材料表征数据的一般指南,和将材料数据在CMH-17中发布的特殊要求。

第2卷　聚合物基复合材料——材料性能（Volume 2：Polymer Matrix Composites-Material Properties）

第2卷中包含了以统计为基础的聚合物基复合材料数据,它们满足CMH-17特定的母体取样要求与数据文件要求,涵盖了普遍感兴趣的材料体系。由于G修订版的出版,在第2卷中发布的数据归数据审查工作组管辖,并且由总的CMH-17协调组批准。随着数据成熟并得到批准,新的材料体系和现有材料体系的附加材料数据也将会被收录进去。本卷收入一些从原版本中选出,且工业界仍感兴趣的数据,尽管不符合当前的数据取样、试验方法或文件的要求。

第3卷　聚合物基复合材料——材料应用、设计和分析（Volume 3：Polymer Matrix Composites-Material Usage，Design，and Analysis）

第3卷提供了用于纤维增强聚合物基复合材料结构设计、分析、制造和外场支持的方法与得到的经验教训,还给出了有关材料与工艺规范,以及如何使用第2卷中列出数据的指南。所提供的信息与第1卷中给出的指南一致,并详尽地汇总了活跃在复合材料领域,来自工业界、政府机构和学术界的工程师与科学家的最新知识与经验。

第4卷　金属基复合材料（Volume 4：Metal Matrix Composites）

第4卷公布了有关金属基复合材料体系的性能,这些数据满足本手册的要求,并能获取。还给出了经挑选出与这类复合材料有关其他技术专题的指南,包括典型金属基复合材料的材料选择、材料规范、工艺、表征试验、数据处理、设计、分析、质量控制和修理。

第5卷　陶瓷基复合材料（Volume 5：Ceramic Matrix Composites）

第5卷公布了有关陶瓷基复合材料体系的性能,这些数据满足本手册的要求,并能获取。还给出了经挑选出与这类复合材料有关其他技术专题的指南,包括典型陶瓷基复合材料的材料选择、材料规范、工艺、表征试验、数据处理、设计、分析、质量控制和修理。

第6卷　复合材料夹层结构（Volume 6：Structrural Sandwich Composites）

第6卷是对已撤销的Mil-HDBK-23的更新,它的编撰目的是用于结构夹层聚合物基复合材料的设计,这种材料主要用于飞行器。给出的信息包括军用和民用飞行器中夹层结构的试验方法、材料性能、设计和分析技术、制造方法、质量控制和检测方法,以及修理技术。

1.3 简介

第 6 卷是复合材料手册-17(CMH-17)的夹层结构卷,分 7 章:第 1 章概述,提供夹层结构的使用目的、背景、介绍和标记。第 2 章性能测试指南,讨论了夹层组成材料:夹芯材料、板芯胶和面板及夹层板、镶嵌件和紧固件,和其他夹层结构细节如斜坡与边缘闭合的性能测试。第 3 章材料数据,包括夹芯、面板、胶黏剂和自胶接面板特性。第 4 章设计和分析,给出了结构设计、夹层结构关键失效模式的选型与分析方法。第 5 章制造,提供了夹层材料及工艺、使用及经验教训。第 6 章质量控制,提供了夹层结构的生产过程检验和最终产品检验、材料性能验证及过程控制。第 7 章保障性,给出了针对夹层结构损伤容限和维修的设计优化实例。所有各章都讨论了基本设计原理和基本公式。

1.4 术语和定义

下列术语适用于本卷。此外,本卷专用于特定组分的章节定义了在本卷首次使用时的符号。在特定的部分会出现通常不用的符号,该符号不包括在符号表中。图 1.4 所示用于夹层结构的符号。

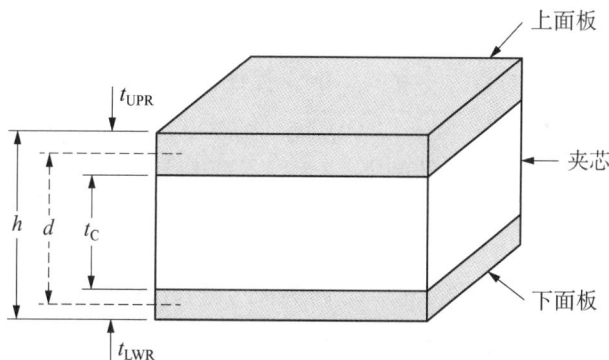

图 1.4 夹层结构表示方法

若尺寸、力、应力、常数和其他量用于其数字系数不是无量纲的公式中,就必须对其单位进行规定。当使用未规定单位的公式中时,除非单位一致,不然就无法获得正确的结果——例如若厚度单位为英寸,力的单位为磅力,那么板的长度和宽度单位就应该是英寸(in)[而不是英尺(ft)],这样应力单位就应该是磅力/平方英寸(lbf/in^2)。

1.4.1 载荷、几何参数和材料特性

下面是用于本卷的变量,表示作用于平夹层板上的载荷。夹层板的广义载荷状态如图 1.4.1 所示。

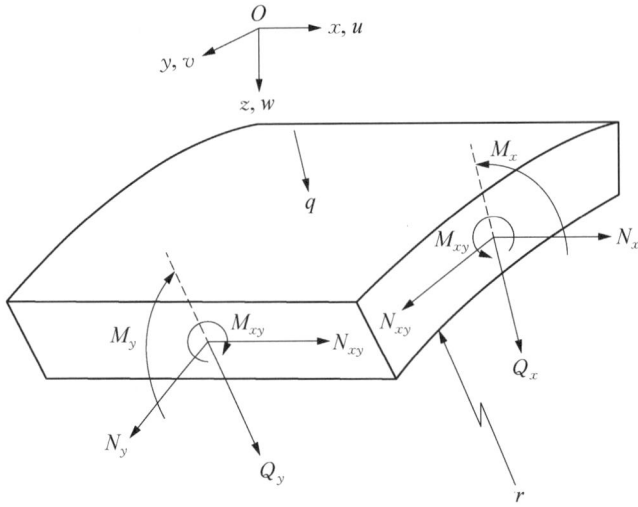

图 1.4.1　夹层板的广义载荷状态

N_x, N_y, N_{xy}	板面内分布力
M_x, M_y, M_{xy}	作用的边缘弯矩
Q_x, Q_y	面外边缘反作用力
q	均布压力

下列一般符号和缩写作为本卷的标准。若有例外,可参见本书或表格所注。

A_c	夹芯硬度 $A_c = W_c/W_o$
A_{ij}	拉伸和剪切刚度
a	平行于载荷方向的板边缘长度(mm, in)
B_{ij}	拉伸弯曲耦合刚度
b	(1) 垂直于载荷方向的板边缘长度(mm, in)
	(2) 面板单元自由宽度(mm, in)
	(3) 梁宽度(mm, in)
	(4) 波纹夹芯面板宽度(mm, in)
D	梁弯曲刚度或扭转刚度(N·m, lbf/in)
D_c	夹芯弯曲刚度(N·m, lbf/in)
D_f	自身中性轴的面板弯曲刚度(N·m, lbf/in)
D_{ij}	弯曲和扭转刚度
D_o	夹层梁中性轴的面板弯曲刚度(N·m, lbf/in)
d	(1) 夹层板上任意点至面板中性面的距离(mm, in)
	(2) 数学运算符表示的差分
E	拉伸弹性模量,应力低于比例极限时应力与应变的平均比值

(GPa，Msi)，对于正交各向异性面板：$E = [E_a E_b]^{1/2}$

(1) 有效弹性模量，对于正交各向异性面板：$E' = [E'_a E'_b]^{1/2}$

(2) z 方向的夹芯模量(GPa，Msi)

E_{cx}	梁长轴方向上的夹芯刚度(GPa，Msi)
E_x，E_y	分别平行于 x 和 y 方向的面板弹性模量(GPa，Msi)
e	下面板中性面到梁中性轴之间的距离(mm，in)
F	(1) 许用应力(MPa，ksi)
F	(2) 华氏温度
f	(1) 内(或计算)应力(MPa，ksi)
	(2) 在有显见缺陷的截面上作用的应力(MPa，ksi)
	(3) 蠕变应力(MPa，ksi)
$f_{x\text{flat}}$，$f_{y\text{flat}}$	斜坡半径处的平拉或压缩应力
F_{12}	夹层面板之间几何因子
G	刚性模量(剪切模量)(GPa，Msi)；G_{ab} 表示的是与 ab 面的剪切形变有关的刚性模量，G_c 表示的是夹芯的模量
G'	有效刚性模量
G_{xy}	面板在 xy 平面上的剪切模量(GPa，Msi)
G_{zx}，G_{zy}	分别为 xz 和 yz 平面上的夹芯剪切模量(GPa，Msi)
GPa	吉帕斯卡(gigapascal)
H/C	蜂窝(夹层)
H	拉伸刚度
h	夹层总厚度或深度(mm，in)
in	英寸
K	(1) 系数
K	(2) 绝对温标，开氏温标
K_e	有效热导率
K_o	夹芯带材料的热导率
k	热导率(Btu·in/h·ft²·℉)
L	(1) 长度(mm，in)
	(2) 夹芯带轴向
lb	磅
M	弯矩或力偶(N·m，in/lbf)
m	(1) 半波纹宽度
	(2) 半波数
	(3) 用于坐标转换的余弦
MPa	兆帕[斯卡](megapascal)

MS	军用标准
M. S.	安全裕度
N	(1) 板边缘单位长度上的设计载荷
N	(2) 牛顿
N	(3) 夹芯剪切相互作用准则指数
n	(1) 半波数
	(2) 用于坐标转换的正弦
NA	中性轴
P	作用的载荷(N, lbf)
pcf	磅/立方英尺(lb/ft³)
psi	磅/平方英寸(lb/in²)
Q	面板差异指数 $Q = 1/[1 + (E'_{LWR}t_{LWR}/E'_{UPR}t_{UPR})]$
q	(1) 名义压力(Pa, psi)
	(2) 载荷分布密度
R	(1) 斜坡半径(mm, in)
	(2) 复合载荷作用下应力或载荷和不同载荷下屈曲应力或载荷之比
	(3) 弯曲半径(mm, in)
	(4) 上下面板刚度和厚度比 $E_{LWR}t_{LWR}/E_{UPR}t_{UPR}$
r	半径(mm, in)
S	(1) 剪切弯曲刚度
	(2) 垂直于板表面的剪切载荷
s	芯格尺寸(内切圆直径)(mm, in)
T	(1) 温度(℃, ℉)
	(2) 作用的扭矩(N·m, in/lbf)
	(3) 夹芯轴向(夹层板厚度方向)
T_m	平均温度
t	厚度(mm, in)
t_{UPR}, t_{LWR}	分别为上下面板的厚度(mm, in)
t_c	夹芯深度(mm, in)
t_e	边缘带厚度(mm, in)
U	夹层横向剪切刚度
u	x 轴方向上的偏移(mm, in)
V	(1) 体积(mm³, in³)
	(2) 剪力(N, lbf)
	(3) 与剪切和弯曲刚度有关的参数

V_2	与带波纹芯夹层剪切和弯曲刚度有关的特殊参数
V_t	与三角形或梯形截面夹层条板的剪切和弯曲刚度有关参数
v	y 轴方向上的偏移(mm, in)
W	(1) 夹层单位面积重量(N, lbf)
	(2) 垂直于带轴 L 的夹芯轴向
	(3) 与夹层剪切和弯曲刚度有关的特殊参数
W_t	与三角形或梯形截面和波纹芯夹层条板剪切和弯曲刚度有关的参数
w	(1) 横向偏移(mm, in)
	(2) 密度
x	沿坐标轴的距离
y	(1) 受弯梁弹性变形曲线的挠度(mm, in)
	(2) 由中性轴到给定点之间的距离
	(3) 垂直于 x 轴,沿坐标轴的距离
Z	梯形夹层条板的参数,$Z = (b/h)\tan\alpha$
z	垂直于 x - y 平面,沿坐标轴的距离
α	(1) $[E_b'/E_a']^{1/2}$
	(2) 梯形或三角形夹层条板的上升角
α_1, α_2	与曲线和笛卡尔坐标系相关的比例因子
β	$\alpha\nu_{ab} + 2\gamma$
δ	伸长率或挠度(mm, in)
ε	(1) 压缩或拉伸应变
	(2) 放射率
	(3) 中性面应变
κ	曲率
λ	(1) 载荷因子
	(2) 一减去两个泊松比的乘积($\lambda = 1 - \nu_{ab}\nu_{ba}$)
η_x, η_y	(1) 垂直于 x 和 y 方向的板边缘旋转固定百分值,分别为完全固支=1.0;简支=0.0
	(2) 塑性系数
	(3) 对流热交换系数
ρ	回转半径
ν	泊松比
ν_{xy}, ν_{yx}	面板泊松比。术语 ν_{xy} 指的是载荷作用在 x 方向时 y 方向上的应变与 x 方向上应变比的绝对值($E_x\nu_{yx} = E_y\nu_{xy}$)
ν_{ab}, ν_{ba}	与板边对齐方向上的面板泊松比

γ	剪切应变,弹性性能参数 $\gamma = \lambda G'_{ba}/[E'_a E'_b]^{1/2}$
$\sum$	总计,总和
σ	玻耳兹曼常数
$\sigma_{ij},\ \tau_{ij}$	外法线朝 i 的平面上沿 j 方向的应力(i, $j=1$, 2, 3 或 x, y, z)(MPa,ksi)
τ	横向剪切应力(MPa,ksi)
T	施加的剪切应力(MPa,ksi)
ω	角速度(rad/s)
∞	无穷大
θ	(1) 扭转角
	(2) 材料轴和加载轴之间的夹角
	(3) 斜坡区内包边和加工边之间的局部夹角
	(4) 波纹夹芯中波纹单元与面板之间的角度
ψ	(1) 由于边缘载荷和法向载荷组合而产生的挠度或应力(ψ_0 是仅由法向载荷引起的挠度或应力)
	(2) 绕曲壳中性面旋转角
$\Psi_x,\ \Psi_y$	绕中性面旋转角
ξ_i	壳参考坐标系
$\phi,\ \zeta$	梁支撑的平板屈曲参数
ϕ	斜坡角度
$\phi_m(x),\ \phi_n(y)$	位移函数

1.4.1.1　下标

认为下列下标记号是本卷的标准记号:

UPR	夹层上面板
LWR	夹层下面板
1, 2	材料主方向
45f	45°角方向弹性弯曲
a	平行载荷的方向
B	(1) 弯曲
	(2) 面板与夹芯的胶接
b	(1) 贴真空袋面
	(2) 垂直载荷的方向
	(3) 屈曲
C	压缩
c	(1) 夹芯
	(2) 压碎

cr	临界
dimple	晶格屈曲
e	欧拉屈曲
F	当用于屈曲系数时的面板
f	(1) 面板
	(2) 弯曲
i	层数
L	带方向
M	表示带薄面板夹层的性能(当用于屈曲系数时)
max	最大
min	最小
n	(1) 序列中的第 n 个(最后)位置
	(2) 法向
O	指 $V=0$
o	指蜂窝芯带或波纹夹芯板
r	减缩
s	剪切(用于应力)或割线(用于模量)
sc	夹芯剪切
T	横向
t	切线(用于模量)
u	极限的(用于应力)
W	(1) 皱褶
	(2) 横向
x, y, z	广义坐标系
φ	波纹角
$\sum$	总和,或求和
o	初始点数据或参考数据

1.4.1.2　上标

c	夹芯
max	最大
s	剪切
scr	剪切屈曲
sec	割线(模量)
so	偏轴剪切
t	拉伸
tan	切线(模量)

u　　　　　　　极限的

y　　　　　　　屈服

　　　　　　　　（1）二次（模量），与下标 c 一起使用的时候指蜂窝夹芯的性能

　　　　　　　　（2）有效的

1.4.1.3　假设和定义

　　进行一些假设后，对夹层板的分析会更容易。如无特殊说明，则下列观点对所有夹层分析方法均适用。

　　（1）与面板相比，面内刚度可以不考虑夹芯刚度，即

$$E_{x\mathrm{core}} = E_{y\mathrm{core}} = G_{xy\mathrm{core}} = 0$$

　　（2）认为面内载荷作用在夹层边缘的点位于面板质心（中心面）之间一半处。

　　（3）夹芯仅承受法向（平面外）剪切力，法向剪切力沿夹芯厚度方向均匀分配。

　　（4）本章中的壁板是方形的，其载荷坐标系(x, y, z)与夹芯材料系(L, W, T)一致，4.7.2.2 节中的圆形壁板及 4.6.2 节中的夹芯剪切相互作用准则是不同的。

　　（5）夹层结构元件的中面位于两块面板外表面的中间位置为

$$y_{\mathrm{midplane}} = d/2$$

式中：d 是夹层结构的总厚度。

　　（6）物体的质心位于其几何中心，所以，认为整个夹层元件的质心与两块面板的质心一致（忽略夹芯）。

　　（7）面板厚度不相等时，其质心与夹层结构中面不一致。

$$y_{\mathrm{centroid}} = \frac{t_{\mathrm{UPR}} y_{\mathrm{UPR}} + t_{\mathrm{LWR}} y_{\mathrm{LWR}}}{t_{\mathrm{UPR}} + t_{\mathrm{LWR}}}$$

式中：t_{UPR}，t_{LWR} 和 y_{UPR}，y_{LWR} 分别为上下面板的厚度和质心位置。

　　（8）当面板很薄时，可不考虑面板相对质心的惯性力矩。

$$(t_{\mathrm{UPR}})^3 = (t_{\mathrm{LWR}})^3 = 0$$

　　（9）各面板的质心均与其中面一致，因此，可认为面板中面之间的距离与面板质心之间的距离相等。

　　（10）夹层结构元件的中性轴位于弯曲载荷影响下出现零应变的点上。对于平面壁板，中性轴与质心一致，但是对于曲面壁板，其中性轴与质心不重合。

　　4.7 节～4.11 节及 4.13 节中的等式均指的是各向同性的面板。一般情况下，等式均适用于不同材料和（或）不同厚度面板的夹层结构，进一步还给出了简化情况下即两块面板相同时的等式。通常，用 $E = [E_a E_b]^{1/2}$ 代替弹性模量 E，并用 $\lambda = 1 - \nu_{ab}\nu_{ba}$ 代替 $\lambda = 1 - \nu^2$ 后，这些等式都可以用于各向同性面板，其中 E_a 和 E_b 均为弹性模量，ν_{ab} 和 ν_{ba} 为平面内泊松比，其方向与壁板边平行。在某些情况下，如面板皱褶计算的时候，最好用面板弯曲刚度代替弹性模量 E。

1.4.2 单位制

遵照 1991 年 2 月 23 日的国防部指示 5 000.2，Part 6，Section M"使用公制体系"的规定，通常，CMH–17 中的数据同时使用国际单位制（SI 制）和美国习惯单位制（英制）。IEEE/ASTM SI 10《采用国际单位制（SI）的美国标准：现代的公制》则对准备作为世界标准度量单位的 SI 制[见文献 1.4.2(a)]，提供了应用的指南。下列出版物[见文献 1.4.2(b)～(e)]提供了使用 SI 制及换算因子的进一步指南：

（1）DARCOM P 706–470，Engineering Design Handbook：Metric Conversion Guide，July 1976.

（2）NBS Special Publication 330，The International System of Units（SI），National Bureau of Standards，1986 edition.

（3）NBS Letter Circular LC 1035，Units and Systems of Weights and Measures，Their Origin，Development，and Present Status，National Bureau of Standards，November 1985.

（4）NASA Special Publication 7012，The International System of Units Physical Constants and Conversion Factors，1964.

表 1.4.2 列出了与 CMH–17 数据有关的、由英制向 SI 制换算的因子。

表 1.4.2 英制与 SI 制换算因子

由英制单位	换算为 SI 制	乘以
Btu(热化学)/in² · s	W/m²	$1.634\,246 \times 10^6$
Btu-in(s-ft² · ℉)	W/(m · K)	$5.192\,204 \times 10^2$
华氏度(℉)	摄氏度(℃)	$T_c = (T_F - 32)/1.8$
华氏度(℉)	开氏度(K)	$T_K = (T_F + 459.67)/1.8$
ft	m	$3.048\,000 \times 10^{-1}$
ft²	m²	$9.290\,304 \times 10^{-2}$
ft/s	m/s	$3.048\,000 \times 10^{-1}$
ft/s²	m/s²	$3.048\,000 \times 10^{-1}$
in	m	$2.540\,000 \times 10^{-2}$
in²	m²	$6.451\,600 \times 10^{-4}$
in³	m³	$1.638\,706 \times 10^{-5}$
kgf	牛顿(N)	$9.806\,650$
kgf/m²	帕[斯卡](Pa)	$9.806\,650$
kip(1 000 lbf)	牛顿(N)	$4.448\,222 \times 10^3$
ksi(kip/in²)	MPa	$6.894\,757$
lbf/in	N · m	$1.129\,848 \times 10^{-1}$
lbf/ft	N · m	$1.355\,818$
lbf/in²(psi)	帕[斯卡](Pa)	$6.894\,757 \times 10^3$

（续表）

由英制单位	换算为 SI 制	乘以
lb/in^3	kg/m^3	2.767990×10^4
Msi(10^6 psi)	GPa	6.894757
磁力（lbf）	牛顿（N）	4.48222
磁质量（lb）	千克（kg）	4.535924×10^{-1}
Torr	帕［斯卡］(Pa)	1.33322×10^2

参 考 文 献

1.2　　　　 MIL- HDBK - 23A, Military Handbook 23A, Structural Sandwich Composites ［S］. Notice 3, June,1974 (Cancelled by Notice 4, February, 1988).

1.4.2(a)　 IEEE/ASTM SI 10 - 02, American National Standard for Use of the International System of Units (SI): The Modern Metric System ［S］. Annual Book of ASTM Standards, Vol. 14. 04, American Society for Testing and Materials, West Conshohocken, PA.

1.4.2(b)　 Brown, James, Metric Conversion Guide: Engineering Design Handbook ［M］. University Press of the Pacific, October, 2004.

1.4.2(c)　 NIST Special Publication 330, The International System of Units (SI) ［M］. National Institute of Standards and Technology, 2008 edition.

1.4.2(d)　 NBS Letter Circular LC 1035, Units and Systems of Weights and Measures, Their Origin, Development, and Present Status ［M］. National Bureau of Standards, November 1985.

1.4.2(e)　 NASA Special Publication 7012, The International System of Units Physical Constants and Conversion Factors ［S］. 1973.

第2章 性能测试指南

2.1 引言

夹层结构由面板、夹芯以及连接两者的某种手段,如胶黏剂或铜焊组成。要进行夹层设计必须了解面板和夹芯的性能,并应对夹层进行测试以确保面板与夹芯充分连接。本章提供了力学性能、环境影响、试验方法及数据处理和描述。

基本的夹芯设计性能就是压缩强度和模量及剪切强度和模量。2.3节给出了夹芯性能的标准测试方法。第3章包含了各种夹芯性能的附加信息。

夹层板的面板承受弯曲载荷(一块面板承压,另一块面板承拉)或在某些情况下承受面内剪切载荷。面板的主要性能为压缩、拉伸及剪切强度和模量。2.5节给出了一些复合材料面板的ASTM标准试验方法。

对夹芯和面板胶接、整个夹层板及镶嵌件和紧固件的评定分别见2.4节、2.6节和2.7节。

面板性能、数据处理和描述见第2卷。因此,本章主要给出夹层结构的夹芯性能。第3章的表格给出了夹芯性能,包括密度、压缩强度和模量、剪切强度和模量及拉伸强度。第3章中的数值来源于材料供应商提供的试验值。提供的性能数值并非设计许用值,但可用来描述不同种类的夹芯。

2.2 数据处理和描述

虽然夹芯性能已由相应供应商提供,并且有些夹芯材料可按照行业规范购买,但数据处理和描述的标准方法尚未建立并纳入CMH-17本卷中。第3章中提供的材料性能值是处理夹芯数据问题的近期方法,数据仅用于说明和对比,以便用户对给定材料具备的性能有所了解。数据都有清楚的标记,表示其来源和发布数值的说明(即数据是否表示典型值或最小值),在获得管理机构明确的许可前,这些数据不能作为合格的正式设计条件(例如,不能作为"数据类型"提交给FAA鉴定部门)。

CMH-17的首要目标就是建立包含可用于正式设计使用的夹芯数据协议和标准,包括第2卷中提供的目前应用的纤维增强聚合物基质复合材料材料数据在同行审查的全面性和统计上的严谨性。

2.3　夹芯材料的评定

2.3.1　引言

夹层结构中3种主要的夹芯类型有蜂窝、泡沫材料和轻质木。每种类型各有其优缺点。

2.3.2　力学性能

对夹芯材料关注的力学性能包括压缩强度和模量、拉伸强度及剪切强度和模量。第2.3.4节中给出了最常用的试验方法。

2.3.3　环境影响

针对太阳能板、天线结构、飞机和承载整流罩的结构完整性而言,需特别关注夹层板的湿热稳定性。除了铝芯之外,还使用了其他材料作为夹芯,包括合金,如不锈钢和钛、牛皮纸(软质木)、Kevlar(对位芳纶)、Nomex(元芳纶)、Tyvek(高密度聚乙烯)、泡沫塑料及玻璃纤维。由斜纹或平纹碳纤维增强酚醛或聚酰亚胺树脂是先进的蜂窝材料代表。它们的性能如剪切模量等随着夹芯密度及芯格尺寸和方向的变化而变化。

第3章的表格中给出了各种蜂窝材料、泡沫材料和轻质木材料夹芯在室温下的性能,均为英制单位(同时给出了SI转换因子)。这些数值均由供应商提供,并非设计许用值。

提供的夹芯力学性能通常为室温条件下的数值。ASTM标准试验方法中规定试验应在温度(23 ± 3)℃$[(73\pm5)$℉$]$及相对湿度(50 ± 5)％下进行。在高温和吸湿时,所有的夹芯,包括蜂窝材料、轻质木和泡沫材料的强度和模量均会降低,退化的程度取决于夹芯材料。例如,如果将铝蜂窝材料浸入水中24 h,其强度和刚度均不会受到任何影响(腐蚀时间不够),但是如果是非金属蜂窝材料,其性能就可能会损失50％以上。一般情况下,在低温条件下试验所有种类夹芯的强度和模量均会稍高些。

选择夹芯材料时,根据使用情况不同,最高使用温度、可燃性、吸水性、耐腐蚀性、抗冲击性及热传导性均很重要。表2.3.3对一些蜂窝芯种类的这些特性进行了定性总结。

表 2.3.3　蜂窝夹芯的环境特性

属性	铝蜂窝			玻璃布蜂窝			芳纶布蜂窝		碳布蜂窝
	5052-航空级	5056-航空级	商品级	酚醛树脂	斜织/酚醛树脂	斜织/聚酰亚胺	间位/酚醛树脂航空级	对位/酚醛树脂航空级	斜织/聚酰亚胺
相对成本	较低	中等	很低	较高	高	很高	中等	高	很高
最高长期使用温度/℃	175	175	175	175	175	260	175	175	260

（续表）

属性	铝蜂窝			玻璃布蜂窝			芳纶布蜂窝		碳布蜂窝
	5052-航空级	5056-航空级	商品级	酚醛树脂	斜织/酚醛树脂	斜织/聚酰亚胺	间位/酚醛树脂航空级	对位/酚醛树脂航空级	斜织/聚酰亚胺
阻燃性	E	E	E	E	E	E	E	E	E
抗冲击性	G	G	G	F	G	F	E	E	F
防潮性能	E	E	E	E	E	E	G	E	E
疲劳强度	G	G	G	G	G	G	E	E	E
导热系数	高	高	高	低	低	低	很低	很低	中等
耐腐蚀性	G	E	G	E	E	E	E	E	E

注：E-很好，G-良好，F-一般，P-差。

图 2.3.3 给出了特定温度下测试某些可供使用的蜂窝夹芯力学性能保持率。泡沫材料和轻质木芯亦表现出类似的特性，但应视特定的设计环境来进行评定。

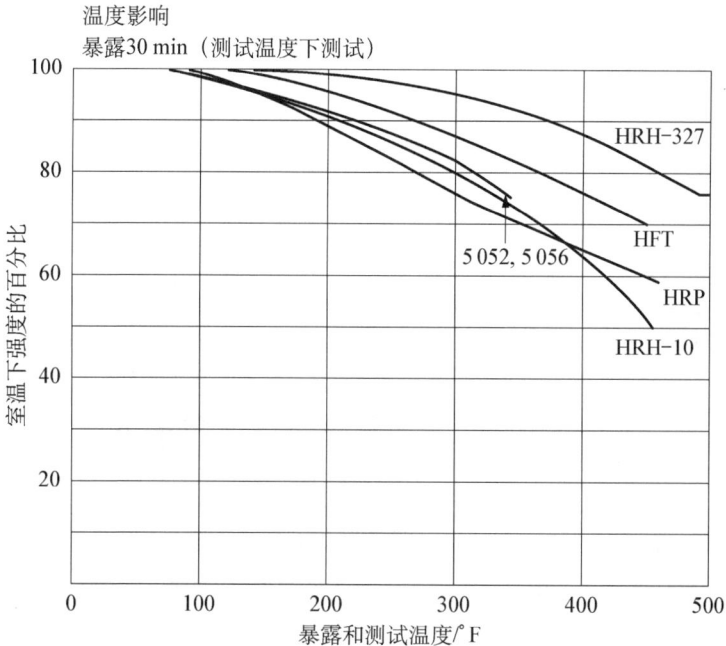

温度影响
暴露30 min（测试温度下测试）

暴露100 h（测试温度下测试）

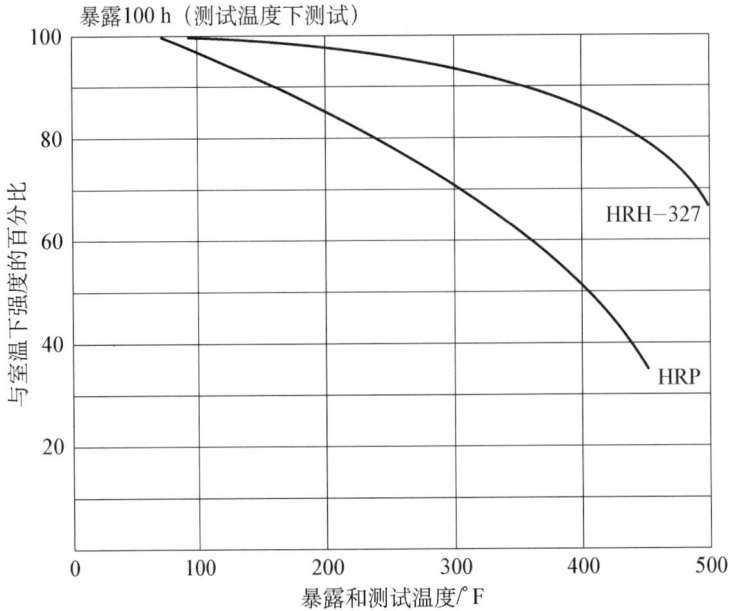

图 2.3.3　蜂窝芯不同温度下的保持率（见参考文献 2.3.3）

HRH，HFT 和 HRP 是非金属夹芯类材料的赫氏命名，5052 和 5056 是铝合金牌号。

2.3.4　试验方法

ASTM 的 15.03 卷中包含了大部分夹芯试验方法。主要试验方法如表 2.3.4 所示。

表 2.3.4　夹芯试验方法

夹芯性能	ASTM 标准试验方法	
密度	C271	夹层结构芯材密度的标准试验方法
吸湿	C272	夹层结构芯材吸湿的标准试验方法
剪切强度和模量	C273	夹层结构芯材剪切性能的标准试验方法
平拉强度	C297	夹层结构平拉强度的标准试验方法
夹芯节点抗拉强度	C363	蜂窝芯材节点拉伸强度的标准试验方法
压缩强度和模量	C365	夹层结构夹芯平压性能的标准试验方法
夹芯厚度	C366	夹层结构夹芯厚度测量的标准试验方法
剪切疲劳强度	C394	夹层结构芯材剪切疲劳的标准试验方法

（续表）

夹芯性能		ASTM 标准试验方法
夹芯老化	C481	夹层结构的实验室老化的标准试验方法
弯曲强度和模量	C393	用梁弯曲测量夹层结构夹芯剪切性能的标准试验方法
	D7250	确定夹层梁弯曲和剪切刚度的标准试验方法
能量吸收	D7336	蜂窝夹层结构芯材静态能量吸收性能的标准试验方法
水分迁移	F1645	蜂窝芯材中水分迁移的标准试验方法

　　轻质木和泡沫夹芯的剪切性能在两个方向上均大致相同。蜂窝材料夹芯的剪切性能由于芯格几何参数的不同,在 L(带)和 W(横向)方向上不同。对于六角形蜂窝夹芯,L 方向剪切性能大约是 W 方向剪切性能的 2 倍。蜂窝夹芯的剪切强度也随着夹芯厚度的变化而变化,变化情况如图 2.3.4 所示。铝蜂窝材料夹芯的法向厚度为 0.625 in,非金属蜂窝材料的法向厚度为 0.500 in(分别为 15.875 mm 和 12.7 mm)。因此,如图 2.3.4 指出的,对较厚的夹芯设计使用的有效剪切强度,应减少相应的修正系数 K。

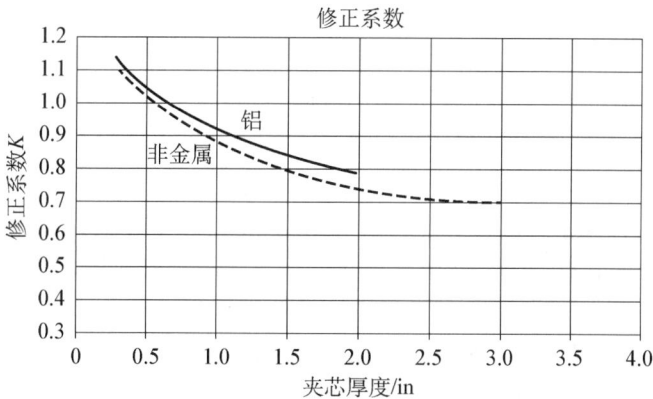

图 2.3.4　蜂窝芯剪切强度与厚度的关系(见参考文献 2.3.3)

　　夹芯净压缩强度是指用无面板的夹芯获得的。该试验主要用于蜂窝材料的快速质量控制试验,但能用于轻质木和泡沫设计性能试验。当夹芯上粘有面板的时候,该试验就称为稳定压缩试验。该试验的试样可用于获取蜂窝材料的压缩模量。用于蜂窝芯与面板胶接的胶瘤可以支撑蜂窝芯格边缘,提供比无支撑的净压缩试验值稍高的强度和刚度值。两者中的任何一个试验均能获得轻质木和泡沫材料的模量。

　　夹芯的剪切强度和模量通常可以从 C273 板剪切试验获得。将夹芯与钢板胶接在一起,然后在板上加载拉伸或压缩载荷,载荷线穿过夹芯对角线。因为在夹层梁或夹层板中夹芯承受剪切载荷,因此该性能是最重要的。

2.4　板芯胶的评定

2.4.1　引言

面板与夹芯胶接对于夹层结构特别重要,它使得面板和夹芯共同作用后,形成一个相当轻而且有效的结构。总而言之,夹层结构最不希望出现的失效模式就是面板和夹芯胶接的失效。将面板和夹芯固定在一起的方法有多种,如胶黏剂胶接、自胶接预浸料、铜焊及融合等方法。评定胶接质量的最好方法就是对夹层板进行测试。在测试蜂窝芯板的过程中,所使用的芯格大小是至关重要的。

2.4.2　力学性能

第3章对不同种类的胶黏剂进行了说明,并提供了一些材料性能数据,可用于指导选择适当的胶黏剂。

2.4.3　环境影响

Epstein(见参考文献2.4.3)对芯-板胶接的完整性进行了探讨,他认为固化过程中存在的湿气会产生气孔,同时会延缓胶的固化时间。胶黏剂胶接对使用时的环境条件(温度、相对湿度)也很敏感。

2.4.4　试验方法

军用手册 MIL - A - 25463"胶黏剂、胶膜、金属夹层结构"中包含了对面板和夹芯胶接的胶黏剂要求,该手册要求的基本试验如下:滚筒剥离、平拉强度、抗弯强度和蠕变。试验应在室温和高温情况下进行。而且,有些试验的试样应在一定的空气湿度或浸在各种液体中进行吸湿。本手册上述相关内容详见参考文献2.4.4(a)。

联邦手册 MMM - A - 132"耐热机体结构金属与金属的胶接"是一项通用胶接技术规范。本手册要求的基本试验如下:拉伸搭接剪切试验、蠕变断裂、T 型剥离及气孔检测。这些试验应在各种温度和浸润条件下进行。本手册上述相关内容详见参考文献2.4.4(b)。

面板和夹芯胶接试验的 ASTM 标准试验方法如表2.4.4所示。

表 2.4.4　ASTM 标准试验方法

板性能		ASTM 标准试验方法
平拉强度	C297	夹层结构平拉强度的标准试验方法
弯曲强度和模量	C393	用梁弯曲测量夹层结构夹芯剪切性能的标准试验方法
弯曲蠕变	C480	夹层结构弯曲蠕变的标准试验方法
剥离强度	D1781	胶黏剂滚筒剥离试验的标准试验方法
劈裂强度	E2004	夹层板面板劈裂的标准试验方法

夹层结构中面板与夹芯胶接良好才能使得两者共同作用。用于评定面板和夹芯胶接的两个方法是平拉试验和滚筒剥离试验。对于面板更厚的夹层板,还必须进行劈裂试验。

平拉试验包括从夹层板上切下一小块试样,尺寸通常为 $2\,in \times 2\,in$($50\,mm \times 50\,mm$),并将其粘在金属块上,然后将试样固定在试验设备上,记录将其拉开的最大载荷和失效模式。由于失效模式能表明夹层板材制备的合理性,因此特别重要。失效模式有如下几种:夹芯劈裂、面板和夹芯胶接失效及胶接失效(可以是夹芯和胶黏剂之间的胶接失效、面板和胶黏剂之间的胶接失效或是自胶接面板的夹芯和面板之间胶接失效)。如果金属块和板材胶接失效,就认为这不是有效的失效,需要再次试验。如果是与面板或夹芯的胶接失效,则说明面板或夹芯受到污染,应该检查清洁措施。在某些情况下,如果夹芯的强度特别高或万一试验温度超过了胶黏剂的实际使用温度时,不可能出现夹芯失效。

滚筒剥离试验是指从夹层板上剥离一个面板。这个试验仅适用于面板比较薄的情况,失效模式同上。对于较厚的面板,应采用劈裂试验获得更好的结果,因为不需要将面板绕滚筒弯曲。

2.5 面板性能的评定

2.5.1 引言

夹层结构设计,一般情况下使面板承受面内载荷,而夹芯承受面外剪切载荷。夹层板在弯曲的时候对面板形成轴向载荷,一侧面板承受压缩而另一侧面板承受拉伸,或两块面板均在纵向承受压缩。此外,有些夹层结构设计为剪切板,面板承受面内剪切载荷。

2.5.2 力学性能

通常,面板最重要的力学性能是压缩强度和模量及拉伸强度和模量。第 2 卷中列出了可用作面板的聚合物基复合材料的试验数据。根据夹芯几何参数和(或)加工技术的具体要求,共固化或共胶接面板其力学性能可能需要降低一些,其降低系数需要按使用情况通过测试来确定。

金属材料如铝合金常用作夹层结构的面板。设计值可参考发布的各种金属性能数据源如《金属材料性能研制和标准化》(MMPDS)手册(见参考文献 2.5.2)。

2.5.3 环境影响

聚合物基复合材料面板的面内湿热膨胀主要取决于铺层角度、纤维热膨胀系数(CTE)、模量及体积含量。可依据经典层压板理论结合傅里叶热流法或吸湿平衡 Fick 扩散定律来分析面板的这种行为。在选定的方向上可能出现零热膨胀系数(CTE)和零吸湿膨胀系数(CME),但不会同时出现;也可能出现面内负 CTE 和 CME。

2.5.4　试验方法

第 1 卷第 6 章包含了复合材料试验的大量信息。ASTM 标准试验方法是获得面板性能的常用方法（见表 2.5.4）。

表 2.5.4　ASTM 标准试验方法

面板性能		ASTM 标准试验方法
面板压缩强度	C364	夹层板侧向压缩强度的标准试验方法
	D6641	用复合加载压缩(CLC)试验夹具确定聚合物基复合材料层压板压缩性能的标准试验方法
拉伸强度和模量	D3039	聚合物基复合材料拉伸性能的标准试验方法
面内剪切强度	D3518	由 ±45° 层压板拉伸试验确定聚合物基复合材料面内剪切响应的标准试验方法
	D7078	用 V 型轨道剪切法测试复合材料剪切性能的标准试验方法
面板拉伸/压缩强度	D7249	用长梁弯曲测量夹层结构面板性能的标准试验方法
面板刚度	D7250	确定夹层梁弯曲和剪切刚度的标准试验方法

2.6　夹层板的评定

2.6.1　引言

夹层板可设计得质量特别轻而刚度、强度均很高。表 2.6.1 举例说明了该性能。

表 2.6.1　夹层结构特性（见参考文献 2.3.3）

	实心金属板	夹层结构		厚夹层	
比弯曲刚度	100	700	7 倍刚度	3 700	37 倍刚度
比弯曲强度	100	350	3.5 倍强度	925	9.25 倍强度
比质量	100	103	3%附加质量	106	6%附加质量

由面板和夹芯胶接而成的夹层板的弯曲刚度和强度会显著高于与夹层结构面板同种材料的层压板或板，而仅增加非常小的质量。增加的弯曲刚度和强度取决于面板厚度、夹芯厚度和密度及胶黏剂的胶接强度。典型的层压板或金属板结构板需要胶接或机械连接加强筋提高刚度以防止或减少屈曲，而夹层板可以实现相同的整体板的性能而无须额外的加强元件和制造成本。

2.6.2　力学性能

夹层板基本力学性能如下：

（1）弯曲强度：取决于面板的厚度、压缩和拉伸强度性能及两面板之间的距离；

（2）弯曲刚度：取决于面板的厚度、压缩和拉伸模量性能及两面板之间的距离；

（3）面外剪切强度：取决于夹芯的厚度和剪切强度性能；

（4）面外剪切刚度：取决于夹芯的厚度和剪切模量性能。

2.6.3　环境影响

环境条件包括温度、相对湿度和液体，均会影响夹层板的强度和刚度。本手册的其他章节论述了聚合物基复合材料的环境影响，包括第 3 卷中 2.2.4 节和 3.4.3 节的概述，及第 1 卷中 2.2.7 节和 6.5 节试验的论述。当聚合物基复合材料用作夹层板面板时会存在同样效果。如将面板与夹芯胶接，夹芯也会受到同样环境条件的影响。在一般情况下，高温、高湿度和液体均会引起夹层结构性能的退化。

夹层结构受温度和相对湿度影响的常见问题与夹芯密封性差和面板的气孔或易受损坏有关。受损的面板为夹芯吸湿提供了路径，进而导致夹芯性能退化。密封良好的夹层板和耐用无气孔的面板受环境的影响很小，类似于层压板结构。

2.6.4　损伤阻抗

损伤阻抗的定义见第 3 卷 12.5 节所述："结构对具体事件导致各种损伤的抵抗能力，考虑到对商用和军用飞机的潜在威胁，损伤阻抗覆盖了各种损伤状态。基于具体结构构型和设计细节，某些损伤形式比其他的损伤对结构性能造成的威胁更严重"。由于夹层板通常将质量设计得比较轻，所以对各种损伤形式包括冲击损伤的抵抗能力比较差。面板材料性能和厚度、胶黏剂及夹芯种类和密度对夹层板损伤阻抗具有相互作用。面板薄、质量轻的夹层板易受到冲击损伤，因此在受多种冲击影响的区域，更厚、更韧的面板和更强的夹芯会提供更好的冲击阻抗。

2.6.5　损伤容限

相比具有多个载荷路径的加筋层压板或金属板结构，夹层结构的损伤容限更难确定。损伤容限的定义见第 3 卷 12.2 节所述："损伤容限提供了结构在含有一定损伤或缺陷时能够承受设计载荷并能实现使用功能的能力。因此，损伤容限最终关注的是，损伤结构具有足够的剩余强度和刚度持续服役，直到损伤能被定期维护检查时检测出并加以修理。"组合的金属和复合材料层压板加筋结构含有多个载荷路径，因此也具有各种"破损安全"程度，即损伤容限结构起始点。直至最近，大多数夹层结构件用于次承力结构或控制面结构，并不要求进行损伤容限设计。目前，某些控制面如商用运输机上的襟翼被认为是主承力结构，进行了损伤容限设计。例如，波音 777 飞机的襟翼设计为可以在肋之间有一跨完全分层或损伤时能承受条例规定的载荷（设计限制载荷）的结构。根据运输类飞机 14 CFR 25.571 条例的说明，损伤容限要求规定的设计特征是限制潜在的损伤扩展在可接受的范围内。

2.6.6　修理

夹层结构通常容易修理。军用手册 MIL－HDBK－337"胶粘的航天结构修理"（见参考文献 2.6.6）是很好的来源。该手册介绍了修理复合材料和金属夹层板的完整工艺过程。

与其他类型的结构一样，夹层结构也不可避免地会发生一定程度的损伤。在制造阶段，可能会出现工具或设备掉落而引起的损伤，通过保护外露转角和使用临时保护罩的方法均可避免对夹层零件造成的严重损伤。在使用过程中不可避免地会出现损伤夹层板的情况。采取适当的预防措施可以将损伤减到最小，但是一旦出现损伤，要采用可接受的修理方法。

修理程序的准则是指在质量尽可能增加最少或在气动特性和电性能变化尽可能小的情形下进行修理，修理后尽可能地接近原构件的强度和刚度。修理只能通过使用相同或经批准的替代材料来更换损伤的材料。为了消除危险的应力集中，可行的方法是在使用锥形斜削、制备小的补片用圆形或椭圆形而不是方形，以及所有大修倒圆时应避免截面突变。高速飞机外表面需要光滑才能获得适当的性能。因此，凸出原始表面的补片必须尽可能避免。当不可避免时，应当进行修形使凸出边缘与原始轮廓光滑过渡。

夹层结构修理的专门内容见第 7 章保障性，以及第 3 卷的第 14 章，特别是 14.7.4 节"胶接修理"和 14.7.5 节"夹层结构（蜂窝芯）修理"。

2.6.7　试验方法

表 2.6.7 所示的 ASTM 标准试验方法可用于夹层板测试。

表 2.6.7　ASTM 标准测试方法

板性能		ASTM 标准测试方法
平拉强度	C297	夹层结构平拉强度的标准试验方法
面板压缩强度	C364	夹层板侧向压缩强度的标准试验方法
压缩强度和模量	C365	夹层结构夹芯平压性能的标准试验方法
弯曲蠕变	C480	夹层结构弯曲蠕变的标准试验方法
夹芯/夹层老化	C481	夹层结构的实验室老化的标准试验方法
剥离强度	D1781	胶黏剂滚筒剥离试验的标准试验方法
弯曲强度和模量	D6416	夹层板二维弯曲性能的标准试验方法
	D7249	用长梁弯曲测量夹层结构面板性能的标准试验方法
	D7250	确定夹层梁弯曲和剪切刚度的标准试验方法
损伤阻抗	D7766	夹层结构损伤阻抗测试的标准规程
劈裂强度	E2004	夹层板面板劈裂的标准试验方法

2.7 镶嵌件和紧固件的评定

2.7.1 引言

夹层件通常要连接到其他零件上,导致连接处应力集中。在这些连接处所需局部加强的程度取决于载荷量级和夹层件的构型。对于应力微小的零件,仅采用非加强的紧固件孔或随后用镶嵌件加强就够了,但在大多数结构应用中,在制造过程中就需要进行局部加强。图 2.7.1(a)提供了夹层结构制造过程中加强的例子。这些加强细节可以使夹芯和面板保持载荷路径的连续性,但在提供局部补强的同时会将应力引入这些构成部分。

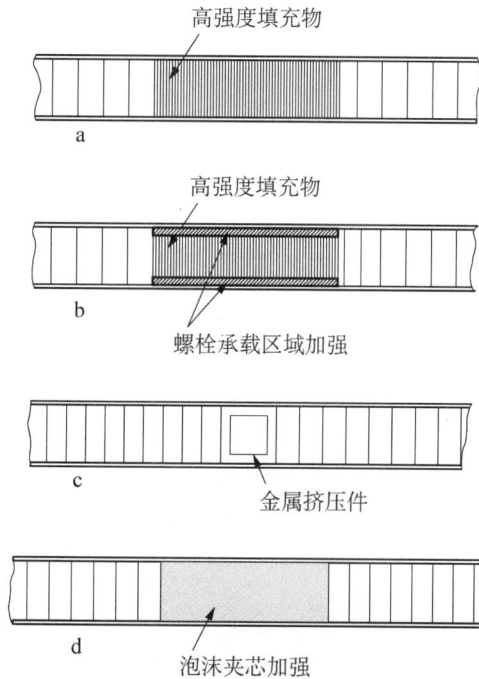

图 2.7.1(a) 制造过程夹芯加强实例

还有众多商业镶嵌件和连接设计适合二次加工(在夹层板已制造完成后)纳入夹层件。根据载荷量级和板构型,这些连接部位可能需要或可能不需要补强。这些连接的类型如图 2.7.1(b)所示。

2.7.2 环境影响

如前一节(2.6 节)中对夹层板的论述,环境(温度、相对湿度、液体暴露等)也会影响夹层板上安装的镶嵌件或连接设计的强度和刚度。在使用的时候必须确定环境条件,然后再依据失效模式和这些条件的量级来表征其性能。

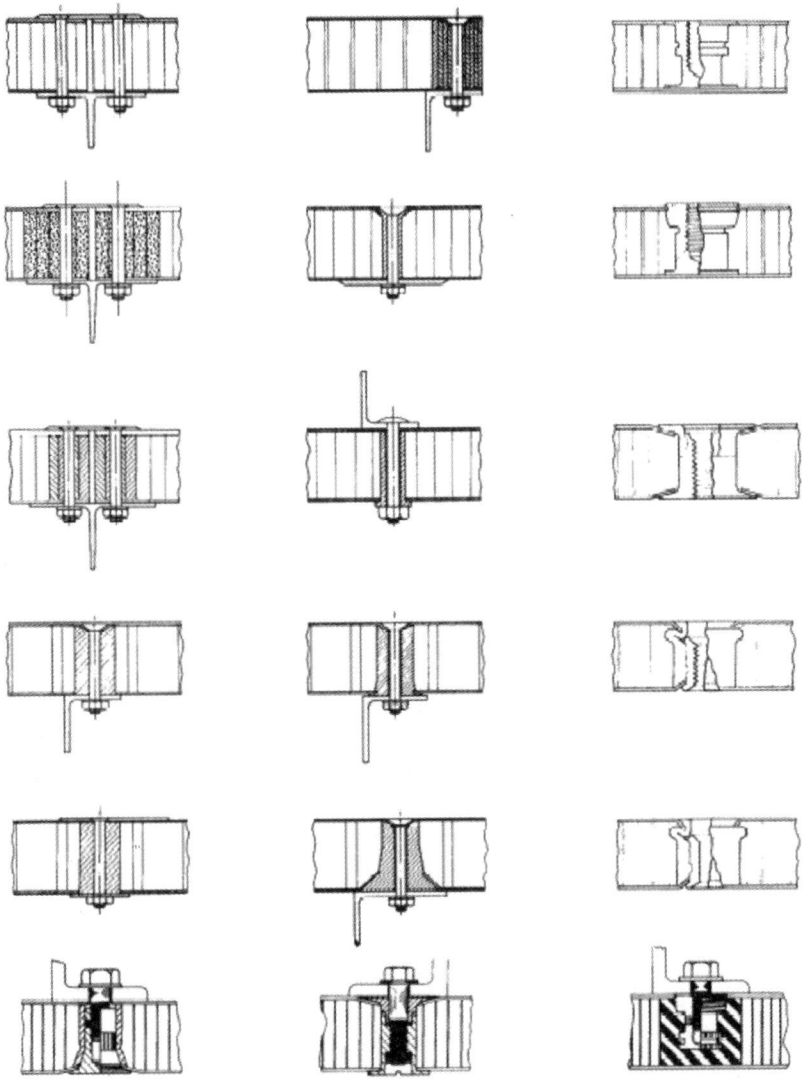

图 2.7.1(b) 夹层结构连接二次加工实例

2.7.3 试验方法

由于镶嵌件和连接取决于特定的构型,所以通常使用子元件和子组件试验进行性能表征。用于复合材料胶接和螺栓连接的试验方法参见第 1 卷第 7 章。环境影响试验通常纳入子元件和(或)子组件级别进行的试验。

2.7.4 力学性能

镶嵌件和紧固件最重要的力学性能通常为夹芯剪切强度和模量及面板压缩强

度(局部挤压)和模量。第 3 章的表中列出了一些通用夹芯材料的室温性能。第 2 卷给出了可用作面板的一些材料的试验数据。

2.8 其他特征的评定

2.8.1 引言

夹层零件常与骨架构件或其他结构连接在一起,常用方法是将连接的连续边缘加强以便于传递应力。实现符合要求的边缘加强的方法很多,因此在选择前应考虑载荷传递、面板和夹芯类型、连接接头及表面光洁度的重要性等细节。夹层结构的典型边缘加强方式如图 2.8.1 所示。低密度蜂窝夹芯塌陷区域应采用树脂固定,以防止在声波环境下出现解体。

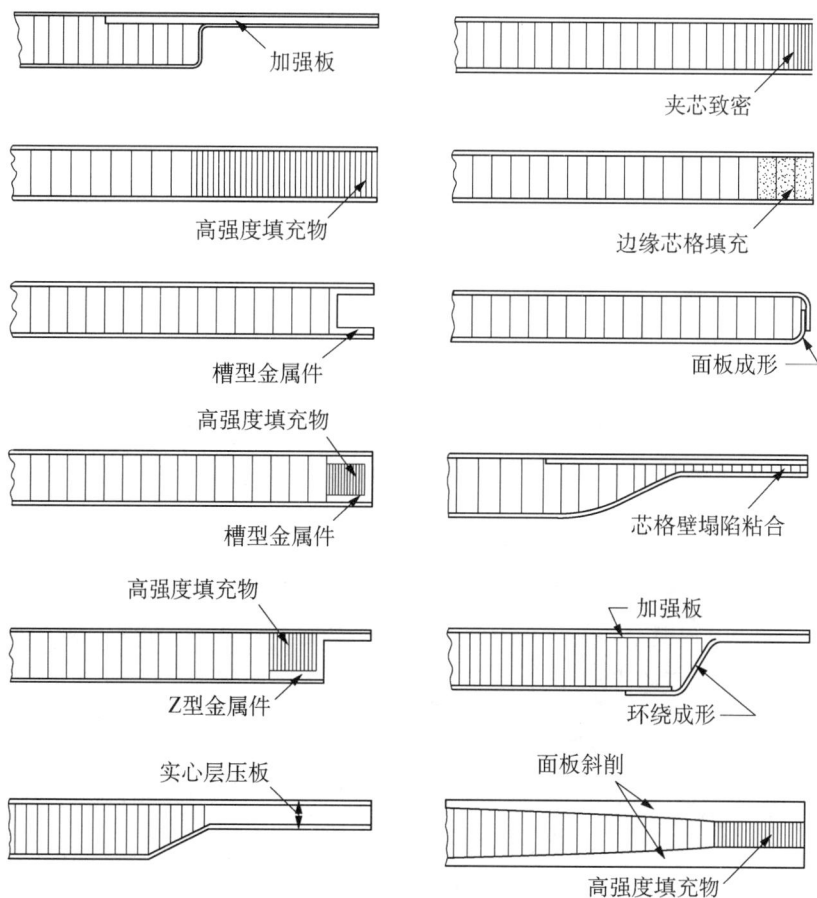

图 2.8.1　夹层结构典型边缘加强方式

一些边缘处理除了提供加强以外,还作为一项有效的防潮密封措施,其他边缘处理依靠边缘涂层来密封隔离湿气和各种液体。高强度镶嵌件可能采取各种材料,包括终纹红木或云杉、胶合板(平面或边缘)或增强塑料。螺栓挤压区域可以通过增强或增加面板厚度进行处理。

夹层零件经常必须提供开口用于检查、填料孔或接头调整。试验表明当开口和板尺寸达到一定的比值,就会在开口的周围出现应力集中,所以在设计中应对其予以考虑。经验表明这些应力通常可以采用高强度夹芯填充物承载,也可以通过在开口周围进行边缘处理的方法来解决。如果需要在开口处加口盖,那么在选择开口周围边缘加强的时候就必须考虑连接方式。参考文献 2.8.1 中提供了对这些夹层结构特性设计和分析更多的详细信息。

2.8.2　力学性能

边缘加强最重要的力学性能通常与夹层板和连接区域相同,但是主要取决于所考虑的具体构型。第 3 章的表中列出了一些通用夹芯材料的室温性能。第 2 卷给出了可用作面板的一些材料的试验数据。

2.8.3　环境影响

如前面章节(2.6 节)中对夹层板的论述,环境(温度、相对湿度、液体暴露等)也会影响夹层板的边缘加强处的强度和刚度。在使用的时候必须确定环境条件,然后再依据失效模式和这些条件的量级来表征其性能。

2.8.4　试验方法

由于边缘加强取决于特定的构型,所以边缘加强通常使用子元件和子组件试验进行性能表征。用于复合材料胶接和螺栓连接的试验方法参见第 1 卷中第 7 章。环境影响通常纳入子元件和(或)组合件级别进行的试验。

参 考 文 献

2.3.3　HexWeb™ Honeycomb Attributes and Properties: A comprehensive guide to standard Hexcel honeycomb materials, configurations, and mechanical properties [EB/OL]. Hexcel Composites, Pleasanton, CA, Nov. 1999 (available at http://www.hexcel.com/Resources).

2.4.3　Epstein G. The Composites & Adhesives Newsletter [J]. T/C Press, Los Angeles, 1997,13, No(3)4.

2.4.4(a)　MIL - A - 25463, Adhesives, Film Form, Metallic Structural Sandwich Construction [S].

2.4.4(b)　MMM - A- 132, Adhesives, Heat Resistant, Airframe Structural, Metal to Metal [S].

2.5.2　Metallic Materials Properties Development and Standardization (MMPDS) [M]. formerly MIL - HDBK - 5,2012, MMPDS - 07.

2.6.6　　Military Standardization Handbook, Adhesive Bonded Aerospace Structure Repair [M]. MIL – HDBK – 337,1 December 1982.

2.8.1　　The Handbook of Sandwich Construction [M]// Zenkert. D. Warrington England: EMAS Publishing, 1997.

第3章 材料数据

　　设计夹层结构需要了解其所用的每种组分材料及其各自的力学性能,同时还需要了解当这些组分材料作为一个体系同时工作时影响其性能的诸多因素。本章将讨论夹层结构组分材料的典型性能。随后各节将涉及芯子、面板材料和胶黏剂,并列表举例给出典型的力学性能。

　　应当强调的是,这些节内所提供的力学性能数据并不具有统计学意义的有效性,也未核查将其用于最终设计时所必需的技术严谨性。这里提供的数据只用于使读者能感受到材料比较中有哪些广泛的类别,以及这些性能是如何应用于设计中的。

3.1　芯子

　　夹层结构的芯子主要用于分隔、支持和稳定面板,以获得所期望的抗弯刚度。在几乎所有的情况下,芯子承受了夹层壳体或板件结构中的大部分面外载荷和横向剪切载荷。其他的功能如隔热或隔音也主要取决于芯子的材料性能。为了以最小质量来实现这些功能,芯子材料的密度一般低于面板和胶黏剂组分的密度。很多情况下,由于芯子在其独立存在时的相对脆弱或不稳定性,要对芯子材料进行特殊的处理或进行中间处理,以保持其尺寸稳定性。

　　以下各小节将简要讨论通常使用的一些芯子材料。

3.1.1　芯子的类型

　　要使夹层结构能满意地工作,夹层结构的芯子必须在使用条件下具有一定的力学性能、热力学特性和声学特性,以及一定的介电性能,并且仍满足其质量限制。机体夹层结构所用的芯子,其密度范围为 $1.6\sim23\,lb/ft^3$,但是通常的密度范围为 $3\sim10\,lb/ft^3$。机体结构希望用的芯子标准列于第3.1.2节。各种芯子性能按英制单位给出;可以用本手册这一卷前面在符号一节(见第1.4.2节)给出的系数,将其转换为国际单位体系。

　　可用于夹层结构的芯子类型众多。本章所讨论的芯子包括如下类型:

　　蜂窝芯;

带状交叉芯；

波纹状芯；

波纹槽芯；

泡沫芯；

天然芯（轻木和其他木材）。

3.1.2 芯子的标准

表 3.1.2 列出了不同的芯子材料标准。很多标准已被取消或被废止，但有参考价值。对于这些标准，所列出的日期是其最后发布的日期，而非取消或废止的日期。

表 3.1.2 芯子材料标准

标准	名 称	状态（发布日期）
SAE AMS 3711	芯子，含纤维的蜂窝，芳纶基体，酚醛覆盖层的	现行的
SAE AMS 3712	芯子，蜂窝，玻璃纤维/聚酰亚胺	现行的
SAE AMS 3713	芯子，柔韧的蜂窝，聚酰胺纸基，酚醛覆盖层的	现行的
SAE AMS 3714	芯子，过拉伸的蜂窝，聚酰胺纸基，酚醛覆盖层的	现行的
SAE AMS 3715	芯子，蜂窝，玻璃纤维/酚醛	现行的
SAE AMS 3716	芯子，蜂窝，玻璃纤维/酚醛，偏置织物纤维结构	现行的
SAE AMS 3725	芯子，聚氨酯泡沫体（聚乙醚），刚硬的，蜂窝的	非现行的(1993)
SAE AMS 4177	芯子，柔韧的蜂窝，铝合金，夹层结构用，5056,350(177)	现行的
SAE AMS 4178	芯子，柔韧的蜂窝，铝合金，按照夹层结构处理的，5052, 350(177)	现行的
SAE AMS 4348	芯子，蜂窝，铝合金，抗腐蚀，夹层结构用，5052,350(177)	现行的
SAE AMS 4349	芯子，蜂窝，铝合金，抗腐蚀，夹层结构用，5056,350(177)	现行的
SAE AMS 5850	钢，耐腐蚀并耐热，蜂窝芯子，电阻焊的，正方格子	现行的
SAE AMS‐C‐7438	芯子材料，铝，夹层结构用	现行的
SAE AMS‐C‐8073	芯子材料，塑料蜂窝，层压的玻璃纤维织物基，供飞机结构及电子应用	现行的
SAE AMS‐C‐81986	芯子材料，塑料蜂窝，尼龙纸基；用于飞机结构	现行的
SAE‐AMS‐PRF‐46194	泡沫芯，刚硬的，结构的，闭室(Closed Cell)	现行的
MIL‐C‐8087	芯子材料，就地发泡芯，聚氨酯类型	已取消(1968)
MIL‐L‐7970	木材，硬木，桃花心木，飞机品质	废弃(1953)
MIL‐S‐7998	夹层结构芯子材料，轻木	新设计废弃不用(1978)
MIL‐S‐25395	夹层结构，塑料树脂，玻璃纤维织物基，层压的面板及聚氨酯就地发泡芯子，用于飞机结构	新设计废弃不用(1968)

3.1.3 蜂窝芯子

蜂窝芯子（honeycomb core）也叫蜂窝芯（cellular core）或开口芯（open-cell core）。可以用各式薄板材料或片带状材料形成蜂窝状结构来制造种种芯子材料。通过改变薄板材料、薄板厚度、孔眼大小及孔眼形状，可以产生密度和性能变化范围很大的芯子。各种不同的芯子构造形式如图 3.1.3(a)所示，其中很多市场已有供应。大多数蜂窝芯子可以进行单曲度的适量成形（弯曲）。已经为按空间曲率或剧烈的单曲度成形要求，研发了具有特殊芯格结构的芯子。对于某些芯子，特别是非金属的芯子，也可以采用加热使其易于成形（热成形）。

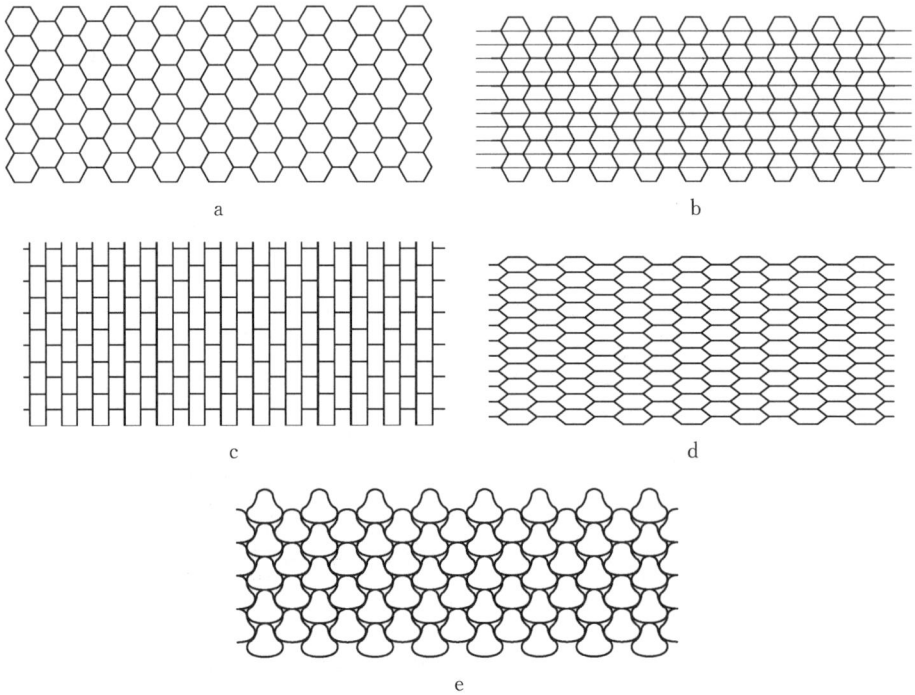

图 3.1.3(a)　蜂窝芯的芯格构造形式

a-六角形的芯子　b-一分为二的六角形芯子　c-过拉伸的芯子　d-欠拉伸的芯子　e-Flex-Core™

如图 3.1.3(a)所示的 a 和 b 类蜂窝芯子不太易于成形。这些类型首选用于平面到单曲度的情况。过拉伸的芯子（c 类）、欠拉伸的芯子（d 类）及柔韧的芯子（e 类）要比此图中的其他类型更易于成形，因而可以较容易在很剧烈的单曲度情况成形，并成形到适度的空间曲率（球面）形状。还采用了其他一些独特的芯子形状与构造来满足某些特殊的性能要求，但因其不太常见，也就未在此加以说明。

蜂窝芯子的芯格尺寸由其芯格内接圆的直径确定。图 3.1.3(b)所示为典型六角形蜂窝芯子的带向（L）、横向（W）和厚度（T）方向。飞机所用蜂窝芯子的芯格尺寸，范围约为 1/16～7/16 in，通常取为 1/16 in 的倍数。用特定薄板材料所得到的

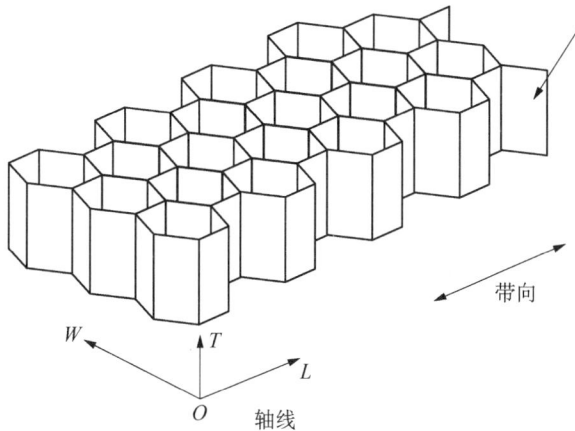

图 3.1.3(b)　蜂窝芯轴线和芯格尺寸的标记

芯格构型,受到板材厚度与刚度的限制。

对于一些特殊的应用情况,例如在某个镶嵌件处,蜂窝芯子可能会因欠拉伸或因芯格压塌而局部变得密实。这种压密实的芯子,其性能的提高大致正比于其密度的增大。夹层结构的芯子,通常用铝合金薄板、经树脂处理后的织物布、经树脂处理后的纸张、不锈钢合金、钛合金和难熔金属制造。

通常用具有平行沟槽的设备来组装波纹状的金属箔板生产蜂窝芯子。在必须通气排放溶剂或气体之处,可以对用于芯子的箔板打孔眼。在夹层板中,未经密封或密封不好的打孔眼箔板会被湿气等渗透,这可能引起芯子性能的严重退化,程度因芯子材料而异。

用非金属材料制造的蜂窝芯子,比金属蜂窝芯子有较好的绝热特性,尽管两者都会在开口的芯格内通过辐射进行传热。但考虑到夹层结构中的热效应,应当知道夹心板可以作为一个反射绝热体。

蜂窝芯子的有效导热系数取决于芯子制作材料的导热性、面板之间的热辐射及芯子芯格内的对流[见参考文献 3.1.3(a)和(b)],并可用下列公式做近似计算:

$$K_e = K_0 A_c + \frac{4\sigma t_c (1 - A_c) T_m^3}{\dfrac{1}{\varepsilon_{UPR}} + \dfrac{1}{\varepsilon_{LWR}} - 2 + \dfrac{2}{1 + F_{12}}} + t_c'(1 - A_c)\eta$$

式中:K_e 为有效导热系数;K_0 为芯子带板材料的导热系数;A_c 为芯子密实度,$A_c = w_c / w_0$;w_c 为芯子的密度;w_0 为芯子带板材料的密度;σ 为 Stefan-Boltzmann 常数;t_c 为芯子厚度;T_m 为夹心板两个面板的平均绝对温度;ε_{UPR} 为夹心板上面板内侧的热辐射系数;ε_{LWR} 为夹心板下面板内侧的热辐射系数;F_{12} 为面板之间的几何视角因子[见参考文献 3.1.3(c)];η 为芯子芯格内的对流传热系数。

3.1.4　带状交叉的芯子

如果在组装薄板时在相邻薄板之间加入彼此垂直的波纹板,就产生了一种通风良好的带状交叉芯子。可以按照波纹凹槽与夹心板面板方向呈 45°角的方式,将带状交叉芯子进行切割,使得芯子具有桁架的样式。图 3.1.4 所示照片为具有所述带方向的带状交叉芯子。

红色——顶层芯子胶线的方向
蓝色——第 2 层芯子胶线的方向

红 篮

红色—每层芯子的方向
这类芯子的方向定义可能出现某些误导。取决于芯子单元的最终形状,一个方向可能标记为"带向",而其他则将标记为"厚度"方向。

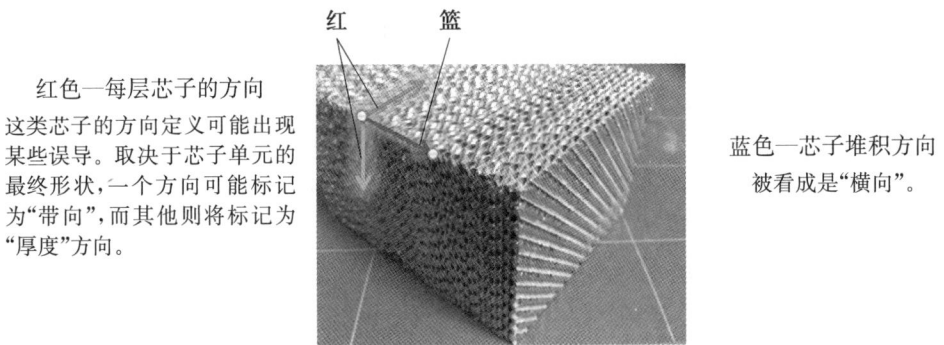

蓝色—芯子堆积方向
被看成是"横向"。

图 3.1.4 带状交叉的芯子

带状交叉芯子的 T 方向压缩强度和在 TL 或 TW 平面[见图 3.1.3(b)]的剪切强度,不如具有同样密度的蜂窝芯子。然而,蜂窝芯子在 W 和 L 方向上的压缩强度及其在 WL 平面内的剪切强度却是微不足道的;反之,带状交叉芯子在这些方向上则有相当大的强度。

由于在这些芯子槽沟之间有很多十字交叉的连接点,带状交叉的芯子特别适用于带整体燃油箱的机体结构,构造其夹层板。由于带状交叉芯子沿所有方向均有较大的刚度,因而不易成形为有弧度的曲面。然而,可以将带状交叉芯子块进行机械加工,得到曲面构件或具有特殊形状的构件。

3.1.5 波纹状的芯子

将金属箔板或经树脂处理后的玻璃纤维布进行成形处理,可形成一系列正弦波形沟槽,制成波纹状的芯子。图 3.1.5 所示为具有单排和两排正弦波形沟槽的夹心板。这些波形槽的走向平行于面板,而芯格的轴线则垂直于面板。波纹状的芯子可以进行单曲度的成形。波纹状芯子的近似导热系数表达式见参考文献 3.1.3(b)。

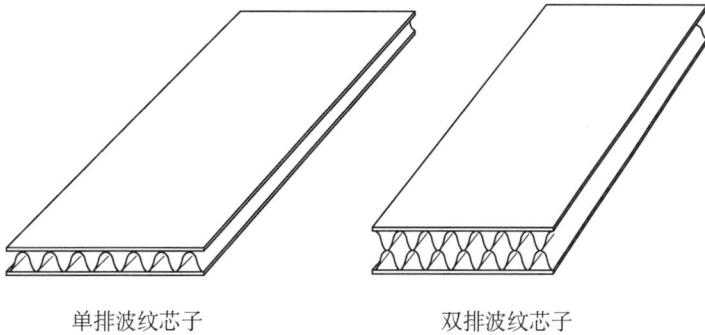

单排波纹芯子　　　　　　　　　双排波纹芯子

图 3.1.5　带有波纹状芯子的夹心板

3.1.6　波纹槽芯

已生产出用薄板材料制成类似波纹槽形构型的芯子。已经将经树脂处理的玻璃纤维毡片成形构成波纹槽芯用于天线罩。已经将薄金属板压花或呈酒窝形,压出有多排方形或三角形的凹窝,但两边保持平坦表面的夹层芯子。波纹槽芯子不适用于需其芯子厚度有斜削的夹层结构。

3.1.7　泡沫芯子

已经研发出泡沫芯子以克服天然芯子材料(木材或纸)的主要缺点,特别是不希望的密度变化和吸湿问题。使塑料芯子发泡、膨胀,或者用其他方法处置,来降低塑料的表观密度,以达到芯子材料所需的特定范围。通过控制这些芯子的膨胀过程,可以获得所希望达到的芯子性能。通过将熔融的铝镁合金与合适的发泡剂混合,并将混合物冷却以形成多孔的固体,可以生产出金属的泡沫芯;还可以生产出泡沫玻璃芯。

为了获得必要的辐射–传输特性,某些类型的天线罩要求夹层结构具有均匀同质的面板和芯子,同时逐渐斜削夹心板的厚度,并始终严格控制厚度[见参考文献 3.1.7(a)～(c)],为了达到所有这些特性,已经开发了就地发泡的芯子材料,芯子材料将精确地附着在已预先成形的面板上。这类芯子材料,虽然其强度及刚度不及相同密度的蜂窝芯子,但却具有以下这些优点:消除了芯子的接头;面板和芯子之间具有薄而均匀的胶层;采用精确预先成形无空隙的面板,面板在组装前易于检测;具有良好的电特性及制造中的柔性。

已经生产出均匀的、密度为 $3\sim30\,lb/ft^3$ 的泡沫芯子,但是最常使用的材料其密度为 $10\sim16\,lb/ft^3$[见参考文献 3.1.7(d)和(e)]。除了应用于天线罩外,某些泡沫芯还在一定程度上用来稳定中空钢制螺旋桨叶片和铝合金操纵面的蒙皮,特别是应用于蜂窝芯子材料难以适应的复杂结构形式。由于其成本一般低于蜂窝芯子,泡沫芯子通常应用于一些对成本敏感的情况,例如通用航空和海洋应用等情况。

就地发泡的芯子材料绝热性能一般优于蜂窝芯子。针对一些特殊的应用情况,还开发了不同密度的金属泡沫芯、玻璃泡沫芯和金属充填的泡沫芯。

3.1.8 木头芯子

夹层结构所选择的天然芯子材料,主要限于轻木,以及用作镶嵌件和边缘的桃花心木、云杉木和杨木。

垂直于木纹的导热系数可按下式计算[见参考文献 3.1.8(a)]:

$$k = (1.39 + 0.028M)S + 0.165$$

式中:k 为导热系数(Btu·in/h·ft²·℉);M 为吸湿量(%);S 为木材的相对密度。

平行于木纹的导热系数,大致为垂直于木纹导热系数的 1/2~2 倍[见参考文献 3.1.8(a)]。

可以采用典型密度范围为 6~15 lb/ft³ 的轻木,其木纹方向平行于或垂直于夹心板的面板。现在的惯例是使木纹方向垂直于面板,称为"横过纹理(end-grain)"用法[见参考文献 3.1.8(b)~(f)]。

夹心板的某些部分,例如连接点或暴露的边缘,需要有高强度的镶嵌件[见参考文献 3.1.8(g)~(i)]。传统上,在这些点使用横过纹理的桃花心木,但是近来已用铝挤压件或非金属元件来取代。吸湿量在 8%~12% 之间按质量和刨板测量值确定的桃花心木密度,一般在 25~35 lb/ft³ 之间。作为对桃花心木的替代,有时用横过纹理的云杉木作为镶嵌件。其横纹机械加工性能较差并难以粘接到其横过纹理的表面,使其应用局限于偶尔的试验或应急的情况。报告显示,横过纹理的杨木也只有有限的应用,用作芯子的镶嵌件。

3.1.9 芯子的性能

表 3.1.9(a)~(f)给出了不同芯子材料的典型力学性能。表中列出沿不同方向的芯子性能,其轴线方向的符号如图 3.1.3(b)和图 3.1.9 所示。

表 3.1.9(a)　非金属蜂窝芯子材料的典型性能

芯子材料	芯格尺寸	密度	纸的厚度	压缩强度	L-剪切		W-剪切	
					强度	模量	强度	模量
	in	lb/ft³	in	psi	psi	ksi	psi	ksi
Nomex®	1/8	1.8	0.0015	131	87	3.9	44	1.7
	1/8	3.0	0.0020	334	203	7.0	131	3.8
	1/8	4.0	0.0020	595	290	9.1	174	5.5
	3/16	1.8	0.0015	87	73	3.3	44	1.9
	3/16	2.0	0.0020	160	102	4.4	58	2.3
	3/16	3.0	0.0020	305	174	6.2	102	3.8
	3/16	4.0	0.0020	522	247	8.0	160	5.1
	1/4	1.5	0.0015	87	58	2.9	29	1.5
	1/4	2.0	0.0015	145	102	3.9	58	2.2

（续表）

芯子材料	芯格尺寸	密度	纸的厚度	压缩强度	L-剪切		W-剪切	
					强度	模量	强度	模量
	in	lb/ft³	in	psi	psi	ksi	psi	ksi
Kevlar™	1/8	2.5	0.0014	261	203	15.2	116	7.8
	1/8	3.0	0.0018	377	276	18.9	160	10.0
	1/8	4.0	0.0018	595	363	21.0	203	12.3
	1/8	4.0	0.0028	493	406	29.7	247	14.5
	1/8	4.5	0.0018	725	377	19.1	218	11.0
	1/8	4.5	0.0028	653	479	37.7	276	14.5
	1/8	5.0	0.0018	841	464	21.8	261	13.1
	1/8	5.0	0.0028	827	551	37.7	319	16.0
	1/8	5.0	0.0023	841	508	29.7	290	14.5
	1/8	6.0	0.0018	1102	522	20.3	305	12.0
	1/8	6.0	0.0028	1146	682	37.7	392	16.0
	5/32	2.5	0.0014	261	203	14.8	131	9.3
	5/32	4.5	0.0018	754	348	20.3	247	13.1
	5/32	4.5	0.0028	740	450	26.1	276	14.5
	5/32	5.0	0.0028	899	551	28.3	334	16.0
	5/32	6.0	0.0028	1233	638	29.7	392	18.1
	5/32	6.0	0.0039	1088	725	29.0	348	13.8
	3/16	2.0	0.0014	218	145	10.2	87	4.9
	3/16	2.0	0.0018	145	145	11.2	87	7.1
	3/16	2.5	0.0014	319	189	11.5	116	6.2
	3/16	2.5	0.0018	276	203	14.5	116	8.0
	3/16	3.0	0.0018	406	232	14.9	160	9.7
	3/16	4.0	0.0018	667	334	20.3	247	13.6
	3/16	4.0	0.0028	653	392	23.2	232	12.6
	3/16	4.5	0.0018	827	392	23.2	276	15.2
	3/16	4.5	0.0028	870	464	22.6	319	15.5
	3/16	6.0	0.0018	1218	522	31.9	392	19.6
	3/16	6.0	0.0028	1320	580	24.9	435	18.7

基于对制造商所发布数据的调查,给出的典型数据。

关于标准规范值,参阅 AMS3711 或相应的最终用户规范。

表 3.1.9(b) 玻璃纤维酚醛蜂窝芯子材料的典型性能

芯格尺寸	密度	稳定化压缩强度	压缩模量	L-剪切		W-剪切	
				强度	模量	强度	模量
in	lb/ft³	psi	ksi	psi	ksi	psi	ksi
3/16	4	595	51	285	14	160	7
3/16	4.5	725	61	305	17	188	9
3/16	5.5	900	82	450	20	245	11
3/16	6	1050	90	520	25	300	13.5
3/16	7	1300	110	650	30	370	16
3/16	8	1600	130	730	35	470	20
3/16	9	1900	150	800	41	535	23
3/16	12	2600	230	1000	49	680	29
1/4	3.5	440	55	260	11	140	6.5
1/4	4.5	640	70	350	15	200	8
3/8	3.2	390	38	205	11	110	5
3/8	3.5	410	41	210	11.3	120	5.5
3/8	4.5	635	67	330	14.5	200	8
3/8	6	1050	105	475	21	300	11

基于对制造商所发布数据的调查,给出的典型数据。
关于标准规范值,参阅 AMS3715 或相应的最终用户规范。

表 3.1.9(c) 5052 铝蜂窝芯子材料的典型性能

芯格尺寸	密度	铝箔厚度	稳定化压缩强度	压缩模量	L-剪切		W-剪切	
					强度	模量	强度	模量
in	lb/ft³	in	psi	ksi	psi	ksi	psi	ksi
1/8	3.1	0.0007	292	75	212	38.5	131	19.0
1/8	4.5	0.0010	557	150	342	60.5	222	28.0
1/8	6.1	0.0015	973	240	543	87.5	335	39.0
1/8	8.1	0.0020	1512	350	778	123.5	488	52.0
1/8	10	0.0025	2063	—	1028	157.5	580	62.5
5/32	2.6	0.0007	243	55	168	30.5	101	15.5
5/32	3.8	0.0010	413	110	273	48.5	167	23.0
5/32	5.3	0.0015	725	195	423	74.0	273	33.5
5/32	6.9	0.0020	1135	285	593	103	378	44.0
5/32	8.4	0.0025	1608	370	765	128	478	53.5
3/16	2.0	0.0007	178	34	121	22.0	71	11.5

（续表）

芯格尺寸	密度	铝箔厚度	稳定化压缩强度	压缩模量	L-剪切		W-剪切	
					强度	模量	强度	模量
in	lb/ft³	in	psi	ksi	psi	ksi	psi	ksi
3/16	3.1	0.0010	315	75	212	38.5	128	19.0
3/16	4.4	0.0015	535	145	332	59.0	217	27.0
3/16	5.7	0.0020	833	220	462	80.0	302	36.0
3/16	6.9	0.0025	1147	285	593	103	377	44.0
3/16	8.1	0.0030	1618	350	728	124	475	52.0
1/4	1.6	0.0007	96	20	86	17.0	50	8.5
1/4	2.3	0.0010	197	45	142	26.5	86	13.5
1/4	3.4	0.0015	355	90	233	42.5	145	21.0
1/4	4.3	0.0020	522	140	322	57.0	205	27.0
1/4	5.2	0.0025	733	190	412	72.0	267	33.0
1/4	6.0	0.0030	1020	235	520	85.5	335	38.5
1/4	7.9	0.0040	1452	340	703	119.0	443	51.0
3/8	1.0	0.0007	47	10	45	9.5	30	5.0
3/8	1.6	0.0010	97	20	87	17.0	51	8.5
3/8	2.3	0.0015	190	45	138	26.5	82	13.5
3/8	3.0	0.0020	295	70	202	36.5	126	18.0
3/8	3.7	0.0025	410	105	255	47.5	165	23.0
3/8	4.2	0.0030	528	135	312	56.0	202	26.0
3/8	5.4	0.0040	777	200	432	76.0	282	34.5
3/8	6.5	0.0050	1008	265	550	94.0	355	42.0
1/2	3	0.0030	315	—	240	30.0	125	15.0
1/2	6	0.0040	1000	—	640	75.0	375	36.0

基于对制造商所发布数据的调查,给出的典型数据。
关于标准规范值,参阅 AMS4348 或相应的最终用户规格说明书。

表 3.1.9（d）   5056 铝蜂窝芯子材料的典型性能

芯格尺寸	密度	铝箔厚度	稳定化压缩强度	压缩模量	L-剪切		W-剪切	
					强度	模量	强度	模量
in	lb/ft³	in	psi	ksi	psi	ksi	psi	ksi
1/8	3.1	0.0007	348	97	252	38.5	157	18.0
1/8	4.5	0.0010	673	185	438	60.5	257	26.5
1/8	6.1	0.0015	1137	295	677	89.5	393	37.5

（续表）

芯格尺寸	密度	铝箔厚度	稳定化压缩强度	压缩模量	L-剪切		W-剪切	
					强度	模量	强度	模量
in	lb/ft³	in	psi	ksi	psi	ksi	psi	ksi
1/8	8.1	0.0020	1700	435	935	118	552	50.5
1/8	10	0.0025	2200	—	1190	140	700	60.0
5/32	2.6	0.0007	268	70	203	30.5	118	14.5
5/32	3.8	0.0010	505	140	338	49.0	198	22.0
5/32	5.3	0.0015	870	240	555	74.5	330	32.0
5/32	6.9	0.0020	1345	350	763	105	435	42.5
3/16	2.0	0.0007	187	45	142	22.0	86	11.0
3/16	3.1	0.0010	390	97	263	38.5	153	18.0
3/16	4.4	0.0015	648	180	423	59.0	247	25.5
3/16	5.7	0.0020	973	270	573	82.0	335	35.0
3/16	6.9	0.0025	1250	—	765	91.0	450	42.0
3/16	8.1	0.0030	1625	—	925	112	550	50.0
1/4	1.6	0.0007	108	30	91	16.5	61	8.3
1/4	2.3	0.0010	247	58	178	26.5	103	13.0
1/4	3.4	0.0015	455	115	293	42.5	177	20.0
1/4	4.3	0.0020	610	172	403	56.0	235	25.5
1/4	5.2	0.0025	813	230	497	67.0	303	31.0
1/4	6.0	0.0030	1000	—	640	75.0	375	36.0
1/4	7.9	0.0040	1580	—	900	108	540	49.0
3/8	1.0	0.0007	52	15	57	11.0	36	4.9
3/8	1.6	0.0010	108	30	91	16.5	61	8.3
3/8	2.3	0.0015	220	58	172	26.5	100	13.0
3/8	3.0	0.0020	337	92	247	34.0	147	17.0
3/8	3.7	0.0025	450	—	325	40.0	190	20.0
3/8	4.2	0.0030	550	—	395	47.0	225	23.0
3/8	5.4	0.0040	850	—	565	66.0	325	32.0
3/8	6.5	0.0050	1135	—	710	83.0	420	40.0
1/2	2.6	0.0025	230	—	190	24.0	100	12.0
1/2	3.0	0.0030	315	—	240	30.0	125	15.0
1/2	6.0	0.0040	1000	—	640	75.0	375	36.0

基于对制造商所发布数据的调查，给出的典型数据。

关于标准规范值，参阅 AMS4349 或相应的最终用户规范。

表 3. 1. 9(e)　泡沫芯子材料的典型性能测试方向平行及垂直于泡沫膨胀的方向

密度	压缩强度		压缩模量		拉伸强度		拉伸模量	
	平行	垂直	平行	垂直	平行	垂直	平行	垂直
lb/ft³	psi	psi	psi	psi	psi	psi	psi	psi
3	63	45	1 250	1 410	59	50	1 750	1 510
4	95	73	2 090	2 320	88	77	2 830	2 520
5	130	106	3 130	3 410	119	108	4 110	3 730
6	169	144	4 360	4 660	152	142	5 570	5 150
7	211	186	5 750	6 080	187	179	7 200	6 760
8	255	232	7 320	7 650	224	219	8 990	8 560
10	351	336	11 000	11 200	302	306	13 000	12 700
12	491	474	15 400	11 600	388	420	17 100	17 000
15	749	732	22 600	17 800	538	586	25 100	24 800
18	1 060	1 040	30 900	25 200	701	769	34 400	33 700
20	1 290	1 280	37 100	30 800	818	899	41 200	40 300
25	1 970	1 980	54 400	47 300	1 130	1 250	60 600	58 700
30	2 780	2 820	74 500	67 100	1 480	1 650	82 900	79 800
35	3 720	3 810	97 200	90 200	1 850	2 070	108 000	103 000
40	4 780	4 940	122 000	116 000	2 250	2 520	136 000	129 000

密度	剪切强度		剪切模量	
	平行	垂直	平行	垂直
lb/ft³	psi	psi	psi	psi
3	39	48	477	709
4	60	72	730	1 020
5	84	97	1 020	1 340
6	111	125	1 330	1 690
7	140	155	1 670	2 050
8	171	186	2 030	2 420
10	239	253	2 820	3 200
12	315	326	3 950	4 240
15	453	457	5 990	6 150
18	608	601	8 420	8 340
20	721	705	10 300	9 950
25	1 040	987	15 600	14 400
30	1 390	1 300	21 900	19 600
35	1 780	1 640	29 200	25 300
40	2 210	2 010	37 400	31 700

基于对制造商所发布数据的调查,给出的典型数据。
关于标准规范值,参阅 AMS3725,SAE－AMS－PRF－46194,或相应的最终用户规范。

表 3. 1. 9(f)　轻木芯子材料的典型性能测试方向垂直于平面的方向

密度	压缩强度	压缩模量	拉伸强度	拉伸模量	剪切强度	剪切模量©
lb/ft³	psi	psi	psi	psi	psi	psi
6.2	992	312 000	1 140	336 000	277	15 900
9.4	1 840	569 000	1 890	510 000	427	22 800
15.2	3 740	1 137 000	3 360	825 000	703	43 800

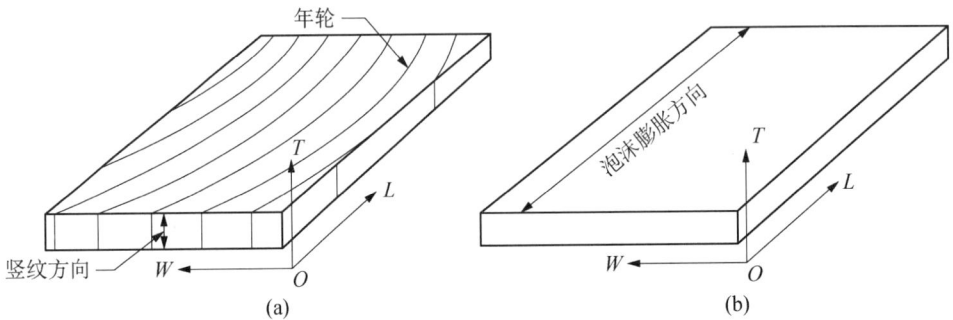

图 3.1.9　夹心板芯子的各向正交异性轴标记

（a）木材芯子　（b）泡沫芯子

对于每一种材料,给出了其典型的平均密度和力学性能。对所示的芯子材料,当前还不能提供其统计学数据,但所提供的数值代表了市场所供应产品的典型工业供应商数据。对于某个给定应用情况,应当基于第 2 章所讨论的方法,对结构的真实材料确定其特殊批准的性能数据,并用这些数据进行芯子尺寸的精确设计。

3.1.9.1　芯子性能的估计

如果没有通过试验确定的芯子性能,则还可能通过考虑芯子材料类型、密度和构型得出其合理的估计值。反之,如果某个设计中需要具有一定性能的芯子,则有可能估计出为要获得满意的夹层结构,其所需芯子的密度、材料和芯子的构型。具体材料的弹性模量和强度通常随着芯子密度的增加而增大。因而,如果已知在一定密度下的芯子性能,就可用线性外推来获得某个不同密度下的性能估计值。如果已知在几个密度下的芯子性能,就可建立性能和密度之间的曲线关系,此时应当利用这个曲线关系而不是线性外插来进行性能估计。

对于多芯格(蜂窝)金属芯子,可以根据金属箔片或带状材料的性能、带状材料的厚度及芯格的尺寸与形状,估计其密度和弹性模量。通过确定每单位体积芯子中金属箔片或带状材料的体积,可进行金属蜂窝芯子密度值的估计。用下式给出适用于六边形芯格的芯子[见图 3.1.3(b)]的结果：

$$w_c = \frac{s t_0}{s t} w_0$$

式中：w_c 为芯子密度；w_0 为金属箔片或带状材料的密度；t 为金属箔片或带状材料的厚度；s 为芯子的尺寸（内接圆的直径）。

可由为金属箔片或带状材料的弹性模量 E_0 乘以芯子密度与金属箔片或带状材料的密度之比，估计出芯子沿厚度方向的弹性模量 E_c：

$$E_c = \frac{w_c}{w_0} E_0$$

3.2　面板

夹层结构的面板具有多种功能，这取决于应用的情况，但是在所有情况下面板都承受着主要的外载荷。被芯子所稳定的面板特性决定了零件的刚度、稳定性、构型，并在很大程度上决定了零件的强度。为实现这些功能，面板必须适当且粘接质量合格地粘合到芯子上。有时面板还具有附加的一些功能。例如，提供具有适当气动光顺性的气动外形、粗糙不滑的表面，或坚实耐磨的地板覆盖物。为了更好地满足这些特殊功能，有时把夹心板的一个面板设计得比另一个略厚些，或采用略微不同的结构形式。

任何薄板材料均可用作夹心板的面板。很多情况下，面板材料用来密封芯子使之免受诸如水汽等环境影响，这就要求面板采用不渗透的材料。然而，在有些应用情况下，面板材料并不需要密封芯子材料，例如在一些吸音板的应用情况。以下几小节将简要讨论通常使用的一些面板材料。

3.2.1　面板的类型

本节按照面板结合到夹层结构时所用的一般方法来介绍面板材料，这就形成 3 种基本的类型：胶粘接的预制面板、共固化或共胶接的面板和自粘接的面板（具有不可分离胶黏剂的预浸料或液体成形结构）。

3.2.1.1　胶粘接的预制面板

采用胶粘接的预制面板，使得设计师能够利用作为面板材料的薄板材料性能进行结构尺寸设计，因为那些面内材料性能一般不会受到粘接过程的影响。这种类型面板用于采用金属面板及预固化复合材料面板的所有夹层结构。所用的胶黏剂通常为薄膜胶黏剂，但是也可为糊状胶黏剂。

3.2.1.2　共固化面板或使用胶黏剂的共胶接面板

很多复合材料为面板夹层结构构型，除了其面板材料中的树脂外，还需要有面板和芯子之间的胶黏剂。夹心板的共固化定义为这样一种方法，该方法在未固化状态下将胶黏剂和两个面板组合到芯子上，然后在一个固化循环中把胶黏剂和面板进行固化。

夹心板是指这样一种制作方法：其中有一个面板是预固化的，而另一个面板则与将其粘接到芯子上的胶黏剂（或许甚至连同将芯子粘接到预固化面板的胶黏剂一起)同时进行固化。例如,这种替代的方法用于制造其两个面板的全面厚度与最终厚度必须加以控制的舱门,在这个方法中有一个面板及其胶黏剂在一个循环中被固化到芯子上,然后将芯子机械加工到所需的外形,再将第 2 个面板连同胶黏剂在第 2 个固化循环中固化到芯子上面。

这类面板的性能高度依赖于工艺参数及芯子的构型与几何形状。直接将面板材料固化到蜂窝芯子上,可能形成波浪形和(或)使得邻近芯子的面板铺层出现凹窝。应当用生产的加工技术和代表性的加工方法,试验代表性的部分,确定所生产夹心板的性能。

应当指出,在一些情况下,为达到某个外形或特定形状已对某些部分的芯子进行修形或将对其进行修形,对这些部分使用薄膜胶黏剂并进行固化;这样做是为了稳定芯子,但未必增大芯子与面板之间的粘接强度。

3.2.1.3　自粘接的面板

自粘接的面板涉及这样一类复合材料面板材料,在铺贴过程中在其未固化状态下与芯子进行组合,仅只依靠面板的树脂材料将面板粘接到芯子上。正如这一类型的名称所暗示的,在建立面板与芯子之间的连接中未使用另外的胶黏剂。

对于采用预浸料面板的夹层结构,相对于实心层压板所用的预浸料,这种方法可能需要预浸料具有特殊的树脂配方和(或)较高的树脂含量。这种类型面板还用于采用液态成形工艺如树脂传递模成形(RTM)、真空辅助 RTM(VARTM),甚至湿铺贴所制造的夹层结构。

正如前面所讨论的,自粘接面板的力学性能可能高度依赖于工艺参数和芯子的构型及几何形状。特别是由于蜂窝芯或波纹状芯子的芯格壁间无支撑跨间,这可能导致面板材料出现波形和(或)凹窝。应当用生产加工技术和代表性的加工方法试验代表性的部分,以确定夹心板的真实性能。

3.2.2　面板的性能

可以从商业信息源,如《金属材料性能确定与标准化(MMPDS)手册》(参考文献3.2.2),获得金属面板材料的性能作为设计值。复合材料面板的性能则通常用传统的分析技术。例如,用本手册第 3 卷所述的传统分析技术确定,本手册的第 2 卷还提供了某些材料的性能值;但如同上面所讨论的,必须考虑那些可能受到工艺过程影响的性能。在所有的情况下,应当对采用代表性生产材料、生产工艺和加工方法所制造的代表性构件进行试验,再基于试验对性能进行调整。

3.3　胶黏剂

在夹层结构中胶黏剂有不同功用。主要用途是从结构上将面板固定到芯子上,以抵抗面板和芯子之间的剪切和剥离力,并使得这些材料作为一个体系同时作用。胶黏剂还用来胶接和稳定芯子,并用以将面板粘接到各种配件、加强板、边条和其他镶嵌件上。

胶黏剂有不同的形式和类型,且其化学构成也不相同,这使得其各有不同的应用范围和性能标准;这些将在以下各小节加以说明。

首先概括地说明这些胶黏剂,辅以表 3.3.2 所列的适当工业标准,然后讨论胶黏剂的不同形式和类型,并包括其典型的应用。接着给出不同胶黏剂的化学组成及性质,同时逐一讨论其对不同应用情况的使用。在本节的最后,在表 3.3.5 中提供了一些典型胶黏剂的性能,这些性能仅供参考,而工艺参数则取决于具体的胶黏剂配方。

3.3.1 胶黏剂的类型

胶黏剂是指进行粘接(粘合)或在结构上将一些零件连接在一起所使用的一些化合物。实际上,能够用胶黏剂从结构上加以连接的材料类型是无限的;但是它们对粘接薄材料特别有用,因而对于夹层结构是非常宝贵的。夹层结构所用的胶黏剂,典型的是合成物和聚合物基的,因而通常通过采购标准胶黏剂和工艺规范加以控制,这取决于具体的材料和应用情况。

3.3.2 胶黏剂标准

胶黏剂的工业标准如表 3.3.2 所示。

表 3.3.2 胶黏剂材料标准

标准	名 称	状态 (发布日期)
SAE AMS 3686A	胶黏剂,聚酰亚胺树脂,抗高温薄膜及糊,315 Mdc(519 Mdf)	现行的
SAE AMS 3688B	胶黏剂,泡沫,蜂窝芯子拼接,结构的,−55～+82 Mdc (−65～+180 Mdf)	现行的
SAE AMS 3689B	胶黏剂,泡沫,蜂窝,芯子拼接,结构的,−54～+177 Mdc (−65～+350 Mdf)	现行的
SAE AMS 3690C	胶黏剂化合物,环氧树脂,室温固化	现行的
SAE AMS 3692C	胶黏剂化合物,环氧树脂,高温应用	现行的
SAE AMS 3695	胶黏剂薄膜,环氧树脂基质,用于高耐久性结构胶粘结合	现行的
SAE AMS 3695/1	胶黏剂薄膜,环氧树脂基质,高耐久性,用于 95 Mdc (200 Mdf)服役	现行的
SAE AMS 3695/2	胶黏剂薄膜,环氧树脂基质,高耐久性,用于 120 Mdc (250 Mdf)服役	现行的
SAE AMS 3695/3	胶黏剂薄膜,环氧树脂基质,高耐久性,用于 175 Mdc (350 Mdf)服役	现行的
SAE AMS 3695/4	胶黏剂薄膜,环氧树脂基质,高耐久性,用于 215 Mdc (420 Mdf)服役	现行的
SAE AMS 3705A	环氧树脂,脂环族液体	现行的
SAE AMS 3710C	夹层结构,玻璃纤维布-树脂,低压模塑,抗热	现行的
SAE AMS 3728A	环氧甲酚酚醛树脂低分子量	现行的

标准	名　　称	状态 （发布日期）
SAE AMS 3729A	环氧树脂基质，热固抗中温无充填	现行的
SAE AMS A25463	胶黏剂，薄膜形式，金属结构夹心板	现行的

3.3.3　胶黏剂的形式/类型与应用

夹层结构所用的胶黏剂可有不同的形式和类型，其中某些比别的更加合适，这取决于应用情况和构件的制造工艺过程。在复合材料蜂窝夹心板的组装中，通常采用由纤维载体支持的薄膜胶黏剂将面板粘接到蜂窝芯子上。

选择夹层结构的胶黏剂时，其主要考虑是：

（1）强度要求；

（2）服役温度范围；

（3）在芯格壁-面板界面形成适当带状连接的能力（对于蜂窝芯子）；

（4）面板和胶黏剂固化参数的相容性（对共固化或共胶接面板）。

在以下各小节中，按照其在成为夹层结构一部分之前的原先材料形式来讨论夹层结构中的胶黏剂。对给定的夹层结构设计，其胶黏剂形式的选择通常基于经济性考虑和质量考虑。例如，如果能够作为共固化过程的一部分，利用来自预浸料面板的基底树脂，在面板和芯子之间形成足够强的粘接，就不致因使用单独薄膜胶黏剂而增加费用与质量。

夹层结构中通常用发泡胶黏剂来拼接芯子段和充填夹层结构内部的空隙区，一般不用于将芯子粘接到面板上。

3.3.3.1　自粘接面板提供的树脂

上述各节讨论的自粘接的预浸料材料，提供其自身的树脂将面板粘接到芯子材料上；其中利用了当工艺温度升高同时树脂黏度下降而从预浸料中流出的树脂。关于在芯格壁-面板界面形成最佳圆角的问题，本卷第5章提供了更多的信息。从经济的观点，这种方法常常受到欢迎，因为制造中所用材料类型最少，同时因无须增加胶层，使得结构质量降低。

3.3.3.2　胶膜

胶膜是指以半固态提供的一族胶黏剂，并通常带有最小重量的纤维载体（常常是针织纤维或无纺毡纤维）。这种形式在铺贴过程中易于操作和控制，同时在铺贴过程提供了可控的胶黏剂厚度或总量。对于具有碳纤维面板和金属芯子的夹心板，胶膜载体可以在碳和金属组分之间提供某种程度的隔离，以使得化学电腐蚀问题为最小，但在浸蚀性环境下运行时，电化学防护仍然是设计中要关心的问题。就结构性能而言，在一个夹层结构中，带针织纤维载体的胶膜提供了较高的剥离强度，而带有无纺毡纤维载体的胶膜则限制了预浸料树脂与胶膜的混合，从而导致较低的剥离强度。

3.3.3.3 糊状胶黏剂

糊状胶黏剂是指按半固态提供的一族胶黏剂材料,并通常按单组分或双组分化合物供应。糊状胶黏剂通常工作寿命很短,因而需要仔细地计划工作,以便在整个工艺过程中保持所希望的物理性能。糊状胶黏剂一般相当便宜,但是需要某些办法来控制胶层的厚度。虽然可用其将各种零件(如金属镶嵌件)粘接到一个夹心板组合中,或者出于增大刚度/强度的目的而用以充填一个区域的芯子,但是,一般不采用糊状胶黏剂将面板粘接到芯子上面。

3.3.3.4 液态树脂

液态树脂是指可在其液体树脂模塑成形过程中将面板粘接到芯子材料上,只要芯子比较刚硬且无孔,如木材和泡沫芯材料芯。液态树脂已用于蜂窝芯子情况,只是要将芯子与面板的界面处进行充分密封,以防止树脂充填到芯格后,再将面板粘接到芯子上。

3.3.3.5 发泡胶黏剂

当构件尺寸超过可能的标准芯子板供应尺寸,或者不加处理将会在夹心板的某个区域内将出现空隙或面板材料无支持的部分时,就用发泡胶黏剂来拼接芯子的各部分。在修理中,发泡胶黏剂还用于粘接受损芯子的替换部分。发泡胶黏剂中包含了起泡剂,起泡剂在加热过程中产生气体(如氮气),以产生为充填芯子各部分之间缝隙及其他空缺区域所需要的膨胀体,并在相邻芯子部分的侧壁之间形成粘接。

3.3.4 胶黏剂的化学性质

胶黏剂可能是有机材料或合成材料,但是现在的讨论将局限于聚合物(合成的)胶黏剂。正如下面各小节所讨论的,这些化合物的化学性质和组成不同,当应用于夹层结构时,每种材料都呈现其独有的特性。这里所列的种类不是旨在进行穷尽无遗的陈述,而只是对最常用的胶黏剂提供一个说明。关于胶黏剂化学性质和组成的更多信息,见 ASM Vol. 21 Composites(见参考文献 3.3.4)。

3.3.4.1 环氧树脂

环氧树脂(epoxy resins, epoxies)是指结构复合材料应用中广泛使用的一类热固性树脂,由于其环氧功能团主导了由液态树脂转换为硬化胶黏剂的过程而得名。

环氧树脂基质胶黏剂最常见的形式为双组分糊状胶黏剂、单组分胶黏剂和冻结态的薄膜胶黏剂。双组分糊状体系典型地可在大气环境下固化,而薄膜胶黏剂则需要加高温来促进活化。各式各样可用的物理形式(从低黏度液体到高熔点固体)增加了它们对许多加工技术及应用的适应性。

环氧树脂能够提供较高的强度和模量、低挥发性、低固化收缩、良好的耐化学性能、易加工性能,以及对于一系列基底材料的优异黏附力。环氧树脂胶黏剂的缺点包括:有混合的要求(双组分系统),有限的存储寿命(包括双组分的糊剂和单组分的薄膜),相对较脆,以及持续暴露在湿气下而出现性能退化。环氧树脂的工艺过程或固化过程通常要比聚酯树脂慢，同时树脂的成本也高于聚酯。环氧树脂的典型固化温度范围为 $120\sim180℃(250\sim350℉)$。固化后结构的使用温度将随着固化温度而变；较高的固化温度一般获得较高的玻璃化转变温度（T_g），因而得到较高的使用温度。

3.3.4.2　双马来酰亚胺

因其两个马来酰亚胺的化学基团主导了固化变换而得名。双马来酰亚胺（BMI）是一类添加型聚酰亚胺热固性树脂。因为其在高温和潮湿环境下保持了其优异的物理性能，它们最常用于高温使用情况。BMI 所提供的工艺性能，以及其均衡的热性能、力学性能与电性能，已经使其被先进的复合材料和电子应用情况普遍采用。较新的先进 BMI 树脂体系提供了增强的韧性、比典型环氧树脂更高的热稳定性，并且减少了吸湿性。

BMI 树脂体系的典型固化温度范围为 $175\sim205℃(350\sim400℉)$。然而，为达到最佳的性能，为得到具有更高玻璃化温度 T_g 为 $282℃(540℉)$ 的更高最终使用温度，进行第 2 次高达 $225℃(440℉)$ 的较高温度后固化是必要的。后固化增加了基体的转化程度，这显著地提高了系统的热稳定性（T_g），但损失了柔软度（韧性）。

3.3.4.3　酚类化合物

酚类化合物，有时也叫做酚醛树脂，因其羟基直接链接到一个芳（族）烃上而得名；这是一类热固性树脂，适用于一些需要利用其优异阻燃性能、高温性能、长期耐久性及阻抗碳氢化合物和氯化溶剂特性的应用情况。由于认证机构阻燃性相关的强制性适航条例要求，酚醛树脂广泛应用于飞机内部的墙体、天花板与地板，以使旅客在机体燃烧时有更长的撤离时间。在非航空航天应用中日渐通行使用酚醛树脂，如在大众运输、海洋、矿井支架和海上结构等有严格的防火要求之处，酚醛树脂已成为常用的材料。在有阻燃要求的情况下，酚醛树脂还广泛用来制作蜂窝芯材料。

酚醛树脂的典型固化温度有很大的范围，从 $25\sim245℃(75\sim475℉)$，这取决于具体的配方和所要求的使用温度。酚醛树脂的缺点包括其比较脆，某些类型在固化过程会产生挥发物，以及某些配方对人体存在一定的健康与安全问题。

3.3.4.4　聚酯

聚酯树脂，因不饱和的聚酯树脂构成了活性的不饱和碳氢化合物的主体而得名，这是一类比环氧树脂便宜且工艺时间更短的热固性树脂。聚酯树脂有良好的抗疲劳性、UV 稳定性，并在存在湿气的情况下能保持良好的性能。聚酯树脂对玻璃纤维有优异的黏附力，但对碳纤维相容性较差。在商业海洋工程和风能应用中，聚酯树脂是应用最广泛的树脂和胶黏剂。

通过将树脂与少量催化剂混合来启动自由基转换，聚酯树脂非常易于加工处理，而固化温度范围从室温大气环境到 $180℃(350℉)$。由于具有长链中等聚酯功能，对于给定的热稳定性，转换的聚酯胶黏剂通常要比环氧树脂更坚韧。然而，由于聚酯的自由基被固化，存在的氧气可能阻碍固化转换过程，特别是在表面上，如果固化过程暴露在大气中，会导致表面发黏。通常，聚酯树脂用于低成本应用情况，并是需要进行快速处理之时的优先选择。

3.3.4.5　聚酰亚胺

聚酰亚胺树脂可以是热固性的或者是热塑性的，这取决于其配方与工艺过程。聚酰亚胺基复合材料用于高温应用情况。此时，其抗热性、氧化稳定性、低热膨胀系数及耐溶剂性，就证明了其高费用和难处理也是值得的。其主要用途是电路板、高温结构及航空航天应用。聚酰亚胺树脂通常需要在 290℃（550°F）以上的温度下固化，因而需要特殊的高温装袋薄膜、吸胶布和透气布及能够适应高工艺温度的钢（或其他）模具；环氧树脂所使用的标准廉价尼龙装袋薄膜和聚四氟乙烯（PTFE）隔离薄膜，经不起聚酰亚胺树脂工艺过程所需要的温度。

3.3.5　胶黏剂的性能

各种胶黏剂的典型力学性能如表 3.3.5 所示。目前还没有有关其中胶黏剂材料性能的统计数据，但是，所提供的数据代表了市场供应产品的典型工业供应商信息。对于某个给定应用情况，应当基于第 2 章所讨论的方法，对结构的真实材料确定其专门批准的性能数据，并用这些数据进行精确的设计。

表 3.3.5　某些胶黏剂材料的典型性能

胶黏剂类型	固化温度 ℃（°F）	最大服役温度 ℃（°F）	测试环境	剪切强度 ksi	剪切模量 ksi	拉伸强度 ksi	弹性模量 ksi	T-剥离强度 lb/in
酚醛树脂薄膜	149～177（300～350）	82(180)	RTD(75°F)	2.8～5.4	7～13	2.7～4.3	20～40	35～62
			ETD(180°F)	1.6～3.0				25
环氧树脂薄膜	121～177（250～350）	82～149（180～300）	RTD(75°F)	4.9～6.8	77～142	6.0～7.5	102～345	30～43
			177ETD(180°F)	3.2～5.7	25～84			20～34
			ETW(180°F，85% RH)	0.9～5.3	2～83			
双马来酰亚胺薄膜	177(350)＋246(475)后固化	246～288（450～550）	RTD(77°F)	2.0～3.5				
			ETD(450°F)	1.5～1.7				
			ETW(200°F，100% RH)	1.4～2.8				
氰酸酯薄膜	177(350)＋277(440)后固化	191～246（375～450）	RTD(77°F)	2.7～3.0				
			ETD(350°F)	2.4～4.2				
			ETW(160°F，95% RH)	2.8～3.9				

（续表）

胶黏剂类型	固化温度	最大服役温度	测试环境	剪切强度	剪切模量	拉伸强度	弹性模量	T-剥离强度
	℃(℉)	℃(℉)		ksi	ksi	ksi	ksi	lb/in
双组分环氧树脂糊	RT~93(200)	82~246 (180~450)	RTD(77℉)	3.2~6.2	50~212	4.7~6.7	100~620	25~50
			ETD(180℉)	0.9~4.1	30~135			
			ETW(145℉, 85% RH)	0.7~4.1	13~99			
环氧树脂发泡薄膜	121~177 (250~350)	121~177 (250~350)	RTD(75℉)	1.1~1.7				
			ETD(180℉)	1.1~1.9				

基于对制造商所发布数据的调查,给出的典型数据。
关于标准规范值,参阅表 3.3.2 列出的标准,或相应的最终用户规范。

参 考 文 献

3.1.3(a) McCown J W, Barrett W F, Norton A M. Design and Testing of a Hot Redundant Structures Concept for a Hypersonic Flight Vehicle [R]. Martin-Marietta Corp., Baltimore, MD.

3.1.3(b) Swann R T, Pittman C M. Analysis of Effective Thermal Conductivities of Honeycomb-Core and Corrugated-Core Sandwich Panels [S]. NASA Tech. Note D714, 1961.

3.1.3(c) Kreith F. Principles of Heat Transfer [M]. International Textbook Co., Scranton, PA, 1960.

3.1.7(a) Cady W M, et. al. Radar Scanners and Radomes [M]. Mass Inst Technol Radiation Lab Series, Vol.26, McGraw-Hill Book Co., NY.

3.1.7(b) National Defense Research Committee, Tables of Dielectric Materials [R]. Volumes I and II, Lab. for Insulation Res, Mass Inst Technol, 1951.

3.1.7(c) U S. Air Force-Navy, Radome Engineering Manual [J]. Air Materiel Command Manual, 1948, No. 80-44, NAVER 16-45-502.

3.1.7(d) Jenkinson P M, Kuenzi E W. Properties of Alkyd-Isocyanate Foamed-In-Place Core [R]. Wright Air Develop. Center Tech Rep 57-182, (Astia Dot. No.155884), 1957.

3.1.7(e) Setterholm V C, Kuenzi E W. Effect of Moisture Sorption on Weight and Dimensional Stability of Alkyd-Isocyanate Foam Core [R]. Wright Air Develop Center Tech Rep, 1956,56-86.

3.1.8(a) U S Forest Products Laboratory, Forest Service, Wood Handbook [M]. U. S. Dep Agr Agr Handb. 1955, 72.

3.1.8(b) Doyle D V, Drow J T, McBurney R S. The Elastic Properties of Wood-The Young's Moduli, Moduli of Rigidity, and Poisson s Ratios of Balsa and Quipo [R]. U S Forest Prod Lab Rep, 1945, 1528.

3.1.8(c)　　Heebink B G, Kommers W J, Mohaupt A A. Durability of Low-Density Core Materials and Sandwich Panels of the Aircraft Type as Determined by Laboratory Tests and Exposure to the Weather, Part 111 [R]. U S Forest Prod Lab Rep, 1950,1573 – B.

3.1.8(d)　　Kuenzi E W. Effect of Elevated Temperatures on the Strengths of Small Specimens of Sandwich Construction of the Aircraft Type-Tests Conducted Immediately After the Test Temperature Was Reached [R]. U S Forest Prod Lab Rep, 1949,1804.

3.1.8(e)　　Setterholm V C, Heebink B C, Kuenzi E W. Durability of Low-Density Sandwich Panels of the Aircraft Type as Determined by Laboratory Tests and Exposure to Weather [R]. U S Forest Prod Lab Rep, 1955,1573 – C.

3.1.8(f)　　Wiepking C A, Doyle D V. Strength and Related Properties of Balsa and Quipo Woods [R]. U S Forest Prod Lab Rep, 1944,1511.

3.1.8(g)　　Doyle D V, Drow J T. The Elastic Properties of Wood, Young's Moduli, Moduli of Rigidity, and Poisson's Ratios of Mahogany and Khaya [R]. U S Forest Prod Lab Rep, 1946,1528 – C.

3.1.8(h)　　U S Department of Defense. Design of Wood Aircraft Structures [M]. Air Force, Navy, Commerce Bulletin 18, 2nd ed, Munitions Board Aircraft Comm, 1951.

3.1.8(i)　　U S Department of Defense. Wood Aircraft Inspection and Fabrication [J]. Air Force, Navy, Commerce Bulletin 19, Munitions Board Aircraft Comm, 1951.

3.2.2　　　Metallic Materials Properties Development and Standardization (MMPDS) [S]. formerly MILHDBK – 5, 2012, MMPDS – 07.

3.3.4　　　Miracle Daniel B, Donaldson Steven L. ASM Handbook [EB/OL]. Volume 21 – Composites, ASM International. Online version available at: http://knovel.com/web/portal/browse/display?_EXT_KNOVEL_DISPLAY_ bookid = 3139&VerticalID = 0, 2001.3.1.3(a)

第4章 夹层结构设计和分析

4.1 引言

夹层结构是指由两层或两层以上薄面板与一个相对较厚的低密度芯材连接而成的复合材料，其常见的芯材为多孔材料或波纹板。夹层结构的面板主要承受面内载荷和弯矩，是夹层结构弯曲刚度的重要来源。芯材承受由垂直于面板的载荷所引起的剪力，是夹层结构剪变刚度的重要来源。面板和芯材的选择主要取决于夹层结构的具体应用及其设计准则。夹层结构的设计是一个几何设计与材料选择相结合的过程。

夹层结构在受力原理上与工字梁相似，如图 4.1 所示。在工字梁中，尽可能多的材料用于远离弯曲中心轴的缘条中。腹板仅保留能使上、下缘条协调运动并能抵抗剪切载荷和屈曲所必须的材料用量。在夹层结构中，面板和芯材分别起到工字梁

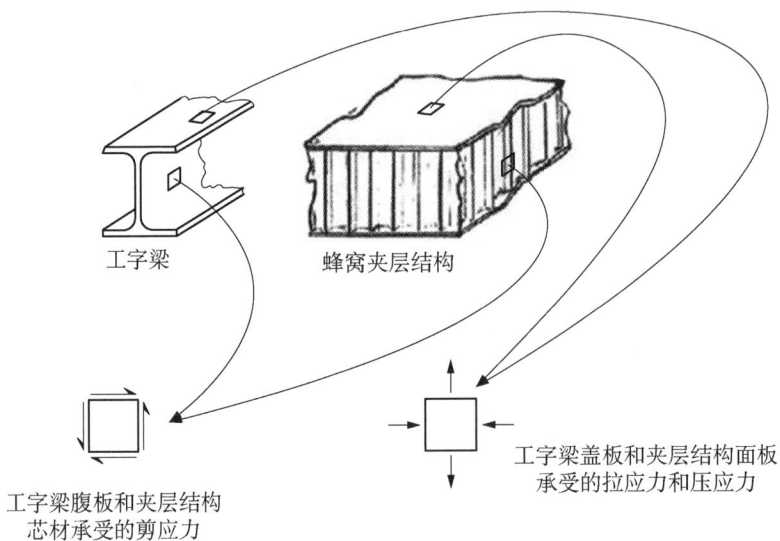

工字梁　　　　　　蜂窝夹层结构

工字梁盖板和夹层结构面板
承受的拉应力和压应力

工字梁腹板和夹层结构
芯材承受的剪应力

图 4.1　工字梁和夹层结构的类比

缘条和腹板的作用。不同之处在于,夹层结构的芯材和面板所采用的材料不同,且芯材在面板之间形成连续支撑,从而防止面板发生屈曲或皱曲。

由于轻质芯材的有效剪切模量一般较低,在设计夹层结构时必须考虑芯材的剪切变形。设计夹层结构与设计固体层压板的一个主要不同点在于,前者需考虑芯材的剪切性能对夹层结构的整体变形、应力和失稳的影响。

面板和芯材之间的胶层必须具有足够的强度以抵抗面板和芯材之间的剪切应力和拉应力。芯材的选材要与面板的选材及制造过程中所采用的面板与芯材的连接方法(常见为胶接或钎焊)相兼容。面板与芯材的连接方法通常由夹层结构的结构性能或使用环境要求来决定。

夹层结构分析中所涉及的假设、定义和术语在本卷的 1.4 节中给出。

4.7 节至 4.11 节和 4.13 节的大多数公式来自 Mil‐HDBK‐23(参考文献4.1),且是针对各向同性面板给出的。当同时给出两个公式的时候,第 1 个公式适用于具有不同材料和(或)厚度的面板的夹层结构,第 2 个公式适用于上、下面板相同时的简化情形。一般来说,通过把 $E = [E_a E_b]^{1/2}$ 和 $\lambda = 1 - \nu_{ab}\nu_{ba}$ 分别换成 E 和 $\lambda = 1 - \nu^2$,本章中给出的公式可用于正交各向异性面板,其中,E_a 和 E_b 分别是正交各向异性面板的与板边平行的两个方向上的弹性模量,ν_{ab} 和 ν_{ba} 为面内泊松比。在某些例子中,如分析面板皱曲,则应采用面板在载荷方向的弯曲刚度来代替弹性模量 E(详见 4.5.2 节)。

4.2　设计和认证

4.2.1　基本设计原则

夹层结构的基本设计理念是使两块具有较高强度的薄板保持足够远的距离以获得高的弯曲刚度/质量比。在面板之间的轻质芯材必须具有能够抵抗剪切、压缩和拉伸等设计载荷的强度,同时需要有足够的刚度使得面板能够保持设计构型。面板和芯材通过某种连接媒介(如胶接、焊接或钎接)实现连接,该连接媒介也必须能够承受各种设计载荷。

夹层结构的设计过程与复合材料层压板的设计过程基本一致,但存在某些夹层结构所特有失效模式和设计问题应该引起注意。夹层结构设计中的一些重要问题包括:

(1) 芯材剪切;

(2) 芯材压溃;

(3) 芯材屈曲;

(4) 面板微凹;

(5) 面板皱曲;

(6) 面板屈曲;

(7) 芯材-面板连接强度;

(8) 硬点(镶嵌件和连接点);

（9）斜坡（夹层结构与层压板之间的连接过渡区）。

虽然上述问题的具体解决方法将在本章的后续部分进行论述，成功的夹层结构设计需要遵循的基本原则可归纳为以下几点。

（1）夹层结构的面板应该具有足够厚度和强度来承受设计载荷所产生的设计应力。

（2）芯材应该具有足够厚度和（或）密度以获得足够的剪切刚度和强度，从而使夹层结构在设计载荷作用下不会发生屈曲、过大变形和剪切失效。

（3）面板和芯材应该具有足够刚度，且夹层结构应该具有足够的平面拉伸和压缩强度，从而使任意一侧面板在设计载荷作用下不会发生皱曲。

（4）如果面板不允许出现微凹而芯材是一种孔隙较大的多孔材料（如蜂窝结构）或波纹板，单胞尺寸或波纹间隔应该足够小，从而使任意一侧面板在设计载荷作用下不会在芯材孔隙处发生微凹。

（5）芯材与面板之间的连接方式应该具有足以承受设计载荷的连接强度。芯材与面板的连接一般是通过胶层来实现的，其他方式还包括金属芯材和金属面板之间可通过焊接或钎接进行连接，复合材料预浸料面板与芯材可通过共固化实现连接。在选择材料和制造工艺时，应该保证面板与芯材之间的连接强度高于芯材的强度。

在设计时，所选的材料特性和制造工艺也必须与夹层结构的预期使用条件相匹配。例如，面板与芯材的连接必须具有足够的平面拉伸及剪切强度，从而使夹层结构的整体强度满足预期使用环境的要求。这里所讲的使用环境包括温度、相对湿度、大气或流体腐蚀、疲劳、蠕变及任何可能影响材料性能的因素。

另一个需要解决的使用中遇到的问题是冲击损伤。研究表明，轻质夹层结构容易受到冲击损伤。某些冲击类型可导致严重的损伤而该损伤又无法从表面观察到。这为用户评估夹层结构的损伤状态造成很大困难。设计人员必须通过材料选择、冗余负载路径等方式解决这一问题。

在为特定目的设计夹层结构时，某些附加的性能，如热传导性、抗表面摩擦性能、形稳性、磁导率、导电性，也应该予以考虑。

4.2.2　设计过程

夹层结构的设计和认证过程与复合材料层压板的设计和认证过程非常相似，但也存在一些特有的问题需要得到解决。本节将对该过程进行概述，并对夹层结构所特有的问题进行重点介绍。

为了得到一个成功的复合材料结构设计，有许多问题必须考虑。在解决这些问题时，设计人员必须按一定顺序做出决策，并且遵循这个决策顺序开展研发项目。表4.2.2给出了一般复合材料结构的典型设计/研发流程。这当然不是唯一可遵循的流程。通常为了节约时间，有些步骤会同时进行。此外，很多因素会对设计人员在制定研发计划时设置一定的约束条件。尽管如此，如表4.2.2所示的设计流程仍具有普适性意义。

表 4.2.2　典型复合材料结构的设计/研发流程

研发步骤	设计决定
了解需求(预期用途、使用环境、几何形状、载荷、质量、成本等)	
了解可选的材料及典型材料特性	初步的材料选择(面板、芯材和胶层)*
了解可选的工艺过程(内部工艺、从外部获取新工艺、外包等)及它们对性能(特性、重量、成本等)的影响	初步的工艺选择* 这包括芯材和面板的连接方式(胶粘、焊接、钎焊)。对于复合材料面板及采用胶接方式的夹层结构,还包括固化工艺(热压罐、烘箱、压机、树脂传递模塑等)
进行初步设计分析	初步的结构选择(面板铺层数量、铺层方向、芯材密度、芯材厚度、芯材条带方向)* 模具加工方法选择(单面或双面、复合材料或金属模具等)
制作试样并对其进行试验以最终确定材料和设计参数	冻结材料和工艺选择,对材料进行鉴定
进行详细设计分析	冻结结构和细节设计选择(紧固件、胶膜、密封件、防护材料等)
制作原型件(元件或小零件)并对其进行试验	设计优化(质量、成本、耐久性等)
制作全尺寸部件并对其进行试验	对比结果,分析和决定设计方案是否可接受
形成设计文件(设计定义、工艺文件、设计验证等)	

* 可能产生单一选择或一个候选列表。

　　由于在材料和工艺步骤中增加了芯材和胶黏剂,设计夹层结构的决策顺序比其他复合材料结构(如层压板)更为复杂。另外,由于夹层结构更易受到冲击损伤和流体侵入等使用环境的影响,这些因素需要在开发测试阶段予以重点考虑。冲击损伤成为一个关注点的原因在于夹层结构(尤其是轻质设计)易于受到冲击损伤,而该损伤又不易被发现。例如,一个局部冲击(如工具砸落)可能导致一定面积的芯材被压损,但面板可能会在冲击结束后弹回原状,从而使芯材的损伤不能观察到。流体侵入成为一个关注点的原因在于面板在弯曲和低能冲击等作用下会逐渐产生微裂纹,水、燃料、液压油、除冰剂等流体经由这些微裂纹可以渗过面板。它们会对面板和芯材之间的胶层造成损害,并会在蜂窝芯材等开孔芯材中累积。对于飞机而言,积水是一个严重的问题:当飞机飞行到 30 000 ft(1 ft＝0.304 8 m)以上的高度时,积水会结冰膨胀,可能导致面板脱离芯材。

　　大部分研发项目的最终目标是使新结构通过正式认证。对于飞机结构而言,取得认证是一个复杂的过程,包括项目开发过程中的诸多步骤,并且认证机构需要到现场目击表 4.2.2 所列步骤的执行过程。通常而言,认证过程要求对所选复合材料、制造工艺和结构设计的批准。有关夹层结构的认证过程将在 4.3 节中进行深入讨论。本手册的第 3 卷第 3 章则深入介绍了飞机结构的认证过程，并重点介绍了复合材料结构的认证中特有的问题。

4.2.3　飞机损伤容限

本节主要介绍夹层结构所特有的损伤容限问题。如需了解更多关于损伤容限的信息，可参考本手册的第 3 卷第 3、12、13 章和第 17 章的相关部分。

夹层结构易受损伤的影响。因此，在飞机取证过程中，演示能够承受不同极限载荷的损伤程度是损伤容限验证中的一项基本要求。通常要求带有在制造或服役定期校核程序中难以发现的真实损伤的夹层结构能够承受疲劳周期而没有明显的损伤扩展。疲劳强度的验证通常要求结构能够通过在极限载荷下的静强度试验。那些能够在服役定期检查中发现但不能被常规检查（如飞行员目光巡视）发现的更严重的复合材料损伤则被要求在检查间隔内能承受限制载荷。最后，具有飞机操作人员知晓的由于飞行中导致的合理损伤的结构被要求能承受持续的安全飞行载荷。以下是获得夹层结构损伤容限的方法指南。

冲击损伤表征试验方法指南指出，为了设计和维护，需要通过风险评估来鉴定冲击损伤的概率、严重程度和可探测性。风险评估需要用到使用过程及损伤研究中所收集到的损伤数据。损伤研究是由一系列对处于真实边界条件下的典型夹层板的冲击试验组成的。损伤研究通常要考虑各种不同的冲击种类和位置，从而找出最危险的冲击方式，即可导致最严重且最难探测的损伤的冲击方式。除非有充足的实际使用经验来对冲击能量和冲头形状做出良好的工程预判，冲击研究应包括可想到的各种冲击，包括飞机跑道碎片、冰雹、工具砸落和碰撞。从长期使用过程中收集到的数据有助于更好地策划冲击损伤研究和后续产品的设计标准，也有助于制订更合理的定期检查间隔和维护措施。

确定结构的抗冲击损伤能力的典型方法是在典型结构元件（见 CMH‐17 的第 1 卷第 7 章）上开展冲击后拉伸（TAI）、冲击后压缩（CAI）和冲击后剪切（SAI）剩余强度试验。采用不同冲击能量和冲头直径（1 或 3 in）的冲击试验表明，随着损伤区域的增大，CAI 剩余强度退化曲线逐渐趋近于一条渐近线［见图 4.2.3（a）和参考文献 4.2.3（a）］。试验和分析工作应该评估试验件尺寸对于 CAI 剩余强度退化曲线的形状和渐进线的影响。

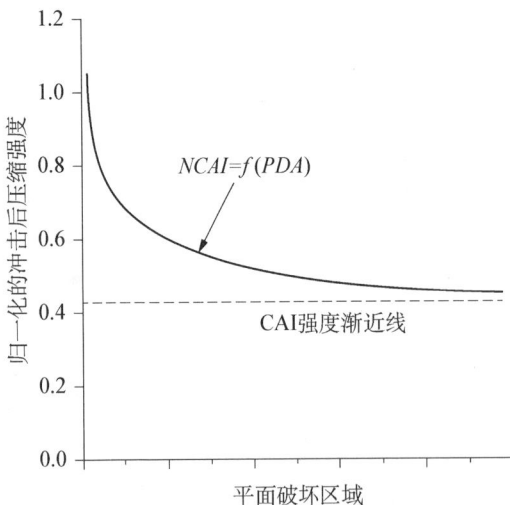

图 4.2.3（a）　冲击后压缩（CAD）静强度退化曲线

　　研究发现,当夹层结构受到由钝冲头导致的冲击损伤后,它在面内压缩载荷作用下会产生两种截然不同的失效模式。当施加载荷后,呈现表面凹坑的冲击损伤在最终失效模式发生之前将有明显扩展。这种损伤扩展的程度取决于面板的弯曲特性、芯材的面外压缩特性及损伤大小。弯曲刚度很小的薄面板可造成在损伤区域附近的应变集中和面板内的局部压缩失效,或引起分层损伤区域的向外屈曲并伴随面板内分层区域的扩展或局部压缩失效。对于具有足够弯曲刚度的厚面板,且当芯材中存在局部损伤的情况下,冲击凹坑将经历一个特征式的变化过程,包括芯材的渐进式压缩破坏和面板的弯曲失效。一旦风险评估和夹层结构设计参数显示出上述应变集中和失稳失效机理存在的可能性,它们都应该在损伤容限试验中得到体现。

　　在进行风险评估和冲击研究之后,应该在典型冲击损伤范围内绘制一系列 CAI 强度退化曲线。这些数据提供了建立设计标准所必要的损伤可探测性和剩余强度信息。正如前文所述,不可探测的损伤不应该使得剩余强度下降到极限载荷水平以下,除非概率评估表明这种冲击情况几乎不可能发生。大直径冲头与某些夹层结构设计参数相组合可能导致不可检损伤的剩余强度曲线具有明显的渐进线。当某一特定设计的构型和冲击变量可能导致这种损伤情况的发生,渐进值可被用作与最终静强度相关的设计许用应变值。这种方法为在各种可能导致可探测和不可探测损伤的冲击威胁下的夹层结构提供了最大适航安全保证。如果使用期间可使用可靠的 NDI 方法对损伤进行检测,则可不必严格执行上述经验方法。

　　根据有限的数据,碳纤维/环氧面板-蜂窝芯材夹层板和碳纤维/环氧面板-泡沫夹层板在 150000 个周期的疲劳极限大约分别是 CAI 静强度的 65% 和 75%[见参考文献 4.2.3(b)]。这些数据来自等幅应力疲劳试验。设计准则为在一个疲劳谱中的最大压缩载荷不应该超过这些阈值。高于这些阈值的重复载荷可能导致疲劳提前失效,尤其是当这些载荷影响到 CAI 静强度分布时。对于低于这些阈值的周期性载荷,疲劳寿命将超出 150000 个等幅应力疲劳周期,对于大多数飞机而言,该数值将大大高于飞机实际经历的疲劳周期数。这样的周期性载荷一般也不会对 CAI 剩余强度造成影响。但是这些数据只能作为初步结构评估,不能用于结构认证。对于认证而言,需要获取针对特定材料、铺层方式的疲劳数据来验证损伤不扩展性和疲劳后的剩余强度。

　　冲击损伤 NDI 方法指南指出,冲击试验结果显示,大直径冲头在同等冲击能量条件下可以造成与小直径冲头截然不同的损伤,仅靠目测难以对损伤做出准确评估[见参考文献 4.2.3(a)]。试验结果表明:大直径冲头所造成的损伤状态从外观上看是良性的,无表面开裂、破损或目视可见的凹陷,但 NDI 则显示存在大面积的损伤,并且通过测得的强度下降可进一步证实损伤的存在。当采用常规外观检查方法对受冲击样品进行检测时,这种损伤模式最难发现。由此可见,外观检查方法可能引起误判,对于某些冲击类型,凹坑深度并不能作为可靠的损伤程度度量和夹层结构的损伤容限判断标准。

　　基于必须采用附加的现场检测技术对夹层结构中的损伤程度进行量化的假设，参考文献 4.2.3(b)研究了不同的 NDI 现场检测技术。研究结果表明利用单一的现场检测技术对蜂窝和泡沫芯材夹层结构的冲击损伤检测不能达到实验室检测同等的精度水平。局部刚度测量方法更适用于蜂窝夹层结构的冲击损伤的检测；而对于泡沫夹层结构，声波阻抗测量则更优。由于无法通过切片法来验证泡沫夹层结构的损伤区域的实际大小，可以对其观测到的损伤趋势进行归一化处理。

　　以蜂窝夹层结构为基准，利用现场检测技术进行损伤检测的可靠性一般低于实验室或生产线 C 超声扫描方法［见参考文献 4.2.3(a)］。图 4.2.3(b)显示了利用不同现场检测技术检测到的损伤程度随面板厚度的变化情况。图中，误差条表示了测量值的实际范围。随着面板厚度的增加，每种现场检测技术对于损伤位置和程度的检测能力呈下降趋势。值得注意的是，该研究中最大层数是 6 层。对于更厚的面板，测量可靠性可能进一步降低。因此，实验室中测得的损伤程度可能达到现场测量的 2 倍以上，这一点需要在基于许用损伤极限和(或)临界损伤区域尺寸阈值设计损伤容限和检查计划时加以考虑。

　　在损伤容限试验计划开始之初，建议设计人员定义一个与图 4.2.3(b)类似的可探测性比例图，以便对用于给定机型的特定设计细节现场检测技术的灵敏性进行说明。所有为了建立可靠的 NDI 现场检测的努力应该与风险评估、冲击研究、剩余强度和疲劳测试相结合。所建立的相互关系应该在夹层结构整个使用期的损伤检测计划中得到体现。

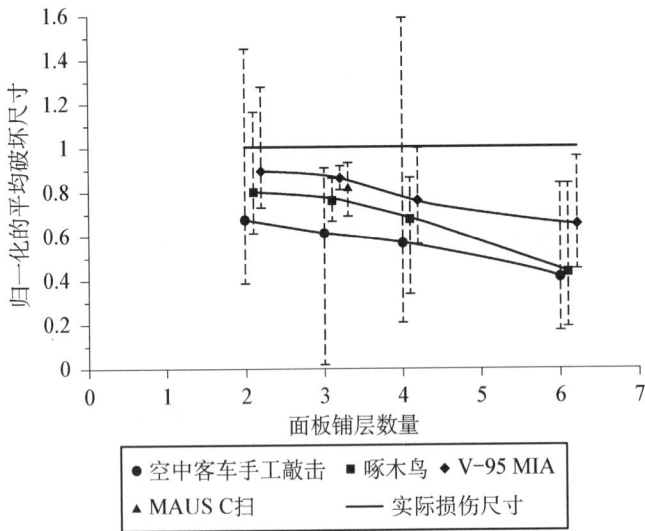

图 4.2.3(b)　面板厚度与基于不同探测仪器得到的所探伤区域
　　　　　　　面积尺寸的函数关系

　　冲击损伤分析方法指南指出，无论是基于理论解还是有限元模型的分析对于冲击受损的复合材料夹层结构的设计和认证都是有用的。目前最先进的分析技术仍然需要依靠试验数据来保证其可靠性。然而,分析技术可用于指导和分析试验结果以及利用半经验方法将试验数据延伸至未测试构型。参考文献 4.2.3(c)中记录的分析工作表明:细致地建模可以准确地描述受冲击后的夹层结构在压缩载荷下的结构响应,但需要对模型进行必要的调整来预测结构失效。该分析工作也显示损伤扩展预测能力对于分析结果的真实度非常重要。

统计响应面可用作由不同冲击参数预测损伤区域大小的指南。相比于在已测冲击参数之间进行插值的方法,它减少了用于找出可产生目视勉强可见或平面损伤所需冲击能量的试验数量。此外,基于统计响应面的损伤度量可以作为后续结构分析方法的输入。

4.3 认证

本节对复合材料的认证作一介绍,重点放在与夹层结构有关的问题上。限于作者的经验,本节内容主要是从飞机结构认证的角度进行阐述的,但其中涉及的许多问题和因素适用于任何类型的复合材料结构。如果读者需要获得更多关于复合材料认证方面的资料,可以参考本手册第 3 卷的第 3 章。如需得到对某一特定结构的条例和认证的权威解释,可向相关认证机构进行咨询。

4.3.1 认证问题介绍

认证是指申请人正式向认证机构说明设计或产品已满足所有使用要求,并由认证机构为该设计或产品颁发认证证书的过程。认证机构一般属于政府部门。任何设计、产品或改动(包括持续适航问题)都需要认证。对于飞机的典型要求(或条例)可参见联邦航空条例(美国)、CS 标准(欧洲,其前身是欧盟航空条例)和加拿大航空条例(加拿大)。认证机构也发布了一系列关于飞机复合材料结构认证中的问题和方法的指导性文件。这些文件主要包括:美国联邦航空管理局的 AC 20 - 107[见参考文献 4.3.1(a)]、欧洲航空安全局的 AMC 20 - 29[见参考文献 4.3.1(b)]和加拿大交通部的 AMA 500C/8[见参考文献 4.3.1(c)]。参考文献 4.3.1(d)的第 13 章提供了一个对于复合材料结构适航性和认证中的通用问题的有用讨论。

复合材料结构认证中需要解决的主要问题有材料和制造工艺的适用性和控制;设计验证;使用环境和损伤影响的容限;以及确保结构在使用寿命期间具备持续适航性的方案。所有这些是层压板和复合材料夹层结构都具有的问题。然而,一个夹层结构中需要特别关注的问题是面板和芯材之间连接工艺的控制,原因在于面板和芯材之间的连接是夹层结构主要的载荷传递路径,但对它的检查又很困难。此外,损伤和环境影响也是夹层结构中需要重点关注的问题,因为夹层结构倾向于把较薄的面板作为主要承载部件而芯材和面板的胶层对损伤和环境影响很敏感。

复合材料比金属材料更脆,对相对湿度和温度也更敏感。这些特点导致复合材料的静强度和疲劳测试结果具有较大的分散性。冲击损伤及其产生的影响(通常是不可见的)会大大降低复合材料结构的强度。特别是一些夹层结构的面板在冲击事件后会回弹,从而隐蔽了可能已经发生的面板和芯材之间的脱胶或芯材的损伤。冲击或重复循环载荷可导致面板中出现微裂纹,而湿气可以通过这些微裂纹渗入夹层结构内部,进而造成面板和芯材之间的胶层损伤或在多孔芯材(如蜂窝芯材)中造成严重的冷凝水累积。冷凝水结冰会在夹层结构内部产生严重的内应力。

夹层结构的认证过程应该对这些问题给予充分考虑,尽管其他问题也不能忽视。同时,与应用密切相关的特定影响也需要得到充分解决,如疲劳对于旋翼飞机和某些结构就是一个关键问题。

4.3.2　用于认证试验的方法

这些认证问题很大程度上可通过利用积木式方法(见 CMH-17,第 3 卷,第 4 章)确定设计许用值的过程进行管理。积木式方法基于对不同复杂程度的试样进行具有统计意义数量的测试,其中试样包括从简单元件到完整部件、试验包括静力试验和疲劳试验,同时还需考虑相对湿度、温度、损伤和其他使用条件的影响。各种针对夹层结构的测试方法已经设计出来用于确定这些结构的力学性能。这些测试方法应该包括到积木式取证过程中。为了支持设计验证,需要对试样选取的合理性进行说明,即明确说明所有可能的"热点",如接头、丢层、开口、高应力区域,都已经考虑到了。

静力和疲劳验证都需要考虑湿度和温度的影响。最理想的做法是在最严苛的环境(通常是湿热环境)和全部极限载荷情况下对最关键的结构进行测试。然而,通常的做法是在室温环境下对更高级别的部件进行带有适当的折减因子或载荷增强因子的试验。

为了验证耐久性与损伤容限符合要求,通常的做法是在复合材料中人为引入生产缺陷和使用过程中产生的损伤。由于缺少关于复合材料可重复和可预测损伤扩展行为的已有试验数据,因此需要通过试验来说明在合理的循环周期中无损伤扩展发生。

另一个复合材料共同的又是夹层结构需要特别关注的问题是暴露于水之外的其他流体。部件在使用过程中可能接触到的流体包括燃料、防冻液、液压流体、润滑剂等。它们对于强度下降的影响应该得到评估。在选择材料时,应该对关于候选材料和这些流体的化学相容性的现有资料进行调研。在认证过程中,应通过材料验证试验来完成对所选材料的评估。

4.3.3　分析验证

因为对使用过程中可能遇到的所有载荷条件都进行测试是不现实的,所以通常对最严重的载荷条件进行全尺寸结构试验并验证认证申请人的分析方法/结果(通常是全机身有限元模型)。认证申请人有责任向监管局证明所采用的分析方法可以给出在特定载荷条件下满足精度要求的内力分布。如果分析结果能匹配试验结果,该分析方法可以被接受为经试验验证合规的有效分析方法。之后,它就可以用于积木式方法中在不同载荷条件及最小材料强度下的结构静强度验证。

4.3.4　一致性检查

为了向监管机构证明所采取的认证过程符合条例的规定,通常的做法是所有试验件(试样、子元件、元件)按照型号合格证设计来制造。这样做的原因如下。

(1) 向监管机构演示试验件可以按照型号设计构型来制造。

(2) 保证试验中用的是符合型号设计的试验件。

(3) 对申请人所采用的工艺、材料、无损检测及其他特殊的制造方法、规范和控制措施进行有效性验证。

(4) 帮助建立一个制造和质量保证流程。

4.3.5　无损检测(NDT)

需要验证所选的 NDT 方法可以检测到在型号设计范围内的各种缺陷(即裂纹、孔洞、孔隙率、面板与芯材脱胶、杂质)。所有试验件均需要检测。一方面是为了确认试验件在试验前的状态,如模拟的制造缺陷;另一方面是为了保证所选的 NDT 方法能可靠地用于制造生产。

本卷的第 5.5、6.3.2 和 7.2.2 节提供了更多关于检测和 NDT 的信息。

4.3.6　文件要求

认证所需的文档包括部件和工装的图样或计算机辅助设计(CAD)模型、材料标准、工艺规范、制造说明书、结构维修手册、材料审查委员会(MRB)系统过程及工程操作过程。图样必须包括零件铺层的全部细节(如层数、铺层方向、材料类型、各层几何尺寸及铺层之间的相对位置)。图样也必须对特定零件的关键特征进行注释并注明几何公差。材料和工艺规范及制造说明书必须包含关键参数和检查的充分信息以帮助重复生产。同样地,维护手册应该包括可接受的检查和维修方法。

4.3.7　持续适航性

维护持续适航性的目的是为了确保飞机能在寿命期内始终满足甚至超过认证时的要求,并需考虑环境、维修、补充型号认证(STC)等的影响。

设计单位,包括负责补充型号认证的单位,应该证明飞机能够满足持续适航性要求。例如,根据 14 CFR 25.1529 中的 Part 21 Subpart H。特别是任何 STC 持有人有责任证明任何 STC 的实施将不会对原始结构或者任何其他 STC 结构的适航性造成不利影响(如改变载荷、加重损伤或降低损伤容限、增加检查难度等)。

在原始认证阶段就确认所有与持续适航性有关的问题已得到完全评估是比较困难的,因为在这个阶段唯一可出示的证据是一份计划(如《结构维修手册》的草案、维护时间表等)或由原始设备制造商提供的从以前的项目中获得的方法证明。STC 持有人应特别注意要在这个问题上使认证机构感到满意。

需要注意的是,维护持续适航性是在飞机寿命期内所有相关单位的责任,包括设计、生产、维护以及运营机构。

4.4　夹层板的失效模式

夹层板有多种失效模式,每种失效模式都会限制夹层结构的承载能力。根据板的几何尺寸及加载方式,不同的失效模式会变得更关键并限制结构的性能。夹层结构的失效可由下列因素引起面板、芯材及胶层的强度;局部失稳模式如面板的皱曲或凹陷;或者整体失稳如整体屈曲或剪切皱折。图 4.4(a)显示了这些失效模式,简要描述如下。

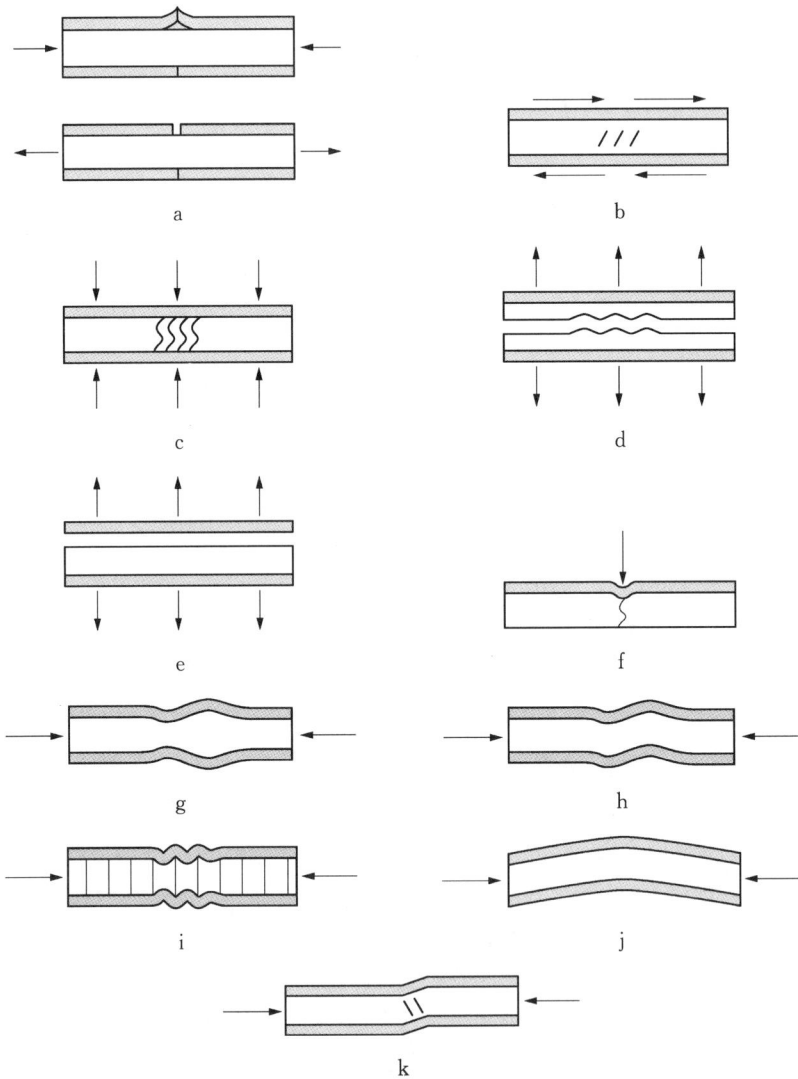

图 4.4(a)　夹层结构失效模式

a-面板失效　b-芯材剪切失效　c-芯材压溃　d-芯材拉伸失效　e-面板—芯材脱胶　f-局部凹陷
g-对称面板皱曲　h-反对称面板皱曲　i-面板微凹(单胞屈曲)　j-整体屈曲　k-剪切皱折

　　a. 面板失效是指单个或全部面板因屈服或断裂而发生的失效。这种失效的失效准则为面板材料超过其许用应力或应变。

　　b. 芯材剪切失效是指芯材在剪切载荷作用下发生的失效,通常会导致与中性面成 45°角的倾斜裂纹。芯材发生剪切变形主要是因为它承受了几乎全部横向载荷及很少的面内载荷。蜂窝芯材可能因胞壁屈曲而导致失效,这种失效在卸载后可能无法观察到。

　　c. 芯材压溃表现为上下面板在弯曲或沿厚度方向载荷的作用下发生相向运动。这种失效模式发生在芯材的压缩强度不足时。

　　d. 芯材拉伸失效发生在芯材的平拉强度不足时。

　　e. 面板-芯材脱胶发生在面板和芯材之间的胶层不具备足够的剪切、剥离或拉伸强度时。

　　f. 局部凹陷发生在集中载荷处,如连接件、拐角和接头。当施加点载荷时,面板相当于一个置于弹性支承上的平板。承载的面板会发生弯曲,且与另一侧面板无关。如果在芯材中产生的应力超过其压缩强度,芯材会失效。这种失效模式可以通过把载荷扩散到一个足够大的面积上来避免。

　　g. 面板皱曲是指一种因面板屈曲而产生的局部失稳,通常伴随着芯材压溃、芯材撕裂或面板-芯材脱胶。这种失效在薄面板和低密度芯材中最为常见。单侧或者两个面板都有可能发生皱曲,这取决于载荷、材料及芯材和面板的厚度。4.4(a)中分别给出了两个面板发生对称和反对称皱曲模式的情况。

　　h. 面板微凹,也称为胞内屈曲,是一种由于面板在芯材单胞范围内向内或向外发生屈曲而产生的局部失稳。这种失效发生在面板薄而单胞尺寸大时。

　　i. 整体屈曲与板或柱的经典屈曲相似。面板和芯材在这种失效中保持完整。

　　j. 剪切皱折是指当屈曲波长和芯材单胞尺寸在同一数量级时所发生的失稳。皱折现象的特征是芯材局部剪切失效和面板横向移位。由于屈曲波长太短,剪切皱折表现为局部失稳,但实际上它是一种整体失稳。这种失效模式发生在芯材剪切模量很低时。

　　本章 4.6 节对上述每种失效模式进行了更为详细的讨论。

　　平拉或平压是面外载荷,即指沿夹层板厚度方向的载荷。平拉应力会导致芯材拉伸失效或面板-芯材脱胶,而平压应力会导致芯材压溃。平拉/压应力可由施加的面外载荷引起,特别是在镶嵌件或接头处。平拉/压应力也可出现在斜坡区域,在此区域芯材的厚度和面板的方向发生变化。

　　图 4.4(b)显示了夹层板到实体层压板的过渡区域。在此区域,呈袋状一侧的面板方向发生改变,芯材受到平面拉伸或压缩作用。对于平面拉伸情况,面板和芯材之间的胶层必须具有足够的连接强度,且芯材必须具有足够的拉伸强度来防止失效的发生。对于平面压缩情况,芯材必须具有足够的抗压强度。沿夹层板法向方向的剪力在紧固件的中心线达到最大值。在斜坡区域,呈袋状一侧的面板和芯材同时

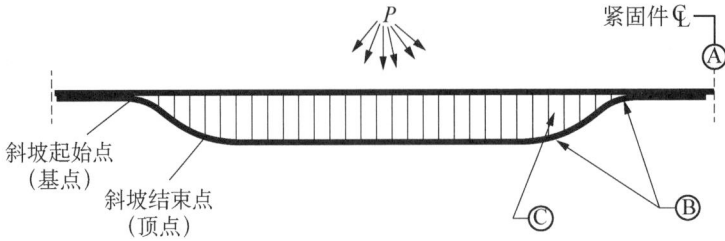

图 4.4(b)　夹层板过渡区的临界强度校核

Ⓐ 横向剪切　Ⓑ 平压或平压　Ⓒ 芯材剪切

承受剪切载荷。芯材在整个斜坡区域内的强度需要校核,但当压力是唯一的外部载荷时,斜坡顶部是最危险的区域。在这个位置,芯材将承受100%的面外剪切。斜坡区域的平拉和平压将在4.6.3节中讨论。

4.5　刚度和内部载荷

4.5.1　夹层梁的刚度分析

夹层梁理论与一般的工程梁理论很相似,不同之处在于增加了剪切应力和横向剪切变形。该理论通常称为 Timoshenko 梁理论。为了简单起见,下面讨论的梁都具有单位宽度,因此所有刚度都以单位宽度上的值给出。

有很多方法可以计算在不同类型载荷和边界条件下梁的挠度、弯矩和剪切应力的分布情况。所有的方法均要用到梁的弯曲刚度 D。需要注意的是,如果面板是各向异性材料,D 将是方向的函数。D 可用如下公式计算:

$$D = \int E(z) z^2 \, \mathrm{d}z \qquad 4.5.1(a)$$

对于上下面板具有相同厚度和材料的对称截面,式 4.5.1(a)变为

$$D = 2D_{\mathrm{f}} + D_0 + D_{\mathrm{c}}$$
$$= \frac{E_{\mathrm{f}} t_{\mathrm{f}}^3}{6} + \frac{E_{\mathrm{f}} t_{\mathrm{f}} d^2}{2} + \frac{E_{cx} t_{\mathrm{c}}^3}{12} \qquad 4.5.1(b)$$

式中:$2D_{\mathrm{f}}$ 为上下面板关于各自中性轴的弯曲刚度;D_0 为上下面板关于夹层梁中心轴的弯曲刚度;D_{c} 为芯材的弯曲刚度;d 为上下面板中心面之间的距离;t_{f} 和 t_{c} 分别为面板和芯材的厚度,E_{f} 和 E_{cx} 分别为面板和芯材沿梁的长轴方向的刚度。

如果面板的厚度相比于芯材的厚度很小,即

$$3\left(\frac{d}{t_{\mathrm{f}}}\right)^2 > 100 \ \text{或} \frac{d}{t_{\mathrm{f}}} > 5.77, \quad \text{则} \frac{2D_{\mathrm{f}}}{D_0} < 0.01 \qquad 4.5.1(c)$$

类似地,如果芯材的刚度相比于面板的刚度很小,即

$$\frac{6E_{\mathrm{f}}t_{\mathrm{f}}d^2}{E_{\mathrm{c}x}t_{\mathrm{c}}^3} > 100, \quad 则\frac{D_{\mathrm{c}}}{D_0} < 0.01 \qquad 4.5.1(\mathrm{d})$$

如果式 4.5.1(c) 和 4.5.1(d) 同时满足，那么弯曲刚度可以近似表示为

$$D = D_0 = \frac{E_{\mathrm{f}}t_{\mathrm{f}}d^2}{2} \qquad 4.5.1(\mathrm{e})$$

对于非对称截面，即上下面板不同，弯曲刚度计算公式中将包括由于梁的中性轴与中面不重合而产生的项。用 e 来表示下面板的中面与梁的中性轴之间的距离，则弯曲刚度的计算公式可表示为

$$D = \frac{E_{\mathrm{UPR}}t_{\mathrm{UPR}}^3}{12} + \frac{E_{\mathrm{LWR}}t_{\mathrm{LWR}}^3}{12} + \frac{E_{\mathrm{c}x}t_{\mathrm{c}}^3}{12} + E_{\mathrm{UPR}}t_{\mathrm{UPR}}(d-e)^2 +$$
$$E_{\mathrm{LWR}}t_{\mathrm{LWR}}e^2 + E_{\mathrm{c}x}t_{\mathrm{c}}\left(\frac{t_{\mathrm{c}}+t_{\mathrm{LWR}}}{2}-e\right)^2 \qquad 4.5.1(\mathrm{f})$$

式中：下标 UPR 和 LWR 分别代表上面板和下面板。

如果芯材的刚度显著低于面板的刚度，式 4.5.1(f) 变为

$$D = \frac{E_{\mathrm{UPR}}t_{\mathrm{UPR}}^3}{12} + \frac{E_{\mathrm{LWR}}t_{\mathrm{LWR}}^3}{12} + \frac{E_{\mathrm{UPR}}t_{\mathrm{UPR}}E_{\mathrm{LWR}}t_{\mathrm{LWR}}d^2}{E_{\mathrm{UPR}}t_{\mathrm{UPR}}+E_{\mathrm{LWR}}t_{\mathrm{LWR}}} \qquad 4.5.1(\mathrm{g})$$

如果芯材的刚度很小且面板很薄，则 D 可简化为

$$D = D_0 = \frac{E_{\mathrm{UPR}}t_{\mathrm{UPR}}E_{\mathrm{LWR}}t_{\mathrm{LWR}}d^2}{E_{\mathrm{UPR}}t_{\mathrm{UPR}}+E_{\mathrm{LWR}}t_{\mathrm{LWR}}} \qquad 4.5.1(\mathrm{h})$$

需要注意的是，对于宽梁 ($b/d > 6$)，应该用夹层板沿轴向的弯曲刚度 D_{11} 来表示 D，即 $D = D_{11}$。D_{11} 的计算将在 4.5.2 节中讨论。

一般来说，芯材的横向剪剪切形不能忽略。对于一个夹层梁，剪切刚度需要通过能量平衡方程计算。剪切刚度 S 可以从横向挠度 w_{s} 和横向剪切力 V_x 的微分方程中得到：

$$\frac{\mathrm{d}^2 w_{\mathrm{s}}}{\mathrm{d}x^2} = \frac{1}{S}\frac{\mathrm{d}V_x}{\mathrm{d}x}, \quad 其中 V_x\frac{\mathrm{d}w_{\mathrm{s}}}{\mathrm{d}x} = \int \tau_{xx}(z)\gamma_{xx}(z)\mathrm{d}z \qquad 4.5.1(\mathrm{i})$$

考虑式 4.5.1(c) 和 4.5.1(d) 并假设芯材的剪切模量 G_{c} 很大，则有

$$S = \frac{G_{\mathrm{c}}d^2}{t_{\mathrm{c}}} \qquad 4.5.1(\mathrm{j})$$

在大多数实际的夹层结构中，由上式给出的近似值和实际值之间误差 <1%。

不同程度的近似所带来的影响可以通过在受弯时面板和芯材内的正应力和剪切应力的分布来进行说明，如图 4.5.1 所示。图中所示结果反映了夹层结构的基本原理，即面板通过拉应力和压应力来承受弯矩，芯材通过剪切应力来承受横向载荷。

由此可见，任何夹层结构的变形由两部分组成：由弯曲而引起的变形和由剪切

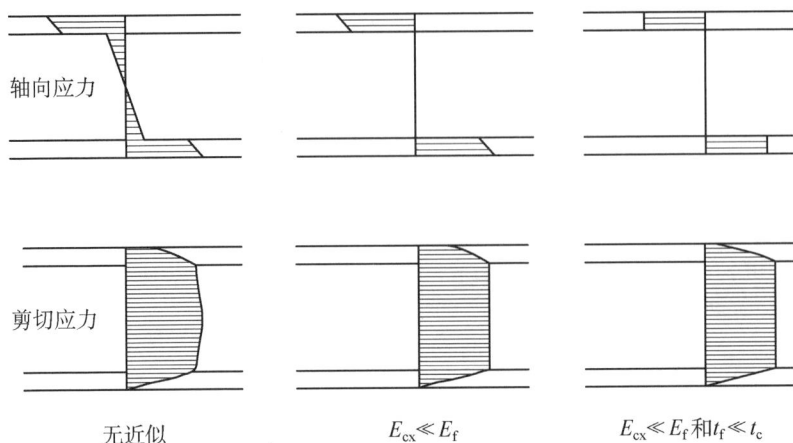

轴向应力

剪切应力

无近似 $E_{cx} \ll E_f$ $E_{cx} \ll E_f$ 和 $t_f \ll t_c$

图 4.5.1　不同近似程度对夹层结构的影响

引起的变形。例如,当一根长度为 L 和宽度为 b 的悬臂梁受到集中力 P 作用时,其自由端的横向挠度可以表示为

$$w_{max} = -\left(\frac{PL^3}{3Db} + \frac{PL}{Sb} \right)$$
　　　　4.5.1(k)

式中:第 1 项表示由弯曲引起的挠度;第 2 项表示由剪切变形引起的挠度。

　　类似地,受均匀分布载荷 q 作用下的简支梁的最大横向挠度可以表示为

$$w_{max} = -\left(\frac{5qL^4}{384Db} + \frac{qL^2}{8Sb} \right)$$
　　　　4.5.1(l)

　　一般的梁的挠度可以通过如下微分方程计算:

$$\frac{d^2 y}{d^2 x} = \frac{M_x}{D} + \frac{1}{S}\left(\frac{dV_x}{dx} \right)$$
　　　　4.5.1(m)

　　一旦知道了最大弯矩和剪切合力,设计人员可以确定芯材中的应力及面板的线载荷和应变,然后对 4.2 节中的设计原则以及对 4.4 节中的可能的失效模式进行校验。

4.5.2　夹层板的刚度分析

　　分析的第 1 步是为整个夹层板和每个面板定义刚度特性。更多关于层压板刚度分析及 $[A]$、$[B]$ 和 $[D]$ 矩阵的计算方法可参见本手册的第 3 卷第 8.3 节。

　　一种方法是使用层压板的分析程序来计算不同的刚度矩阵。首先利用层压板中每一层的材料性能,并把芯材当做没有面内刚度但有横向剪切刚度的特殊层来对待,计算夹层板的 $[A]$、$[B]$ 和 $[D]$ 矩阵。这些刚度阵建立了力 N 和力矩 M 与中心面的应变 ε 和曲率 κ 之间的联系:

$$\begin{Bmatrix} N \\ M \end{Bmatrix} = \begin{bmatrix} A & B \\ B & D \end{bmatrix} \begin{Bmatrix} \varepsilon \\ \kappa \end{Bmatrix} \qquad\qquad 4.5.2(a)$$

同时,选择一种分析程序来确定板的横向剪切刚度系数 A_{44}、A_{45} 和 A_{55}:

$$\begin{Bmatrix} Q_y \\ Q_x \end{Bmatrix} = \begin{bmatrix} A_{44} & A_{45} \\ A_{45} & A_{55} \end{bmatrix} \begin{Bmatrix} \gamma_{yz} \\ \gamma_{xz} \end{Bmatrix} \qquad\qquad 4.5.2(b)$$

在无该程序的情况下,可以假设横向剪切刚度全部由芯材提供(如果面板厚度在芯材厚度的 5% 以内),剪切刚度系数可以通过下式计算:

$$A_{55} = t_c G_{xz}$$
$$A_{44} = t_c G_{yz} \qquad\qquad 4.5.2(c)$$
$$A_{45} = 0$$

使用同样的层压板分析程序或方程,确定每一个面板的 $[A]$、$[B]$ 和 $[D]$ 矩阵:

$$\begin{Bmatrix} N \\ M \end{Bmatrix}_{\mathrm{UPR}} = \begin{bmatrix} A & B \\ B & D \end{bmatrix}_{\mathrm{UPR}} \begin{Bmatrix} \varepsilon \\ \kappa \end{Bmatrix}_{\mathrm{UPR}}$$

$$\begin{Bmatrix} N \\ M \end{Bmatrix}_{\mathrm{LWR}} = \begin{bmatrix} A & B \\ B & D \end{bmatrix}_{\mathrm{LWR}} \begin{Bmatrix} \varepsilon \\ \kappa \end{Bmatrix}_{\mathrm{LWR}} \qquad\qquad 4.5.2(d)$$

理解面板刚度矩阵与整个夹层板的刚度矩阵之间的不同并在每次分析中采用恰当的刚度矩阵是非常重要的。例如,当校验整体屈曲时应使用整个夹层板的 $[D]$ 矩阵,但在校验面板的微凹或皱曲时应采用面板的 $[D]$ 矩阵。同时,用于计算面板皱曲的部分公式用到面板的拉伸模量 E_x 或 E_y,但由于面板的皱曲包含了面板的弯曲变形,在这种情况下,使用弯曲模量:

$$E_{x\mathrm{flex}} = \frac{12D_{11}}{t_{\mathrm{f}}^3}, \quad 设 B_{ij} = 0 \ 及 \ \kappa_y = \kappa_{xy} = 0 \qquad 4.5.2(e)$$

非拉伸模量:

$$E_{x\mathrm{ext}} = \frac{A_{11}}{t_{\mathrm{f}}}, \quad 设 B_{ij} = 0 \ 及 \ \varepsilon_y = \gamma_{xy} = 0 \qquad 4.5.2(f)$$

更为准确。式 4.5.2(f) 只有当面板的变形仅为拉伸变形时才适用。需要注意的是,式 4.5.1(e) 和 4.5.1(f) 隐含了面板的变形(曲率和应变)仅发生在面外。反之,如果沿横向的力和力矩都等于 0,则应该采用如下公式:

$$E_{x\mathrm{flex}} = \frac{12}{t_{\mathrm{f}}^3 D_{11}'}, \quad 设 B_{ij} = 0 \ 及 \ M_y = M_{xy} = 0 \qquad 4.5.2(g)$$

$$E_{x\mathrm{ext}} = \frac{1}{t_{\mathrm{f}} A_{11}'}, \quad 设 B_{ij} = 0 \ 及 \ N_y = N_{xy} = 0 \qquad 4.5.2(h)$$

式中：D'_{11} 和 A'_{11} 是 $[D]$ 和 $[A]$ 的逆矩阵 $[D']$ 和 $[A']$ 中的元素。

当使用任何包含面板模量的公式时，应使用与面板的变形模态相对应的 E_x。

第 4.7～4.11 节和 4.13 节的公式是针对各向同性面板给出的。当同时给出两个公式的时候，第 1 个公式适用于具有不同材料和(或)厚度的面板的夹层结构，第 2 个公式适用于上、下面板相同时的简化情形。一般来说，通过把 E 和 $\lambda = 1 - \nu^2$ 分别换成本节定义的弯曲刚度和 $\lambda = 1 - \nu_{ab}\nu_{ba}$，这些公式就可用于正交各向异性面板，其中，$\nu_{ab}$ 和 ν_{ba} 是正交各向异性面板的与板边平行的两个方向上的面内泊松比。

4.5.3　面外和面内载荷同时作用

如果一个板或梁同时受到面外载荷(例如，压力)和面内压缩或剪切，其挠度和应力并不是两种载荷单独作用下挠度和应力的简单叠加。如果无可用的计算机程序来计算这种效应，可采用下述过程：

(1) 计算由面外载荷引起的挠度和应力。

(2) 计算由面内载荷 P 引起的应力。

(3) 计算发生屈曲时的临界面内载荷 P_{cr}。

(4) 对由面外载荷引起的挠度和应力乘以如下比例系数：

$$R = \frac{1}{1 - \dfrac{P}{P_{cr}}} \tag{4.5.3}$$

式中：P/P_{cr} 是屈曲比。

(5) 对由面内载荷引起的应力和乘以比例系数以后的由面外载荷引起的应力进行求和。

4.5.4　面板内部载荷

夹层板或梁的刚度特性通常会输入到一个有限元模型或专门的分析程序，然后该模型或程序会以力、力矩和面外剪切合力的形式给出板的内力。夹层板的应变和曲率可以通过前面给出应力-应变关系或者层压板分析程序来计算获得。面板中的应变和载荷可由以下方程计算：

$$\begin{Bmatrix} \varepsilon_x \\ \varepsilon_y \\ \varepsilon_{xy} \end{Bmatrix}_{UPR} = \begin{Bmatrix} \varepsilon_x \\ \varepsilon_y \\ \varepsilon_{xy} \end{Bmatrix}_{plate} + \left(\frac{t_c + t_{UPR}}{2} \right) \begin{Bmatrix} k_x \\ k_y \\ k_{xy} \end{Bmatrix}_{UPR} \tag{4.5.4(a)}$$

$$\begin{Bmatrix} N_x \\ N_y \\ N_{xy} \end{Bmatrix}_{UPR} = [A]_{UPR} \begin{Bmatrix} \varepsilon_x \\ \varepsilon_y \\ \varepsilon_{xy} \end{Bmatrix}_{UPR} + [B]_{UPR} \begin{Bmatrix} \kappa_x \\ \kappa_y \\ \kappa_{xy} \end{Bmatrix}_{UPR} \tag{4.5.4(b)}$$

计算下面板中的应变和载荷时，仅需将方程 4.5.4(a) 和 4.5.4(b) 中的 UPR 换成 LWR 即可。

4.6　局部强度分析方法

强度分析要求检验夹层结构在每种可能的失效模式(见 4.4 节)下具备足够的强度。根据材料、几何和载荷情况,不同失效模式可能成为关键。

4.6.1　面板失效

面板失效发生在面板发生屈服或断裂时。失效的判据是面板的应力或应变超过其材料的最大许用应力或应变。

对于金属面板,合适的强度和其他力学特性可以从 MMPDS[见参考文献 4.6.1(a)]获得。材料性能应该满足使用环境(如温度)的要求。

当面板为复合材料层压板时,由于复合材料结构的复杂性,将具有多种可能的失效模式。目前已有许多失效准则可用于计算失效的起始。选择合适的失效准则是一个存有争议的问题,与试验数据进行对比是验证失效准则的最佳方法。有关复合材料失效模式和强度预测的深入讨论详见本手册的第 3 卷第 8 章。

总的来说,失效准则可以分为两大类。基于模式的和纯经验的。一个纯经验的失效准则一般以单层的 3 个应力或应变分量的多项式组合形式给出。这种失效准则试图将不同的失效机理合并为一个函数来表示,因此它与具有物理基础的失效准则相比代表性较差。基于模式的失效准则对每种可以识别的失效模式(如纤维方向的拉伸失效和基体的面外失效)进行单独考虑。所有失效准都需要依靠单层的试验数据来设置参数,因此本质上都至少是半经验的。

单层的应力或应变经常用来预测层压板的强度。最先达到失效准则的那一层决定了层压板出现初始失效的载荷。这通常称为首层失效判据。在基于模式的失效判断方法中,如果首层失效是由于纤维断裂引起的,那么该层的断裂将在邻层中产生应力集中。因此,把由于纤维应变达到其极限值而引起的首层失效等同于层压板失效是有依据的。然而,首层面外失效则可能不会立即引起层压板失效。

根据 4.5.4 节,面板中纤维的应变可以从面板的应变求得。4.5.4 节中定义的应变是在夹层结构坐标系中给出的。为了研究材料在其他方向上的相应应变,则需要使用变换矩阵将应变转换到材料方向上。

图 4.6.1 给出了两套坐标系。1-2 坐标系对应该层的材料主方向,其中 1 轴为纤维方向、2 轴为面内纤维垂直方向。x-y 坐标系代表夹层结构坐标系,它可以通过绕该图所在平面的法向的转动来与 1-2 坐标系建立关系。角度 θ 为从 x-y 坐标系到 1-2 材料坐标系所转过的角度。

可通过下式将应变变换到各层的材料主坐标系中:

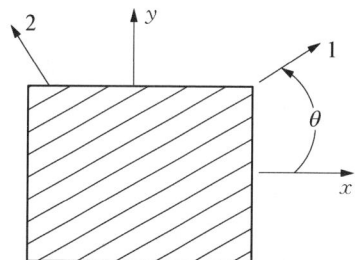

图 4.6.1　夹层结构坐标系转换

1,2-材料主方向坐标系　x,y-层压板或者任意方向坐标系

$$\begin{Bmatrix} \varepsilon_{11} \\ \varepsilon_{22} \\ 2\varepsilon_{12} \end{Bmatrix}_i = \begin{bmatrix} m^2 & n^2 & mn \\ n^2 & m^2 & -mn \\ -2mn & 2mn & m^2 - n^2 \end{bmatrix} \begin{Bmatrix} \varepsilon_{xx} \\ \varepsilon_{yy} \\ 2\varepsilon_{xy} \end{Bmatrix} \qquad 4.6.1$$

式中：上标 i 表示层数及旋转角度，即 $m = \cos\theta$ 和 $n = \sin\theta$。

最大纤维应变准则可以表示为

$$\varepsilon_{11}^{cu} \leqslant \varepsilon_{11}^{i} \leqslant \varepsilon_{11}^{tu}$$

当该不等式不满足时，则表示某层失效了。

对于给定的载荷条件，把各层中的应变与这个失效准则进行对比。极限应变 ε_{11}^{tu} 和 ε_{11}^{cu} 是各层纤维方向上最大允许的拉伸和压缩应变。类似的方程可以用来表示 ε_{22} 和 γ_{12}。一般来说，这些不等式是单向层压板的单轴拉伸试验数据的统计结果（详见第 3 卷）。

4.6.2　芯材剪切载荷

面外剪切载荷 Q_x 和 Q_y 主要由芯材承受。可以通过层压板分析程序或有限元模型来确定面外剪切载荷在芯材中所产生的最大横向剪切应力 τ_{xz} 和 τ_{yz}。或者，也可以采用下面的简化方法来计算芯材中的横向剪切应力。

对于面板厚度小于芯材厚度 5% 的夹层板，可假设芯材承受所有的剪力，即

$$T_{xz} = \frac{Q_x}{t_c}, \ \tau_{yz} = \frac{Q_y}{t_c} \qquad 4.6.2(a)$$

如果面板的厚度大于芯材厚度的 5%，面板将承受一部分剪力：

$$\tau_{xz} = \frac{Q_x}{t_c + \dfrac{t_{UPR} + t_{LWR}}{2}}, \ \tau_{yz} = \frac{Q_y}{t_c + \dfrac{t_{UPR} + t_{LWR}}{2}} \qquad 4.6.2(b)$$

人们通常测试的是蜂窝芯材在纵向（L）和横向（W）上的剪切强度，但在实际应用中，面外剪切载荷可能不与这些方向重合（见图 4.6.2）。

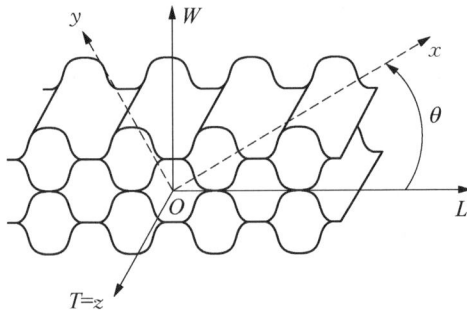

图 4.6.2　蜂窝夹层方向

在这种情况下,施加的剪切应力 τ_{xz} 可以分解到纵向和横向上,芯材的强度通过耦合准则来确定。

参考文献 4.6.2(a)和 4.6.2(b)给出了一种适用于飞机结构非金属蜂窝芯材的经验耦合准则:

$$F_{s\theta} = \frac{1}{\sqrt[N]{\left(\dfrac{\cos\theta}{F_{sL}}\right)^N + \left(\dfrac{\sin\theta}{F_{sW}}\right)^N}} \qquad 4.6.2(c)$$

式中:$F_{s\theta}$、F_{sL} 和 F_{sW} 是芯材分别在载荷方向、纵向和横向所能承受的最大剪切载荷;θ 是方向角,N 是介于 1 和 2 之间的指数,用于拟合不同材料、密度和单元形状的蜂窝芯材的试验数据。在 x - y 坐标系内,τ_{xz} 为施加的剪切应力,τ_{yz} 等于 0。

对于由高密度玻璃纤维制造、具有二等分六边形单元的蜂窝芯材,文献 4.6.2(b)提供了一种基于拉格朗日多项式的准则,它能更好地拟合试验数据。

指数准则和拉格朗日多项式准则都要需要根据试验数据来确定常数。表 4.6.2 给出了适用于所列芯材的指数。这些指数由常温试验得到[见参考文献 4.6.2(a)和 4.6.2(b)]。对于表 4.6.2 所列之外的芯材材料、密度、单元形状和试验环境,需要通过试验来确定常数。建议遵照 ASTM - C273 夹层芯材剪切性能试验方法和 ASTM - C393 夹层结构挠曲性能的标准试验方法[见参考文献 4.6.2(c)和 4.6.2(d)]进行试验。

表 4.6.2　芯材剪切耦合指数

芯材材料	单元形状	单元尺寸/in	密度/(lb/in³)	指数 N
玻璃纤维	六边形	3/8	3.5	1.34
玻璃纤维	六边形	3/8	4.5	1.32
Nomex	欠拉	F50	5.5	1.45
Nomex	过拉	3/16	3.0	1.5
Kevlar	六边形	1/8	3.0	1.23
Korex	六边形	1/8	6.0	1.2

也可以利用下式计算在载荷方向上的芯材剪切模量[见参考文献 4.6.2(a)]:

$$G_\theta = \frac{G_L G_W}{G_L \sin^2\theta + G_W \cos^2\theta} \qquad 4.6.2(d)$$

式中:G_L、G_W 和 G_θ 分别是芯材在纵向、横向和载荷方向的剪切模量。公式 4.6.2(d)通过刚度张量的面内旋转获得,并假设了芯材为正交各向异性材料。该公式可以很好地符合表 4.6.2 中所列芯材的试验数据[见参考文献 4.6.2(a)和 4.6.2(b)]。

4.6.3　平面拉伸和平面压缩

在许多夹层板的边缘处,一侧面板(如下面板)具有一段斜坡过渡区,如图 4.6.3

所示。在斜坡的起始和结束位置,平拉或平压会在面板和芯材之间的胶层中产生层间应力。平拉应力可能导致芯材的拉伸失效或面板和芯材的脱胶,而平压应力可能导致芯材压溃。

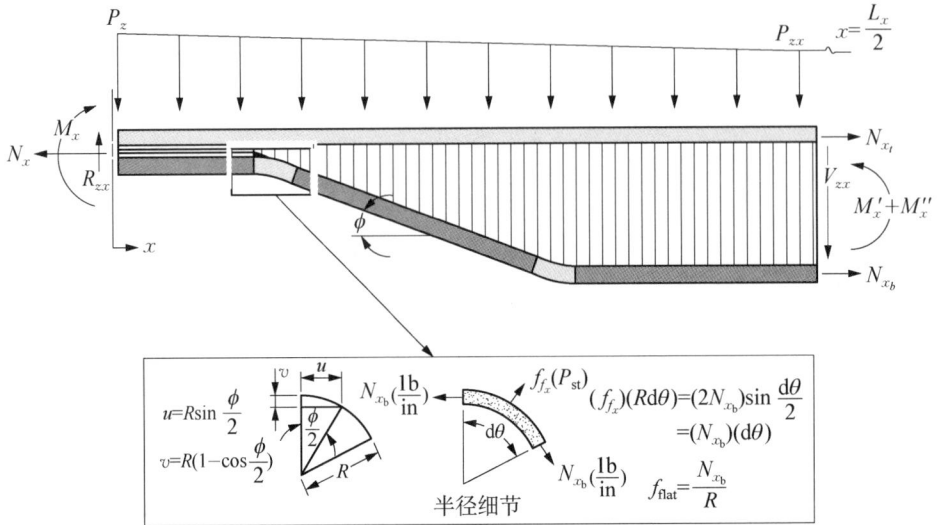

图 4.6.3　夹层结构边缘过渡区

斜坡的起始和结束位置都有一段圆弧,此处的平拉或平压应力应该在圆弧的中心处给出。本节给出的公式提供了平拉/压应力的近似值。如果要获得该区域更加准确的应力状态,则需要采用有限元模型进行计算。

下列公式假设在斜坡起始和结束处圆弧上的应力是均匀分布的。计算这些区域的应力需要用到下面板所受的载荷,它取决于上下面板之间的距离及贴袋面与贴模面之间的夹角。在这些区域,上下面板之间的距离及贴袋面与贴模面的夹角都是变化的。因此,定义这些区域的几何度量时需要特别小心。

需要指出的是,下列公式考虑的是在 x 方向上的载荷。在 y 方向上的载荷可以采用相似的公式进行计算和校核。

$$f_{x\text{flat}} = \pm \frac{N_{xb}}{R} \qquad\qquad 4.6.3(\text{a})$$

式中:"+"号表示凹弧;"−"号表示凸弧;$f_{x\text{flat}}$ 为圆弧处的应力;N_{xb} 为贴袋面板的内力;R 为斜坡半径。

图 4.6.3 使用了两个角度,其中,ϕ 为斜坡角,θ 为某一位置处贴袋面与贴模面之间的实际夹角。

上下面板所承受的内力 N_{xt} 和 N_{xb} 可以通过下式估算(见参考文献 4.6.3):

$$N_{xt} = \frac{N_x}{2} - \frac{M_x' + M_x''}{d}$$

$$N_{xb} = \left[\frac{N_x}{2} + \frac{M_x' + M_x''}{d}\right]\left(\frac{1}{\cos\theta}\right)$$

4.6.3(b)

可以采用下式计算内部剪力 V_{zx}：

$$V_{zx} = \left[R_{zx} - P_z(x) + \left(\frac{P_z - P_{zx}}{L_x}\right)(x^2)\right] - \left[N_{xb}(\sin\theta)\right] \qquad 4.6.3(c)$$

式中：轴向力 N_x、力矩 M_x 和分布力 P_z 如图 4.6.3 所示。

在最靠近边缘的圆弧（即图 4.6.3 中左侧的圆弧）处，临界应力为贴袋面板的层间拉应力。

在最远离边缘的圆弧（即图 4.6.3 中右侧的圆弧）处，失效模式为贴袋面板和芯材的脱胶（对应平拉应力）或芯材压溃（对应平压应力）。因此，许用平压应力等于芯材的抗压强度 F_{CC}。

4.6.4　芯材受弯压溃

当一个夹层板受弯时，芯材抵抗上下面板的相向运动。在这种情况下，芯材承受着沿厚度方向的压缩力。与之对应的失效模式应在最大弯矩处进行校验。芯材的压应力可由下式计算：

$$f_{crush} = \frac{M_x^2}{dD_x} + \frac{M_y^2}{dD_y} + q \qquad 4.6.4$$

式中：f_{crush} 为芯材的压应力；M_x, M_y 为由面内和压缩载荷产生的弯矩；D_x, D_y 为 x 和 y 方向上的弯曲刚度；d 为上下面板中心面之间的距离；q 为正压力。

4.6.5　单胞屈曲（面板微凹）

如果夹层结构的芯材是蜂窝结构或者波纹板，面板有可能向蜂窝壁或波纹之间的间隔按与这些间隔尺寸相同的波长发生屈曲或微凹。面板的微凹不一定导致失效，除非凹陷的幅度足够大致使芯材壁发生屈曲，进而导致面板发生皱曲。不导致结构整体失效的微凹仍有可能足够严重以至于在载荷移除之后形成永久性凹痕。

如果面板不允许出现微凹，单胞尺寸或波纹间隔应该足够小，以使面板在设计载荷作用下不会发生微凹。这里假设面板和芯材之间的胶层失效不会早于微凹的出现。在设计过程中，通常还假设：①在确定面板的厚度 t 时，已考虑了设计载荷和面板的设计压缩强度；②面板的压缩强度 F_c 和有效压缩模量 E' 是已知的；③芯材的单胞尺寸或波纹间隔是需要确定的量。面板性能参数的取值应该符合实际的使用条件，也就是说，如果夹层结构在高温环境下使用，那么在设计中就应该使用面板在高温下的性能参数。面板的弹性模量是面板在压力作用下的有效值。如果该压力超过线性范围的极限值，则应使用切线、降低或修正的压缩模量[见参考文献4.6.5(a)]。

由于分析和材料性能参数的不确定性，建议最终设计应通过对一些小试件的试验来进行验证[试验方法见参考文献 4.6.5(b) 和 4.6.5(c)]。

4.6.5.1 含有胞状(蜂窝)芯材的夹层结构

本节给出了芯材单胞尺寸的设计方法,以使各向同性面板不会发生微凹[见参考文献4.6.5.1(a)]。导致面板发生微凹的压力由以下经验公式给出:

$$F_c = 2 \frac{E'}{\lambda} \left(\frac{t}{s} \right)^2 \qquad\qquad 4.6.5.1(a)$$

式中:E'是指在F_c作用下面板的有效压缩模量;$\lambda = 1 - \nu^2$(ν为面板的泊松比);t为面板的厚度;s为芯材单胞尺寸(即内接圆直径)。单胞尺寸可以通过公式6.5.1(a)得到:

$$s = t\sqrt{2} \left(\frac{\lambda F_c}{E'} \right)^{-\frac{1}{2}} \qquad\qquad 4.6.5.1(b)$$

可以通过公式4.6.5.1(b)或图4.6.5.1给出的图表法确定最大芯材单胞尺寸。如果该芯材单胞尺寸小于现有芯材的单胞尺寸,那么需要增加面板的厚度或者降低面板压力,从而使得微凹发生时边缘载荷维持不变。图4.6.5.1中的图表也可以用来确定在特定芯材单胞尺寸下发生微凹的面板厚度和压力。

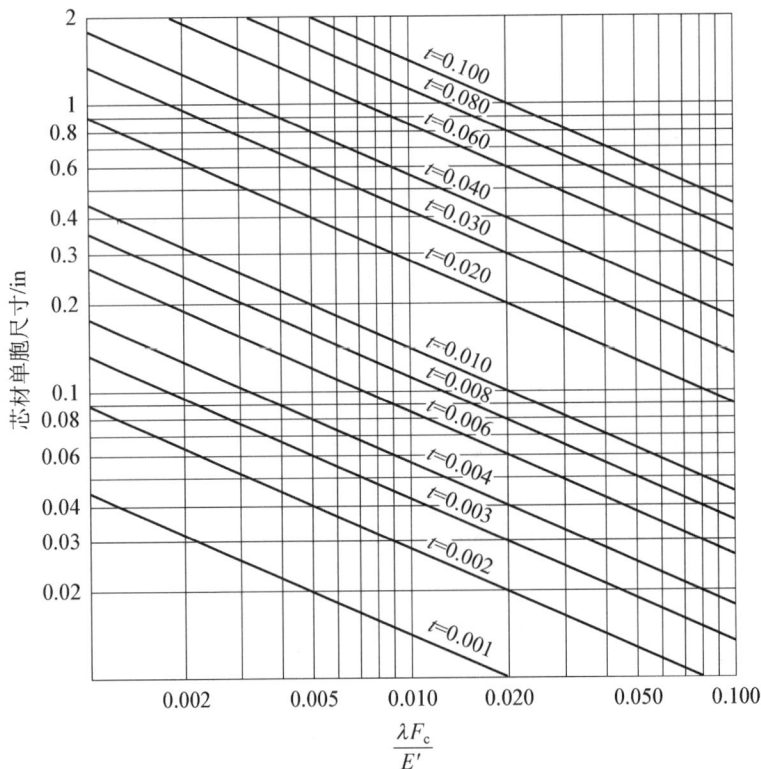

图4.6.5.1 决定夹层结构各向同性面板不发生微凹(单胞屈曲)的芯材单胞尺寸

对于正交各向异性的面板,可采用如下公式计算[见参考文献 4.6.5.1(b)]:

$$F_c^{\text{Fokker}} = \frac{1}{t}\left(\frac{\pi}{s}\right)^2\{D_{11} + 2(D_{12} + 2D_{66}) + D_{22}\} \qquad 4.6.5.1(c)$$

4.6.5.2 含有波纹板芯材的夹层结构

本节给出了芯材波纹间隔的设计方法,以使面板或芯材单元不会发生屈曲[见参考文献 4.6.5.2(a)~(c)]。图 4.6.5.2(a)显示了波纹板夹层结构在一个垂直于芯材轴线截面上的几何形状。

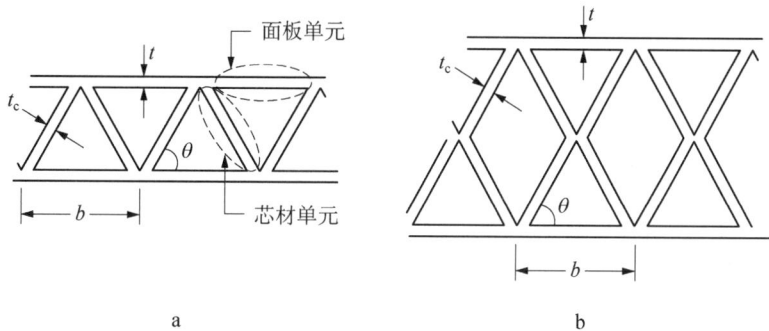

图 4.6.5.2(a) 波纹板芯材示意图以及其相关尺寸(芯材轴线垂直于页面)

a-单层波纹夹芯 b-双层波纹夹芯

当边缘压缩载荷平行于芯材轴线时,设计方法基于无支持面板单元或芯材单元的屈曲载荷中较低的一个,尽管有可能采用芯材单元存在屈曲的夹层结构。

当边缘压缩载荷垂直于芯材轴线时,设计方法基于无支持面板单元的屈曲,假设芯材具有足够大的刚度以限制面板单元端部的转动。如果芯材是双层波纹板,其面内强度可能不足以使面板单元产生假设的屈曲。

面板或芯材单元发生屈曲时的面板压力由下式给出:

$$F_c = k\frac{E'}{\lambda}\left(\frac{t}{b}\right)^2 \qquad 4.6.5.2(a)$$

式中:E' 为在 F_c 作用下面板的有效压缩模量;$\lambda = 1 - \nu^2$(ν 为面板的泊松比);t 为面板的厚度;b 为面板单元自由部分的宽度[见图 4.6.5.2(a)];k 为一个因子,其取值取决于波纹板厚度 t_c 和面板厚度 t 的比值(t_c/t)、波纹板单元和面板之间的夹角(θ)及材料类型(各向同性或正交各向异性)。通过公式 4.6.5.2(a)可求得 b:

$$b = t\sqrt{k}\left(\frac{\lambda F_c}{E'}\right)^{-\frac{1}{2}} \qquad 4.6.5.2(b)$$

图 4.6.5.2(b)~(i)给出了方程 4.6.5.2(b)的图表法。除图 4.6.5.2(i)之外的所有图表适用于载荷方向平行于芯材轴线的情况。图 4.6.5.2(i)适用于载荷方向垂直于芯材轴线的情况。

图 4.6.5.2(b)和(c)适用于面板和芯材为相同的各向同性材料的情况。图 4.6.5.2(d)~(l)适用于面板和芯材为正交各向异性材料的情况,如:$\alpha = 2/3$、1 或 $3/2$,$\beta = 0.6$ 的玻璃纤维层压板。α 和 β 的值由材料的弹性参数决定,即

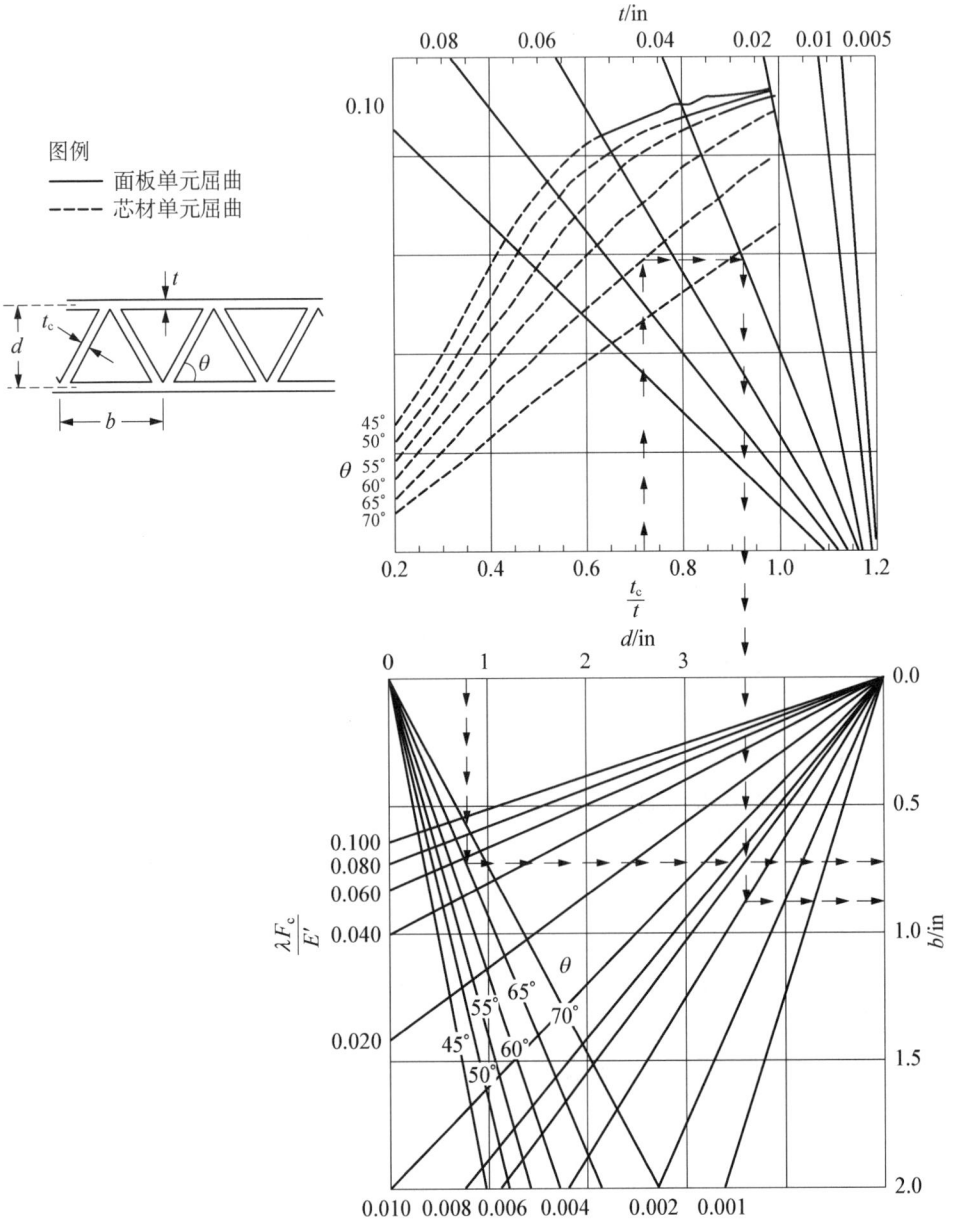

图例
—— 面板单元屈曲
---- 芯材单元屈曲

图 4.6.5.2(b) 确定面板单元宽度 b

各向同性面板波纹板夹层结构,边缘压缩载荷与芯材轴线平行(单层波纹板芯材)

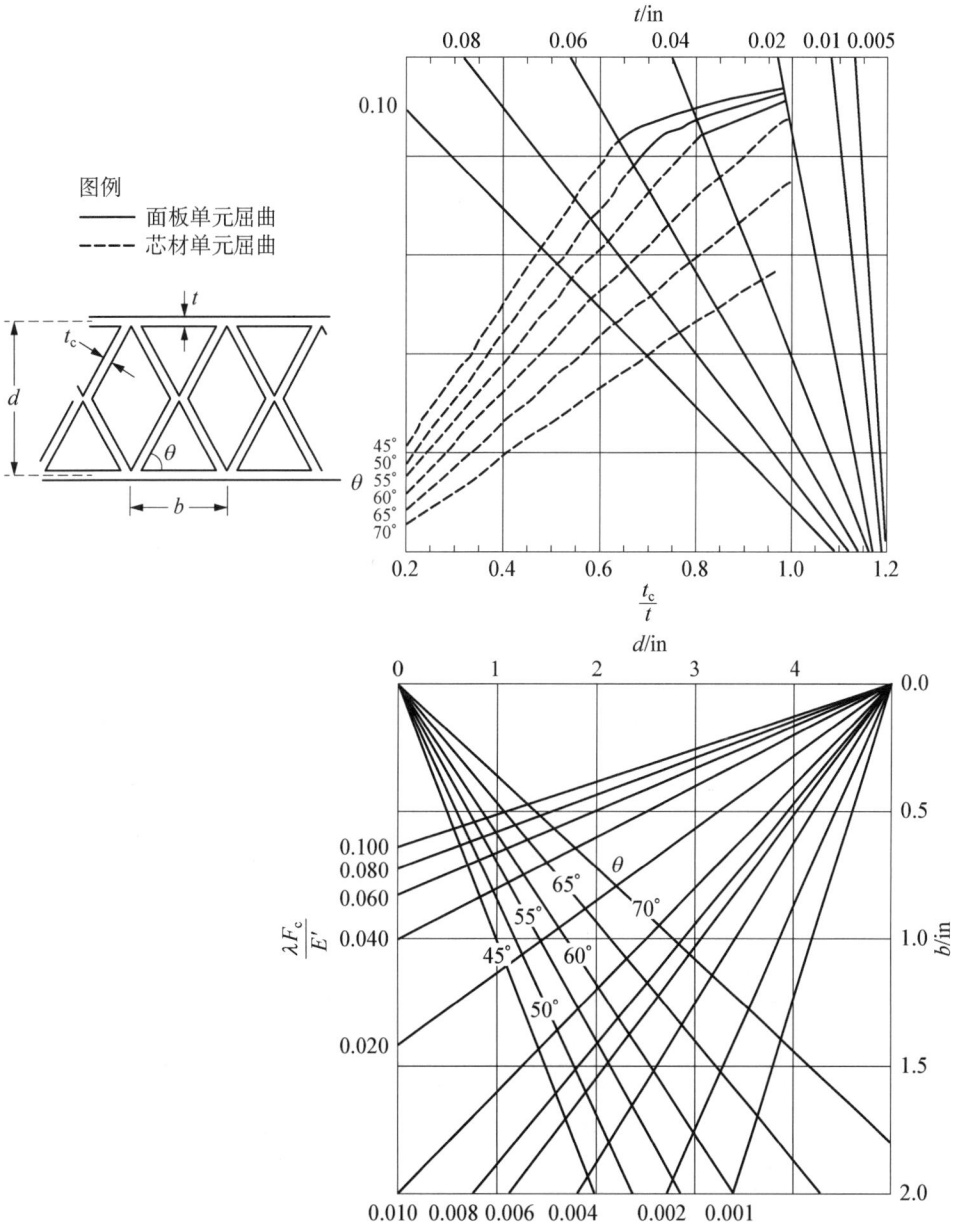

图 4.6.5.2(c)　确定面板单元宽度 b

各向同性面板波纹板夹层结构，边缘压缩载荷与芯材轴线平行（双层波纹板芯材）

图例
—— 面板单元屈曲
---- 芯材单元屈曲

$\alpha=\alpha_c=\dfrac{3}{2}$

$\beta=\beta_c=0.6$

$\dfrac{E_c\lambda_c}{E_{\alpha c}\lambda}=1$

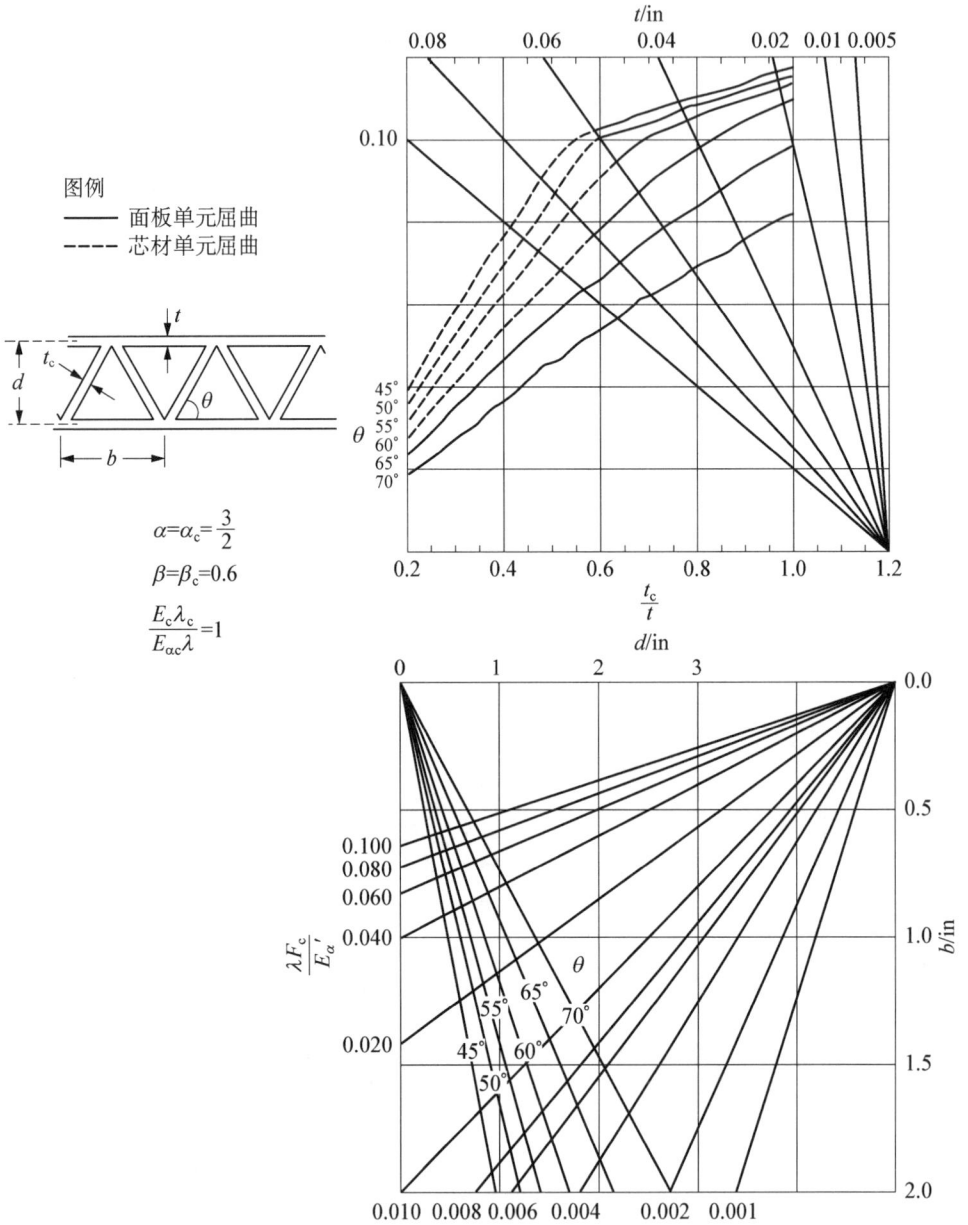

图 4.6.5.2(d)　确定面板单元宽度 b

正交各向异性面板波纹板夹层结构,边缘压缩载荷与芯材轴线平行(单层波纹板芯材)

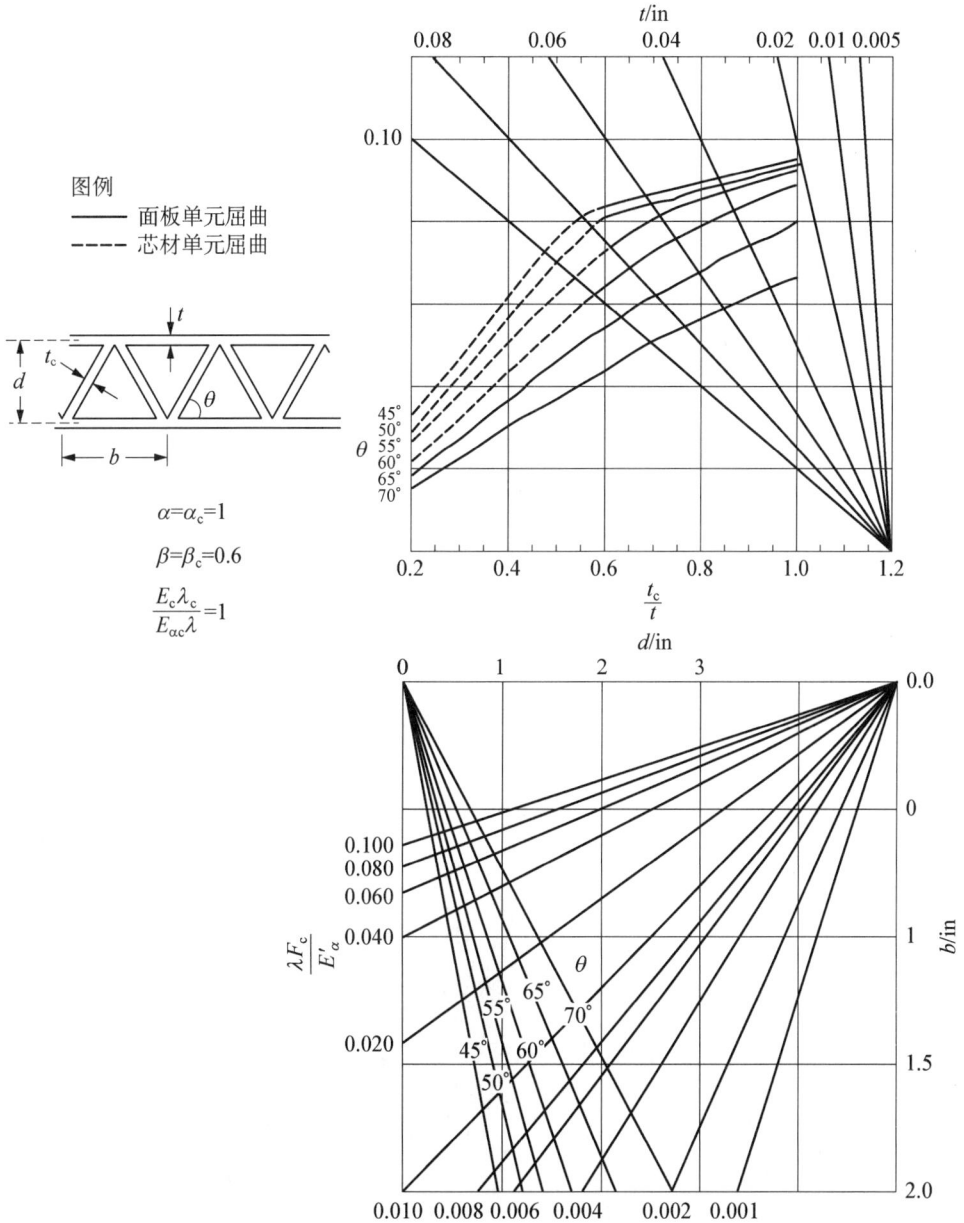

图 4.6.5.2(e) 确定面板单元宽度 b

正交各向异性面板波纹板夹层结构,边缘压缩载荷与芯材轴线平行(单层波纹板芯材)

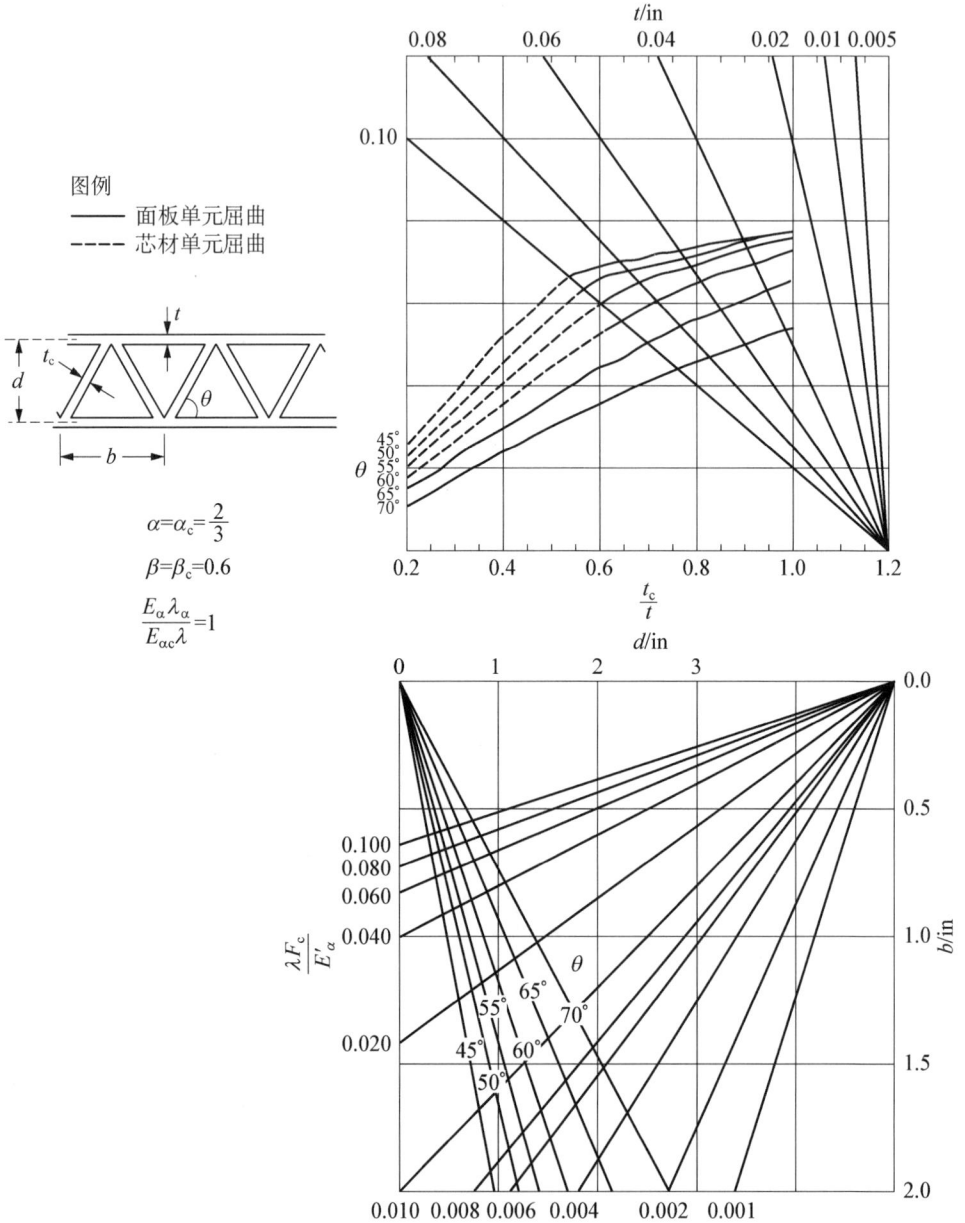

图 4.6.5.2(f)　确定面板单元宽度 b

正交各向异性面板波纹板夹层结构，边缘压缩载荷与芯材轴线平行（单层波纹板芯材）

图例
—— 面板单元屈曲
---- 芯材单元屈曲

$\alpha = \dfrac{2}{3}$

$\alpha_c = \dfrac{3}{2}$

$\beta = \beta_c = 0.6$

$\dfrac{E_c \lambda_c}{E_{\alpha c} \lambda} = 2.25$

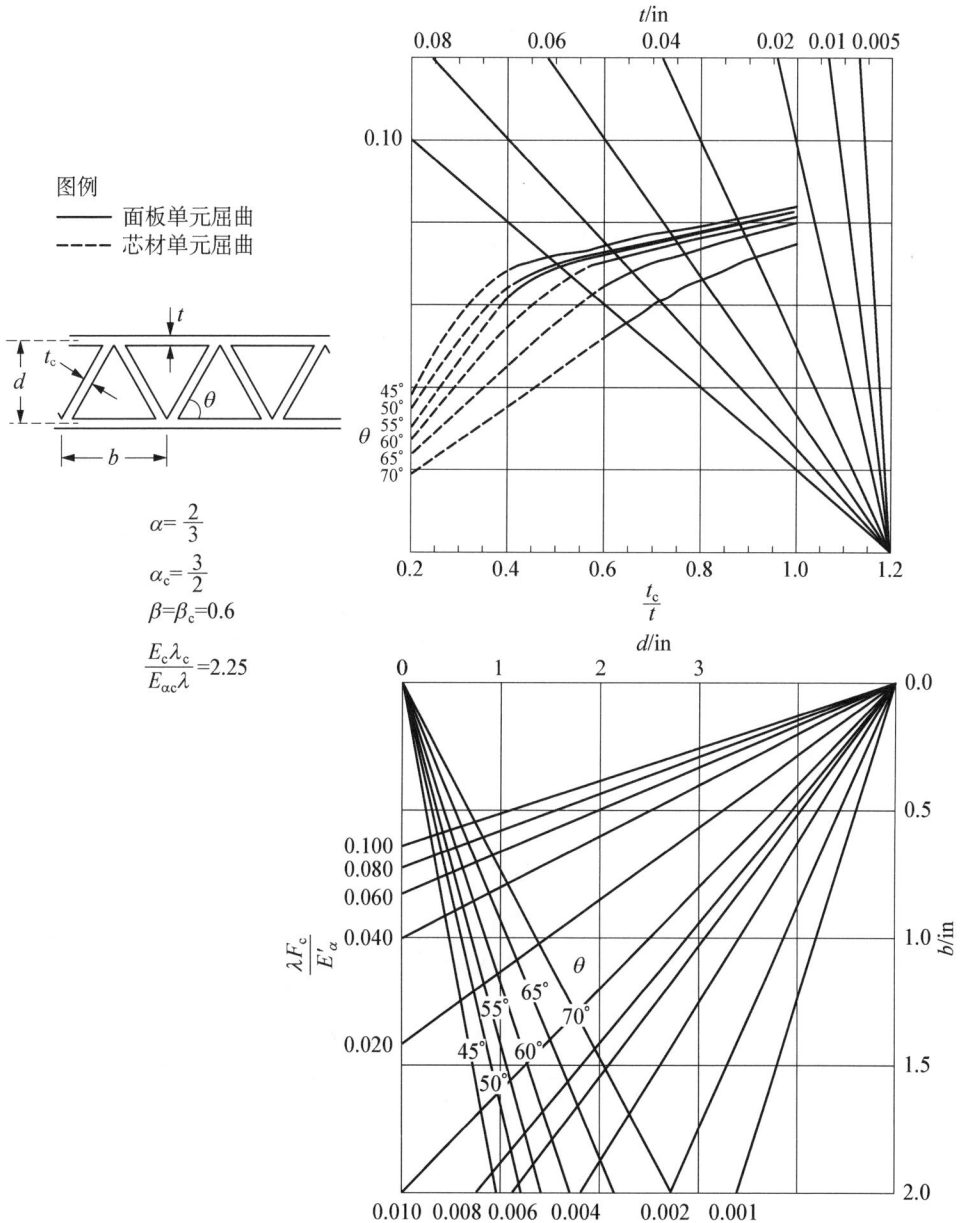

图 4.6.5.2(g)　确定面板单元宽度 b

正交各向异性面板波纹板夹层结构,边缘压缩载荷与芯材轴线平行(单层波纹板芯材)

图例

—— 面板单元屈曲

$$\alpha = \frac{3}{2}$$

$$\alpha_c = \frac{2}{3}$$

$$\beta = \beta_c = 0.6$$

$$\frac{E_c \lambda_c}{E_{\alpha c} \lambda} = 0.444$$

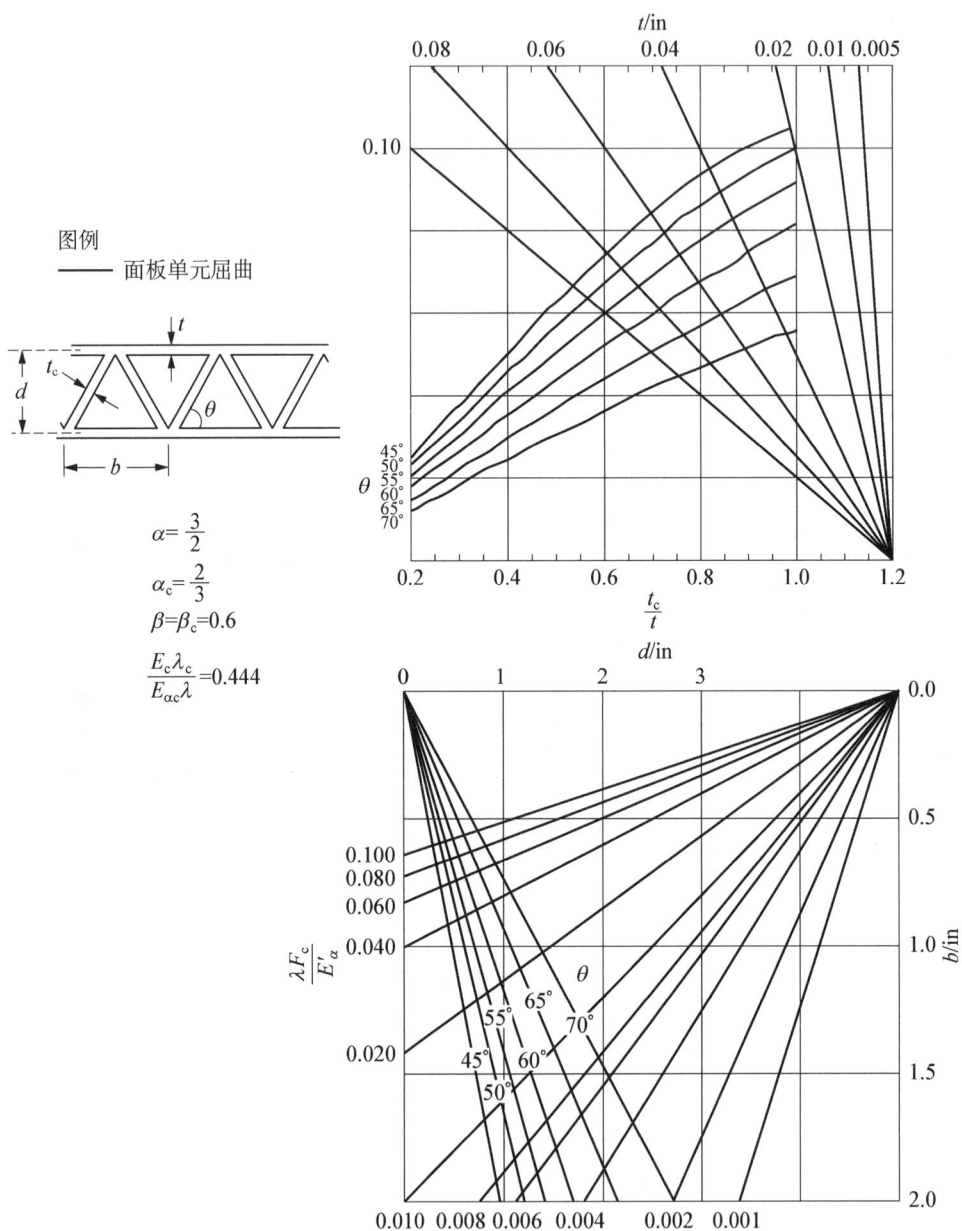

图 4.6.5.2(h)　确定面板单元宽度 b

正交各向异性面板波纹板夹层结构,边缘压缩载荷与芯材轴线平行(单层波纹板芯材)

图例
—— 面板单元屈曲
---- 芯材单元屈曲

$\alpha=1$

$\alpha_c=\dfrac{3}{2}$

$\beta=\beta_c=0.6$

$\dfrac{E_c\lambda_c}{E_{\alpha c}\lambda}=0.5$

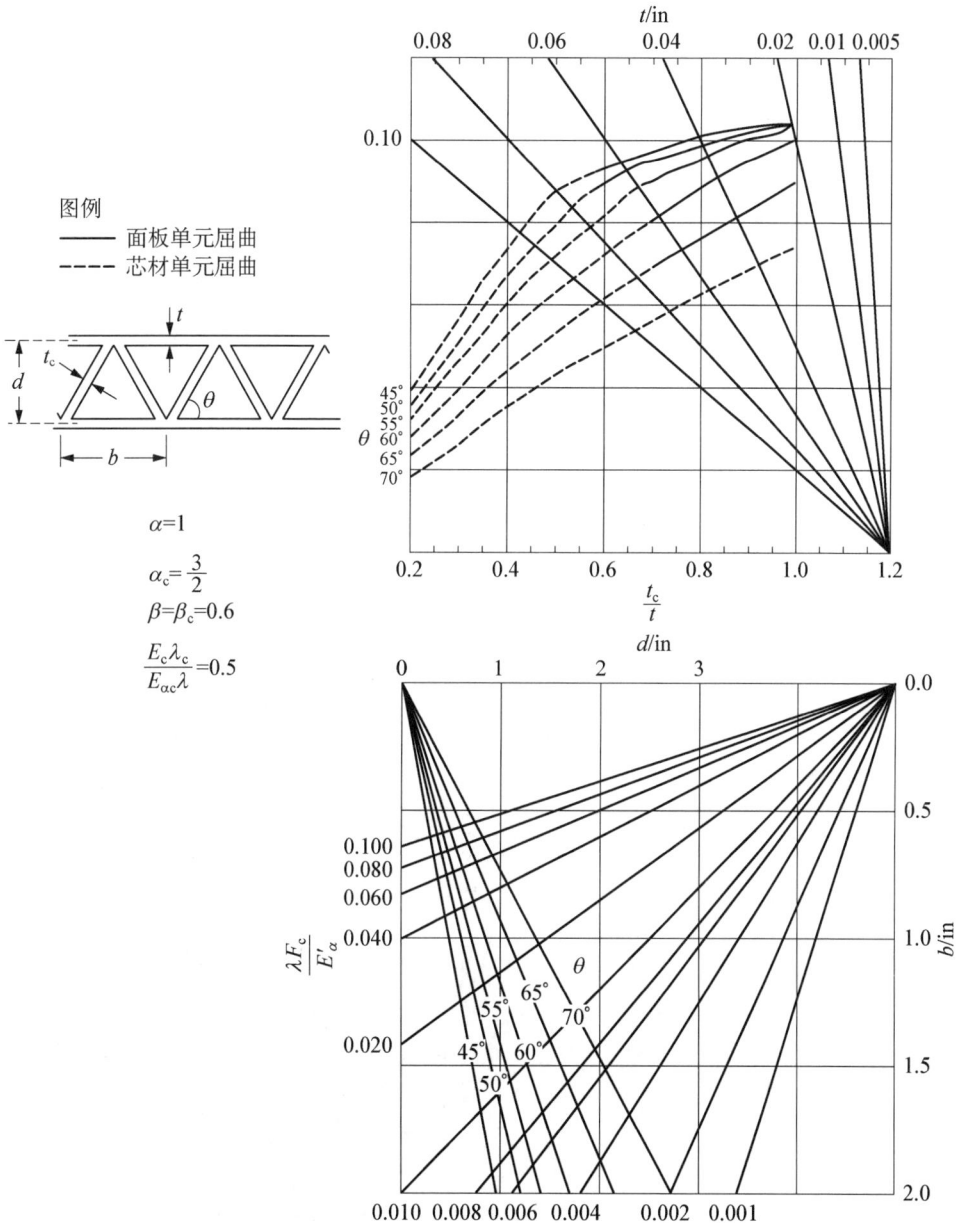

图 4.6.5.2(i)　确定面板单元宽度 b

正交各向异性面板波纹板夹层结构,边缘压缩载荷与芯材轴线平行(单层波纹板芯材)

图例
—— 面板单元屈曲
----- 芯材单元屈曲

$\alpha=1$

$\alpha_c=\dfrac{3}{2}$

$\beta=\beta_c=0.6$

$\dfrac{E_c\lambda_c}{E_{\alpha c}\lambda}=1$

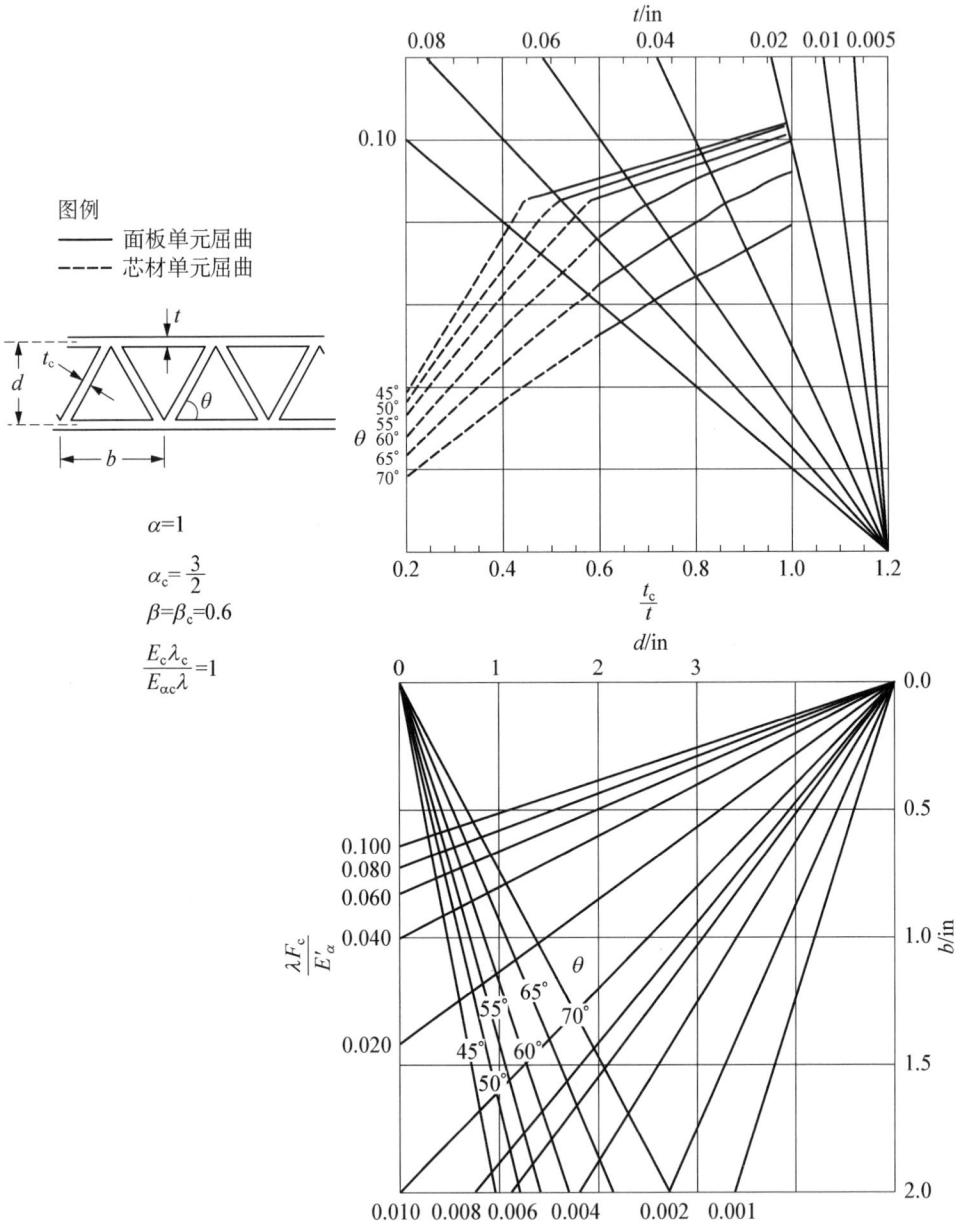

图 4.6.5.2(j)　确定面板单元宽度 b

正交各向异性面板波纹板夹层结构,边缘压缩载荷与芯材轴线平行(单层波纹板芯材)

图例
—— 面板单元屈曲
---- 芯材单元屈曲

$\alpha=1$

$\alpha_c=\dfrac{3}{2}$

$\beta=\beta_c=0.6$

$\dfrac{E_c\lambda_c}{E_{co}\lambda}=1.5$

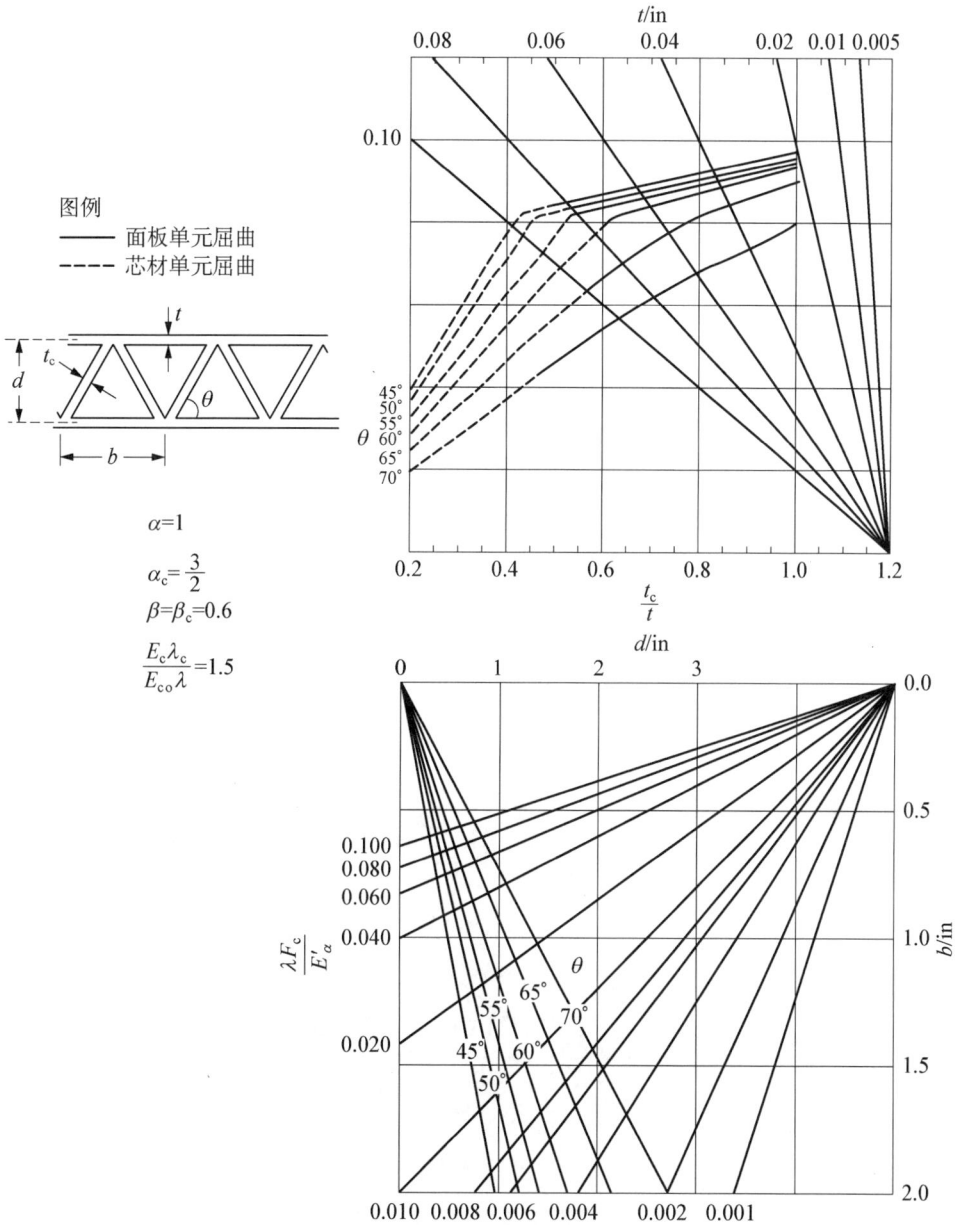

图 4.6.5.2(k)　确定面板单元宽度 b

正交各向异性面板波纹板夹层结构,边缘压缩载荷与芯材轴线平行(单层波纹板芯材)

图例
—— 单层折叠芯材
----- 双层折叠芯材

$$\phi=\frac{E_{bc}\lambda}{E_b\lambda_c}\left(\frac{t_c}{t}\right)^3\cos\theta$$

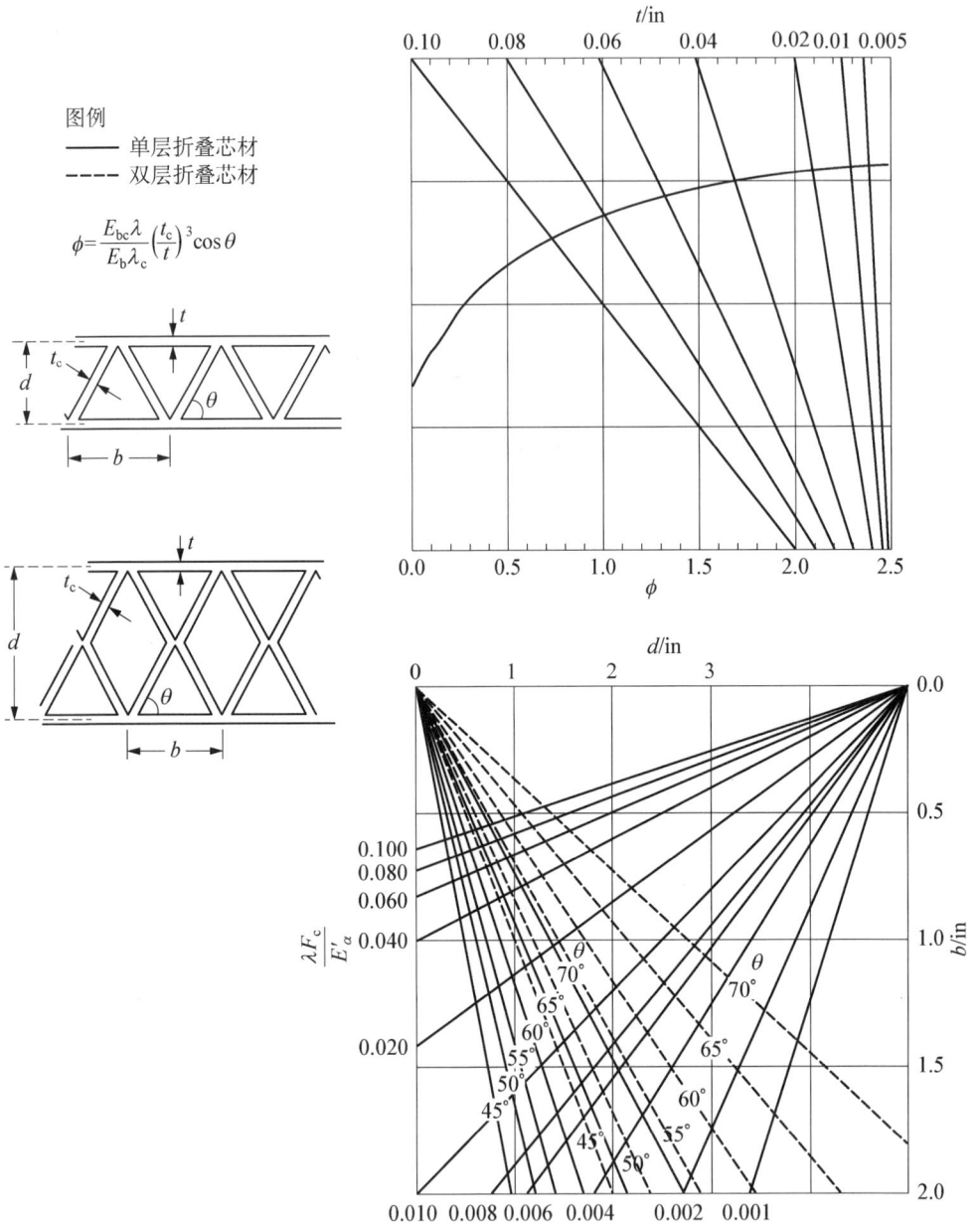

图 4.6.5.2(1)　确定面板单元宽度 b

正交各向异性面板波纹板夹层结构,边缘压缩载荷与芯材轴线垂直

$$\alpha = \sqrt{\frac{E_b'}{E_a'}}, \; \beta = \frac{\lambda}{\sqrt{E_a' E_b'}}\Big(\frac{E_b'\nu_{ab}}{\lambda} + 2G_{ab}'\Big) \qquad 4.6.5.2(c)$$

式中：E_a' 和 E_b' 分别为平行和垂直于载荷方向上的弹性模量；G_{ab}' 为对应的剪切模量；ν_{ab} 为泊松比，定义为由于在 a 方向受拉所引起的 b 方向收缩量和 a 方向伸长量之比，$\lambda = 1 - \nu_{ab}\nu_{ba}$。用下标 c 来表示芯材的材料参数。

在通过图表确定了 θ 和 b 之后，夹层结构的截面形状就完全确定了。上下面板中心面之间的距离 h 可以通过下式计算：

$$h = (b/2)\tan\theta \quad （单层波纹芯） \qquad 4.6.5.2(d)$$

$$h = b\tan\theta \quad （双层波纹夹芯） \qquad 4.6.5.2(e)$$

由于 h 可能已经根据夹层结构刚度或强度的设计要求预先确定下来，这时就需要通过求解方程 4.6.5.2(d) 或 (e) 来确定 b 的值。图 4.6.5.2(b)～(i) 的下半部分给出了通过公式 4.6.5.2(d) 或 (e) 来确定 b 的值的图表法。最终的设计应该采用通过公式 4.6.5.2(d) 或 (e) 求得的 b，且不能大于公式 4.6.5.2(b) 给出的结果。通过反复迭代，就有可能找到合适的 θ，使得公式 4.6.5.2(b) 和公式 4.6.5.2(d) 或 (e) 给出相同的 b 值。

4.6.5.3　剪切引起的单胞屈曲

下式给出了蜂窝芯材夹层结构中由剪切引起的单胞屈曲（也称为剪切微凹）的临界载荷经验公式。该式可分别给出 x 和 y 方向上的最大许用载荷。

$$F_{sdimple} = (0.6)E_{xf}\Big(\frac{t_f}{s}\Big)^{1.5} \quad 或 \quad F_{sdimple} = (0.6)E_{yf}\Big(\frac{t_f}{s}\Big)^{1.5} \qquad 4.6.5.3$$

式中：$F_{sdimple}$ 是指使单胞屈曲的临界剪力；E_{xf} 和 E_{yf} 是面板在 x 和 y 方向上的弹性模量；t_f 是面板的厚度；s 是单胞尺寸。

4.6.5.4　压缩和剪切共同作用下的单胞屈曲

当蜂窝夹层结构的面板同时受到压缩和剪切载荷时，可采用下列公式（见参考文献 4.6.3）：

$$R_c = \frac{(f_x + f_y)}{F_{Cdimple}}$$

$$R_s = \frac{f_{xy}}{F_{Sdimple}} \qquad 4.6.5.4$$

$$MS_{dimple} = \frac{2}{R_c + (R_c^2 + 4R_s^2)^{1/2}} = 1$$

4.6.6　面板皱曲

4.6.6.1　边缘载荷引起的面板皱曲

当夹层结构面板按照一块位于弹性基体上的平板发生屈曲时，则可产生皱曲失效。皱曲有时也称为自然波长屈曲,因为它与具有特定波长的周期波有关,其波长不取决于夹层结构的面内尺寸,而是取决于芯材和面板的材料特性和厚度。由于夹层结构面板的波纹度是未知的,这为分析这种局部屈曲现象增加了复杂性。因此,设计人员实际上需要解决的是受弹性基体(芯材)支承、具有初始波纹度的平板(面板)的屈曲问题。定义或测量面板的初始曲率或波纹度并非易事。迄今,将包括测得的面板波纹度在内的皱曲数据和理论进行关联的尝试不是很成功。

增加面板初始波纹的面外形变量会在芯材和胶层中引入应力。这种情况下,最终的面板失效会发生得很突然,面板可能向内或向外屈曲,这取决于芯材的抗压强度与胶层的抗拉强度之比。如果芯材或胶层的失效没有造成面板明显的失效,皱曲失效在载荷移除后可能难以发现。

一般来说,夹层结构设计不由面板失效决定,而是由其他因素决定,包括面板和芯材所需达到的强度和刚度、整体屈曲模态等。然而,面板皱曲对于某些夹层结构可能变得很重要,特别是当面板的厚度很小且芯材的压缩和剪切刚度很低时。因此,在设计夹层结构板时,应该校核在设计载荷下面板皱曲是否会发生。由于在分析、材料性能参数及面板波纹度中存在的不确定性,建议最终设计应通过对一些小试样的试验来检验[适用的试验方法见参考文献4.6.6.1(a)和(b)]。

夹层结构的面板在设计载荷下不允许发生皱曲。在本节的后续讨论中,假设面板和芯材的材料性能和几何尺寸是已知的。材料性能参数的取值应该符合实际的使用条件。也就是说,如果夹层结构在高温环境下使用,那么在设计中就应该使用面板在高温下的性能参数。面板的弹性模量是指面板应力下的有效值。对金属面板如果该应力超过比例极限值,则应使用切线、降低或修正的压缩模量[见参考文献4.6.6.1(c)]。

以下针对两类夹层结构给出其皱曲临界载荷的计算公式。一类是含有连续芯材(如泡沫或轻木)的夹层结构。另一类是含有蜂窝芯材的夹层结构,该夹层结构的面内弹性模量远小于在垂直于芯材所在平面方向上的弹性模量。

4.6.6.2　具有连续芯材的夹层结构

使具有连续芯材的夹层结构的面板发生皱曲的应力可以通过下式进行估算[见参考文献4.6.6.2(a)和(b)]:

$$F_{\mathrm{W}} = Q\left(\frac{E'E_{\mathrm{c}}G_{\mathrm{c}}}{\lambda}\right)^{1/3} \qquad\qquad 4.6.6.2(\mathrm{a})$$

式中:F_{W}为面板发生皱褶时的应力;E'为面板在载荷方向上的有效弹性模量;$\lambda = 1 - \nu_{\mathrm{ab}}\nu_{\mathrm{ba}}$或$\lambda = 1 - \nu$;$E_{\mathrm{c}}$为芯材在垂直于面板方向上的弹性模量;$G_{\mathrm{c}}$为芯材在与面板垂直且与载荷方向平行的平面内的剪切模量;Q为一个系数。

需要注意的是,对于具有正交各向异性复合材料面板的夹层结构而言,E'应由下式代替:

$$12\lambda \frac{D_{\mathrm{f}}}{t_{\mathrm{f}}^{3}} \qquad\qquad 4.6.6.2(\mathrm{b})$$

式中：D_{f} 为面板在载荷方向上的弯曲刚度（详见 4.5.2 节的讨论）。

文献中提出了多个对 Q 的建议值。将这些建议值与大量试验数据进行的对比分析显示 $Q = 0.63$ 最符合试验数据［见参考文献 4.6.6.2(b)］。0.50 可以作为 Q 取值的保守下限。

Q 也可以通过下式对变量 ζ 取最小值来计算［见参考文献 4.6.6.2(a)］：

$$\frac{\dfrac{\zeta^{2}}{30q^{2}} + \dfrac{16q}{\zeta}\left(\dfrac{\cos \mathrm{h}\zeta - 1}{11\sin \mathrm{h}\zeta + 5}\right)}{1 + 6.4K\zeta\left(\dfrac{\cos \mathrm{h}\zeta - 1}{11\sin \mathrm{h}\zeta + 5}\right)} \qquad\qquad 4.6.6.2(\mathrm{c})$$

式中：

$$q = \frac{t_{\mathrm{c}}}{t} G_{\mathrm{c}} \left(\frac{\lambda}{E'E_{\mathrm{c}}G_{\mathrm{c}}}\right)^{1/3} \qquad\qquad 4.6.6.2(\mathrm{d})$$

$$K = \frac{\delta E_{\mathrm{c}}}{t_{\mathrm{c}}F_{\mathrm{c}}} \qquad\qquad 4.6.6.2(\mathrm{e})$$

t_{c} 为芯材的厚度；t 为面板的厚度；δ 为面板的初始波纹度；F_{c} 为夹层结构的平压或平拉强度（取为两者中的较小值）。参数 ζ 正比于芯材弹性模量比的 4 次根及芯材厚度与理想屈曲波长之比。

图 4.6.6.2(a) 给出了用公式 4.6.6.2(c) 的最小值得到的 Q 值。在使用该图时，可以先给定一个横坐标 q，然后通过估计 K 值来确定 Q 的值。目前还无法确定合适的 δ 值。如果皱曲应力的试验值是已知的，图 4.6.6.2(a) 可以用来确定哪一个 K 值最符合试验数据，然后通过公式 4.6.6.2(e) 来得到 δ 值。当需要对现有设计进行改动时，可以假设 δ 值保持不变，然后采用图 4.6.6.2(a) 来进行重新设计。

在图 4.6.6.2(a) 的左边，所有曲线终止于一条直线，该直线方程可表示为 $Q = 1/2q$。将该直线方程代入公式［4.6.6.2(a)］，并用公式［4.6.6.2(d)］代入 q，则有

$$F_{\mathrm{w}} = \frac{t_{\mathrm{c}}G_{\mathrm{c}}}{2t} \qquad\qquad 4.6.6.2(\mathrm{f})$$

该式与图 4.4(a) 中所示的剪切皱折失效模式以及 4.6.7 节中所讨论的结果是一致的。

图 4.6.6.2(b) 给出了用比值 δ/t_{c} 和 $F_{\mathrm{c}}/E_{\mathrm{c}}$ 来确定 K 值的图表法［见参考文献 4.6.6.2(a)］。该图也可以用来从已知的 $F_{\mathrm{c}}/E_{\mathrm{c}}$ 和 K 来确定 δ/t_{c}。

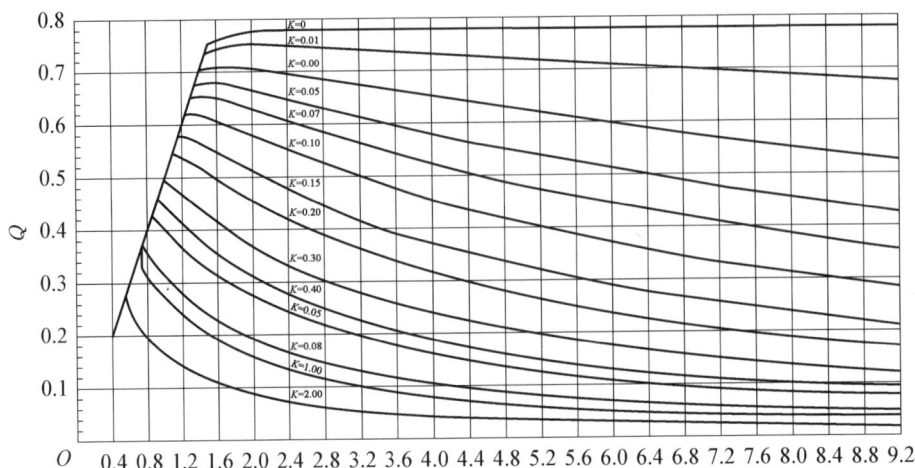

图 4.6.6.2(a)　具有连续芯材夹层结构的面板皱曲的参数

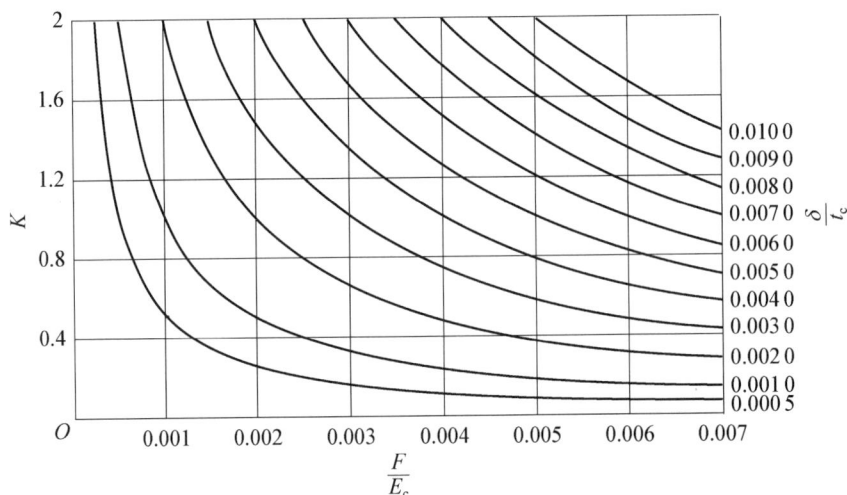

图 4.6.6.2(b)　芯材属性(F_c/E_c)和面板波纹度(δ/t_c)与 K 的关系

算例：

1. 检验夹层结构设计的皱曲

考虑一个夹层结构，其面板厚度为 0.067 in(0.170 cm)，芯材厚度为 1 in(2.54 cm)。芯材的弹性模量为 50 000 psi(3.45×10^{10} Pa)，剪切模量为 20 000 psi(1.38×10^8 Pa)。面板的弹性模量为 10 000 000 psi(6.89×10^{10} Pa)，设计应力为 43 000 psi(2.96×10^8 Pa)。夹层结构的平压或平拉强度为 500 psi(3.45×10^6 Pa)。现需确定在设计应力下面板是否会发生皱曲。

从方程 4.6.6.2(a) 和 4.6.6.2(d) 计算出的 Q 和 q 分别为 0.20 和 1.39。图

4.6.6.2(a)给出 K 约为 1.2。通过方程 4.6.6.2(e)，可计算得到在＝500 psi(3.45×10^6 Pa)时为 0.012 in(0.030 cm)。0.067 in(0.170 cm)厚的面板的初始波纹幅度不会有这么大，因此面板在设计应力下不太可能发生皱曲。

2. 使皱曲应力提高 50％

对于一个特定的夹层结构设计，利用试验数据，由方程 4.6.6.2(a)可得 $Q=0.32$，由方程 4.6.6.2(d)可得 $q=3.86$。根据图 4.6.62(a)，$K=0.20$ 的曲线通过 $Q=0.32$ 和 $q=3.86$ 的点。

一种方法是使用更强的芯材或胶层来增加夹层结构的平压或平拉强度。为了使皱曲应力提高 50％，Q 的值必须从 0.32 增加到 0.48，在 q 保持不变的情况下 K 的值下降到 0.092。由此可知，需要增加 0.20/0.09＝2.2 倍，从而使皱曲强度提高 50％。

另一种方法是增加面板的厚度 t 而不改变夹层结构平压或平拉强度。这种情况下，沿着 $K=0.20$ 的曲线，使 Q 增加到 0.48，该点的 $q=1.75$。由此可知，t 需要增加 3.86/1.75＝2.2 倍。这是一个比较保守的结果，因为它假设了厚面板具有与薄面板相同的初始波纹度。从方程 4.6.6.2(a)可知，只要 q 的增加不会导致 Q 的大幅度下降，材料弹性性能的增加也可以增加皱曲应力。

4.6.6.3　具有蜂窝芯材的夹层结构

对于具有各向同性面板的蜂窝夹层结构，求解皱曲通用方程可得到与上述连续芯材夹层结构不同的结果。原因在于，蜂窝芯材的面内弹性模量(E_L，E_W，G_{WL})远小于其在垂直于芯材所在平面方向上的弹性模量(E_T，G_{TL}，G_{TW})。

人们已提出了多种预测面板皱曲的公式，取决于皱曲模态是对称的还是反对称的，也取决于芯材和面板的厚度比("厚芯材"对"薄面板")。哪个公式可以给出最准确的预测取决于所考虑的材料和夹层结构构型。预测结果需要得到典型夹层结构试件的试验验证。

以下是两种最常见的面板皱曲预测公式。对于芯材较厚的夹层结构，预测皱曲应力的公式为

$$F_W = C_1 (E' E_c G_c)^{1/3} + C_2 G_c \frac{t_c}{t_f} \qquad 4.6.6.3(a)$$

对于芯材较薄的夹层结构，预测皱曲应力的公式为

$$F_W = C_3 \sqrt{\frac{t_f}{t_c} E_c E'} + C_4 G_c \frac{t_c}{t_f} \qquad 4.6.6.3(b)$$

在上述两式中：F_W 为面板皱褶应力；E' 为面板在载荷方向上的有效弹性模量；E_c 为芯材在垂直于面板方向上的弹性模量；G_c 为芯材在与面板垂直且与载荷方向平行的平面内的剪切模量。系数 C_1、C_2、C_3 和 C_4 在不同文献中的取值差别很大，但 C_2 和 C_4 通常取为 0。

对于面板的皱曲问题,可采用下式来决定芯材是否考虑为"厚"或"薄":

$$t_c \geqslant 1.82 t_f \sqrt[3]{\frac{E'E_c}{G_c^2}} \qquad 4.6.6.3(c)$$

如果 t_c 满足该不等式,则在计算皱曲应力时可以采用适用于厚芯材的公式。否则,应采用适用于薄芯材的公式。

正如前面提到的,公式 4.6.6.3(a) 和(b)中的系数在不同文献中的取值差别很大[见参考文献 4.6.3,4.6.6.3(a)~(o)]。例如,公式 4.6.6.3(b)可能采用 $C_4 = 0$ 及 $0.33 \sim 0.87 C_3$。一个通用的保守方法是采用下列取值[见参考文献 4.6.3 和 4.6.6.3(a)]:

$$C_1 = 0.247, \quad C_2 = 0.078, \quad C_3 = 0.33, \quad C_4 = 0$$

在某些情况下,该方法可能过于保守。建议采用对具有代表性的夹层结构试件进行试验来确定合适的系数。

当考虑复合材料面板的正交各向异性特征时,可以通过对下式求关于波数 m 的最小值来确定皱曲应力:

$$F_W = \frac{\pi^2}{t_f a}\Big[D_{11}m^2 + 2(D_{12}+2D_{66})\Big(\frac{a}{b}\Big)^2 + D_{22}\Big(\frac{a}{b}\Big)^4 \frac{1}{m^2}\Big] + \frac{2E_c a^2}{m^2 \pi^2 t_f t_c}$$

$$4.6.6.3(d)$$

式中:D_{11}、D_{22}、D_{12} 和 D_{66} 为面板的层压板弯曲刚度;a 为夹层结构在载荷方向上的尺寸;b 为夹层结构在垂直于载荷方向上的尺寸。对上述方法可进行扩展,使之适用于具有非对称铺层的面板的剪切-拉伸耦合和弯曲-拉伸耦合问题,详见参考文献 4.6.6.3(b)。

4.6.6.4 由剪切引起的面板皱曲

当夹层板承受面内剪切载荷时,建议的分析方法是将载荷分解为主应力或应变,然后采用公式 4.6.6.3(a) 和(b)进行计算。如果两个面内主应力状态都是受压的,则应考虑载荷共同作用的情况(见 4.6.6.5 节)。分析人员必须采用适当的张量变换把面板模量和芯材剪切模量转换到主方向上,以正确应用公式 4.6.6.3(a) 和(b)计算皱曲应力。

一般来说,对于像金属这样的均质材料面板,应采用主应力进行分析。而对于像复合材料层压板这样的非均质材料面板,使用主应变进行分析则更为方便。

4.6.6.5 在混合载荷作用下的面板皱曲

关于混合载荷下面板的皱曲问题,现有相关的试验数据很少。如果只有一个面内主应力处于压缩状态,那么拉伸主应力可以被忽略。该问题可以当作如 4.6.6.4 节所述的将夹层结构刚度转换到主应力方向的一维问题来对待。

Plantema[见参考文献 4.6.6.5(a)]发表的结果表明:对于由连续芯材和各向

同性面板组成的夹层结构，双向载荷的情况可以通过比较两个主方向上的最小皱曲载荷进行处理。

Ward 和 Gintert（见参考文献 4.6.3）给出了混合载荷条件下安全裕度的计算公式。如果面板在 x 和 y 方向上的应力 f_{xf} 和 f_{yf} 都为压缩应力，且 x 方向上的应力大于 y 方向上的应力，即 $|f_{xf}| > |f_{yf}|$，则

$$MS = \cfrac{1}{\left(\cfrac{f_{xf}}{F_{xw}}\right)^3 + \left(\cfrac{f_{yf}}{F_{yw}}\right)} - 1 \qquad 4.6.6.5(a)$$

如果 y 方向上的应力大于 x 方向上的应力，即 $|f_{yf}| > |f_{xf}|$，则

$$MS = \cfrac{1}{\left(\cfrac{f_{xf}}{F_{xw}}\right) + \left(\cfrac{f_{yf}}{F_{yw}}\right)^3} - 1 \qquad 4.6.6.5(b)$$

式中：F_{xw} 和 F_{yw} 为面板分别在 x 和 y 方向上的皱曲临界应力。

对于高度各向异性的面板，主应力方向与主应变方向不重合，皱曲波（wrinkling wave）可能不与夹层板中最大压缩主应力垂直。在这种情况下，皱曲应力可以通过寻找与皱曲波垂直的临界加载应力来确定（见图 4.6.6.5）。通过下式求得载荷因子 λ，临界混合载荷由 λF_φ 给出［见参考文献 4.6.5(b) 和 (c)］。

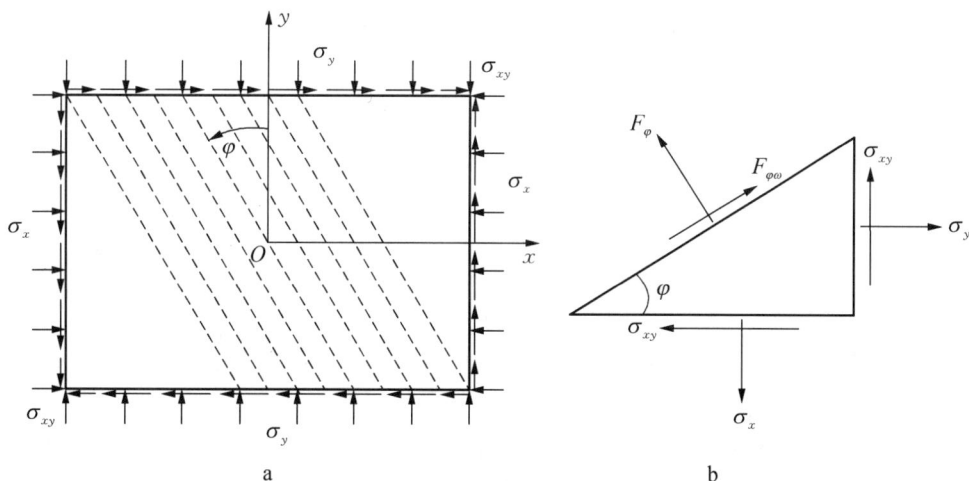

图 4.6.6.5

a-受混合载荷作用下的面板，其皱曲波与夹层板坐标系成 φ 角　b-载荷定义

$$\lambda = \min_\varphi\left(\frac{F_{cr,\varphi}}{F_\varphi}\right) \qquad 4.6.6.5(c)$$

对于对称铺层面板，有

$$F_\varphi = \sigma_x \cos^2\varphi + \sigma_y \sin^2\varphi + \sigma_{xy} 2\sin\varphi\cos\varphi$$

$$F_{\varphi,\text{cr}} = \frac{Q_3}{t_f} \sqrt[3]{D_{11,\varphi} E_c G_c} \qquad\qquad 4.6.6.5(\text{d})$$

$$D_{11,\varphi} = D_{11}\cos^4\varphi + D_{22}\sin^4\varphi + 2(D_{12} + 2D_{66})\sin^2\varphi\cos^2\varphi +$$
$$4(D_{16}\cos^2\varphi + D_{26}\sin^2\varphi)\sin\varphi\cos\varphi$$

式中：D_{11}、D_{22}、D_{12}、D_{16}、D_{26} 和 D_{66} 为面板在 x-y 坐标系（见图 4.6.6.5）中的层压板弯曲刚度；Q_3 是一个系数，Q_3 的建议值为 1.2，通过该值可以得到载荷因子的保守估计。

4.6.6.6　曲面夹层壳的面板皱褶

对于曲面夹层壳，相关的数据和方法都很少。然而，现有的试验数据（见参考文献 4.6.6.6）显示：曲面夹层壳的皱曲载荷与夹层平板相同，且如果曲面夹层壳的半径比褶曲波长大几个数量级，则曲率的影响可以忽略不计。因此，对于适度弯曲的夹层壳而言，其皱曲问题可以采用上述夹层板的公式进行分析计算。

4.6.7　芯材剪切皱折

芯材剪切皱折是指一种失稳失效。因为芯材的剪切模量较低，皱折波长一般很小。夹层结构皱折一般发生得很突然，通常会导致芯材受剪失效；它也会导致面板和芯材之间的胶层失效。

考虑到面板厚度很小，剪切皱折模态可定义为整体屈曲模态的一种极限情况。可采用以下公式计算发生剪切皱折时的临界面板应力［见参考文献 4.6.7(a)］：

$$F_c = \frac{h^2 G_c}{(t_{\text{UPR}} + t_{\text{LWR}})t_c} \qquad\qquad 4.6.7(\text{a})$$

当上下面板具有相同的厚度 t，且面板厚度与芯材厚度 t_c 相比很小，则有 $t_c \approx h$，式 4.6.7(a) 可改写为［见参考文献 4.6.7(b)］

$$F_c = \frac{t_c G_c}{2t} \qquad\qquad 4.6.7(\text{b})$$

当计算在 x、y 和 xy 方向上的压缩和剪切临界应力时，仅需将上式中的 G_c 分别替换为 G_{xy}、G_{yz} 和 $(G_{xy}G_{yz})^{1/2}$。

当计算剪切皱折的安全裕度时，适用于双轴和（或）剪切载荷情况的耦合方程是未知的，因此安全裕度在每个方向上单独计算。此外，只有压缩应力会导致屈曲，所有拉伸应力可以忽略。

4.6.8　附着件和硬点

4.6.8.1　由镶嵌件传载的圆形夹层板设计

本节讨论具有刚性镶嵌件的夹层板设计。镶嵌件固定在夹层结构上，从而允许从夹层板以外的点对夹层结构施加载荷。对于夹层板的法向载荷，文献 4.6.8.1(a)

推导了计算夹层结构挠度和应力的基本公式。尽管如此,这些公式也适用于以45°~90°倾角对夹层板加载的情况,利用这些倾斜载荷的垂直分量即可。在镶嵌件处夹层结构的挠度及镶嵌件附近的应力是分析的基础。

尽管本节中的设计公式是基于圆形夹层板给出的,但如果镶嵌件的尺寸相对于夹层板的尺寸很小,那么将这些公式用于其他形状的夹层板不会产生太大的误差。

具有镶嵌件夹层板的设计一般从分析受到面内或法向分布式载荷的夹层板开始,从而得到面板和芯材的厚度及芯材的剪切特性。然后,镶嵌件被固定到夹层板上以引入载荷。设计中需要确定镶嵌件的尺寸及由施加在镶嵌件上的载荷所引起的应力和挠度。以下介绍的方法可以用于根据芯材的极限剪切强度来确定镶嵌件的尺寸,再检查面板中的应力和夹层结构的挠度。

假设设计应力和由镶嵌件传递的载荷是给定的,通过镶嵌件加载的夹层板应该遵循4.2.1节中概括的基本设计准则进行设计。这些条件必须得到满足。4.4节中列出的其他失效模式应该分别检查。

以下将给出包括理论公式和图表在内的详细设计流程,以便确定镶嵌件尺寸、面板应力以及夹层板的挠度。本节中的公式是基于各向同性面板和芯材推出的。当同时给出两个方程的时候,第1个方程适用于具有不同材料和(或)厚度的面板的夹层结构,第2个方程适用于上、下面板相同的特定情况。面板和芯材的弹性参数和应力的取值应该符合实际的使用条件;也就是说,如果夹层结构在高温环境下使用,那么在设计中就应该使用面板在高温下的参数。以下方法仅适用于线弹性范围。

以下方法用来确定镶嵌件的直径,从而使施加在芯材上的剪切应力不会超出许用值。芯材的剪切应力可以通过下式计算[见参考文献4.6.8.1(a)]:

$$F_{sc} = \frac{k_r P}{2\pi d r_i} \qquad\qquad 4.6.8.1(a)$$

式中:P 为作用在接头上的载荷沿夹层结构面板法向的分量;d 为上下面板的中心面之间的距离;r_i 为接头的半径;k_r 是与 r_i/r_p 和 ϕ_r 有关的系数,其中

$$\phi_r = r_p \left(\frac{dG_c}{D_F}\right)^{\frac{1}{2}} \qquad\qquad 4.6.8.1(b)$$

式中:r_p 为圆形夹层板的半径;G_c 为芯材剪切模量;

$$D_F = \frac{1}{12}\left(\frac{E_{UPR} t_{UPR}^3}{\lambda_{UPR}} + \frac{E_{LWR} t_{LWR}^3}{\lambda_{LWR}}\right) \qquad\qquad 4.6.8.1(c)$$
$$D_F = \frac{E t^3}{6\lambda} \text{(上下面板相同时)}$$

式中:E 为面板的弹性模量;$\lambda = 1 - \nu^2$,ν 为面板的泊松比;t 为面板的厚度;UPR 和 LWR 分别代表上面板和下面板。

图 4.6.8.1(a)给出了 $r_i/r_p=0.04$ 的夹层板的芯材剪切应力系数 k_r 的径向分布。对于取值较大的 ϕ_r,最大剪切应力系数出现在靠近镶嵌件的位置。随着 ϕ_r 减小,最大剪切应力系数也随之变小,同时最大剪切应力系数出现的位置也离接头越远。因此,对于很大的夹层板,如果剪切应力接近设计许用值,则不应采用高剪切模量的芯材;采用较低剪切模量的芯材可以降低芯材剪切应力系数。

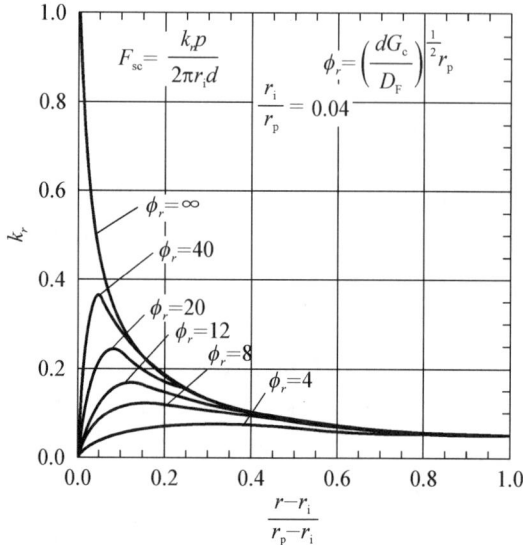

图 4.6.8.1(a)   芯材剪切应力系数 k_r 的径向分布,面板
边缘简支。镶嵌件尺寸 $r_i/r_p=0.04$

设计必须遵循的芯材最大剪应力可由下式计算[见参考文献 4.6.8.1(a)]:

$$F_{scmax} = \frac{k_3 P}{2\pi d r_i} \qquad\qquad 4.6.8.1(d)$$

式中:k_3 由图 4.6.8.1(b)给出,它代表了 k_r 的一个最大值。通过方程 4.6.8.1(d)求解 r_i 可得到

$$r_i = \frac{k_3 P}{2\pi d F_{scmax}} \qquad\qquad 4.6.8.1(e)$$

上式不能直接求解,因为根据图 4.6.8.1(b),系数 k_3 由 r_i 的值决定。一种间接求解方程 4.6.8.1(e)的方法是将方程 4.6.8.1(e)改写为

$$k_3 = C\left(\frac{r_i}{r_p}\right) \qquad\qquad 4.6.8.1(f)$$

式中:

$$C = \frac{2\pi d r_p F_{scmax}}{P} \qquad\qquad 4.6.8.1(g)$$

$$F_{sc} = \frac{k_3 p}{2\pi r_i d} \qquad \phi_r = \left(\frac{dG_c}{D_F}\right)^{\frac{1}{2}} r_p \qquad C = \frac{2\pi d r_p F_{sc}}{P}$$

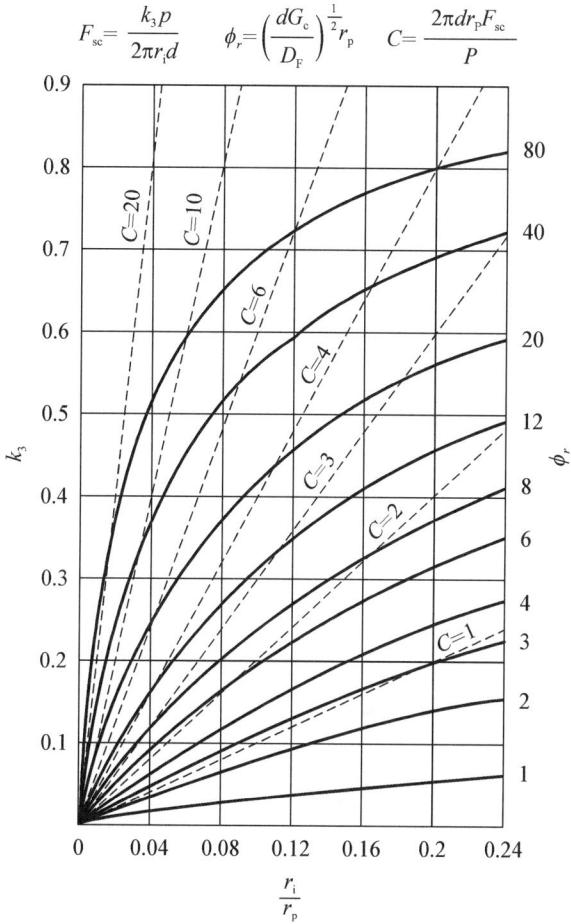

图 4.6.8.1(b)　决定芯材最大剪切应力的系数 k_3；面板
边缘简支（对于边缘固支的情况，图中
给出了当 $\phi_r < 6$ 时 k_3 的保守取值）

　　方程 4.6.8.1(f)代表了一组以 C 为斜率、通过图 4.6.8.1(b)原点的直线。如果几何尺寸、应力和载荷是已知的，C 的值可以由方程 4.6.8.1(g)求得。以求得的 C 为斜率的直线与方程 4.6.8.1(b)给出的 ϕ_r 所对应的曲线的交点即为方程 4.6.8.1(f) 的一个解。镶嵌件的半径 r_i 可以通过将上述交点所对应的横坐标乘以夹层板的半径 r_p 得到。该值可以通过把从图 4.6.8.1(b)中所读到的 k_3 代入方程 4.6.8.1(e) 来进行检验。本节最后将通过算例演示这个过程。

　　最大面板应力出现在镶嵌件处的径向上，并可通过下式计算：

$$F_{UPR} = \frac{k_4 P}{4\pi t_{UPR} d}$$

$$F_{LWR} = \frac{k_4 P}{4\pi t_{LWR} d} \qquad\qquad 4.6.8.1(h)$$

式中：F_{UPR} 和 F_{LWR} 分别为上面板和下面板的应力；t_{UPR} 和 t_{LWR} 分别为上面板和下面板的厚度；k_4 由图 4.6.8.1(c) 给出。图 4.6.8.1(c) 中给出的曲线分别对应边缘简支和固支的情况。

在镶嵌件处的挠度可分为两部分，弯曲挠度 δ_B 和剪切挠度 δ_s。弯曲挠度可通过下式计算：

$$\delta_B = \frac{k_1 P r_p^2}{16\pi D} \qquad\qquad 4.6.8.1(i)$$

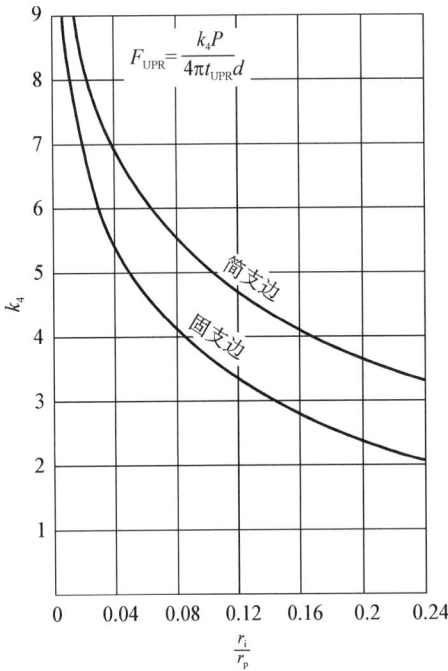

图 4.6.8.1(c)　决定面板最大面板应力的系数 k_4　　图 4.6.8.1(d)　决定镶嵌件处弯曲挠度的系数 k_1

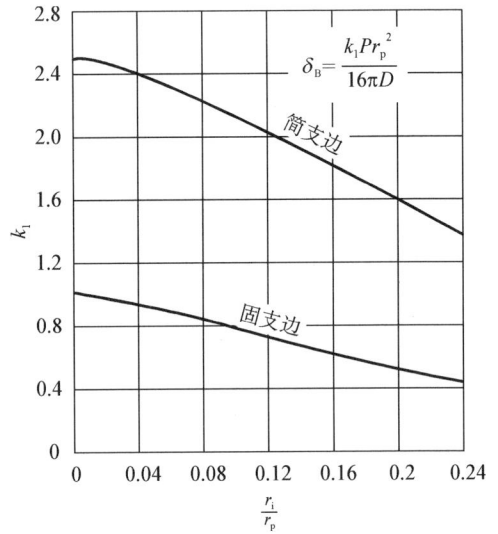

式中：k_1 由图 4.6.8.1(d) 给出；D 为夹层结构的抗弯刚度，可由下式计算得到：

$$D = \frac{E_{UPR} t_{UPR} E_{LWR} t_{LWR} d^2}{\lambda(E_{UPR} t_{UPR} E_{LWR} t_{LWR})} \qquad\qquad 4.6.8.1(j)$$

$$D = \frac{E t d^2}{2\lambda} \text{（上下面板相同时）}$$

剪切挠度可通过下式计算得到：

$$\delta_S = \frac{k_2 P}{2\pi d G_c} \qquad\qquad 4.6.8.1(k)$$

式中：k_2 由图 4.6.8.1(e) 给出。

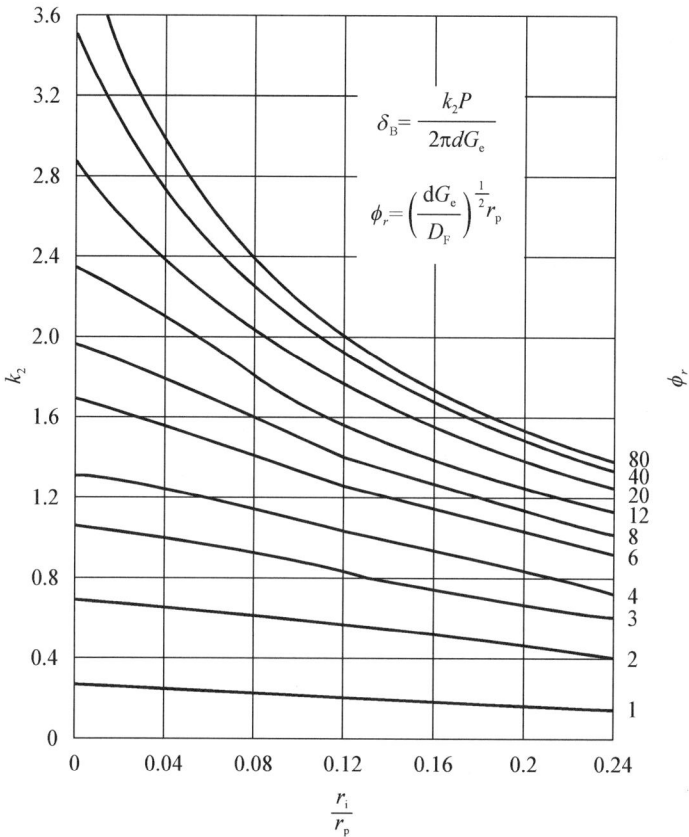

$$\delta_B = \frac{k_2 P}{2\pi d G_e}$$

$$\phi_r = \left(\frac{d G_e}{D_F}\right)^{\frac{1}{2}} r_p$$

图 4.6.8.1(e)　决定镶嵌件处剪切挠度的系数 k_2，边缘简支

对于边缘固支的情况，图中给出了当 $\phi_r < 8$ 时 k_2 的保守取值

例 1　考虑一个夹层结构，其面板厚度为 $0.080\,\mathrm{in}(0.203\,\mathrm{cm})$，芯材厚度为 $1.12\,\mathrm{in}(2.85\,\mathrm{cm})$。面板和芯材均为各向同性。面板的弹性模量 E 为 $10\,000\,000\,\mathrm{psi}$ $(6.89 \times 10^{10}\,\mathrm{Pa})$，泊松比 ν 为 0.3。芯材的剪切模量 G_c 为 $2000\,\mathrm{psi}(1.38 \times 10^7\,\mathrm{Pa})$，芯材的设计剪切强度 F_{sc} 为 $60\,\mathrm{psi}(4.14 \times 10^5\,\mathrm{Pa})$。夹层结构板的半径 r_p 为 $25\,\mathrm{in}$ $(64\,\mathrm{cm})$，施加在镶嵌件上的法向载荷为 $1900\,\mathrm{lbf}$。现需要确定镶嵌件尺寸、应力和挠度。

从方程式 4.6.8.1(c)、式 4.6.8.1(b)和式 4.6.8.1(g)可分别求得：$D_F = 940\,\mathrm{lb} \cdot \mathrm{in}^2/\mathrm{in}$，$\phi_r = 40$，$C = 5.95$。从图 4.6.8.1(b)可知，$C = 5.95$ 所对应的直线与 $\phi_r = 40$ 所对应的曲线的交点为：$r_i/r_p = 0.091$，$k_3 = 0.54$。根据 r_p 和 r_i/r_p 的值可知：$r_i = 0.091 \times 25 = 2.28\,\mathrm{in}(5.79\,\mathrm{cm})$。因此，镶嵌件的直径为 $4.56\,\mathrm{in}(11.6\,\mathrm{cm})$。校核：通过把 k_3 的值代入方程 4.6.8.1(e)也可以得到同样的镶嵌件尺寸。

从图 4.6.8.1(c)可知：对于边缘简支的夹层板，$k_4 = 5.26$。把 $k_4 = 5.26$ 代入方程 4.6.8.1(h)可得，面板强度为 $8280\,\mathrm{psi}(5.71 \times 10^7\,\mathrm{Pa})$。

从方程 4.6.8.1(j)可得,夹层板的抗弯刚度 $D = 633\,000\ \text{lb} \cdot \text{in}^2/\text{in}$。从图 4.6.8.1(d)可知:对于边缘简支的夹层板,$k_1 = 2.16$。把 $k_1 = 2.16$ 代入方程 4.6.8.1(i)可得,弯曲挠度为 $0.081\ \text{in}(0.206\ \text{cm})$。从图 4.6.8.1(e)可知,$k_2 = 2.15$。把 $k_2 = 2.15$ 代入方程 4.6.8.1(k)可得,剪切挠度为 $0.271\ \text{in}(0.688\ \text{cm})$。因此,总的镶嵌件挠度为 $0.352\ \text{in}(0.894\ \text{cm})$。

例 2   维持上例中夹层结构的上下面板不变,但将芯材的剪切模量增加 10 倍 (即 $G_c = 20\,000\ \text{psi}\,(1.38 \times 10^8\ \text{Pa})$),并将设计剪切强度 F_{sc} 增加至 300 psi $(2.07 \times 10^6\ \text{Pa})$。根据这些值,可以求得:$\phi_r = 126$ 和 $C = 29.8$,它们值超出了图 4.6.8.1(b)中 ϕ_r 和 C 的范围。可将 $k_3 = 1$ 作为对 k_3 的一个保守估计。把 $k_3 = 1$ 代入方程 4.6.8.1(e)可得,$r_i = 0.84\ \text{in}(2.13\ \text{cm})$。因此,镶嵌件的直径为 $1.68\ \text{in}(4.27\ \text{cm})$。

其余过程与上例相同,可以得到:

面板强度 $F = 11\,460\ \text{psi}(7.90 \times 10^7\ \text{Pa})$

弯曲挠度 $\delta_B = 0.090\ \text{in}(0.229\ \text{cm})$

剪切挠度 $\delta_S = 0.044\ \text{in}(0.113\ \text{cm})$

总挠度 $\delta = 0.134\ \text{in}(0.340\ \text{cm})$

4.7   平板在压力载荷下的内力和应力

本节讨论夹层结构在分布压力下的情况。4.7.1 节讨论了一种分析夹层平板在分布压力(沿夹层结构厚度方向)下的一般方法。4.7.2 节讨论简支板在分布压力下的应力和挠度计算问题,其中 4.7.2.1 节讨论矩形平板,4.7.2.2 节讨论圆形平板。

4.7.1   受各种面外载荷作用的矩形夹层结构平板设计

下面给出的夹层结构平板在分布压力作用下的平衡方程是建立在各向异性厚板一阶剪切变形理论的基础上。该耦合的微分方程可以写为

$$\frac{\partial V_x}{\partial x} + \frac{\partial V_y}{\partial y} = q(x, y)$$

$$V_x = \frac{\partial M_x}{\partial x} - \frac{\partial M_{xy}}{\partial y} \qquad\qquad 4.7.1(\text{a})$$

$$V_y = \frac{\partial M_y}{\partial y} - \frac{\partial M_{xy}}{\partial x}$$

式中:$q(x, y)$ 是分布压力载荷。剪切载荷和弯矩与 4.5.2 节的定义相同,横向剪切应变和曲率可写为关于面外位移 w,绕中面的转角 ψ_x 和 ψ_y(与挠度 w 无关)的表达式为

$$\gamma_{xz} = \psi_x + \frac{\partial w}{\partial x} \qquad \gamma_{yz} = \psi_y + \frac{\partial w}{\partial y}$$

$$\kappa_x = \frac{\partial \psi_x}{\partial x} \qquad \kappa_y = \frac{\partial \psi_y}{\partial y} \qquad \kappa_{xy} = \frac{\partial \psi_x}{\partial y} + \frac{\partial \psi_y}{\partial x} \qquad 4.7.1(\text{b})$$

这组方程可以采用能量法进行求解,其中位移分布假定为能够满足位移边界条件的函数。如

$$w(x, y) = \sum_{m=0}^{m_{\max}} \sum_{n=0}^{n_{\max}} c_{mn} \varphi_m(x) \varphi_n(y) \qquad 4.7.1(c)$$

式中:c_{mn} 为未知数,可以通过势能最小化获得;$\varphi_m(x)$ 和 $\varphi_n(y)$ 是位移函数。

4.7.2 受均布面外载荷的夹层结构平板设计

假定设计从选择设计应力、变形和传递载荷开始,受均布面外载荷的矩形和圆形平板夹层结构设计应按照 4.2.1 节中的基本设计原则进行,这些条件必须满足。本节涉及总体屈曲问题。4.4 节中列出的其他失效模式应该分别进行校核。

接下来的段落给出用于确定简支平板的面板和芯材尺寸及必要芯材性能的详细过程,包括用到的理论方程和图表等。共给出两个方程:一个方程用于采用各向同性材料面板且面板材料和厚度不同的夹层结构;另一个方程用于采用各向同性材料面板且面板材料和厚度均相同的夹层结构。面板的弹性模量 E 和应力值 F,应是根据使用环境而选择相应的拉伸值或压缩值;即如果应用在高温环境下,则应该采用高温下的面板性能进行设计。对于许多面板材料组合来讲,按照 $E_{\text{UPR}} t_{\text{UPR}} = E_{\text{LWR}} t_{\text{LWR}}$ 的方式确定厚度是有益的。下面的步骤仅适用于线弹性行为。

4.7.2.1 受均布载荷的简支矩形平板的面板厚度、芯材厚度和芯材剪切模量的确定

本节给出确定面板和芯材厚度及芯材剪切模量的方法,使得在给定均布面外载荷作用下,面板应力和结构变形不超过对应的设计许用值。由弯矩产生的面板应力在受均布压力载荷下的简支板中心处达到最大值。如果板边缘存在约束,应力的重新分布将在板边缘附近产生较高应力。这些步骤仅用于边缘简支的夹层结构。

由于面板应力是由弯矩作用产生的,它们不仅取决于面板厚度,也取决于面板间距,也就是芯材厚度。相似地,夹层结构刚度、挠度取决于面板和芯材的刚度。

如果夹层结构设计使得面板应力处于所选的设计水平,夹层结构挠度也许会超过许用值,这种情况下芯材和面板必须加厚以降低面板应力,从而满足变形设计要求。下面给出了一种确定面板和芯材厚度及芯材剪切模量的方法,该方法以图表形式给出,采用迭代的方式。

b 方向的平均面板应力 F_{UPR} 和 F_{LWR}(分别对应上下面板中心处的应力)[1]由下列式子给出:

$$F_{\text{UPR}} = K_2 \frac{qb^2}{dt_{\text{UPR}}}$$

---

[1] 对于接近正方形的、由正交各向异性芯材组成的夹层结构板 ($b/a > 0.4$),且 a 方向的刚度大于 b 方向的,则 a 方向面板应力可能要大于 b 方向的,该应力取决于表 4.7.2.1.3(d)~4.7.2.1.3(f)中给出的 K_2'。

$$F_{\text{LWR}} = K_2 \frac{qb^2}{dt}_{\text{LWR}} \qquad\qquad\qquad 4.7.2.1(\text{a})$$

$$F = K_2 \frac{qb^2}{dt} (\text{适用于面板相同的情况})$$

式中：q 是分布载荷集度；b 为板宽度；d 为面板中心距离；t 为面板厚度；UPR 和 LWR 分别为区分上下面板的下标。

K_2 为理论系数，取决于板的长宽比和夹层结构弯曲和剪切刚度。如芯材为各向同性的（两个主方向剪切模量相同），K_2 就仅取决于板的长宽比。对于采用正交各向异性材料芯材的夹层结构，K_2 的值不仅取决于板的长宽比，还取决于参数 V，V 中包含了夹层结构的弯曲和剪切刚度：

$$V = \frac{\pi^2 D}{b^2 U}$$

采用 D 的定义（见 4.5 节），V 可以表示为

$$V = \frac{\pi^2 t_{\text{c}} E_{\text{UPR}} t_{\text{UPR}} E_{\text{LWR}} t_{\text{LWR}}}{(E_{\text{UPR}} t_{\text{UPR}} + E_{\text{LWR}} t_{\text{LWR}}) \lambda b^2 G_{\text{c}}} \qquad\qquad 4.7.2.1(\text{b})$$

$$V = \frac{\pi^2 t_{\text{c}} E t}{2\lambda b^2 G_{\text{c}}} (\text{适用于相同面板的情况})$$

式中：U 为夹层结构剪切刚度，取 S，见 4.5.1(j) 中的定义；E 为面板的弹性模量；$\lambda = 1 - \nu^2$，ν 是面板泊松比（假定 $\nu = \nu_{\text{UPR}} = \nu_{\text{LWR}}$）；$G_{\text{c}}$ 为芯材剪切模量，其对应于平行于长度为 a 板边的轴和垂直于板面的轴组成的平面。平行于宽度为 b 板边的轴和垂直于板面的轴组成平面内的剪切模量记为 RG_{c}。对于采用波纹板的夹层结构，如波纹槽平行于长度为 a 的板边，参数 V 由如下参数替换：

$$V_2 = \frac{\pi^2 t_{\text{c}} E_{\text{UPR}} t_{\text{UPR}} E_{\text{LWR}} t_{\text{LWR}}}{(E_{\text{UPR}} t_{\text{UPR}} + E_{\text{LWR}} t_{\text{LWR}}) \lambda b^2 G_{\text{cb}}} \qquad\qquad 4.7.2.1(\text{c})$$

$$V_2 = \frac{\pi^2 t_{\text{c}} E t}{2\lambda b^2 G_{\text{cb}}} (\text{适用于相同面板的情况})$$

式中：G_{cb} 为由垂直于波纹槽方向（平行于长度为 b 的板边）的轴和垂直于板的轴组成的平面内的芯材剪剪切模量。

由式 4.7.2.1(a) 求 d/b 得，

$$\frac{d}{b} = \sqrt{K_2} \frac{\sqrt{\dfrac{q}{F_{\text{UPR}}}}}{\sqrt{\dfrac{t_{\text{UPR}}}{d}}} \qquad \frac{d}{b} = \sqrt{K_2} \frac{\sqrt{\dfrac{q}{F_{\text{LWR}}}}}{\sqrt{\dfrac{t_{\text{LWR}}}{d}}} \qquad 4.7.2.1(\text{d})$$

$$\frac{d}{b} = \sqrt{K_2} \frac{\sqrt{\dfrac{q}{F}}}{\sqrt{\dfrac{t}{d}}} (\text{适用于相同面板的情况})$$

式 4.7.2.1(d)包括两个式子：一个关于 F_{UPR} 和 t_{UPR}；另一个关于 F_{LWR} 和 t_{LWR}。d/b 的值应与采用哪个面板进行计算无关。推荐针对一个面板采用该式计算 d/b 值，而用 4.7.2.1(a)中的值来计算另一面板中的应力，以确认处于许用范围内。

图 4.7.2.1(a)～4.7.2.1(c)给出了求解式 4.7.2.1(d)的表。式子和图涉及到的 t/d 通常是未知的，但通过迭代可以求得满意的 t/d 和 d/b 值。

板中心处的挠度为

$$\delta = \frac{K_1}{K_2} \frac{\lambda F_{UPR}}{E_{UPR}} \left(1 + \frac{E_{UPR} t_{UPR}}{E_{LWR} t_{LWR}}\right) \frac{b^2}{d}$$

$$\delta = \frac{K_1}{K_2} \frac{\lambda F_{LWR}}{E_{LWR}} \left(1 + \frac{E_{LWR} t_{LWR}}{E_{UPR} t_{UPR}}\right) \frac{b^2}{d} \qquad 4.7.2.1(e)$$

$$\delta = 2 \frac{K_1}{K_2} \frac{\lambda F}{E} \frac{b^2}{d} \text{（适用于相同面板的情况）}$$

式中：K_1 是一个取决于板的长宽比及 V 或 V_2 的系数。对于采用波纹芯材的夹层结构，K_1 也取决于夹层结构在平行于波纹槽方向和垂直于波纹槽方向的弯曲刚度比。

由式 4.7.2.1(e)求 d/b 得

$$\frac{d}{b} = \frac{\sqrt{\frac{K_1}{K_2}} \sqrt{\frac{\lambda F_{UPR}}{E_{UPR}}} \sqrt{\left(1 + \frac{E_{UPR} t_{UPR}}{E_{LWR} t_{LWR}}\right)}}{\sqrt{\frac{\delta}{d}}}$$

$$\frac{d}{b} = \frac{\sqrt{\frac{K_1}{K_2}} \sqrt{\frac{\lambda F_{LWR}}{E_{LWR}}} \sqrt{\left(1 + \frac{E_{LWR} t_{LWR}}{E_{UPR} t_{UPR}}\right)}}{\sqrt{\frac{\delta}{d}}} \qquad 4.7.2.1(f)$$

$$\frac{d}{b} = \frac{\sqrt{\frac{2K_1}{K_2}} \sqrt{\frac{\lambda F}{E}}}{\sqrt{\frac{\delta}{d}}} \text{（适用于相同面板的情况）}$$

给定需要的面板应力值 F_{UPR} 或 F_{LWR}，图 4.7.2.1(a)～图 4.7.2.1(c)可求出 d/b。图 4.7.2.1(a)中包含了采用各向同性芯材（$R=1$）的夹层结构的曲线，和一些采用正交各向异性芯材（$R=0.4$ 或 2.5）的夹层结构的曲线，其中 R 是芯材 b 方向剪切刚度和 a 方向剪切刚度之比（$G_{cb}=RG_c$）。

图 4.7.2.1(b)和(c)分别适用于波纹槽垂直于长为 $a(G_{cb}=\infty)$ 的板边和平行于长为 a 的板边（$G_c=\infty$）的波纹板。

给定需要的挠度 δ/d 时，图 4.7.2.1(d)～(h)可用于求解 d/b。图 4.7.2.1(d)适用于采用各向同性芯材（$R=1$）的夹层结构。图 4.7.2.1(e)和(f)适用于采用正交各向异性芯材（$R=0.4$ 或 $R=2.5$）的夹层结构。图 4.7.2.1(g)适用于长为 a 的板边($G_{cb}=\infty$)的波纹板组成的夹层结构。图 4.7.2.1(h)适用于由波纹槽平行于长度为 a 的板边($G_c=\infty$)的波纹板组成的夹层结构,且需要由式子 4.7.2.1(c)得到的参数 V_2 值来替代 V。图 4.7.2.1(d)～用 4.7.2.1(h)给出了求解式子 4.7.2.1(f)的图。超出 $\dfrac{\delta}{d}=0.5$ 的范围时,不推荐适用该方程和表。

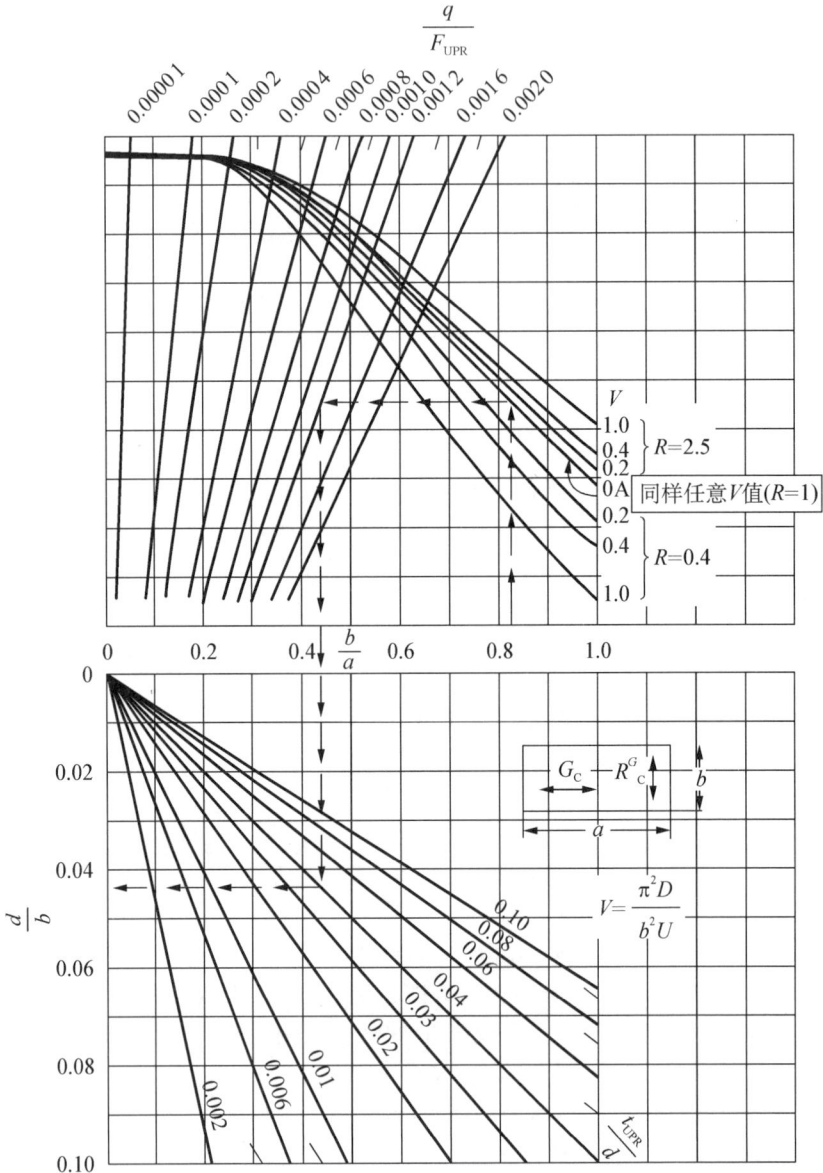

图 4.7.2.1(a)　用于确定 $\dfrac{d}{b}$ 值

适用于受均布面外载荷、采用各向同性面板和各向同性芯材($R=1$)或正交各向异性芯材($R=0.4$ 或 $R=2.5$)的矩形平板夹层结构,使得面板应力为 F_{UPR} 或 F_{LWR}

$$\frac{q}{F_{\mathrm{UPR}}}$$

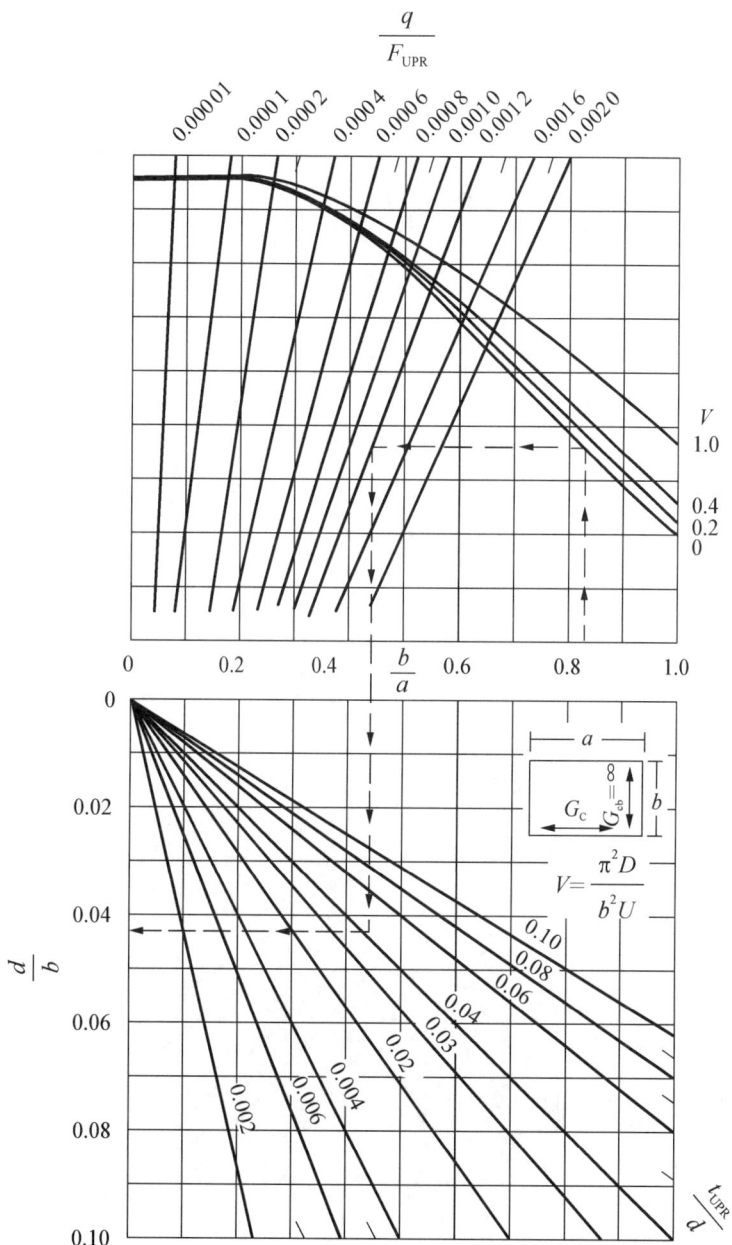

图 4.7.2.1(b) 用于确定 h/b 值

适用于受均布面外载荷 q 的、采用各向同性面板和波纹槽垂直于长度为 a 的板边的波纹板($G_{\mathrm{cb}} = \infty$)的矩形平板夹层结构,使得面板应力为 F_{UPR} 或 F_{LWR}

$$\frac{q}{F_{\text{UPR}}}$$

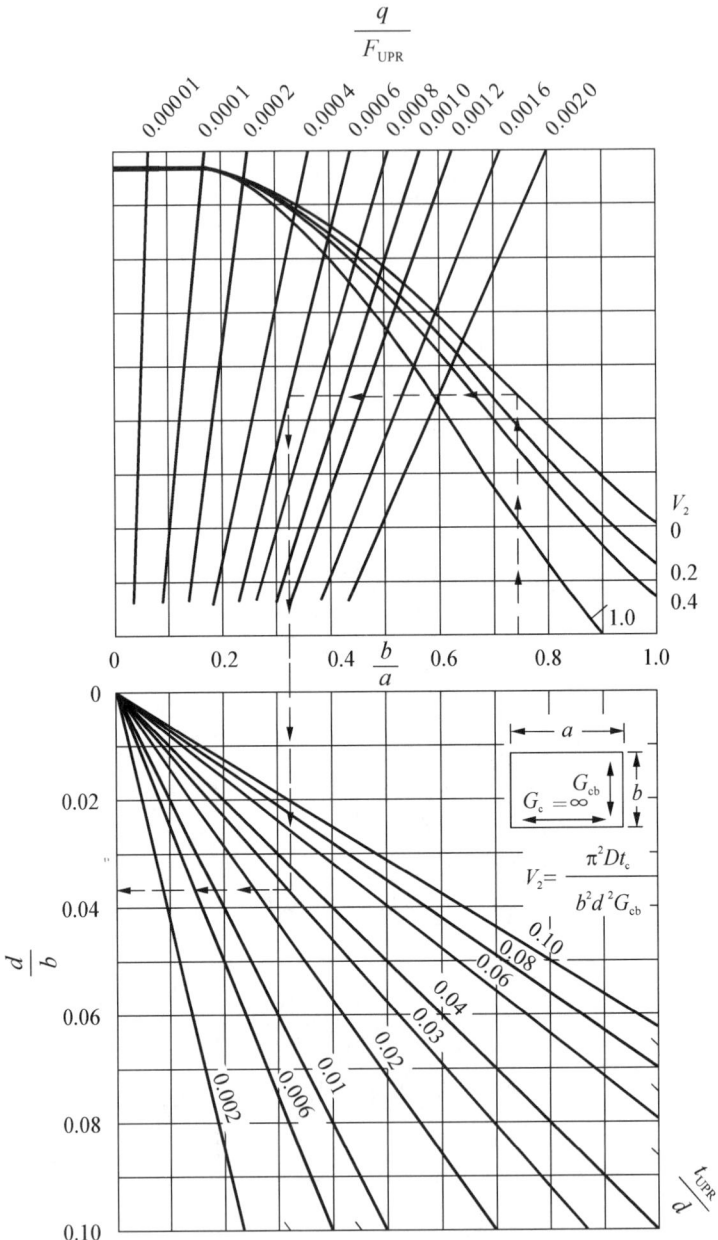

图 4.7.2.1(c) 用于确定 $\frac{d}{b}$ 值

适用于受均布面外载荷 q、采用各向同性面板和波纹槽平行于长度为 a 的板边的波纹板($G_{c}=\infty$)的矩形平板夹层结构,使得面板应力为 F_{UPR} 或 F_{LWR}

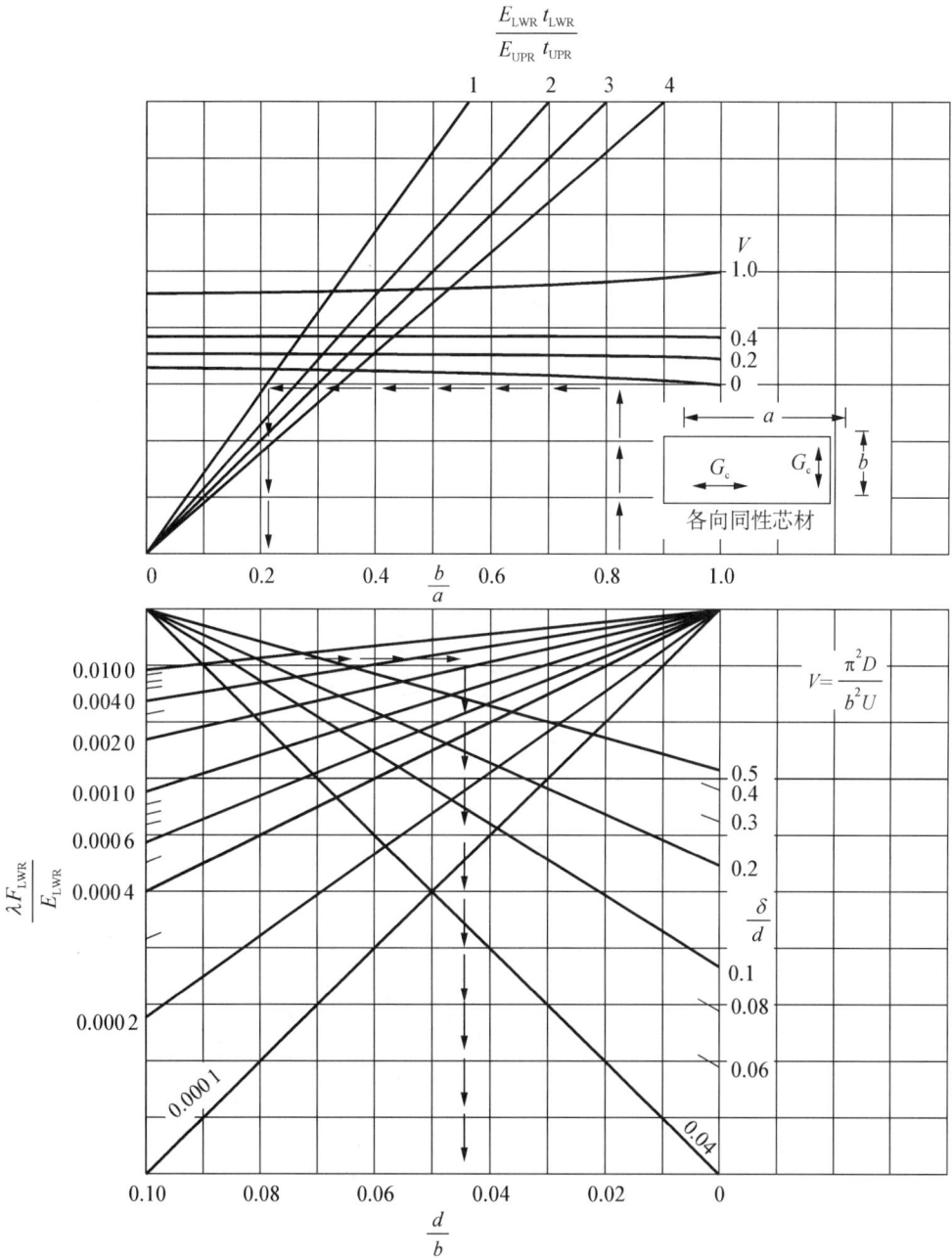

图 4.7.2.1(d)　用于确定 $\dfrac{d}{b}$ 值

适用于受均布面外载荷 q、产生挠度 $\dfrac{\delta}{D}$，采用各向同性面板和各向同性芯材的矩形平板夹层结构

$$\frac{E_{LWR}\, t_{LWR}}{E_{UPR}\, t_{UPR}}$$

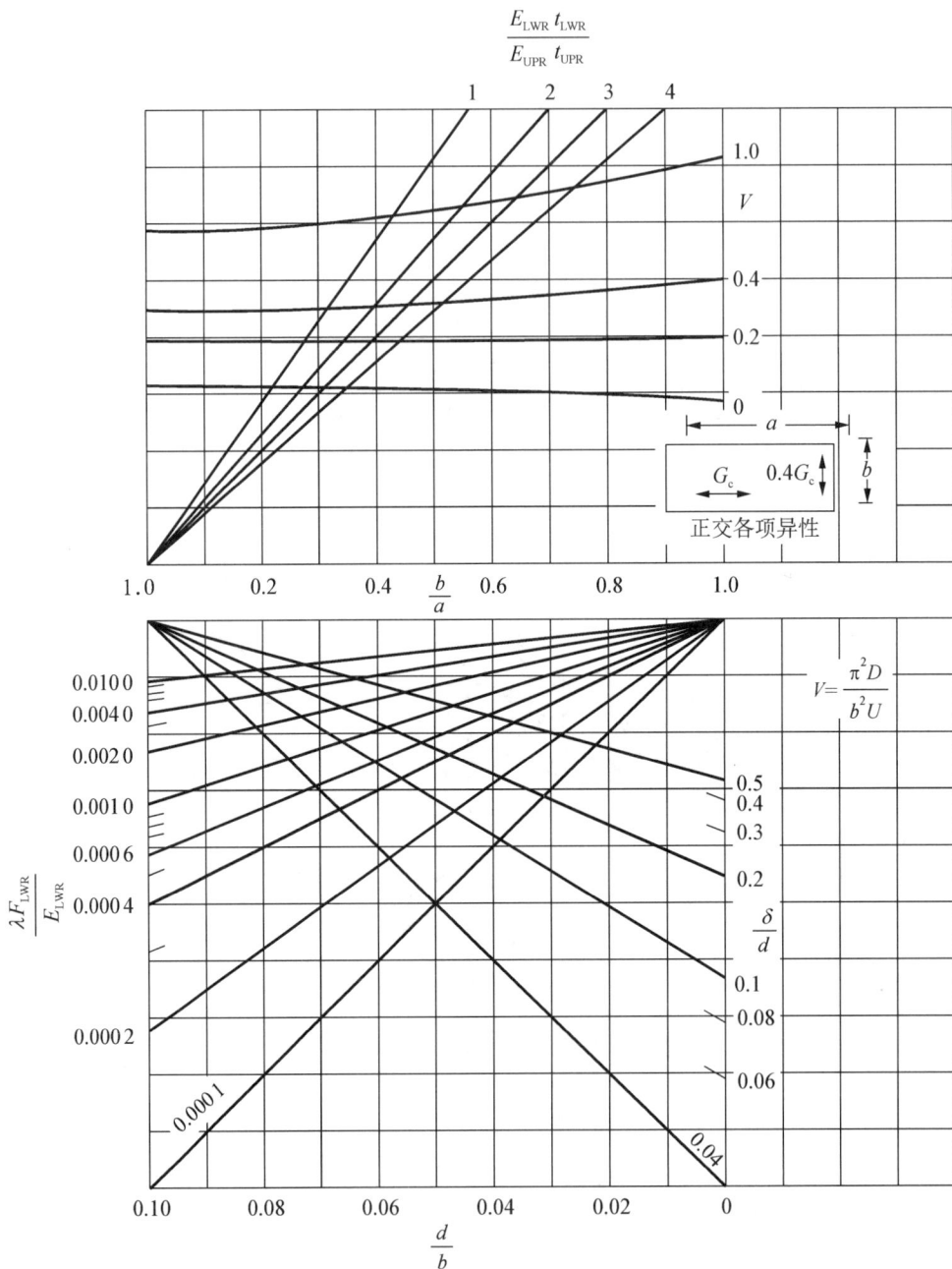

图 4.7.2.1(e)　用于确定 $\dfrac{d}{b}$ 值

适用于受均布面外载荷 q、产生挠度 $\dfrac{\delta}{D}$，采用各向同性面板和正交各向异性（$R=0.4$）芯材的矩形平板夹层结构

$$\frac{E_{\text{LWR}}\, t_{\text{LWR}}}{E_{\text{UPR}}\, t_{\text{UPR}}}$$

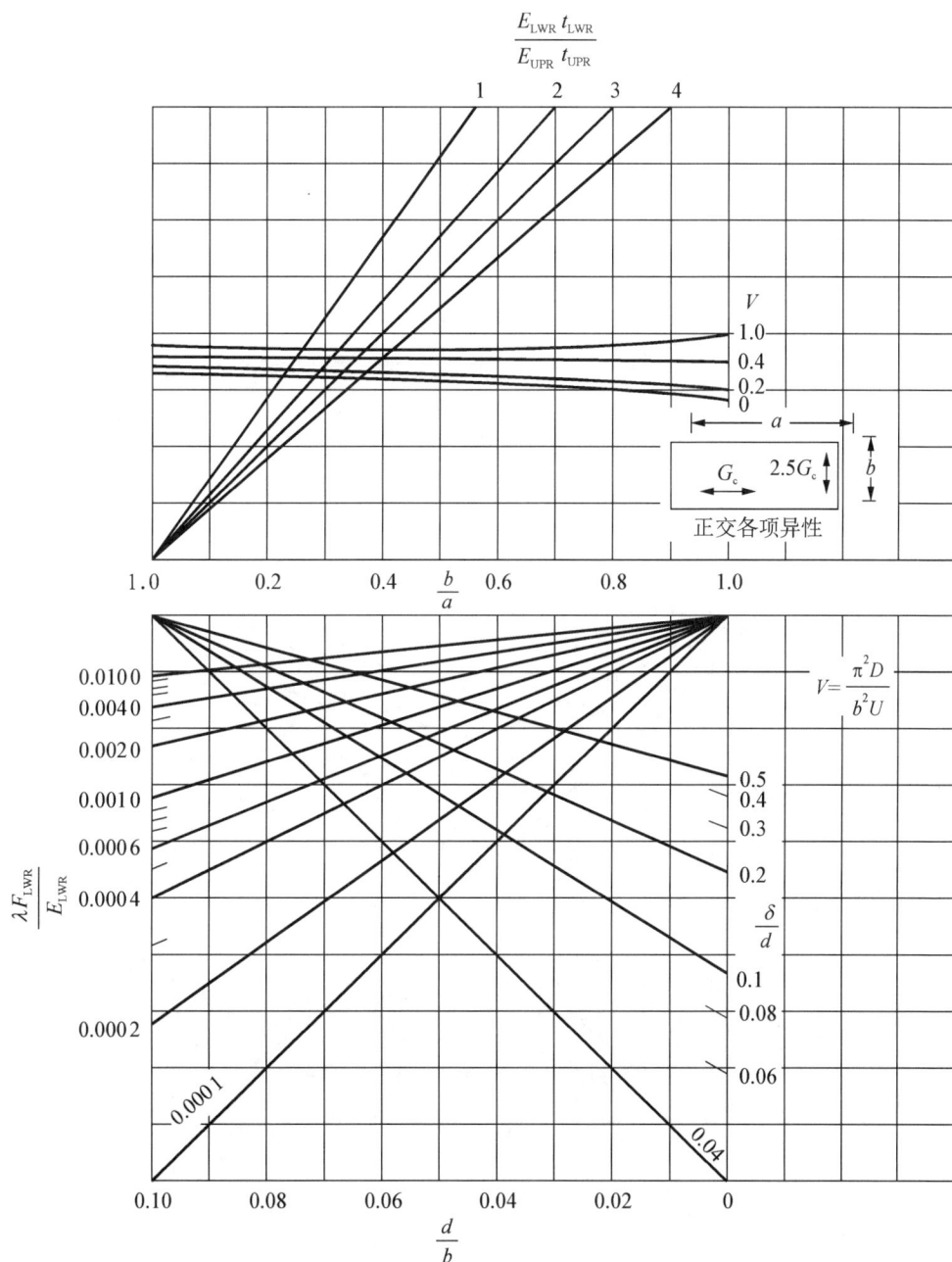

图 4.7.2.1(f)　用于确定 $\dfrac{d}{b}$ 值

适用于受均布面外载荷 q、产生挠度 $\dfrac{\delta}{D}$，采用各向同性面板和正交各向异性（$R = 2.5$）芯材的矩形平板夹层结构

$$\frac{E_{\text{LWR}} t_{\text{LWR}}}{E_{\text{UPR}} t_{\text{UPR}}}$$

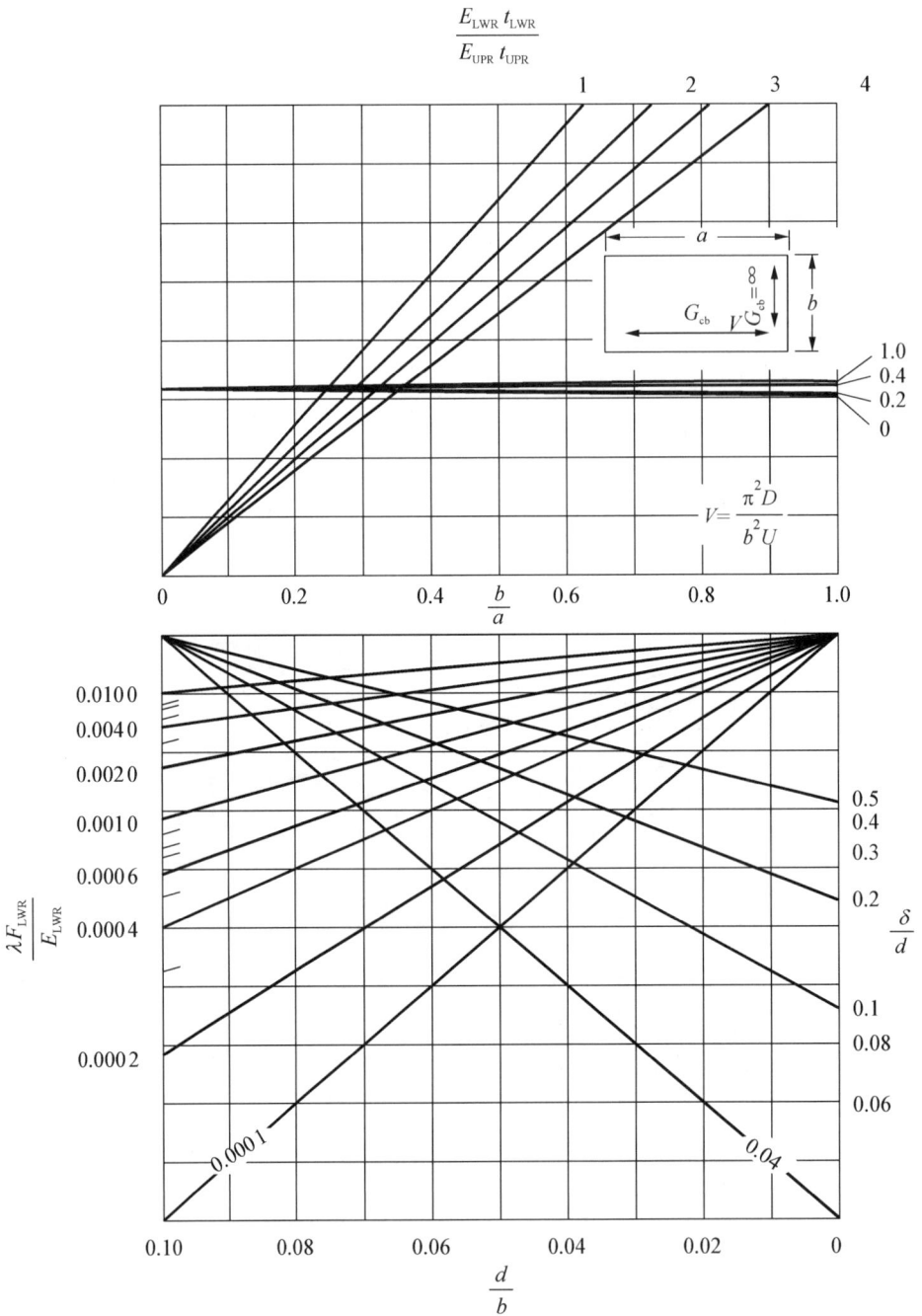

图 4.7.2.1(g)　用于确定 $\dfrac{d}{b}$ 值

适用于受均布面外载荷 q、产生挠度 $\dfrac{\delta}{D}$，采用各向同性面板和波纹槽垂直于长度为 a 的板边的波纹板($G_{\text{cb}} = \infty$)的矩形平板夹层结构

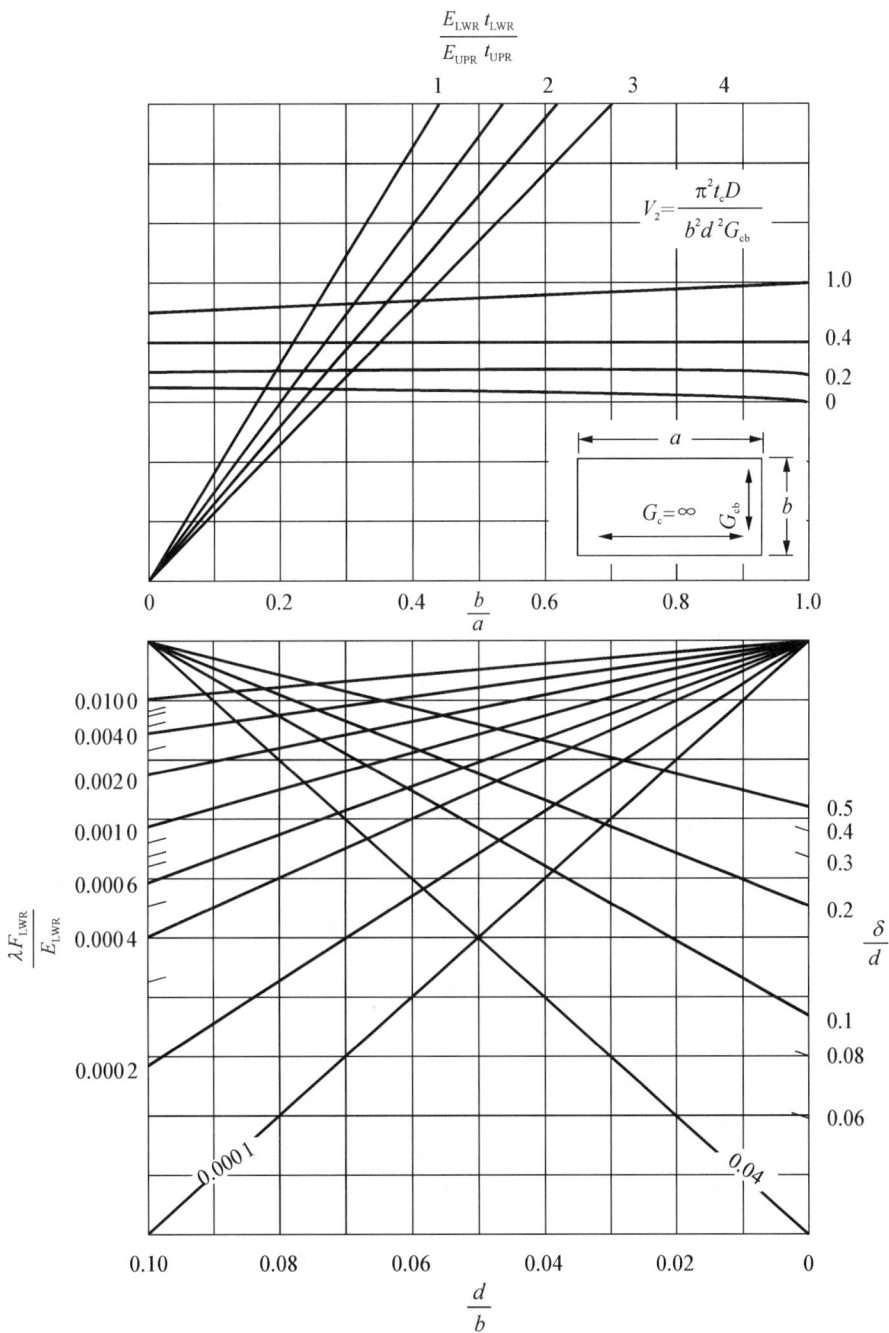

図 4.7.2.1(h) 用于确定 d/b 值

适用于受均布面外载荷 q、产生挠度 δ/d，采用各向同性面板和波纹槽平行于长度为 a 的板边的波纹板($G_c = \infty$)的矩形平板夹层结构

4.7.2.1.1　设计表的使用

夹层结构的设计必须通过迭代的方式实现,设计表可以用来快速确定相关的量。用于各向同性和正交各向异性芯材的设计表是针对采用泊松比为 0.3 的各向同性面板的夹层结构的,也可用于面板泊松比在 0.3 附近小范围浮动的其他夹层结构。用于波纹板的设计表是针对采用泊松比为 0.25 的各向同性面板的夹层结构的。

作为第 1 次近似,假设 $V=0$ 或 $V_2=0$。如果设计是由面板应力准则控制的,并且如果芯材为各向同性的,这个假设会产生一个 d 的精确值;如果芯材为正交各向异性的且板的横向剪切模量大于长度方向的剪切模量($R>1$),则会产生一个 d 的最小值;如果芯材为正交各向异性的且板的横向剪切模量小于长度方向的剪切模量($R<1$),将产生一个过大的 d 值。

如果设计是由挠度需求确定的,$V=0$ 的假设将产生一个 d 的最小值。如果芯材剪切模量是无穷大,因为 $V=0$,故 d 值最小。对于任意实际的芯材,剪切模量不是无穷大的;因此必须采用较厚的芯材以保证挠度达到需要的值。

建议采用下列步骤:

(1) 看图 4.7.2.1(a)、(b)或(c),根据所用的芯材,按照需要的 b/a 和 q/F_{UPR} 值使用曲线($V=0$ 或 $V_2=0$)。假定一个 t_{UPR}/d 值,并确定 $\dfrac{d}{b}$,计算 d 和 t_{UPR}。如有必要,调整 t_{UPR}/d,确定更合适的 d 和 t_{UPR} 值。基于这个值和需要的 b/a 及 q/F_{UPR} 值,查找对应的 t_{LWR}/d 值并计算 t_{LWR}。按照 4.7.2.1 节脚注 1 中的方法校核 a 方向的应力。

(2) 看图 4.7.2.1(d)、(e)、(f)、(g)或(h),根据需要的 b/a,$E_{LWR}\,t_{LWR}/E_{UPR}\,t_{UPR}$ 和 $\lambda F_{LWR}/E_{LWR}$ 的值,假定 $V=0$ 或 $V_2=0$。假定 $\dfrac{\delta}{d}$ 的值并确定 $\dfrac{d}{b}$。计算 d 和 δ。如有必要,调整值 $\dfrac{\delta}{d}$,确定更合适的 d 和 δ 值。

(3) 重复步骤(1)和(2),采用所选择的较小的面板设计应力,直到步骤(2)确定的 d 值等于或略小于步骤(1)确定的 d 值。

(4) 通过下列式子计算芯材厚度:

$$t_c = d - \frac{t_{UPR}+t_{LWR}}{2} \tag{4.7.2.1.1}$$

$$t_c = d - t \text{(适用于相同面板的情况)}$$

第 1 次近似建立在剪切模量无穷大的芯材的基础上。由于实际的蜂窝剪切模量并不是很大,必须采用略微大的 t_c 值。根据由式 4.7.2.1(b)和式 4.7.2.1(c)得到的 V 或 V_2 值,通过图 4.7.2.1(a)~4.7.2.1(h)可以进行连续的近似。

注:对于 R 方向平行于长度 a 的板边的蜂窝芯材,$G_c=G_{TL}$,平行于宽度 b 的板边的剪切模量为 G_{TW}。对于 R 方向平行于长度 b 的板边的蜂窝芯材,$G_c=G_{TW}$,平行于宽

度 b 的板边的剪切模量为 G_{TL}。如果芯材条带与长为 a 的板边成角度 θ,则 $G_c = \dfrac{G_{TL}G_{TW}}{(G_{TL}\sin^2\theta + G_{TW}\cos^2\theta)}$(见 4.6.2 节)。

$V = 0$ 或 $V_2 \neq 0$ 时,由于 V 和 V_2 与芯材厚度 t_c 成比例,使用图 4.7.2.1(a)~4.7.2.1(h)时必须进行迭代。作为确定 t_c 和 G_c 最终值的辅助,图 4.7.2.1.1 给出了一组表征 V 或 V_2 的直线,其对应于不同的 G_c 值,V 或 V_2 在 0.01 和 2 之间变化,G_c 值在 $1\,000(68\times10^2\ \text{Pa})$ 和 $1\,000\,000\ \text{psi}(68\times10^5\ \text{Pa})$ 之间变化。建议采用如下步骤:

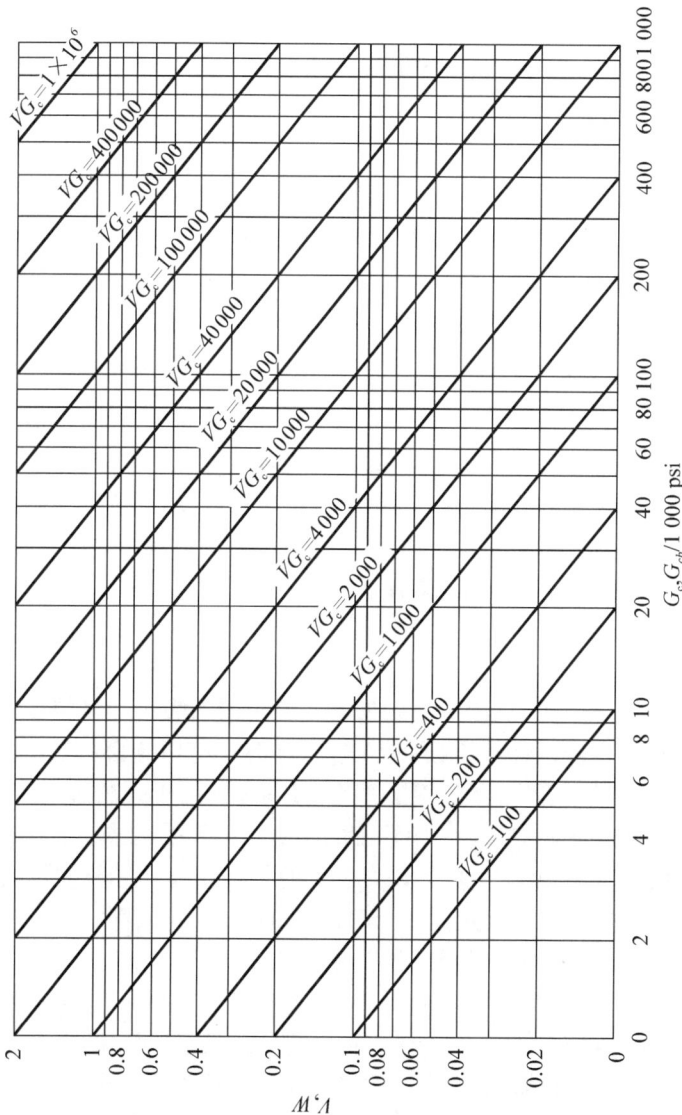

图 4.7.2.1.1 用于确定夹层结构受均布面外载荷下的 V 或 V_2 和
G_c 或 G_{cb} 值的图

（1）令 V 或 V_2 等于 0.01，确定芯材厚度 a。

（2）计算将 V 或 V_2 关联到 G_c 或 G_{cb} 的常数。

$$VG_c \text{ 或 } V_2G_{cb} = \left[\frac{\pi^2 t_c E'_{\mathrm{UPR}} t_{\mathrm{UPR}} E'_{\mathrm{LWR}} t_{\mathrm{LWR}}}{(E'_{\mathrm{UPR}} t_{\mathrm{UPR}} + E'_{\mathrm{LWR}} t_{\mathrm{LWR}})\lambda b^2} \right]$$

$$VG_c \text{ 或 } V_2G_{cb} = \left[\frac{\pi^2 t_c E' t}{2\lambda b^2} \right] \text{（适用于相同面板的情况）}$$

（3）利用这个常数在图 4.7.2.1.1 中查线，确定必需的 G_c 或 G_{cb}。

（4）如果剪切模量超出可用的材料值的范围，将图 4.7.2.1.1 中的合适的线滑移，为 V 或 V_2 取一个的新值，进而得到合适的剪切模量值。

（5）带着新的 V 或 V_2 重新回到图 4.7.2.1(a)~4.7.2.1(h)，重复前面所有的步骤。

4.7.2.1.2　确定芯材剪切应力

本节给出了确定简支矩形平板在均布面外载荷下芯材最大剪切应力的过程。板各边中心处的芯材剪切应力达到最大值。最大剪切应力 F_{sc} 由下式给出：

$$F_{sc} = K_3 q' \frac{b}{d} \qquad\qquad 4.7.2.1.2$$

式中：K_3 是取决于板长宽比和参数 V 的理论系数。如果芯材是各向同性的，V 值不影响芯材剪切应力。图 4.7.2.1.2(a) 至 4.7.2.1.2(c) 的表以图形方式给出了式 4.7.2.1.2 的解。图 4.7.2.1.2(a) 包括了采用各向同性芯材（$R=1$）和某些正交各向异性芯材（$R=0.4$ 或 $R=2.5$）的夹层结构的曲线，其中 R 为芯材 b 方向剪切刚度和 a 方向剪切刚度之比（$G_{cb}=RG_c$）。图 4.7.2.1.2(b) 和 (c) 分别应用于波纹槽方向垂直于板边 a（$G_{cb}=\infty$）和波纹槽方向平行于板边 a（$G_c=\infty$）的波纹芯材。应根据厚度值和前面确定的其他参数来查合适的表。

4.7.2.1.3　校核过程

设计可由图 4.7.2.1.3(a)~4.7.2.1.3(l) 中的图表进行校核以确定理论系数 K_2，K'_2，K_1 和 K_3，进而计算面板应力、位移和芯材剪切应力。如果由于芯材的剪切模量远离于图表中给定的范围，则这些图表不应该用于蜂窝芯材，或需要进行更精确的分析，可用附录 4.7.2.1.3 中给出的式子。用于采用波纹芯材的夹层结构板的图表应该用于弯曲刚度比（D_a/D_b）等于 1 的情况。如果芯材波纹主要贡献板的弯曲刚度（$D_a/D_b \neq 1$），则应使用附录 4.7.2.1.3(b) 中给出的图表。

图 4.7.2.1.3(a)~(c) 用于确定 K_2［见式 4.7.2.1(a)］。图 (d)~(f) 用于确定 K'_2，图 (g)~(i) 用于确定 K_1［见式 4.7.2.1(e)］，图 (j)~(l) 用于确定 K_3（见式 4.7.2.1.2），图 4.7.2.1.3(a)、(d)、(g) 和 (j) 用于各向同性芯材（$R=1$）或正交各向异性芯材（$R=0.4$ 或 $R=2.5$）。图 (b)、(e)、(h) 和 (k) 用于波纹槽垂直于长度为 a 的板边的波纹芯材（$G_{cb}=\infty$），图 (c)、(f)、(i) 和 (l) 用于波纹槽平行于长度为 a 的板边的波纹板（$G_c=\infty$）。

$$\frac{d}{b}$$

0.10　0.05　0.03　0.02　0.016　0.014　0.012　0.010

用于长为b的
边缘处的剪切

$\frac{V}{1.0}$

$R=0.4$ { 0.4　0.2

也用于R=1
时的任意V值　　0

$R=2.5$ { 0.2　0.4　1.0

用于长为a的
边缘处的剪切

$\frac{V}{1.0}$

0.4　0.2 } $R=2.5$

0　也用于R=1
时的任意V值

0.2　0.4 } $R=0.4$

1.0

0　0.2　0.4　$\frac{b}{a}$　0.6　0.8　1.0

0　10　20　30　40　50

$\frac{F_{sc}}{q}$

RG_c　b

G_c

a

$V=\dfrac{\pi^2 D}{b^2 U}$

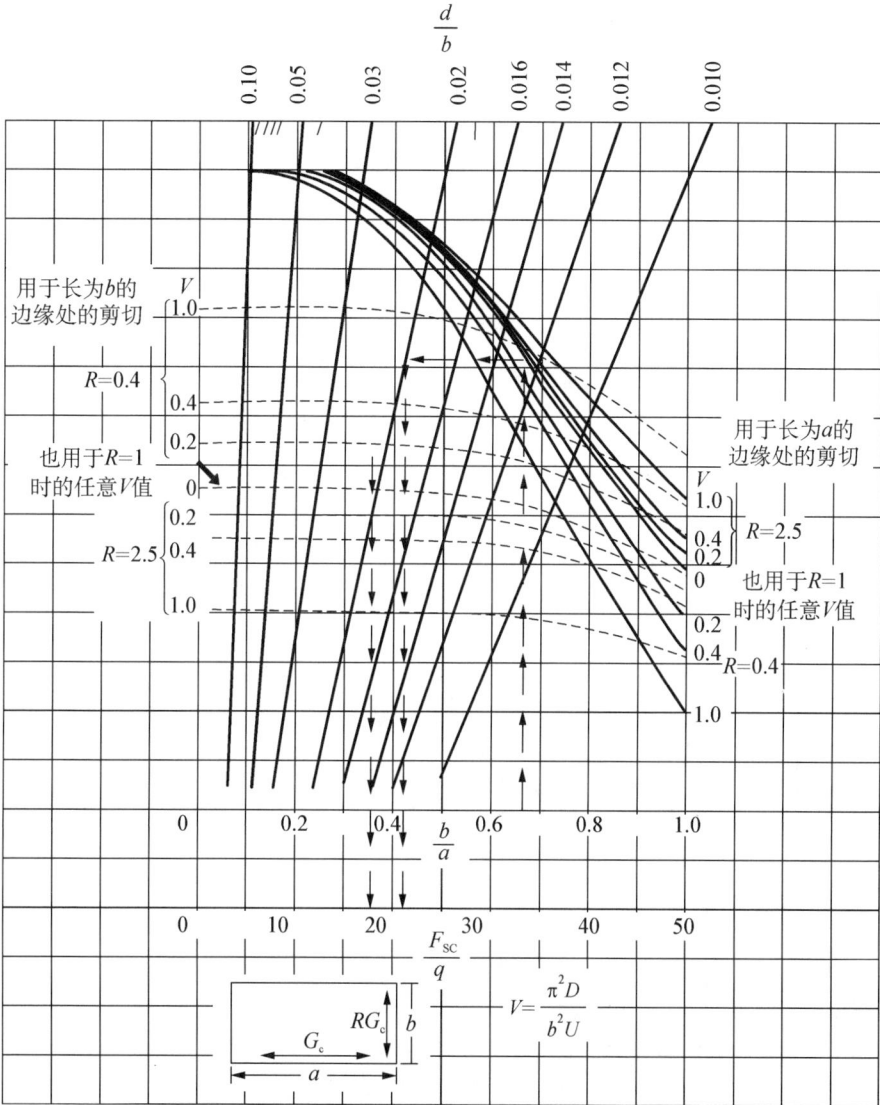

图 4.7.2.1.2(a)　用于确定采用各向同性面板和各向同性芯材（$R=1$）或正交各向异
性芯材（$R=0.4$ 或 $R=2.5$）的矩形平板夹层结构在均布面外载荷 q
作用下的芯材剪切应力比 F_{sc}/q 的图

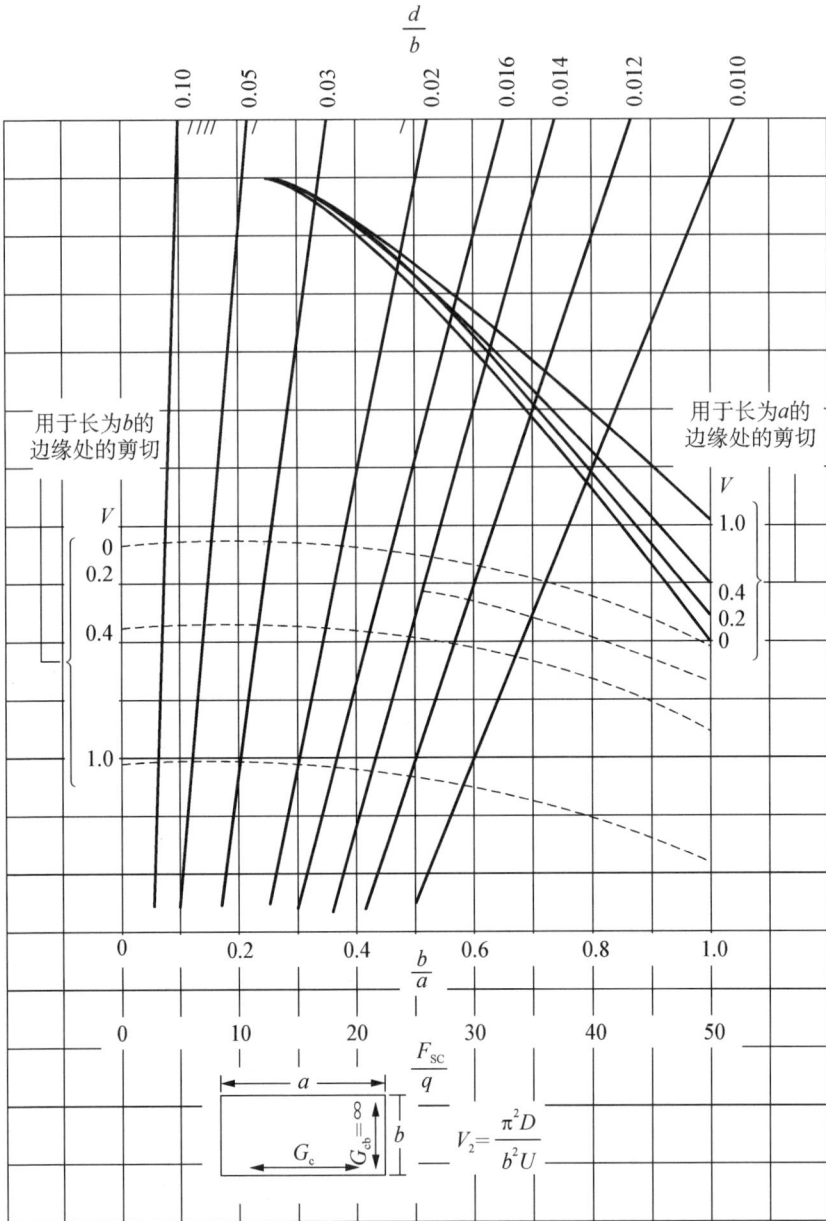

图 4.7.2.1.2(b)　用于确定采用各向同性面板和波纹槽垂直于长度为 a 的板边的波纹板($G_{cb}=\infty$)的矩形平板夹层结构在均布面外载荷 q 作用下的芯材剪切应力比 F_{sc}/p 的图

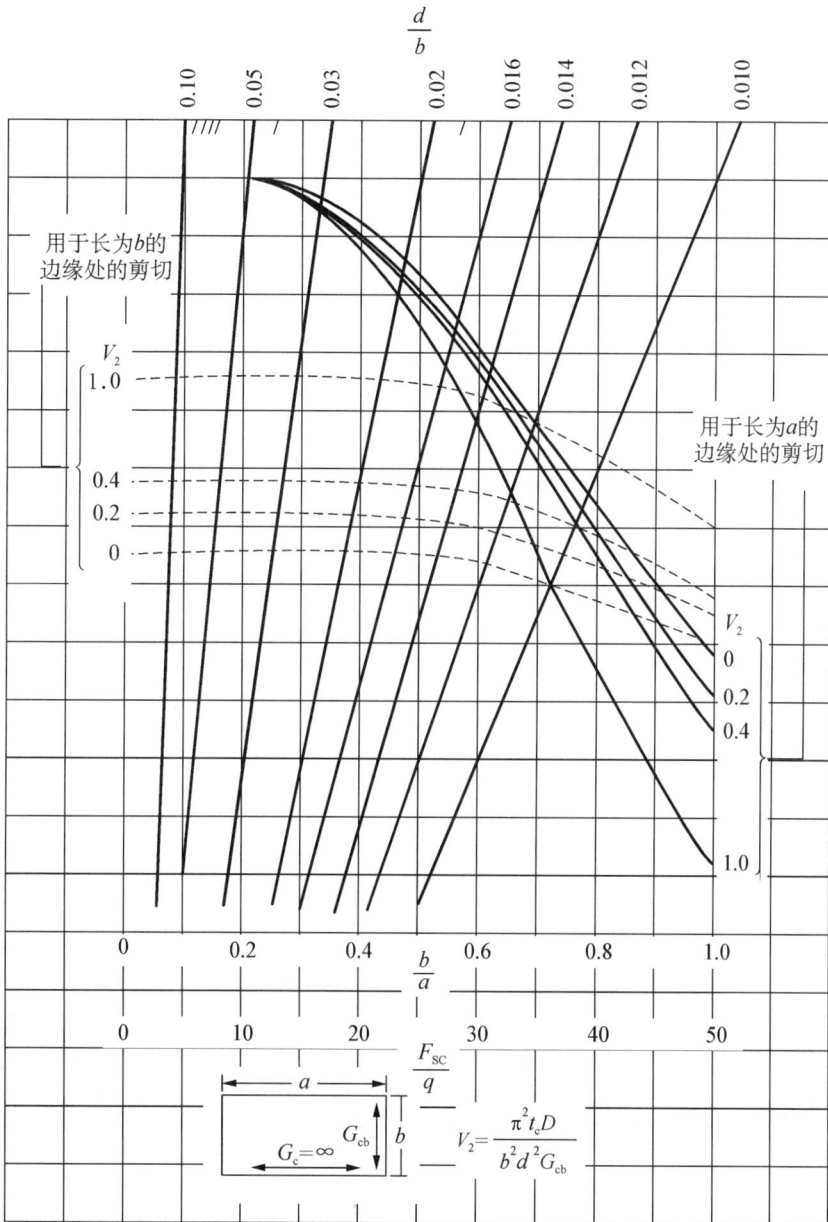

图 4.7.2.1.2(c)　用于确定采用各向同性面板和波纹槽平行于长度为 a 的板边的
波纹板($G_c = \infty$)的矩形平板夹层结构在均布面外载荷 q 作用下
的芯材剪切应力比 F_{sc}/p 的图

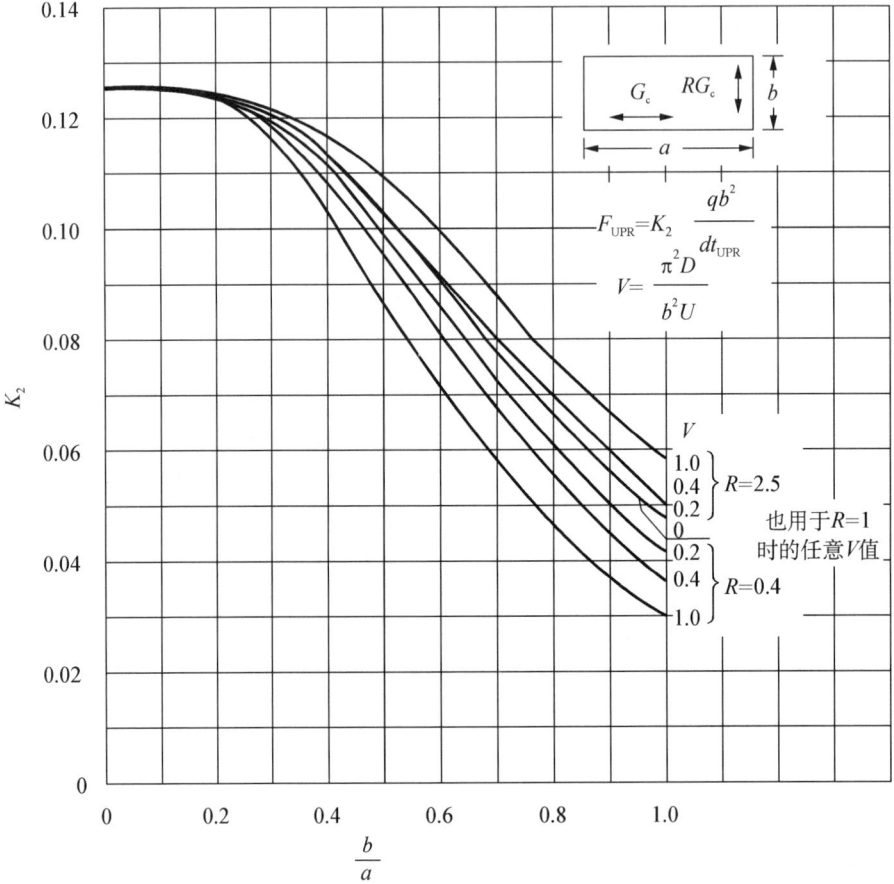

图 4.7.2.1.3(a)　用于确定采用各向同性面板和各向同性芯材($R=1$)或正交各向异性芯材($R=0.4$ 或 $R=2.5$)的矩形平板夹层结构在均布面外载荷 q 作用下 b 方向面板应力 F 的 K_2 值

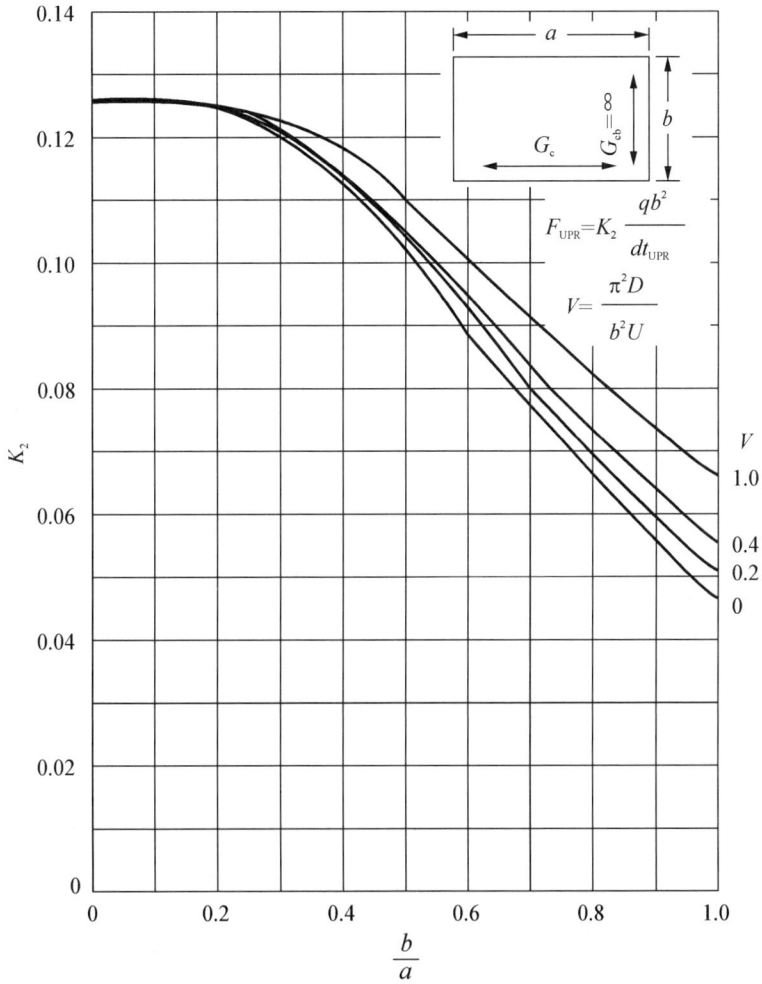

图 4.7.2.1.3(b)　用于确定采用各向同性面板和波纹槽垂直于长度为 a 的板边的波纹板($G_{cb}=\infty$)的矩形平板夹层结构在均布面外载荷 q 作用下 b 方向面板应力 F 的 K_2 值

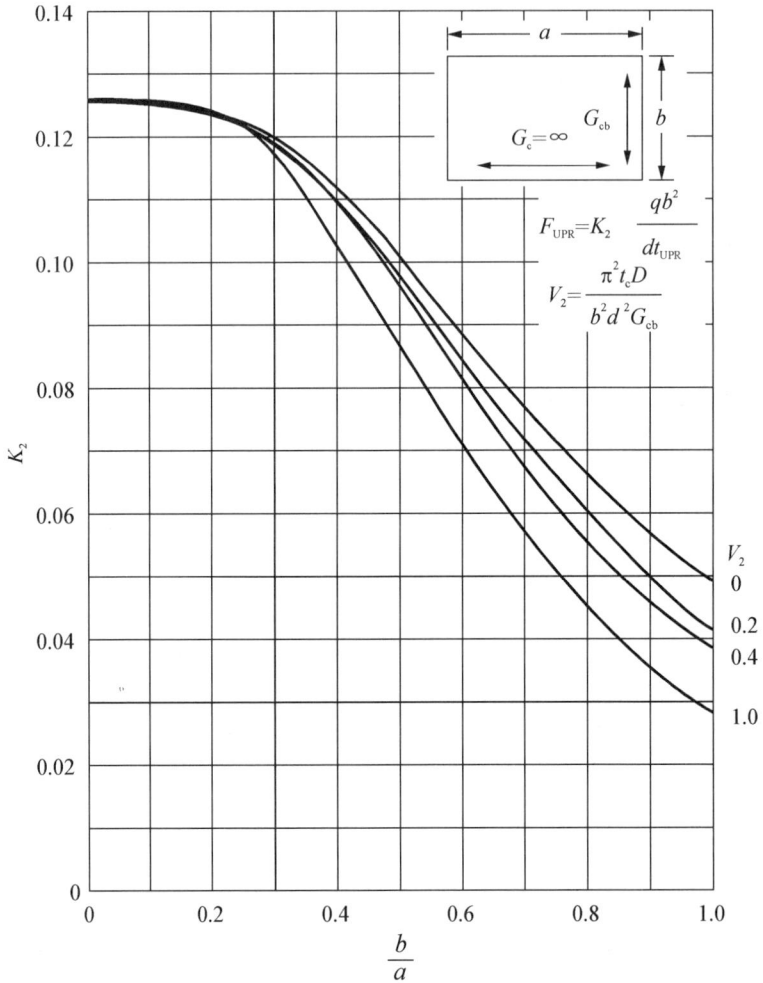

図 4.7.2.1.3(c)　用于确定采用各向同性面板和波纹槽平行于长度为 a 的
板边的波纹板（$G_c = \infty$）的矩形平板夹层结构在均布面
外载荷 q 作用下 b 方向面板应力 F 的 K_2 值

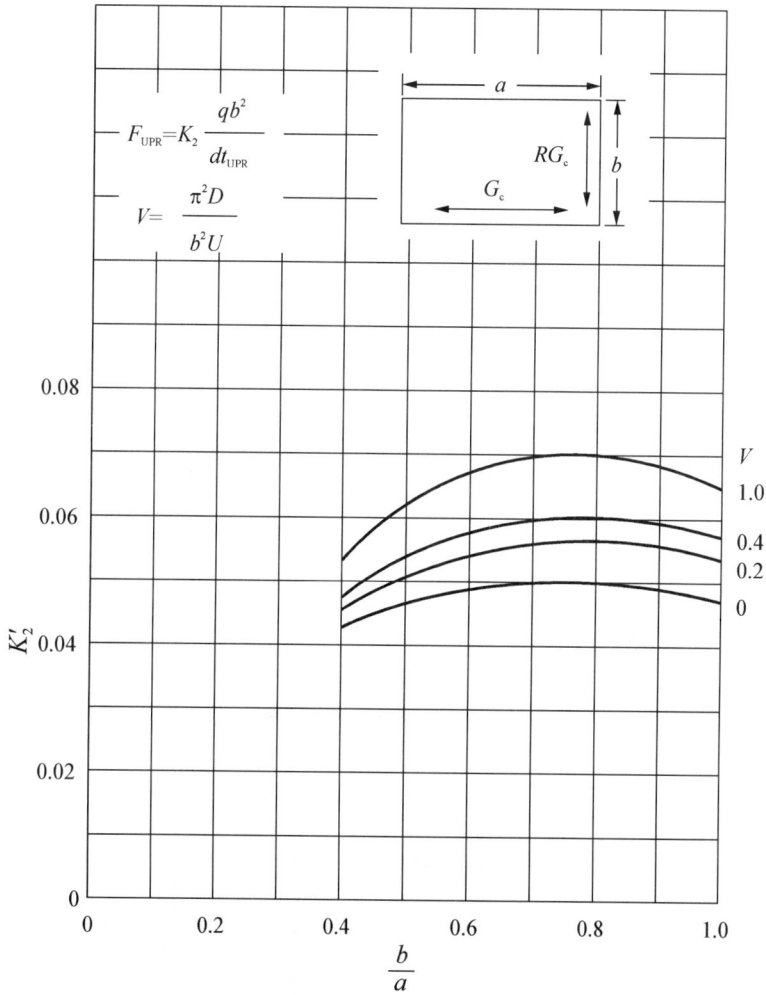

图 4.7.2.1.3(d)　用于确定采用各向同性面板和正交各向异性芯材 ($R =$ 0.4) 的矩形平板夹层结构在均布面外载荷 q 作用下 a 方向面板应力 F 的 K_2' 值。对于 $R = 1$ 和 $R = 2.5$ 的情况，最大应力可由图 4.7.2.1.3(a) 中的 K_2 得到

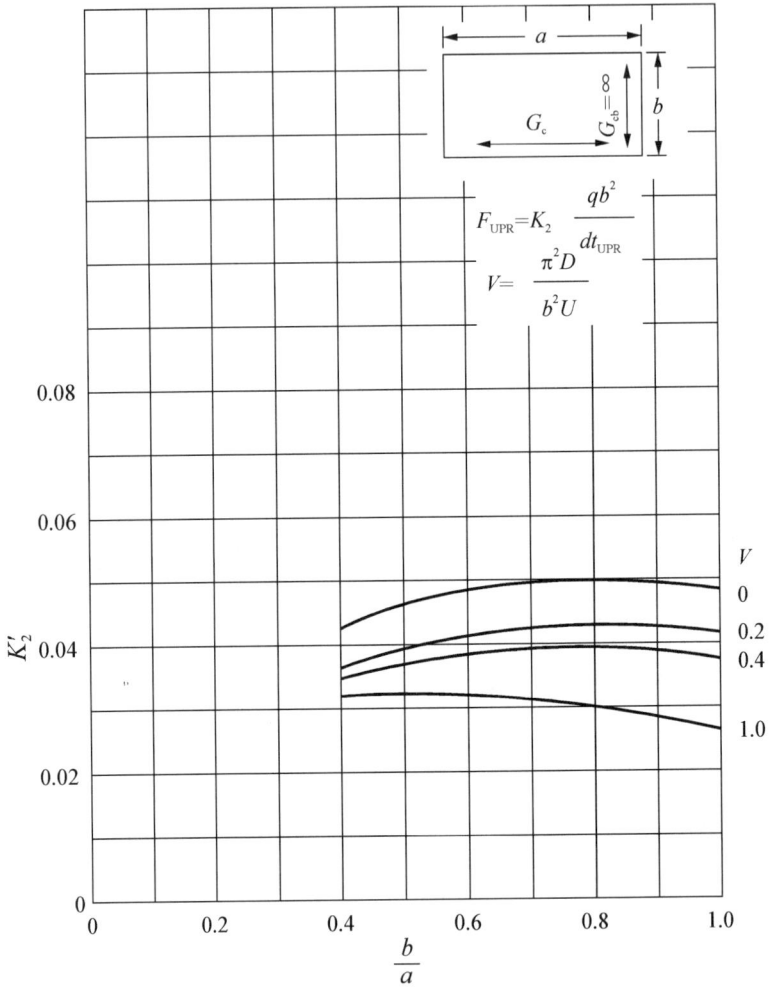

图 4.7.2.1.3(e)　用于确定采用各向同性面板和波纹槽垂直于长度为 a 的板边的波纹芯材 ($G_{cb}=\infty$) 的矩形平板夹层结构在均布面外载荷 q 作用下 b 方向面板应力 F 的 K_2' 值

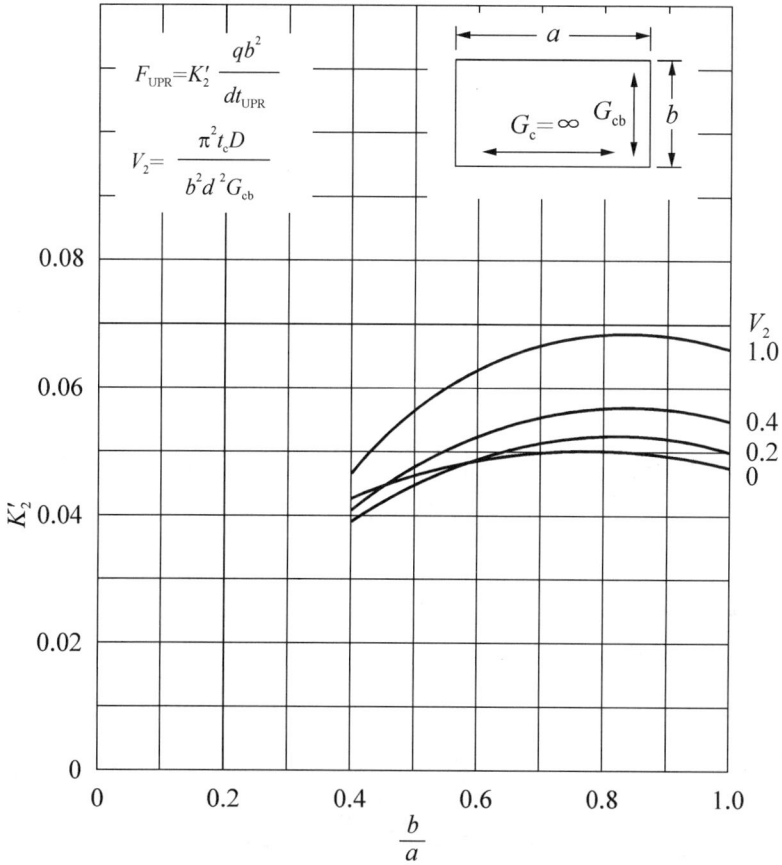

$$F_{\text{UPR}} = K_2' \frac{qb^2}{dt_{\text{UPR}}}$$

$$V_2 = \frac{\pi^2 t_c D}{b^2 d^2 G_{cb}}$$

图 4.7.2.1.3(f)　用于确定采用各向同性面板和波纹槽平行于长度为 a 的板边的波纹芯材($G_c = \infty$)的矩形平板夹层结构在均布面外载荷 q 作用下 b 方向面板应力 F 的 K_2' 值

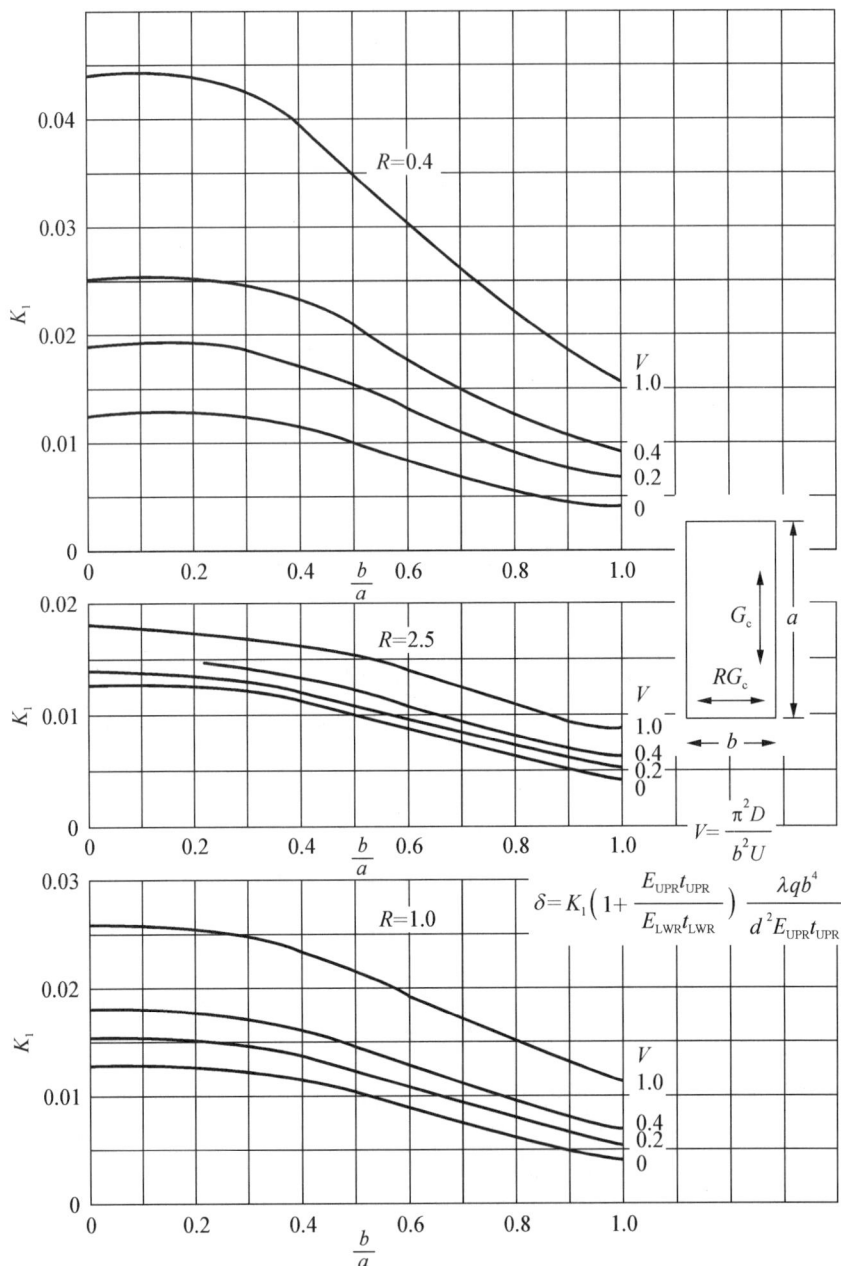

图 4.7.2.1.3(g)　用于确定采用各向同性面板和各向同性芯材 ($R = 1$) 或正交各
向异性芯材 ($R = 0.4$ 或 $R = 2.5$) 的矩形平板夹层结构在均布载
荷 q 作用下最大挠度的 K_1 值

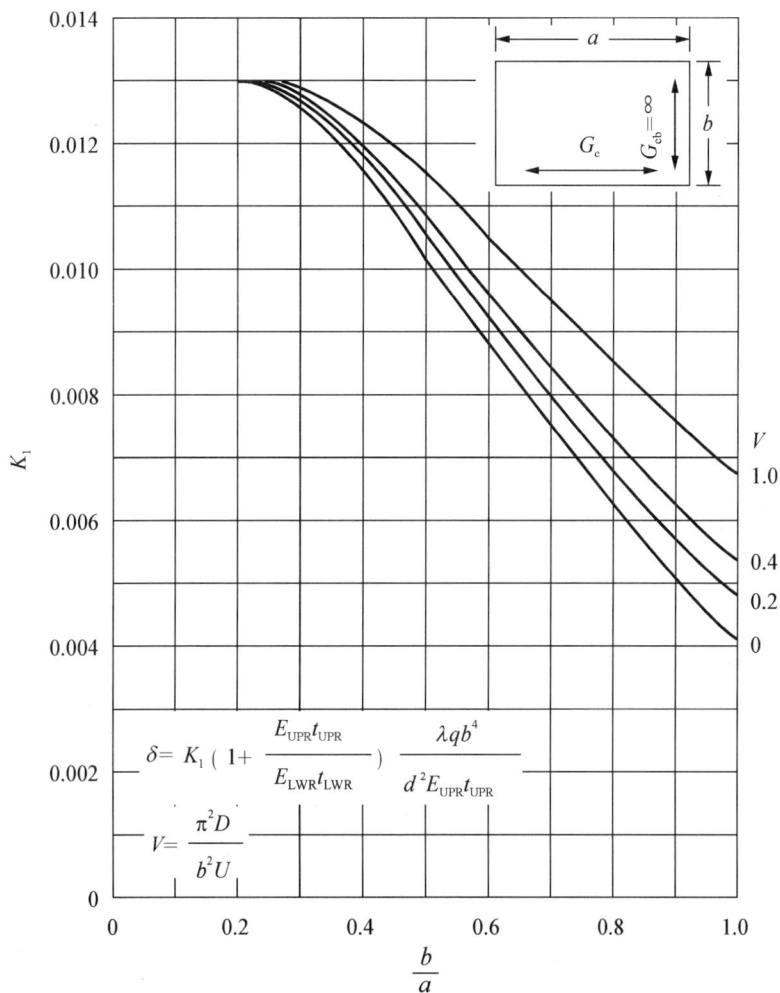

$$\delta = K_1 \left(1 + \frac{E_{UPR}t_{UPR}}{E_{LWR}t_{LWR}} \right) \frac{\lambda q b^4}{d^2 E_{UPR}t_{UPR}}$$

$$V = \frac{\pi^2 D}{b^2 U}$$

图 4.7.2.1.3(h)　用于确定采用各向同性面板和波纹槽垂直于长度为 a 的板边的波纹芯材($G_{cb} = \infty$)的矩形平板夹层结构在均布载荷 q 作用下最大挠度的 K_1 值

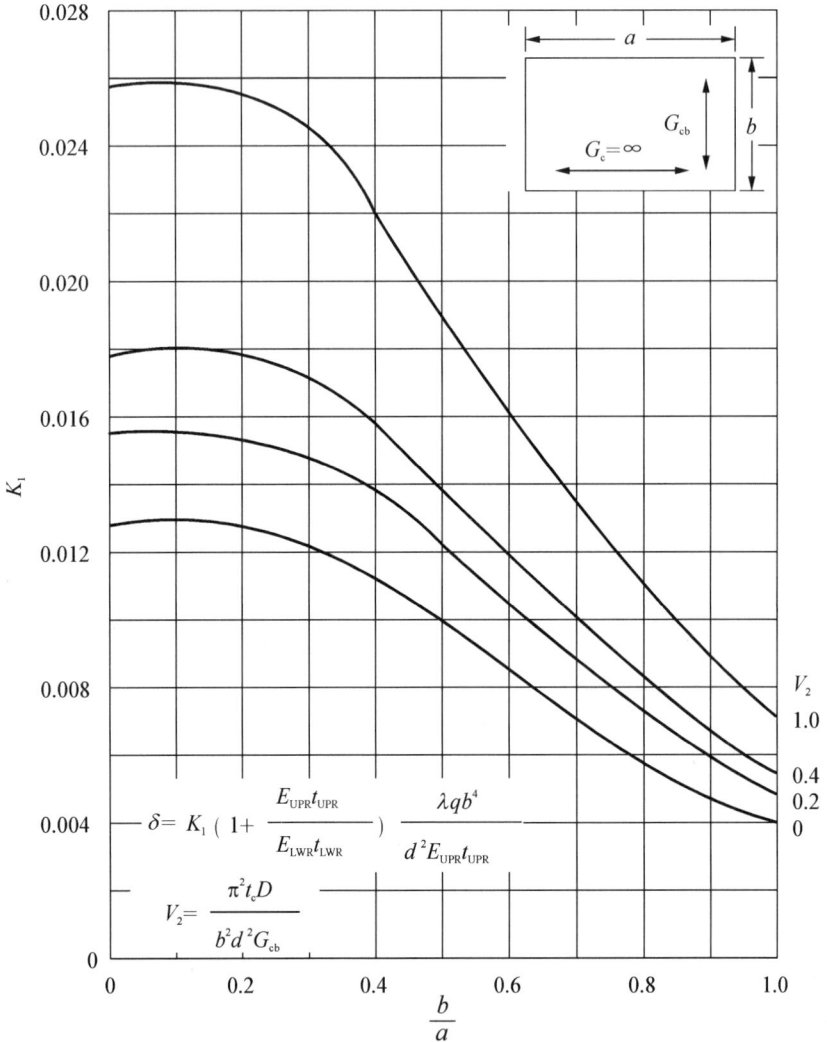

图 4.7.2.1.3(i)　用于确定采用各向同性面板和波纹槽平行于长度为 a 的板边的波纹芯材($G_c = \infty$)的矩形平板夹层结构在均布载荷 q 作用下最大挠度的 K_1 值

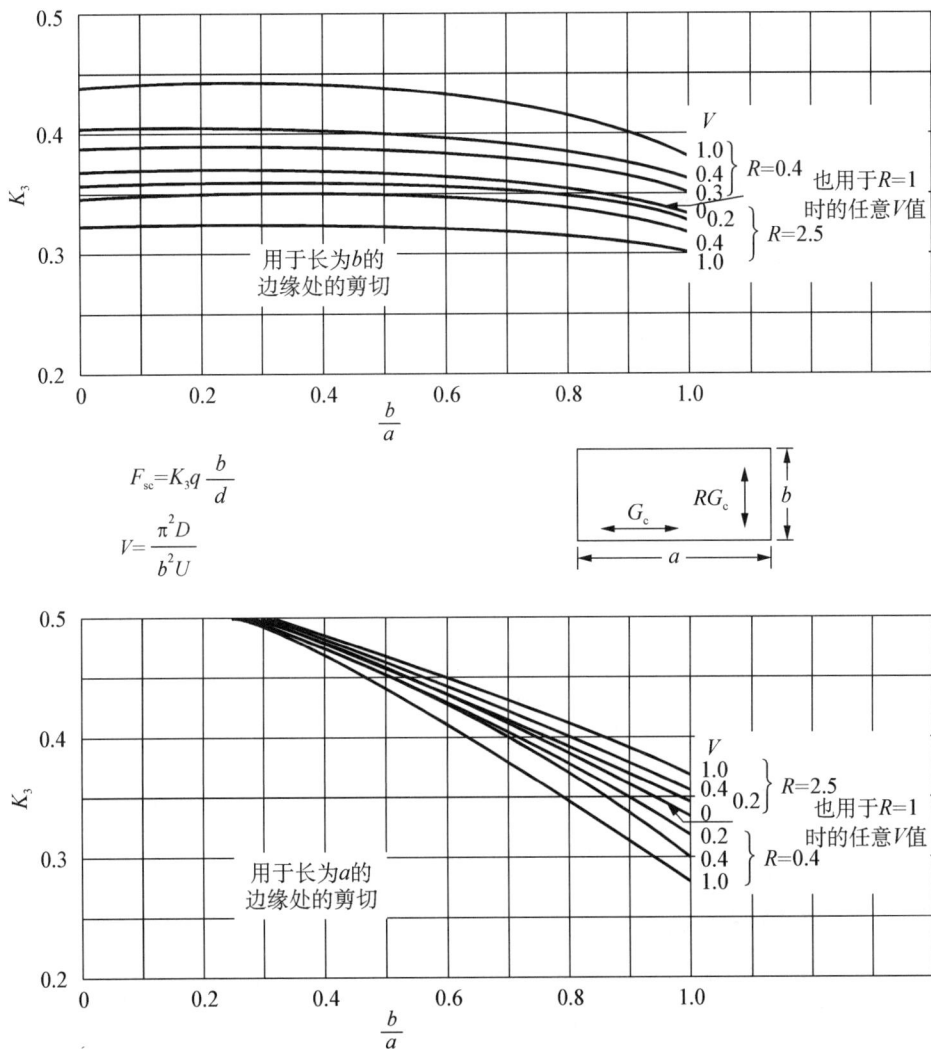

$$F_{sc}=K_3 q\,\frac{b}{d}$$

$$V=\frac{\pi^2 D}{b^2 U}$$

图 4.7.2.1.3(j)　用于确定采用各向同性面板和各向同性芯材（$R=1$）或正交各向异性芯材（$R=0.4$ 或 $R=2.5$）的矩形平板夹层结构在均布面外载荷 q 作用下芯材最大剪切应力 F_{sc} 的 K_3 值

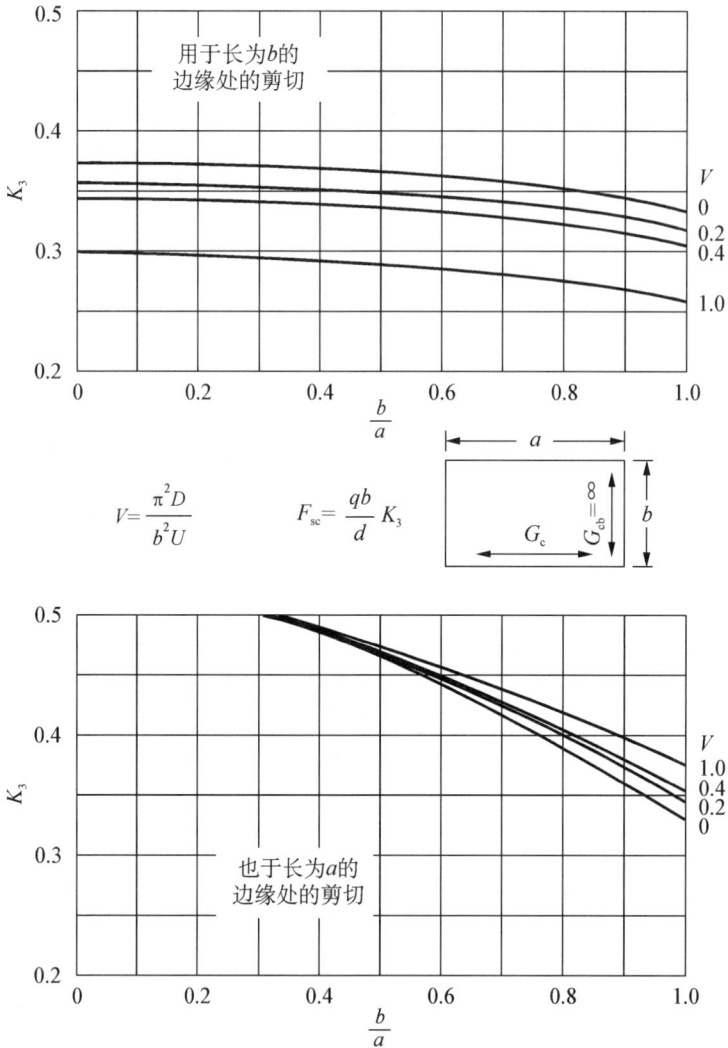

$$V = \frac{\pi^2 D}{b^2 U} \qquad F_{sc} = \frac{qb}{d} K_3$$

图 4.7.2.1.3(k)　用于确定采用各向同性面板和波纹槽垂直于长度为 a 的板边的波纹板($G_{cb} = \infty$)的矩形平板夹层结构在均布面外载荷 q 作用下芯材最大剪切应力 F_{sc} 的 K_3 值

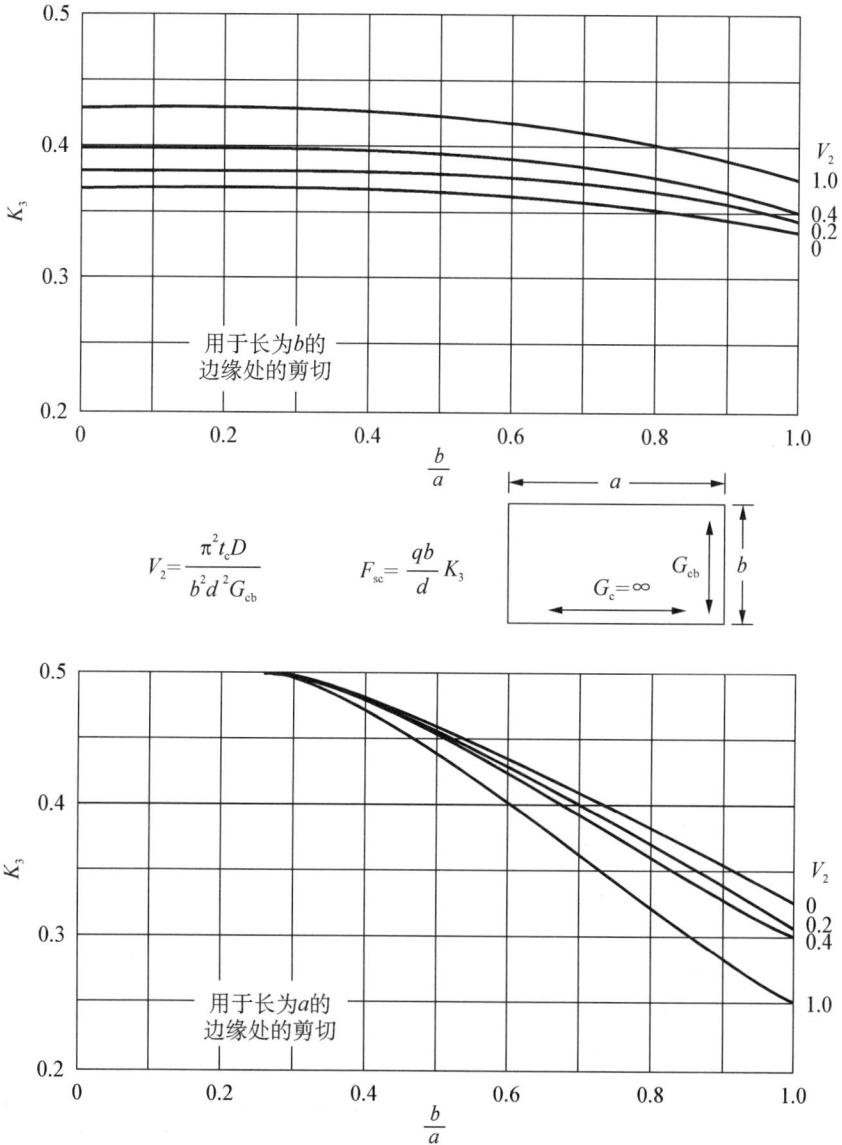

$$V_2 = \frac{\pi^2 t_c D}{b^2 d^2 G_{cb}} \qquad F_{sc} = \frac{qb}{d} K_3$$

图 4.7.2.1.3(1)　用于确定采用各向同性面板和波纹槽平行于长度为 a 的板边的波纹芯材($G_c = \infty$)的矩形平板夹层结构在均布面外载荷 q 作用下芯材最大剪切应力 F_{sc} 的 K_3 值

4.7.2.2　简支圆形平板受均布载荷时面板厚度、芯材厚度和芯材剪切模量的确定

本节给出了保证面板应力和夹层板挠度处于设计许可范围内的面板和芯材厚度及芯材剪切模量的确定过程(见 4.7.2.2 节)。简支圆形平板受均布压力时,由弯矩产生的面板应力在板中达到最大值。如果板边存在约束,应力重新分布将导致板边附近出现较高应力。

本过程仅适用于采用各向同性面板和各向同性芯材的边缘简支板。面板和芯材厚度及芯材剪切模量可以通过迭代的方式,查图表来确定。

平均面板应力 F(面板中心处的应力)可由下式求得:

$$F_{\text{UPR}} = \left(\frac{3+\nu}{16}\right)\left(\frac{qr^2}{t_{\text{UPR}}d}\right)$$

$$F_{\text{LWR}} = \left(\frac{3+\nu}{16}\right)\left(\frac{qr^2}{t_{\text{LWR}}d}\right) \qquad 4.7.2.2(\text{a})$$

$$F = \left(\frac{3+\nu}{16}\right)\left(\frac{qr^2}{td}\right)\text{(适用于面板相同的情况)}$$

式中:ν 为面板泊松比(本式中假定两个面板 ν 相同);r 是圆板的半径;其他量与前面定义相同。

由式 4.7.2.2(a)求 $\dfrac{d}{r}$,得

$$\frac{d}{r} = \frac{\sqrt{3+\nu}\sqrt{\dfrac{q}{F_{\text{UPR}}}}}{4\sqrt{\dfrac{t_{\text{UPR}}}{d}}}$$

$$\frac{d}{r} = \frac{\sqrt{3+\nu}\sqrt{\dfrac{q}{F_{\text{LWR}}}}}{4\sqrt{\dfrac{t_{\text{LWR}}}{d}}} \qquad 4.7.2.2(\text{b})$$

$$\frac{d}{r} = \frac{\sqrt{3+\nu}\sqrt{\dfrac{q}{F}}}{4\sqrt{\dfrac{t}{d}}}\text{(适用于面板相同的情况)}$$

图 4.7.2.2(a)以图形方式给出了式 4.7.2.2(b)的解。该式和表涉及未知量 $\dfrac{t}{d}$。通过迭代可以获得满意的 $\dfrac{t}{d}$ 和 $\dfrac{d}{r}$ 值。

板中心处的挠度 δ 可由下式得到:

$$\delta = K_4\left(1+\frac{E_{\text{UPR}}t_{\text{UPR}}}{E_{\text{LWR}}t_{\text{LWR}}}\right)\frac{\lambda F_{\text{UPR}}}{E_{\text{UPR}}}\frac{r^2}{d}$$

$$\delta = K_4\left(1+\frac{E_{\text{LWR}}t_{\text{LWR}}}{E_{\text{UPR}}t_{\text{UPR}}}\right)\frac{\lambda F_{\text{LWR}}}{E_{\text{LWR}}}\frac{r^2}{d} \qquad 4.7.2.2(\text{c})$$

$$\delta = 2K_4 \frac{\lambda F r^2}{Ed} \text{(适用于面板相同的情况)}$$

式中：K_4 取决于夹层结构的弯曲和剪切刚度，两者已体现在参数 V 中，V 将弯曲刚度和剪切刚度关联起来。对于圆板，按照坐标来写，$V = \dfrac{\pi^2 D}{(2r)^2 U}$ 可表达为

$$V = \frac{\pi^2 t_c E_{\text{UPR}} t_{\text{UPR}} E_{\text{LWR}} t_{\text{LWR}}}{4\lambda r^2 G_c (E_{\text{UPR}} t_{\text{UPR}} + E_{\text{LWR}} t_{\text{LWR}})}$$

$$V = \frac{\pi^2 t_c E t}{8\lambda r^2 G_c} \text{(适用于面板相同的情况)}$$

4.7.2.2(d)

式中：r 是板的半径；其他量与前面定义相同。

由式 4.7.2.2(c)求 $\dfrac{d}{r}$，得

$$\frac{d}{r} = \frac{\sqrt{K_4} \sqrt{\dfrac{\lambda F_{\text{UPR}}}{E_{\text{UPR}}}} \sqrt{\left(1 + \dfrac{E_{\text{UPR}} t_{\text{UPR}}}{E_{\text{LWR}} t_{\text{LWR}}}\right)}}{\sqrt{\dfrac{\delta}{d}}}$$

$$\frac{d}{r} = \frac{\sqrt{K_4} \sqrt{\dfrac{\lambda F_{\text{LWR}}}{E_{\text{LWR}}}} \sqrt{\left(1 + \dfrac{E_{\text{LWR}} t_{\text{LWR}}}{E_{\text{UPR}} t_{\text{UPR}}}\right)}}{\sqrt{\dfrac{\delta}{d}}}$$

4.7.2.2(e)

$$\frac{d}{r} = \frac{\sqrt{2K_4} \sqrt{\dfrac{\lambda F}{E}}}{\sqrt{\dfrac{\delta}{d}}} \text{(适用于面板相同的情况)}$$

图 4.7.2.2(b)给出了求解式 4.7.2.2(e)的图，超出 $\dfrac{\delta}{d} = 0.5$ 的范围时，不推荐使用该表和该式。

4.7.2.2.1　设计表的使用

夹层结构必须通过迭代的方式来设计，这些表可以快速地确定相关的量。这些表建立在泊松比为 0.3 的基础上，但是面板泊松比略有差别时仍可以使用。

作为第 1 次近似，假设 $V = 0$。如果设计是由面板应力准则控制的，这个假设会产生一个 d 的精确值；如果设计是由挠度需求确定的，$V = 0$ 的假设将产生一个 d 的最小值。如果剪切模量是无穷大的，d 值最小是因为 $V = 0$。对于任意实际的芯材，剪切模量不是无穷大的；因此必须采用较厚的芯材。

建议采用下列步骤：

(1) 看图 4.7.2.2(a)，根据需要的 q/F_{UPR} 值使用曲线。假定一个 t_{UPR}/d 的值，确定 d/r。计算 d 和 t_{UPR}。如有必要，调整 t_{UPR}/d，确定更合适的 d 和 t_{UPR} 值。对于

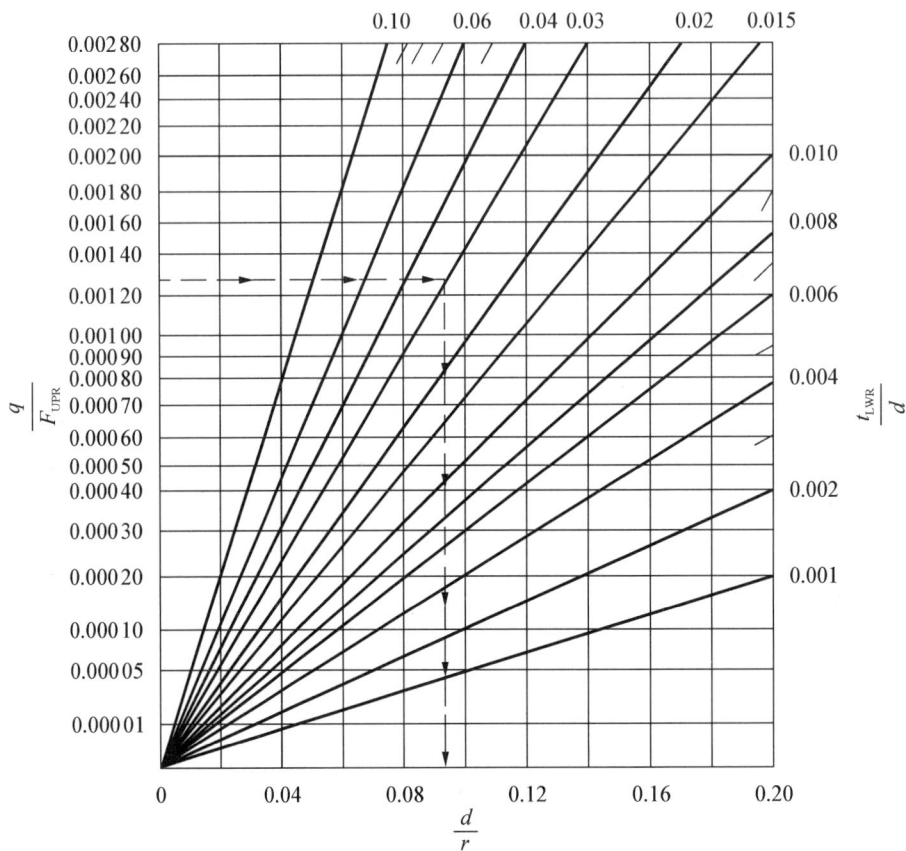

图 4.7.2.2(a)　采用各向同性面板和芯材的圆形平板夹层结构在均布面外载荷 q 作用下使得面板应力为 F_{UPR}、F_{LWR} 时用于确定 $\dfrac{d}{r}$ 比值的图，$\nu = 0.3$

$$\frac{E_{\mathrm{LWR}}t_{\mathrm{LWR}}}{E_{\mathrm{UPR}}t_{\mathrm{UPR}}}$$

$$V=\frac{\pi^2 D}{4r^2 U}$$

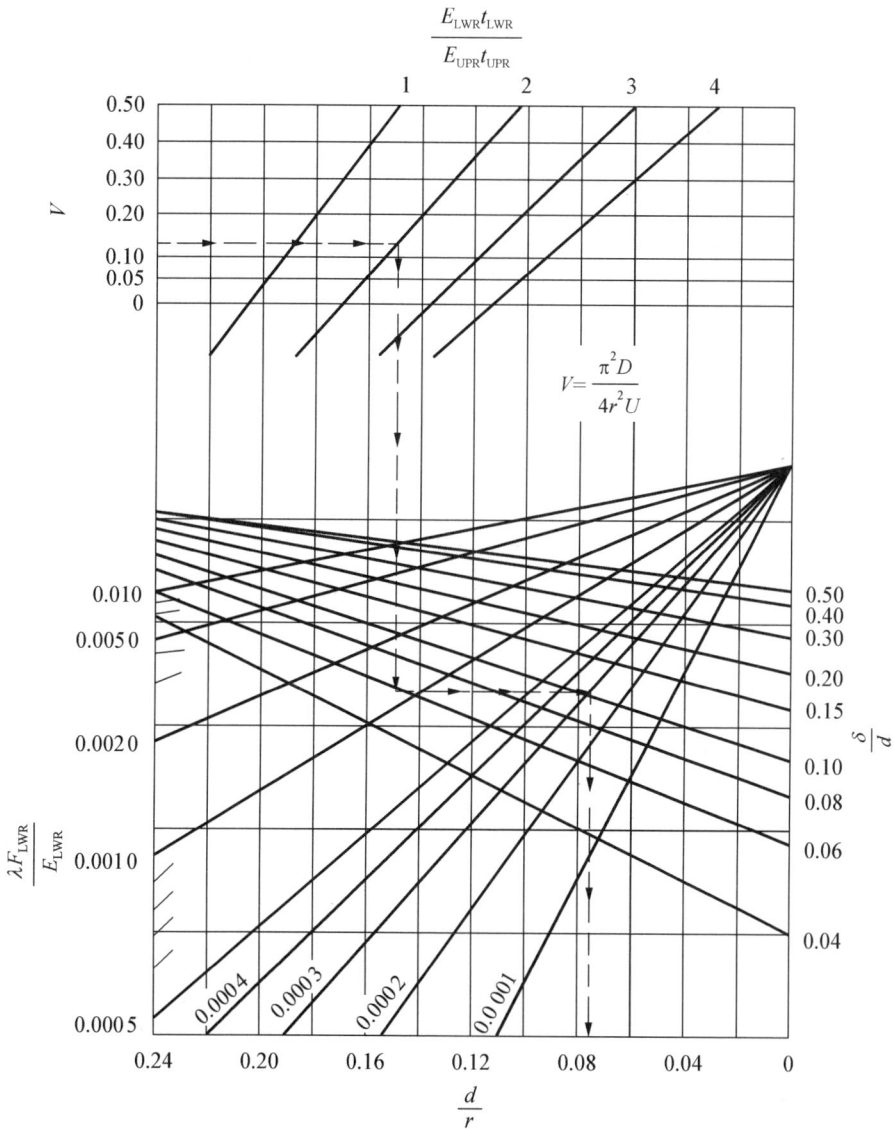

图 4.7.2.2(b)　采用各向同性面板和芯材的圆形平板夹层结构在均布面外载荷 q 作用下中心挠度比达到 $\frac{\delta}{d}$ 时,用于确定 $\frac{d}{r}$ 比值的图

F_{LWR}和t_{LWR}重复相似的步骤。

（2）看图4.7.2.2(b)，根据需要的参数值$E_{\mathrm{LWR}}t_{\mathrm{LWR}}/E_{\mathrm{UPR}}t_{\mathrm{UPR}}$和$\lambda F_{\mathrm{LWR}}/E_{\mathrm{LWR}}$的值，假定$V=0$。假定一个$\delta/d$值并确定$d/r$。计算$d$和$\delta$。如有必要，调整$\delta/d$值，确定更合适的$d$和$\delta$值。

（3）重复步骤（1）和（2），选用较小的面板设计应力，直到步骤（2）确定的d值等于或略小于步骤（1）确定的d值。

（4）通过下列公式计算芯材厚度t_{c}。

$$t_{\mathrm{c}} = d - \frac{t_{\mathrm{UPR}} + t_{\mathrm{LWR}}}{2}$$

$$t_{\mathrm{c}} = d - t（适用于相同面板的情况）$$

第1次近似建立在剪切模量无穷大的芯材的基础上。由于实际的蜂窝剪切模量并不是很大，必须采用略微较大的t_{c}值。根据由公式4.7.2.2(d)得到的V值，通过图4.7.2.2(b)可以进行连续的近似。

$V \neq 0$时，由于V与芯材厚度t_{c}成比例，使用图4.7.2.2(b)时必须进行迭代。作为最终确定t_{c}和G_{c}值的辅助，还可用到图4.7.2.1.1。将V关联到G_{c}的常数可由下式计算

$$VG_{\mathrm{c}} = \left[\frac{\pi^2 t_{\mathrm{c}} E_{\mathrm{UPR}} t_{\mathrm{UPR}} E_{\mathrm{LWR}} t_{\mathrm{LWR}}}{4\lambda r^2 (E_{\mathrm{UPR}} t_{\mathrm{UPR}} + E_{\mathrm{LWR}} t_{\mathrm{LWR}})} \right]$$

$$VG_{\mathrm{c}} = \left[\frac{\pi^2 t_{\mathrm{c}} E t}{8\lambda r^2} \right]（适用于相同面板的情况）$$

4.7.2.2.2　确定芯材剪切应力

本节给出了确定简支圆形平板在均布面外载荷下芯材最大剪变应力的步骤。板边附近的芯材剪切应力达到最大值。最大剪切应力F_{sc}由下式给出：

$$F_{\mathrm{sc}} = \frac{qr}{2d} \qquad\qquad 4.7.2.2.2$$

4.7.2.2.3　校核过程

可由式4.7.2.2(a)计算面板应力；式4.7.2.2(c)计算挠度来校核设计，其中用到的K_4值可由下式得到：

$$K_4 = \frac{16}{\pi^2(3+\nu)} \left[\frac{(5+\nu)\pi^2}{64(1+\nu)} + V \right] \qquad 4.7.2.2.3(\mathrm{a})$$

当$\nu = 0.3$时，该式简化为$K_4 = 0.309 + 0.491V$。V值可由式4.7.2.2(d)求得。

另一种计算板中心挠度的方法可按照下式进行：

$$\begin{cases} \delta = K_5 \left(1 + \dfrac{E_{UPR}t_{UPR}}{E_{LWR}t_{LWR}}\right) \dfrac{\lambda qr^4}{\pi^2 E_{UPR}t_{UPR}d^2} \\[3mm] \delta = K_5 \left(1 + \dfrac{E_{LWR}t_{LWR}}{E_{UPR}t_{UPR}}\right) \dfrac{\lambda qr^4}{\pi^2 E_{LWR}t_{LWR}d^2} \\[3mm] \delta = 2K_5 \dfrac{\lambda qr^4}{\pi^2 Etd^2} \end{cases} \qquad 4.7.2.2.3(b)$$

式中：$K_5 = \dfrac{(5+\nu)\pi^2}{64(1+\nu)} + V$

当 $\nu = 0.3$ 时，该式简化为 $K_5 = 0.629 + V$。

校核时，所选择的芯材的剪切模量 G_c 至少应达到按照式 4.7.2.2(c)求挠度时所假定的大小，这样芯材的剪切强度就足以承受由式 4.7.2.2.2 计算出的最大剪切应力。

如果需要开展更精确的分析来进行校核，可以使用 4.7.2.2 节中的式子。

4.8　曲面夹层结构内部载荷与应力

曲面夹层结构受载下的变形与应力场与平板不同。在一些情况下，曲板比平板要强，但在另一些情况下，曲板要弱一些。区别体现在曲板的平衡方程和运动方程中包含了曲率半径 R_x 和 R_y。

4.8.1　一般方程和分析方法

下面给出的夹层结构曲板在分布载荷作用下的平衡方程是建立在各向异性厚板一阶剪切变形理论的基础上。载荷记为 N_{ij}，弯矩记为 M_{ij}，针对一般壳的耦合微分方程可以写为

$$\begin{cases} \dfrac{\partial(\alpha_2 N_{11})}{\partial \xi_1} - \dfrac{\partial(\alpha_1 N_{21})}{\partial \xi_2} + N_{12}\dfrac{\partial \alpha_1}{\partial \xi_2} - N_{22}\dfrac{\partial \alpha_2}{\partial \xi_1} + \dfrac{\alpha_1 \alpha_2 V_1}{R_1} = 0 \\[3mm] \dfrac{\partial(\alpha_2 N_{12})}{\partial \xi_1} - \dfrac{\partial(\alpha_1 N_{22})}{\partial \xi_2} + N_{21}\dfrac{\partial \alpha_2}{\partial \xi_1} - N_{11}\dfrac{\partial \alpha_1}{\partial \xi_2} + \dfrac{\alpha_1 \alpha_2 V_2}{R_2} = 0 \\[3mm] \dfrac{\partial(\alpha_2 V_1)}{\partial \xi_1} + \dfrac{\partial(\alpha_1 V_2)}{\partial \xi_2} - \alpha_1 \alpha_2 \left(\dfrac{N_{11}}{R_1} + \dfrac{N_{22}}{R_2}\right) = \alpha_1 \alpha_2 q(x,y) \\[3mm] \alpha_1 \alpha_2 V_1 = \dfrac{\partial(\alpha_2 M_{11})}{\partial \xi_1} - \dfrac{\partial(\alpha_1 M_{21})}{\partial \xi_2} + M_{12}\dfrac{\partial \alpha_1}{\partial \xi_2} - M_{22}\dfrac{\partial \alpha_2}{\partial \xi_1} \\[3mm] \alpha_1 \alpha_2 V_2 = \dfrac{\partial(\alpha_2 M_{12})}{\partial \xi_1} - \dfrac{\partial(\alpha_1 M_{22})}{\partial \xi_2} + M_{21}\dfrac{\partial \alpha_2}{\partial \xi_1} - M_{11}\dfrac{\partial \alpha_1}{\partial \xi_2} \\[3mm] N_{12} + \dfrac{M_{12}}{R_1} = N_{21} + \dfrac{M_{21}}{R_2} \end{cases} \qquad 4.8.1(a)$$

式中：$q(x,y)$ 是分布压力载荷；变量 ξ_1 和 ξ_2 是壳的参考曲面坐标；R_1 和 R_2 是壳中面处的主曲率半径；α_1 和 α_2 是将曲线坐标和笛卡尔坐标关联起来的尺度因子，且等于图 4.8.1 中所示的参考平面的 Lame' 系数值。这些量的计算方程可在许多微分几何的教材中找到，如参考文献 4.8.1(a)和(b)。剪切载荷和弯矩与4.5.2节的定义

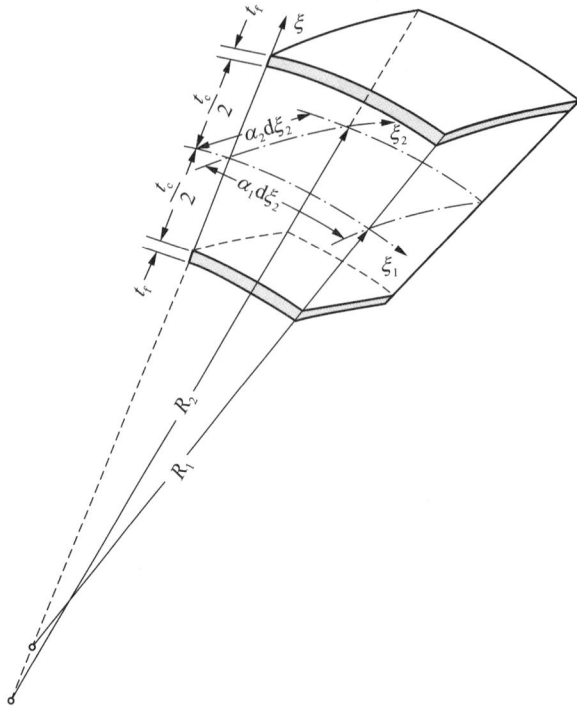

图 4.8.1　曲面夹层结构壳单元

相同，γ_{13} 和 γ_{23}，曲率 κ_{11}、κ_{22} 和 κ_{12} 可写为关于面外位移 w、绕中面的转角 ψ_x 和 ψ_θ（与 w 的解率无关）的表达式：

$$\gamma_{13} = \psi_1 + \frac{1}{\alpha_1} \frac{\partial w_1}{\partial \xi_1} - \frac{u_1}{R_1}$$

$$\gamma_{23} = \psi_2 + \frac{1}{\alpha_2} \frac{\partial w_2}{\partial \xi_2} - \frac{u_2}{R_2}$$

$$\kappa_{11} = \frac{1}{\alpha_1} \frac{\partial \psi_1}{\partial \xi_1} + \frac{1}{\alpha_1 \alpha_2} \frac{\partial \alpha_1}{\partial \xi_2} \psi_2 \qquad 4.8.1(b)$$

$$\kappa_{22} = \frac{1}{\alpha_2} \frac{\partial \psi_2}{\partial \xi_2} + \frac{1}{\alpha_1 \alpha_2} \frac{\partial \alpha_2}{\partial \xi_2} \psi_1$$

$$\kappa_{12} = \frac{1}{\alpha_2} \frac{\partial \psi_1}{\partial \xi_2} - \frac{1}{\alpha_1 \alpha_2} \frac{\partial \alpha_2}{\partial \xi_1} \psi_2 + \frac{1}{\alpha_1} \frac{\partial \psi_2}{\partial \xi_1} - \frac{1}{\alpha_1 \alpha_2} \frac{\partial \alpha_1}{\partial \xi_2} \psi_1$$

注意对于扁壳，曲率半径与壳厚度相比很大，式 4.8.1(a) 中的最后一个非微分方程就变成 $N_{12} \approx N_{21}$。所以，对于具有不变半径的扁圆柱壳，方程 4.8.1(a) 变为

$$\frac{\partial N_x}{\partial x} - \frac{1}{R} \frac{\partial N_{x\theta}}{\partial \theta} = 0$$

$$\frac{\partial N_{x\theta}}{\partial x} - \frac{1}{R} \frac{\partial N_\theta}{\partial \theta} + \frac{V_\theta}{R} = 0$$

$$\frac{\partial V_x}{\partial x} + \frac{1}{R}\frac{\partial V_\theta}{\partial \theta} - \frac{N_\theta}{R} = q(x, y)$$

$$V_x = \frac{\partial M_x}{\partial x} - \frac{1}{R}\frac{\partial M_{x\theta}}{\partial \theta}$$ 4.8.1(c)

$$V_\theta = \frac{\partial M_{x\theta}}{\partial x} - \frac{1}{R}\frac{\partial M_\theta}{\partial \theta}$$

这组方程可以像平板方程一样,采用能量法进行求解,其中位移分布假定为能够满足位移边界条件的函数。如

$$w(x, \theta) = \sum_{m=0}^{m\max}\sum_{n=0}^{n\max} c_{mn}\varphi_m(x)\varphi_n(\theta)$$ 4.8.1(d)

式中:c_{mn} 为未知数,可以通过势能最小化获得;$\varphi_m(\theta)$ 和 $\varphi_n(\theta)$ 是位移函数。

4.9 平板稳定性分析方法

本节提供方程和图表用来预测平的夹层柱或夹层板总体屈曲的起始载荷,并用于选择防止屈曲的芯材材料及芯材和面板的厚度。本节针对总体屈曲,应当分别校核 4.4 节中列出的其他失效模式。

对于大型或者复杂结构,一般(总体)稳定性的解最好是通过计算机,或者使用闭式屈曲解或者使用有限元分析得到。分析必须考虑芯材横向剪切柔性的影响。大部分情况下,夹层板的面板为正交各向异性的薄板,板刚度矩阵的 A_{16},A_{26},B_{ij},D_{16} 和 D_{26} 项通常是很小或者为 0,因此在分析方法中不需要考虑这些项的影响。大部分平板屈曲软件和所有有限元软件都能够分析面内压缩(单轴或双轴)和剪切载荷的组合工况。

一些计算机屈曲分析工具可以预测剪切皱曲失稳模式。这种模式发生在芯材剪切刚度低时。这种模式可以由来自分析输出的大量半波或临界稳定性模态很短的波长来检测到。关于这种失效模式的更多信息见 4.6.7 节。

4.9.1 矩形夹层平柱的屈曲

假定一个设计开始于设计应力和需传递给定载荷的选择,一个矩形夹层平柱应当依照 4.2.1 节中总结的基本设计原则来进行设计。其中的所有条件都要满足。本节针对总体屈曲,还应当分别查校核 4.4 节中列出的其他失效模式。

夹层结构的总体屈曲或局部失稳(如面板凹陷或者皱曲)可能导致柱的总体破坏。在以下段落中给出了用来确定面板和芯材尺寸及必要的芯材性能的详细步骤,其提供了理论公式和图表。面板弹性模量 E' 和应力值 F_c 应为使用条件下的压缩值;即如果应用在高温环境下,那么应当在设计中使用高温下的面板性能。面板弹性模量是面板应力处的有效值。如果应力超出了比例极限值,应当使用一个适当、缩减的或者修正的压缩弹性模量(见 4.6.6.1(c))。

在夹层柱屈曲分析中,一定要考虑横向剪剪切形。与欧拉屈曲计算相比,这种

考虑会减小屈曲载荷。临界载荷可以大约写为

$$\frac{1}{P_{cr}} = \frac{1}{P_b} + \frac{1}{P_s}$$

4.9.1(a)

式中：P_b 为纯弯曲屈曲载荷；P_s 为纯剪切屈曲载荷。

当面板很薄时，屈曲载荷由下式给出：

$$P_b = \frac{n^2 \pi^2 D}{(\beta L)^2} \text{ 且 } P_s = S$$

4.9.1(b)

式中：L 为柱长；D 和 S 为在 4.5.1 节中定义的面板弯曲和剪切刚度；n 是屈曲模态的半波数；因子 β 取决于边界条件，所以 βL 是有效柱长。将 P_b 和 P_s 的表达式代入方程 4.9.1(a) 中，屈曲载荷可以写为

$$P_{cr} = \frac{n^2 \pi^2 D/(\beta L)^2}{1 + n^2 \pi^2 D/S(\beta L)^2}$$

4.9.1(c)

考虑到厚面板，此方程变成

$$P_{cr} = \frac{\dfrac{2n^4 \pi^4 D_f D_o}{S(\beta L)} + \dfrac{n^2 \pi^2 D_o}{(\beta L)^2}}{1 + \dfrac{n^2 \pi^2 D_o}{S(\beta L)^2}}$$

4.9.1(d)

式中：S、D_o 和 D_f 已在 4.5.1 节中进行计算。

4.9.2 受侧压矩形夹层平板的设计

假设设计前已选定了设计应力并给出了要传递的设计载荷，受侧压矩形夹层平柱应当依照 4.2.1 节中总结的基本设计原则来进行设计。其中的所有条件都要满足。本节针对总体屈曲，还应当分别校核 4.4 节中列出的其他失效模式。

夹层结构的总体屈曲或局部失稳（如面板凹陷或者皱曲）可能导致柱的总体破坏。在以下段落中给出了用来确定面板和夹层尺寸及必要的夹层性能的详细步骤，其提供了理论公式和图表。给出了两个公式。一个公式针对具有不同材料和厚度面板的夹层板，而另一个公式针对具有相同材料和厚度面板的夹层板。面板弹性模量 E' 和应力值 F_c 应为使用条件下的压缩值；即如果在高温环境下应用，那么应当在设计中使用高温下的面板性能。面板弹性模量是面板应力处的有效值。如果应力超出了比例极限值，应当使用一个适当的、缩减的或者修正的压缩弹性模量（见 4.6.6.1(c)）。

4.9.2.1 面板厚度的确定

面板应力与侧面载荷之间的关系由下式表示：

$$t_{UPR} F_{c\,UPR} + t_{LWR} F_{c\,LWR} = N$$

$$t = \frac{N}{2F_c} \text{（对于相同面板）}$$

4.9.2.1

式中：t 是面板厚度；F_c 是选择的设计面板压应力；N 是面板边上每单位长度的设计压缩载荷，且下标 UPR、LWR 表示上、下面板。

对于面板为不同材料的夹层板，在确定其面板的厚度时，必须满足此方程，应力 $F_{c\,UPR}$ 和 $F_{c\,LWR}$ 必须依照 $F_{c\,UPR}/E_{s\,UPR}=F_{c\,LWR}/E_{s\,LWR}$（式中 E_s 是面板弹性割线模量）来选择，以在两个面板中产生相等的应变从而避免任一面板产生过应力。例如，如果上面板的材料具有比率 $F_{c\,UPR}/E_{s\,UPR}=0.005$，而下面板的材料具有比率 $F_{c\,LWR}/E_{s\,LWR}=0.002$，那么必须基于比率为 0.002 进行设计，否则下面板将会产生过应力。为了实现此目标，必须降低上面板的选择设计应力。对于许多面板组合材料，发现按照 $E_{UPR}t_{UPR}=E_{LWR}t_{LWR}$ 来选取厚度是有益的。

如果芯材可以承受侧压，N 应当用 $(N-F_{c\,core}t_c)$ 来代替。式中：$F_{c\,core}$ 是芯材承受的压应力，t_c 是芯材厚度。

4.9.2.2　芯材厚度和芯材剪切模量的确定

本节给出了确定不会发生夹层板总体屈曲的芯材厚度和芯材剪切模量的流程（参考式 4.9.2.2(a)～式 4.9.2.2(c)）。夹层板发生屈曲时每单位板宽的载荷由理论公式给出：

$$N_{cr} = K\frac{\pi^2}{b^2}D$$

式中：D 是夹层板弯曲刚度。为了求解面板临界屈曲应力 F_{cr}，此公式变为

$$F_{cr\,UPR} = \frac{\pi^2 K E'_{UPR}}{\lambda}\frac{E'_{UPR}t_{UPR}E'_{LWR}t_{LWR}}{(E'_{UPR}t_{UPR}+E'_{LWR}t_{LWR})^2}\left(\frac{d}{b}\right)^2$$

$$F_{cr\,LWR} = \frac{\pi^2 K E'_{LWR}}{\lambda}\frac{E'_{UPR}t_{UPR}E'_{LWR}t_{LWR}}{(E'_{UPR}t_{UPR}+E'_{LWR}t_{LWR})^2}\left(\frac{d}{b}\right)^2 \qquad 4.9.2.2(a)$$

$$F_{cr} = \frac{\pi^2 K E'}{4\lambda}\left(\frac{d}{b}\right)^2\text{（对于相同面板）}$$

式中：E' 是在应力为 F_c 时面板等效压缩模量（对于正交各向异性面板 $E'=\sqrt{E_aE_b}$）；$\lambda=1-\nu^2$；ν 是面板的泊松比（在式 4.9.2.2(a) 中，假定两个面板具有相同的泊松比，$\nu=\nu_{UPR}=\nu_{LWR}$）；d 是两面板形心之间的距离；b 是承受载荷的板边的长度；$K=K_F+K_M$，K_F 是取决于面板刚度和板纵横比的理论系数，K_M 是取决于夹层板弯曲和剪切刚度及板长宽比的理论系数。计算 K_F 和 K_M 的信息在 4.9.2.3 节给出。

给出 $\dfrac{d}{b}$ 的求解：

$$\frac{d}{b} = \frac{1}{\pi\sqrt{K}}\sqrt{\frac{\lambda F_{cr\,UPR}}{E'_{UPR}}}\left(\frac{E'_{UPR}t_{UPR}+E'_{LWR}t_{LWR}}{\sqrt{E'_{UPR}t_{UPR}E'_{LWR}t_{LWR}}}\right)$$

$$\frac{d}{b} = \frac{1}{\pi\sqrt{K}}\sqrt{\frac{\lambda F_{cr\,LWR}}{E'_{LWR}}}\left(\frac{E'_{UPR}t_{UPR}+E'_{LWR}t_{LWR}}{\sqrt{E'_{UPR}t_{UPR}E'_{LWR}t_{LWR}}}\right)$$

$$\frac{d}{b} = \frac{2}{\pi \sqrt{K}} \sqrt{\frac{\lambda F_{cr}}{E'}} \text{（对于相同面板）} \qquad 4.9.2.2(\text{b})$$

由于其余量为已知量，因此如果已知 K，可以直接求解方程 4.9.2.2(b) 得到 d。在得到 d 之后，芯材厚度 t_c 可以通过下式计算得到：

$$t_c = d - \frac{t_{UPR} + t_{LWR}}{2} \qquad 4.9.2.2(\text{c})$$

$$t_c = d - t \text{（对于相同面板）}$$

作为第一近似值，假设 $K_F = 0$，因此 $K = K_M$。K_M 的值取决于包含夹层板的弯曲和剪切刚度的参数

$$V = \frac{\pi^2 D}{b^2 U}$$

可以写为

$$V = \frac{\pi^2 t_c E'_{UPR} t_{UPR} E'_{LWR} t_{LWR}}{(E'_{UPR} t_{UPR} + E'_{LWR} t_{LWR}) \lambda b^2 G_{ca}} \qquad 4.9.2.2(\text{d})$$

$$V = \frac{\pi^2 t_c E' t}{2 \lambda b^2 G_{ca}} \text{（对于相同面板）}$$

式中：U 是夹层板剪切刚度；G_{ca} 是芯材剪切模量，其对于于平行加载方向（也平行于长为 a 的板边）的轴与垂直板面的轴组成的平面。随着芯材剪切模量降低，V 增大而且 K_M 逐步减小。

对于芯材波纹平行于加载方向的波纹夹层，参数 V 可以用下面的参数替换：

$$V_2 = \frac{\pi^2 t_c E'_{UPR} t_{UPR} E'_{LWR} t_{LWR}}{(E'_{UPR} t_{UPR} + E'_{LWR} t_{LWR}) \lambda b^2 G_{cb}} \qquad 4.9.2.2(\text{d})$$

$$V_2 = \frac{\pi^2 t_c E' t}{2 \lambda b^2 G_{cb}} \text{（对于相同面板）}$$

式中：G_{cb} 是芯材剪切模量，对立于垂直加载方向（也平行于长为 b 的板边）的轴与并垂直板面的轴组成的平面。

4.9.2.2.1　d 最小值的确定

所需要的 d 的最小值可以通过假设 $V = 0$ 或者 $V_2 = 0$ 作为第 1 近似值。因为只有芯材剪切模量无穷大时，$V = 0$ 或者 $V_2 = 0$ 才成立，此时 d 的值为最小值；对于任意实际的芯材，其剪切模量不会是无穷大，因此必须使用一个较厚的芯材。在各种边界条件下，对于采用各向同性或者正交各向异性面板和芯材的夹层板，图 4.9.2.2.1(a) 的图表给出了 d 的最小值。虽然真正意义上的固支边界实际上是不可实现的，但是在图 4.9.2.2.1(a) 中仍考虑了带有固支边界的板。在 4.9.2.3 节的最后讨论了边界由梁支撑的板。

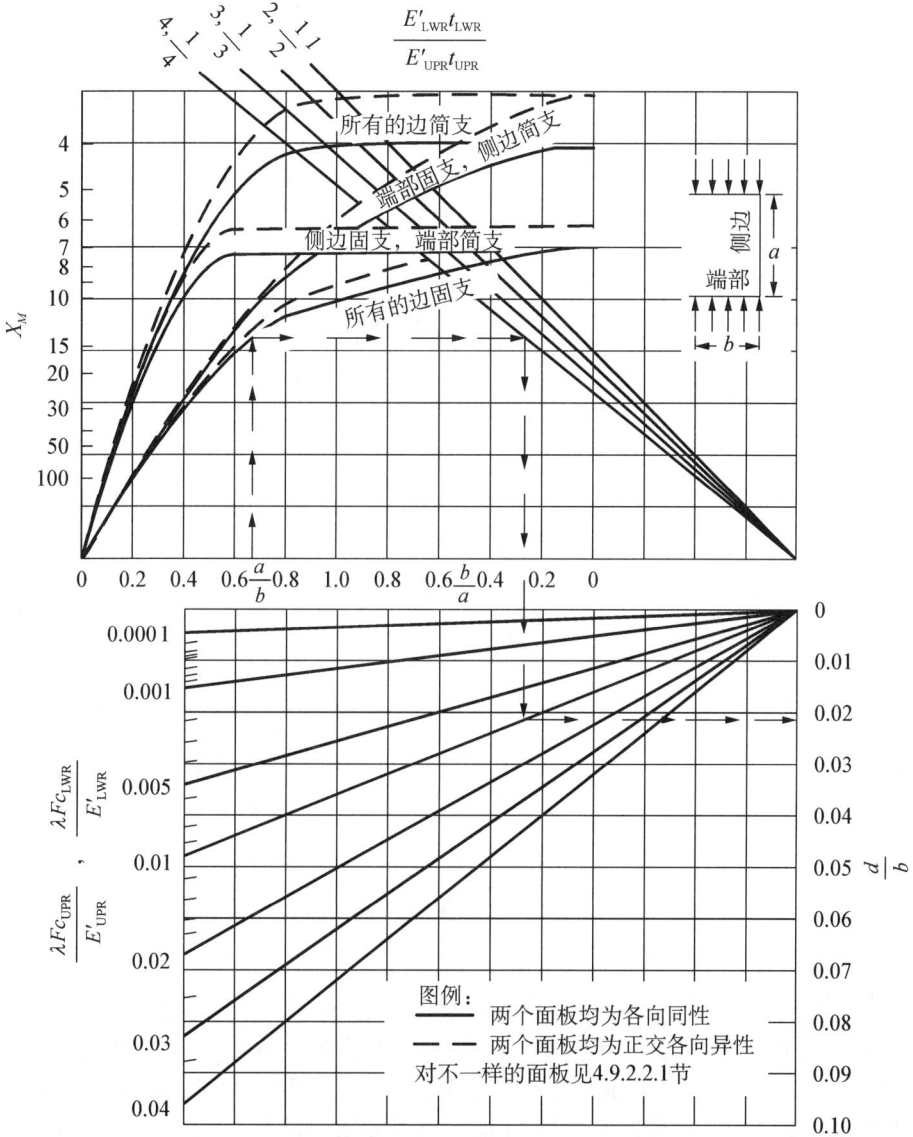

图 4.9.2.2.1(a)　确定受侧面压缩载荷夹层板不会发生屈曲时比值 $\dfrac{d}{b}$ ($V=0$)

　　图 4.9.2.2.1(a)的图表及 4.9.2.2.2 节和 4.9.2.3 节中的图适用于采用各向同性面板的夹层板($\alpha=1.0$，$\beta=1.0$，$\gamma=0.375$)和采用正交各向异性面板的夹层板，如玻璃纤维织物层压板($\alpha=1.0$，$\beta=0.6$，$\gamma=0.2$)。

　　常数 α，β 和 γ 取决于面板的弹性性能，其关系如下：

$$\alpha = \sqrt{\frac{E'_b}{E'_a}}, \quad \beta = \omega\nu_{ab} + 2\gamma, \quad \gamma = \frac{\lambda G'_{ba}}{\sqrt{E'_a E'_b}} \qquad 4.9.2.2.1(a)$$

式中：E'_a 和 E'_b 是平行和垂直于加载方向的弹性模量；G'_{ba} 是与方向有关的面板剪切模量；ν_{ab} 是泊松比，其对应于由 a 方向上的拉力在 b 方向产生的缩短在 a 方向产生的伸长之比；ν_{ba} 的定义是相似的，且 $\lambda = 1 - \nu_{ab}\nu_{ba}$。对于各向同性面板，生成各图时假设 $\nu = 0.25$。对于正交各向异性面板，假设 $\nu_{ab} = \nu_{ba} = 0.2$，$E'_a = E'_b$ 和 $G_{ab} = 0.21E_a$。

图 4.9.2.2.1(a)中图表用的参数是：①板纵横比 $\dfrac{a}{b}$ 或者 $\dfrac{b}{a}$；②面板性能 $\dfrac{\lambda F_{cUPR}}{E'_{UPR}}$ 和 $\dfrac{\lambda F_{cLWR}}{E'_{LWR}}$；③比值 $E'_{LWR}t_{LWR}/E'_{UPR}t_{UPR}$。

图 4.9.2.2.1(a)的图表及 4.9.2.2.2 节和 4.9.2.3 节中的图也适用于采用不同面板的夹层板，其上面板为各向同性（$\alpha_{UPR} = 1.0$，$\beta_{UPR} = 1.0$，$\gamma_{UPR} = 0.375$），而下面板为正交各向异性板，如玻璃纤维复合材料（$\alpha_{LWR} = 1.0$，$\beta_{LWR} = 0.6$，$\gamma_{LWR} = 0.2$）。对于此夹层板，可以借助下面的参数在采用两个各向同性面板的夹层板曲线和采用两个正交各向异性面板的夹层板曲线之间进行线性插值：

$$Q = \frac{1}{1 + \left(\dfrac{\lambda_{UPR}}{\lambda_{LWR}}\right)\left(\dfrac{t_{UPR}}{t_{LWR}}\right)\sqrt{\dfrac{E'_{aLWR}E'_{bLWR}}{E'_{aUPR}E'_{bUPR}}}}$$

考虑上面的假设 $\alpha_{UPR} = \alpha_{LWR} = 1.0$ 和 $\lambda_{UPR} = \lambda_{LWR}$，则

$$Q = \frac{1}{1 + E'_{LWR}t_{LWR}/E'_{UPR}t_{UPR}}$$

尽管在两种情况下两个面板不必要有相同的模量和厚度，相应于带有两个各向同性面板的夹层板的值为 $Q=0$，而相应于带有两个正交各向异性面板的夹层板的值为 $Q=1$。这可以通过在 K_M 的一般表达式中替换成这些 Q 值来得到结果（见 4.9.2.3 节中对 K_M 的定义和参考文献 4.9.2.2(c)中的讨论）。因此，如果 $Q=1/4$，插值会在从面板均为各向同性对应的曲线到面板均为正交各向异性对应的曲线之间的 1/4 处进行。

4.9.2.2.2 d 实际值的确定

图 4.9.2.2.1(a)是基于芯材剪切模量为无穷大的假定生成的。由于实际的芯材剪切模量不是非常大，所以需要使用比图 4.9.2.2.1(a)给出略大些的 d 值。

图 4.9.2.2.2(a)～(e)显示了关于四边简支夹层板确定 d 值的图形。由板的长宽比和由公式 4.9.2.2.2(d)计算得到的 V 值可以查阅这些图。图 4.9.2.2.2(a)适用于采用各向同性芯材的夹层板，其垂直于加载方向的芯材剪切模量等于平行于加载方向的芯材剪切模量。图 4.9.2.2.2(b)适用于采用各向同性芯材的夹层

板,其垂直于加载方向的芯材剪切模量等于平行于加载方向的芯材剪切模量。图 4.9.2.2.2(c)适用于采用蜂窝芯材的夹层板,其垂直于加载方向的芯材剪切模量等于平行于加载方向的芯材剪切模量的 2.5 倍。

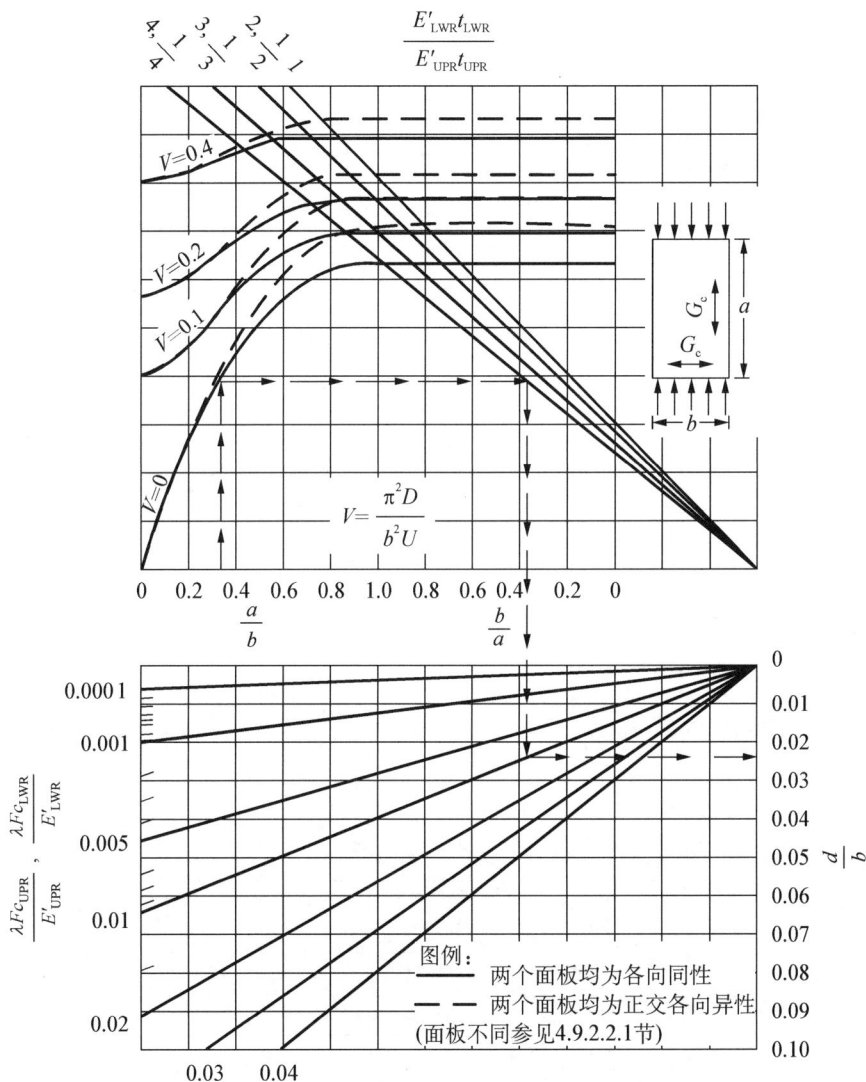

图 4.9.2.2.2(a)　确定芯材为各向同性($G_{cb}=G_{ca}$)的四边简支夹层板受侧面压缩载荷不会发生屈曲时比值$\dfrac{d}{b}$

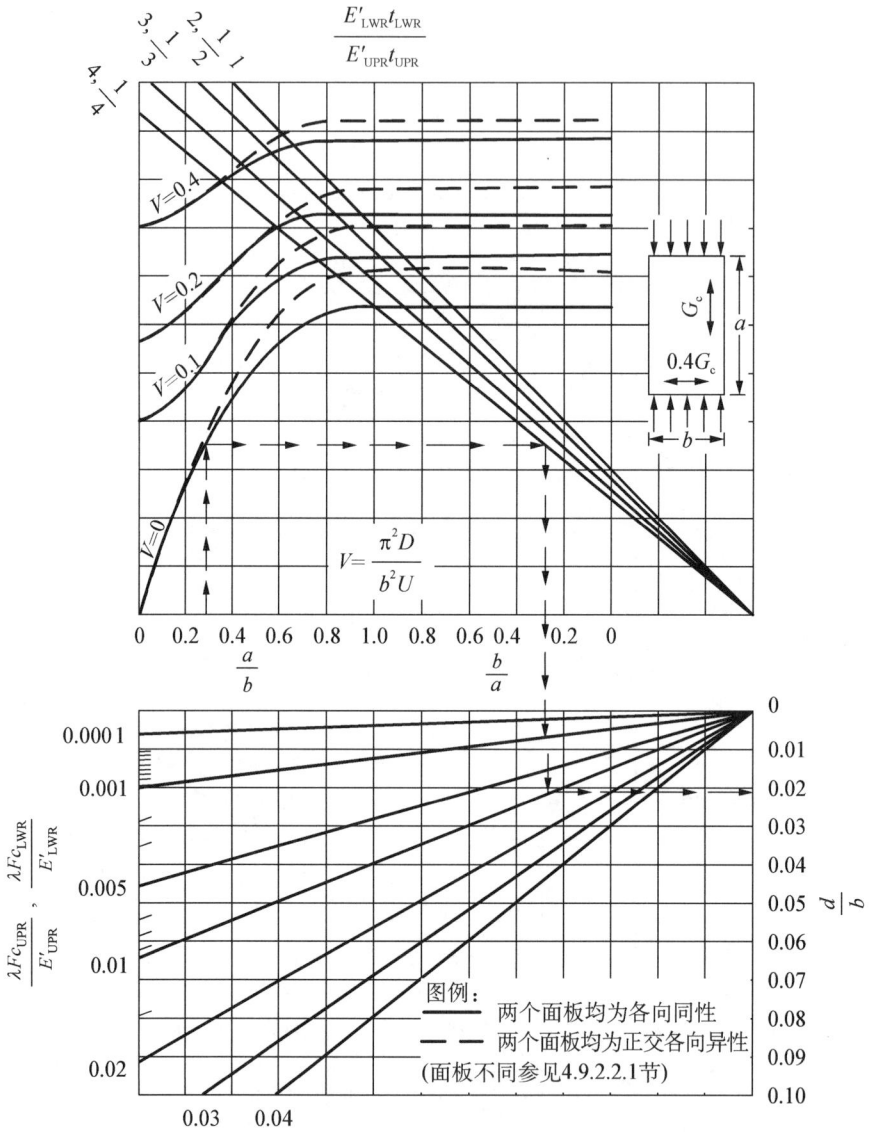

图 4.9.2.2.2(b)　确定芯材为正交各向异性($G_{cb}=0.4G_{ca}$)的四边简支夹层板受侧面压缩载荷不会发生屈曲时比值$\dfrac{d}{b}$

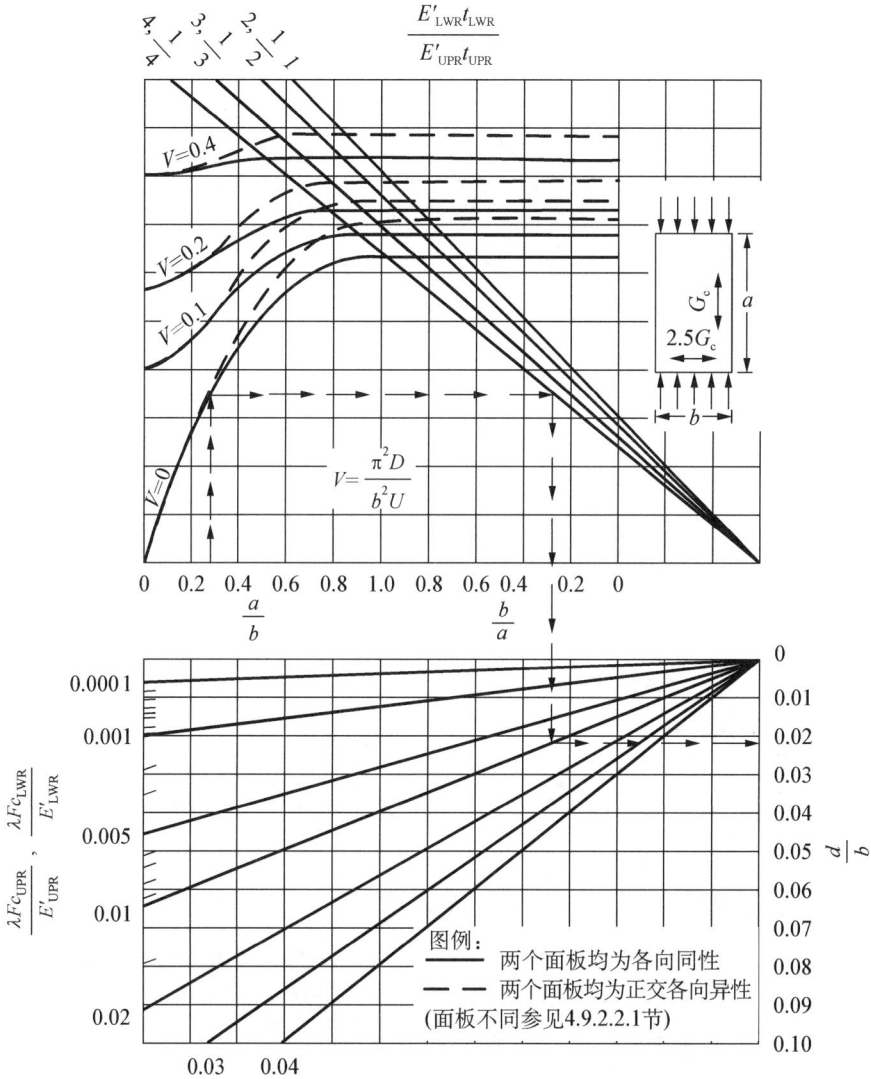

图 4.9.2.2.2(c)　确定芯材为正交各向异性($G_{cb}=2.5G_{ca}$)的简支夹层板受侧面压缩
载荷不会发生屈曲时比值 $\dfrac{d}{b}$

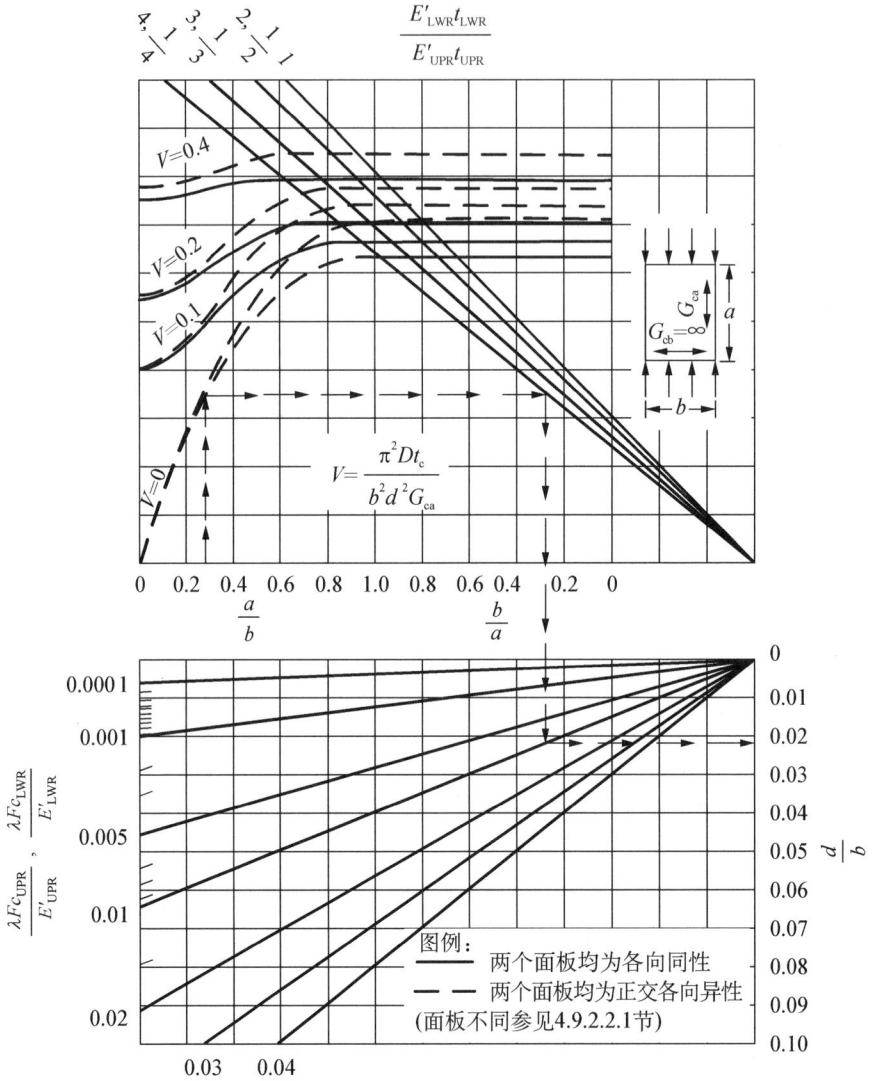

图 4.9.2.2.2(d)　确定简支波纹夹层板受侧面压缩载荷不会发生屈曲时比值 $\dfrac{d}{b}$，波纹垂直于加载方向

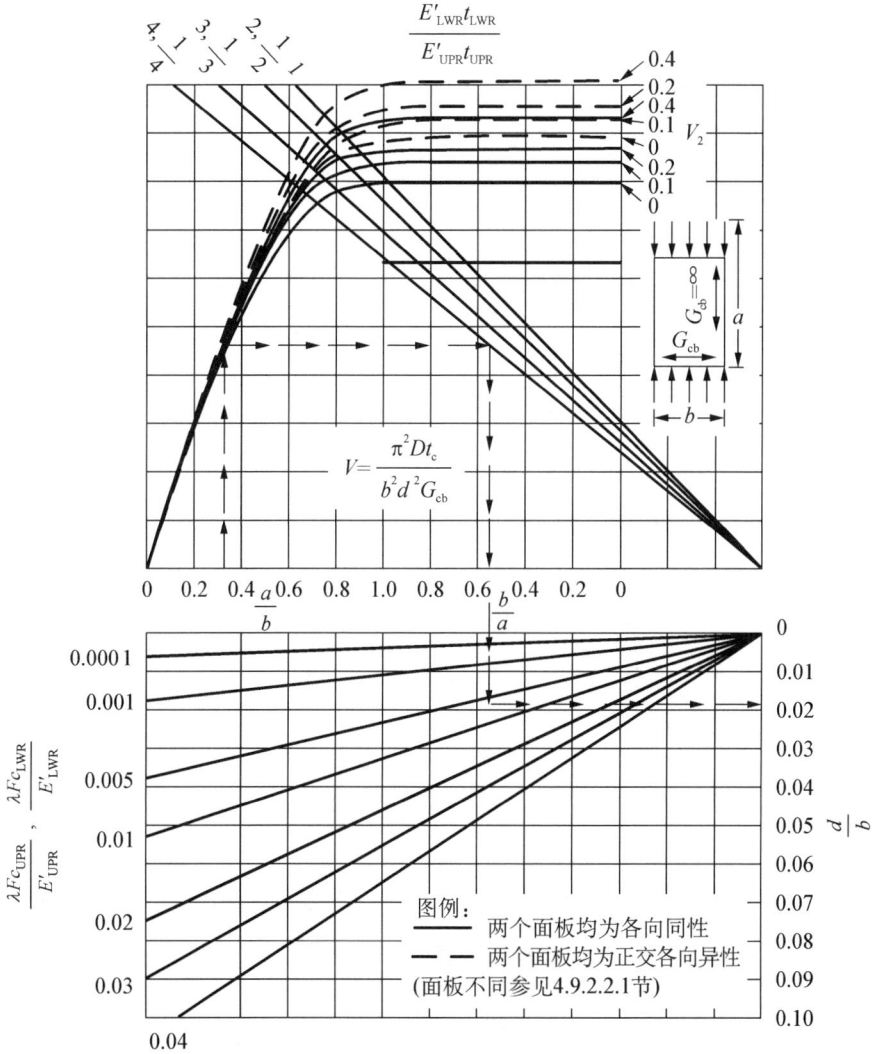

图 4.9.2.2.2(e)　确定简支波纹夹层板受侧面压缩载荷不会发生屈曲时比值 $\dfrac{d}{b}$，波纹平行于加载方向

注意：对于芯材条带平行于加载方向的蜂窝芯材，$G_c = G_{TL}$，且垂直于加载方向的剪切模量是 G_{TW}。对于芯材条带垂直于加载方向的蜂窝芯材，$G_c = G_{TW}$，且垂直于加载方向的剪切模量是 G_{TL}。假设芯材条带与板长 a 的角度为 θ，有

$$G_c = \frac{G_{TL}G_{TW}}{(G_{TL}\sin^2\theta + G_{TW}\cos^2\theta)}$$

图 4.9.2.2(d)适用于采用波纹槽垂直于加载方向的波纹夹层板。图 4.9.2.2 (e)适用于采用波纹槽平行于加载方向的波纹夹层板,并需要用公式 4.9.2.2(e)给出的参数 V_2 值来代替 V 值。

在使用图 4.9.2.2.2(a)～(e)时,必须进行迭代,这是因为 V 与芯材厚度 t_c 成正比关系。作为确定 t_c 和 G_c 的辅助手段,图 4.9.2.2.2(f)显示了 V 相对于各种

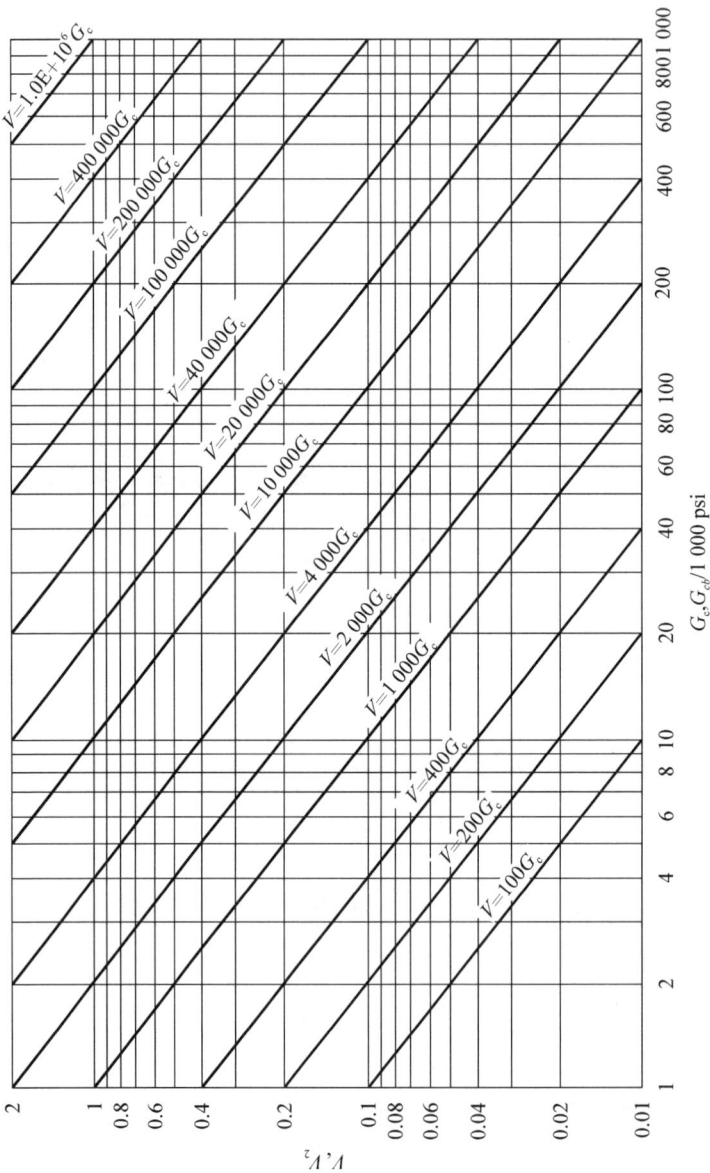

图 4.9.2.2.2(f) 确定受侧面压缩载荷夹层板 V 或 V_2 和 G_c 的图

G_c 的线图,其中 V 的范围从 $0.01\sim2$,而 G_c 的范围从 $1000\sim1000000\,\mathrm{lb/in}$。建议使用以下流程:

(1) 对 V 或者 V_2 取值为 0.01,从图 $4.9.2.2.2$(a)、(b)、(c)、(d)或者(e)确定芯材厚度 t_c。

(2) 计算与 V 或者 V_2 与 G_c 相关的常数。

$$\left[\frac{\pi^2 t_c E'_{\mathrm{UPR}} t_{\mathrm{UPR}} E'_{\mathrm{LWR}} t_{\mathrm{LWR}}}{(E'_{\mathrm{UPR}} t_{\mathrm{UPR}} + E'_{\mathrm{LWR}} t_{\mathrm{LWR}})\lambda b^2}\right]或者\left[\frac{\pi^2 t_c E' t}{2\lambda b^2}\right](对于相同面板)=VG_c \text{ 或 } V_2 G_c$$

(3) 利用此常数与图 $4.9.2.2.2$(f)确定 G_c。

(4) 如果剪切模量超出了材料许用值的范围,为了得到一个合理的芯材剪切模量,要沿着图 $4.9.2.2.2$(f)相应的线图向上移动,并选择一个新的 V 或者 V_2。

(5) 结合图 $4.9.2.2.2$(a)、(b)、(c)、(d) 或者(e)和新的 V 或者 V_2,重复步骤 1、2 和 3。

图 $4.9.2.2.2$(a)、(b)、(c)、(d)或者(e)中用的图形不适用于带有固支端或侧边的板。真正的固支边界是无法得到的,尤其是对于夹层板。建议按照所有边简支来设计各个板,然后结合 $4.9.2.2.1$(a)来估计任何可能由于边界固支导致的夹芯材厚度的减小量。

4.9.2.3　确定屈曲应力 F_{cr} 的检核流程

检验设计可以使用图 $4.9.2.3$(a)~$4.9.2.3$(o)来确定 K_M 的值,用其来评估 $K=K_F+K_M$ 以代入方程 $4.9.2.2$(a)来计算实际的屈曲应力 F_{cr}。

这些图适用于带简支和固支边界的夹层板,也适用于采用各向同性或者某些正交各向异性面板芯材的夹层板(见 $4.9.2.2.1$)。

对于每个参数 V,都有一个尖顶的曲线给出相应于各个比率 $\frac{a}{b}$ 和 $\frac{b}{a}$ 下 K_M 的值。这些尖角在各图中用点划线来表示。这些尖角显示了相应于不同的 n 计算得到的夹层板屈曲系数,n 是板屈曲的半波数。只显示了 K_M 的值为最小时的部分尖点曲线。包络线给出设计中使用的 K_M 的值。

K_F 的值可以通过下式来确定

$$K_F = \frac{(E'_{\mathrm{UPR}} t^3_{\mathrm{UPR}} + E'_{\mathrm{LWR}} t^3_{\mathrm{LWR}})(E'_{\mathrm{UPR}} t_{\mathrm{UPR}} + E'_{\mathrm{LWR}} t_{\mathrm{LWR}})}{12 E'_{\mathrm{UPR}} t_{\mathrm{UPR}} E'_{\mathrm{LWR}} t_{\mathrm{LWR}} d^2} K_{\mathrm{MO}}$$

$$\hspace{10cm} 4.9.2.3\,(\mathrm{a})$$

$$K_F = \frac{t^2}{3d^2} K_{\mathrm{MO}}(对于相同的面板)$$

式中:K_{MO} 可以通过图 $4.9.2.3$(o)来确定(当 $V=0$ 时 $K_{\mathrm{MO}}=K_M$)。对于比率 $\frac{a}{b}$ 大于图 $4.9.2.3$(o)所示的值的板,可以假定 $K_F=0$。然后可以由 $K=K_F+K_M$ 计算 K 并通过方程 $4.9.2.2$(a)解出 F_{cr}。需要明确的是如果所需的 F_{cr} 高于比例极限,计算 V 和 F_{cr} 时,E' 应取有效值。

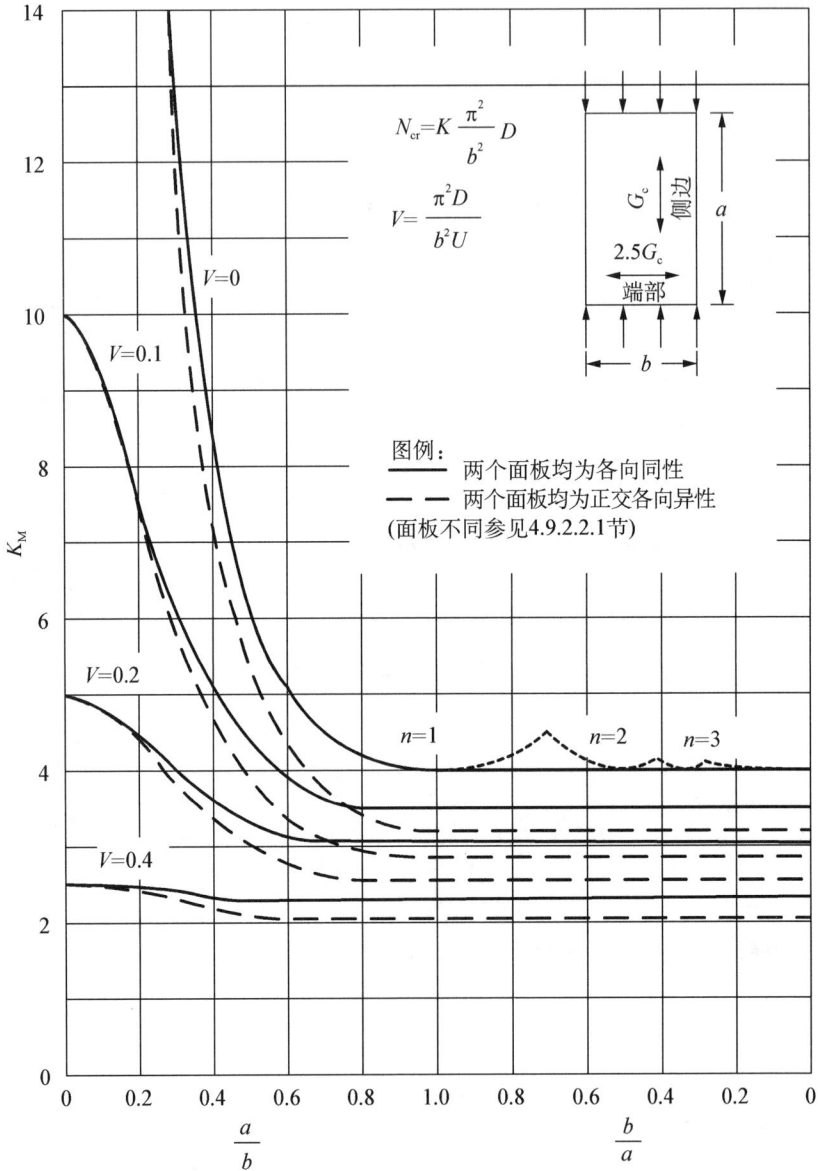

图 4.9.2.3(a) 芯材为正交各向异性四边简支夹层板的 K_M($G_{cb}=2.5G_{ca}$)

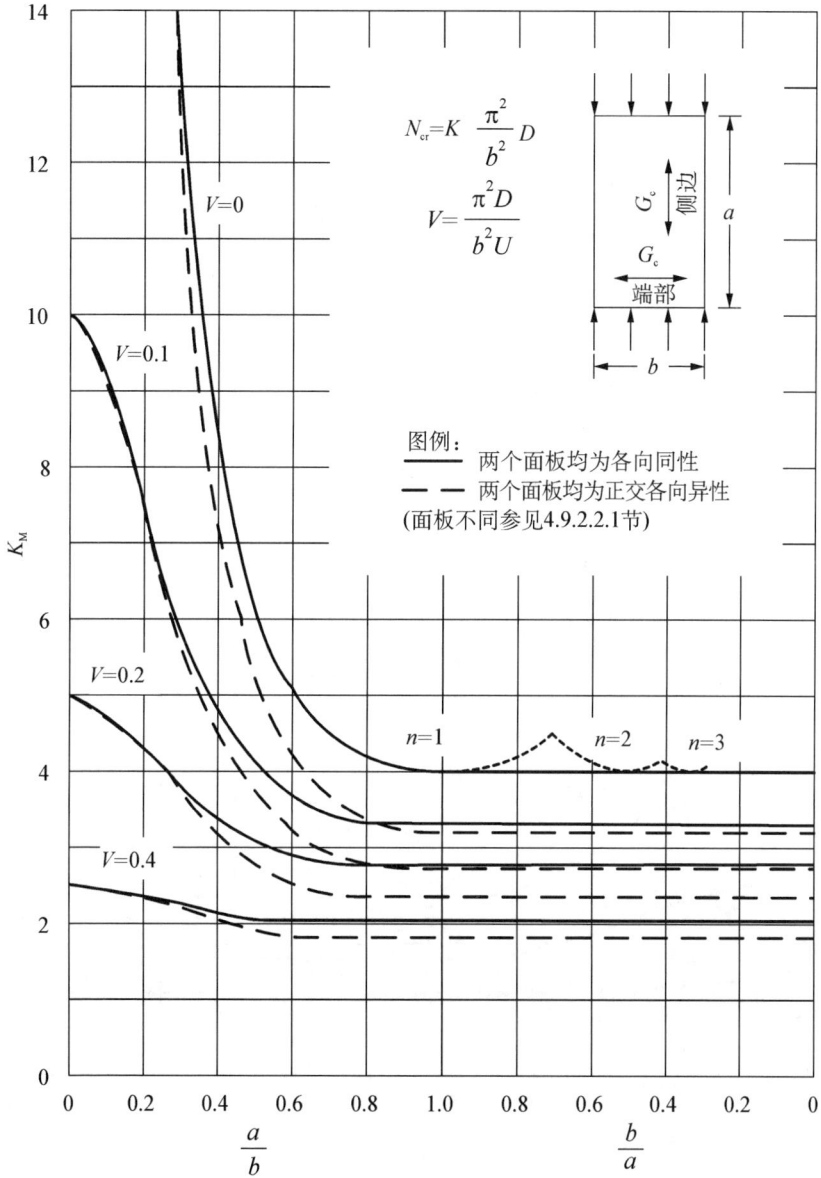

图 4.9.2.3(b)　芯材为各向同性四边简支夹层板的 K_{M} $(G_{\mathrm{cb}}=G_{\mathrm{ca}})$

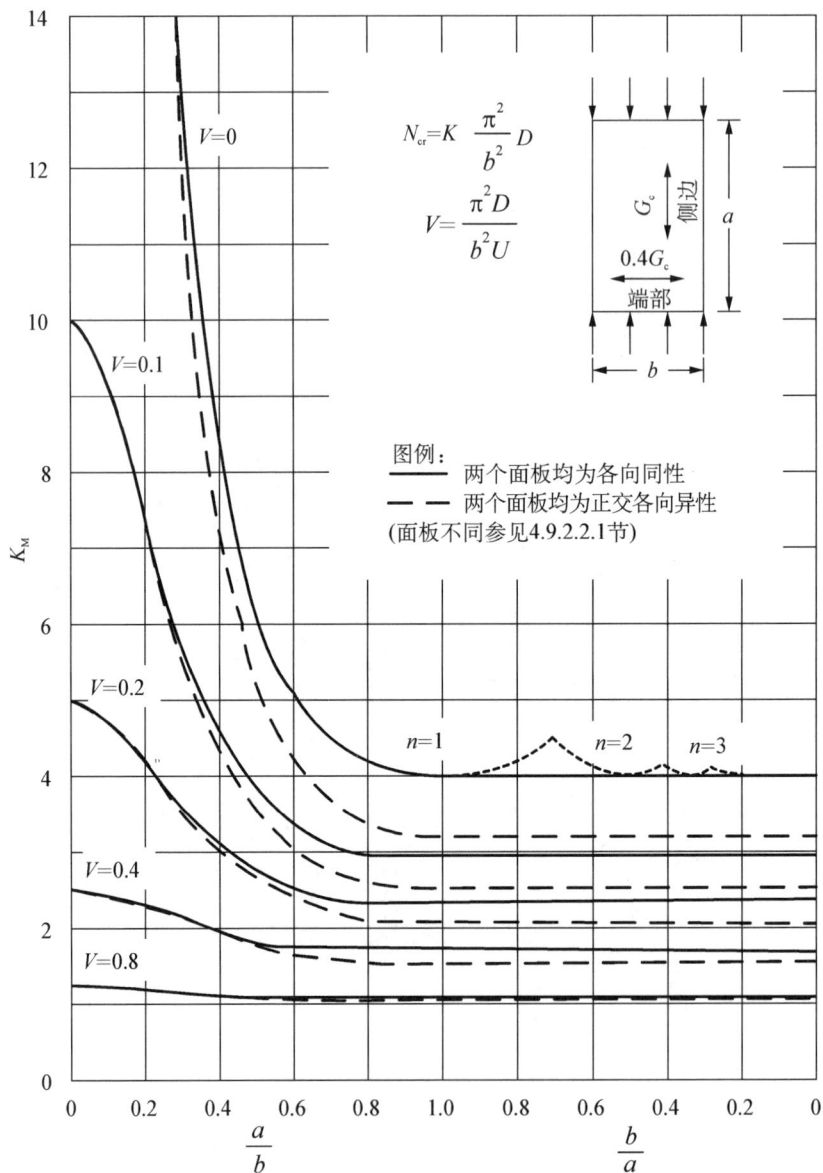

图 4.9.2.3(c)　芯材为正交各向异性四边简支夹层板的 K_M($G_{cb}=0.4G_{ca}$)

$$N_{cr}=K\frac{\pi^2}{b^2}D$$

$$V=\frac{\pi^2 D}{b^2 U}$$

$V=0$

$V=0.1$

$n=1$　　　$n=2$　$n=3$

$V=0.2$

K_M

图例：
—— 两个面板均为各向同性
---- 两个面板均为正交各向异性
(面板不同参见4.9.2.2.1节)

$\frac{a}{b}$　　　　　　$\frac{b}{a}$

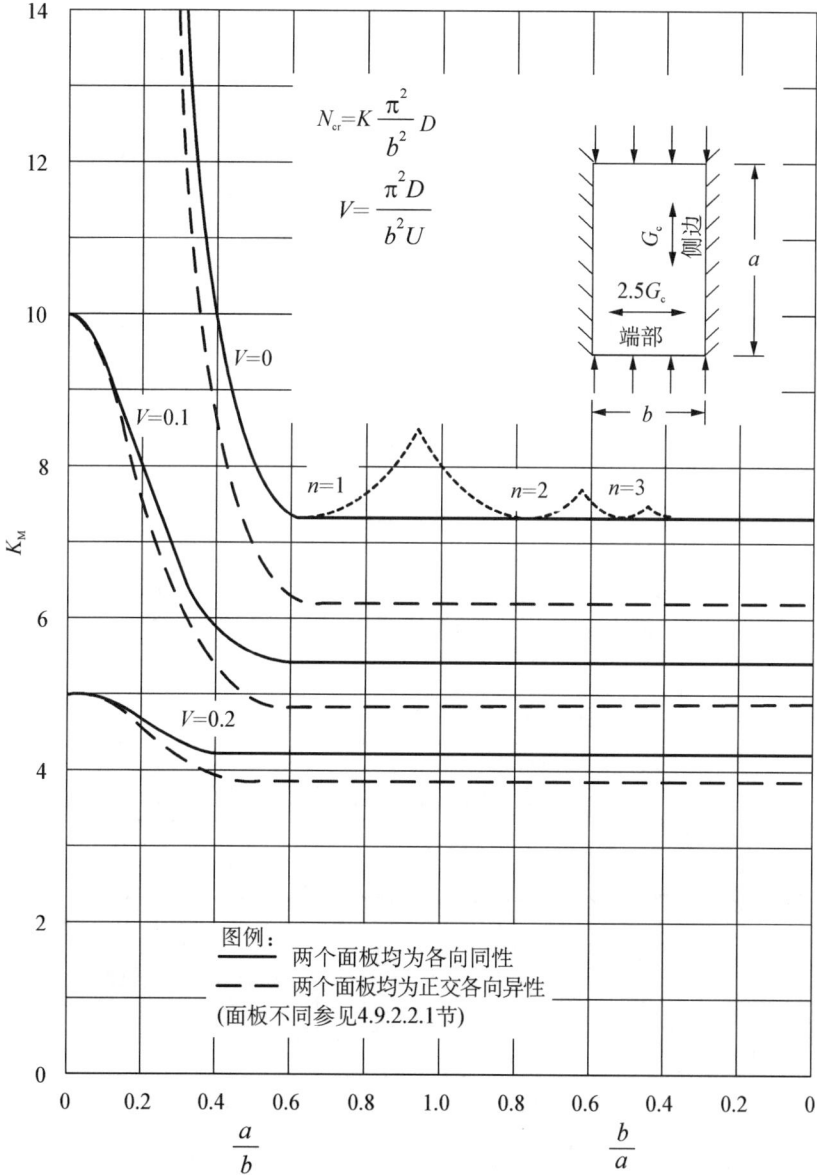

图 4.9.2.3(d)　芯材为正交各向异性端部简支侧边固支夹层板的 K_M ($G_{cb}=2.5G_{ca}$)

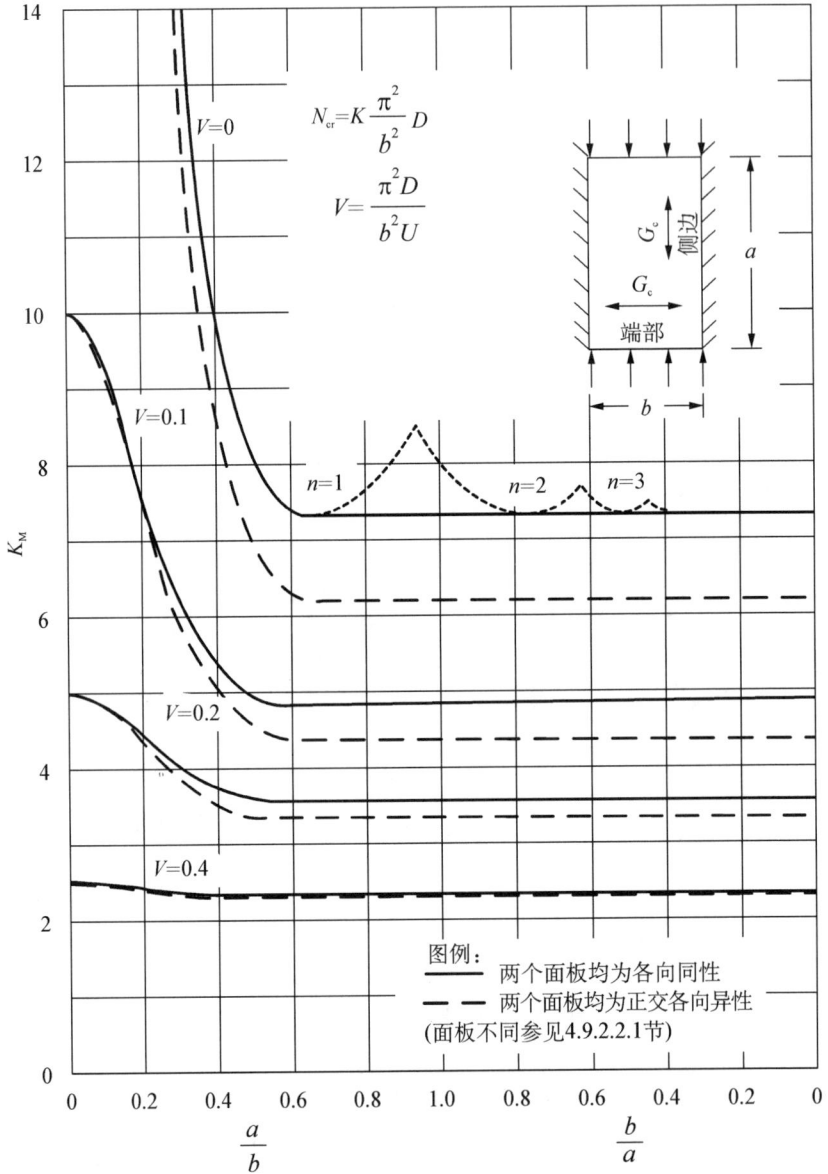

图 4.9.2.3(e)　芯材为各向同性端部简支侧边固支夹层板的 $K_{\mathrm{M}}(G_{\mathrm{cb}}=G_{\mathrm{ca}})$

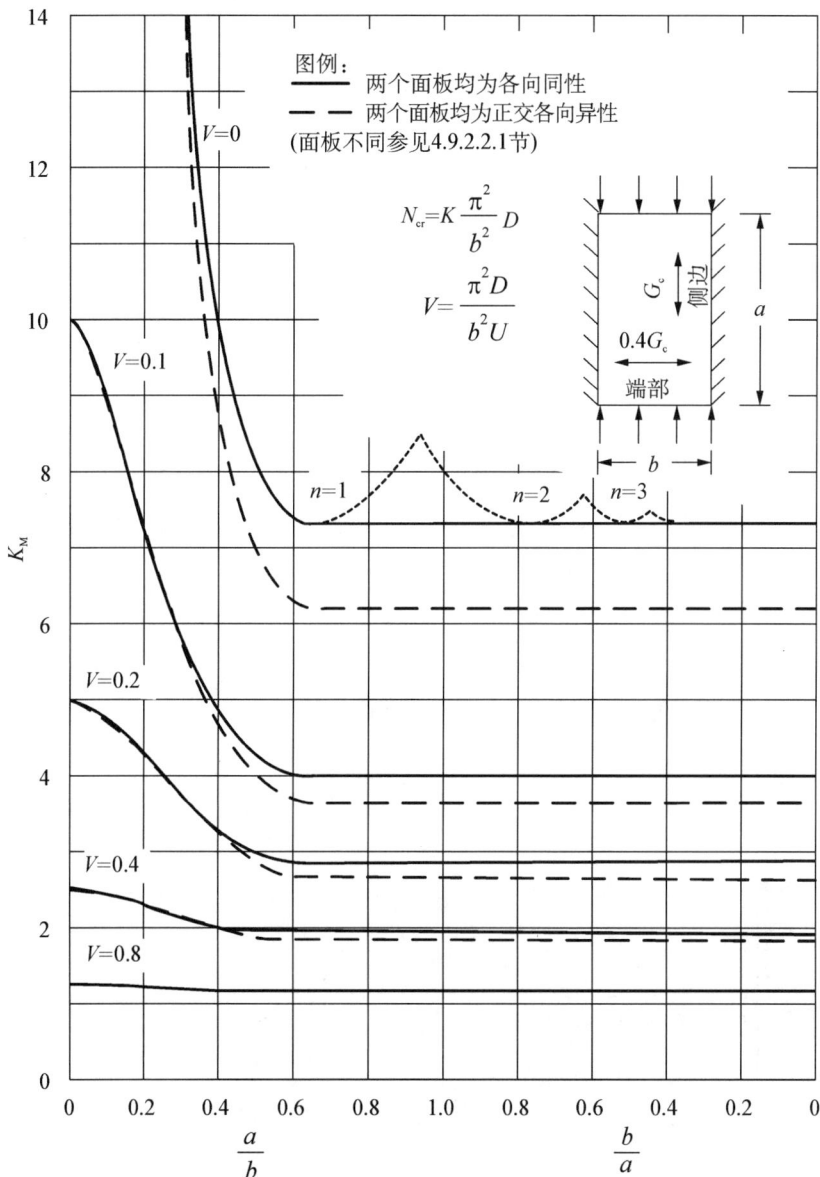

图 4.9.2.3（f）　芯材为正交各向异性端部简支侧边固支夹层板的 K_M（$G_{cb} =$
0.4G_{ca}）

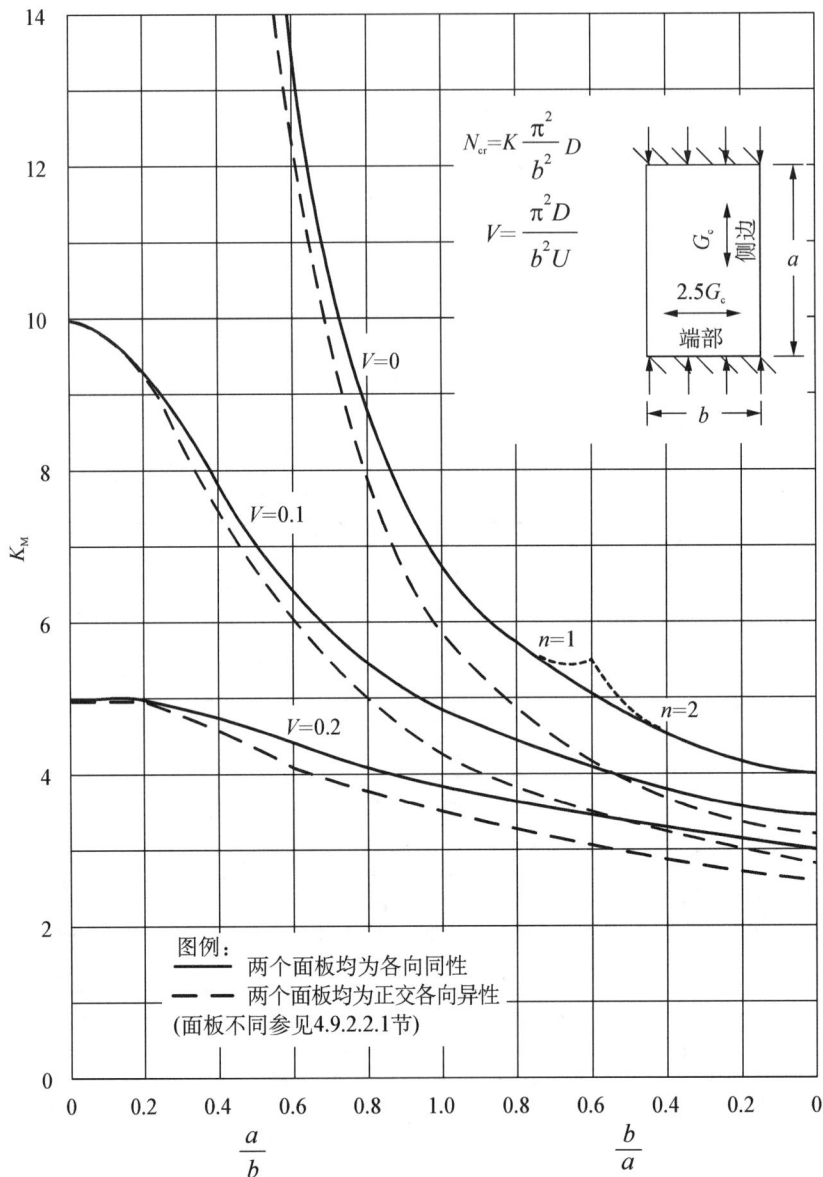

图 4.9.2.3(g)　芯材为正交各向异性端部固支侧边简支夹层板的 K_M（G_{cb} = 2.5G_{ca}）

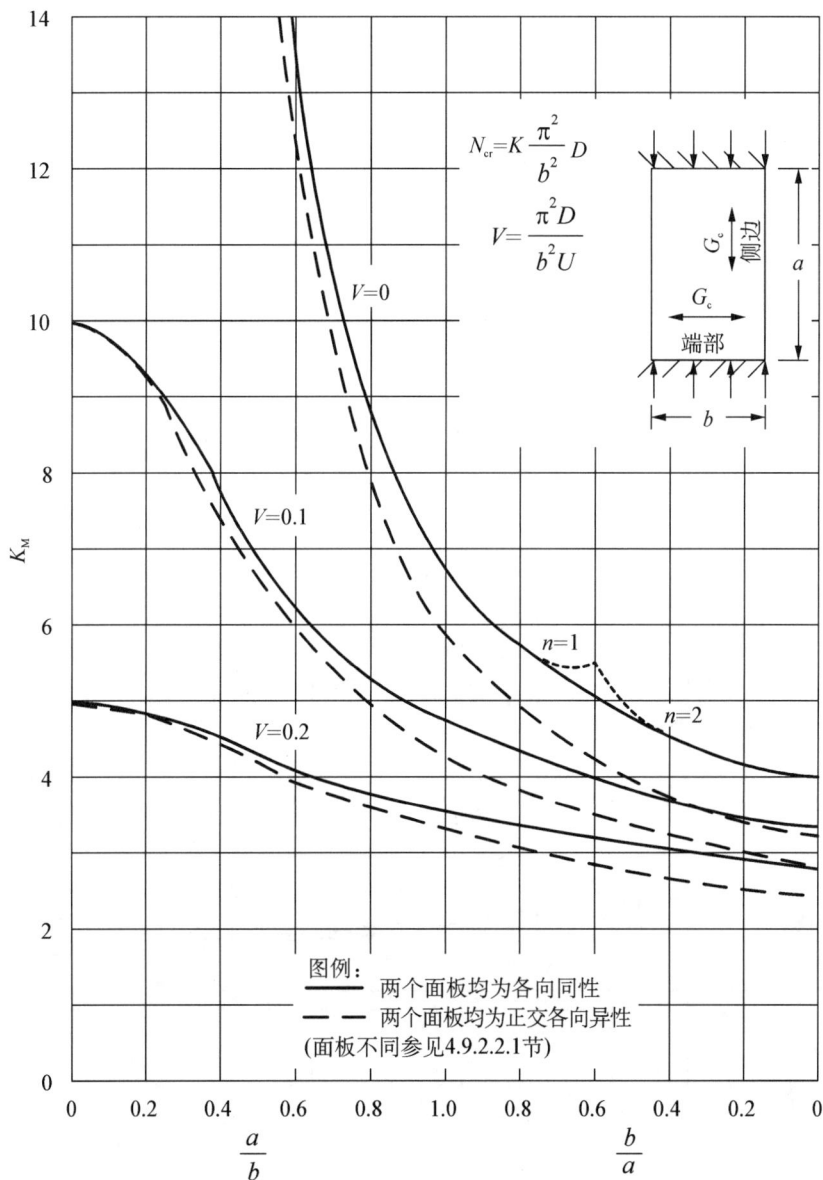

图 4.9.2.3(h)　芯材为各向同性端部固支侧边简支夹层板的 K_M ($G_{cb} = G_{ca}$)

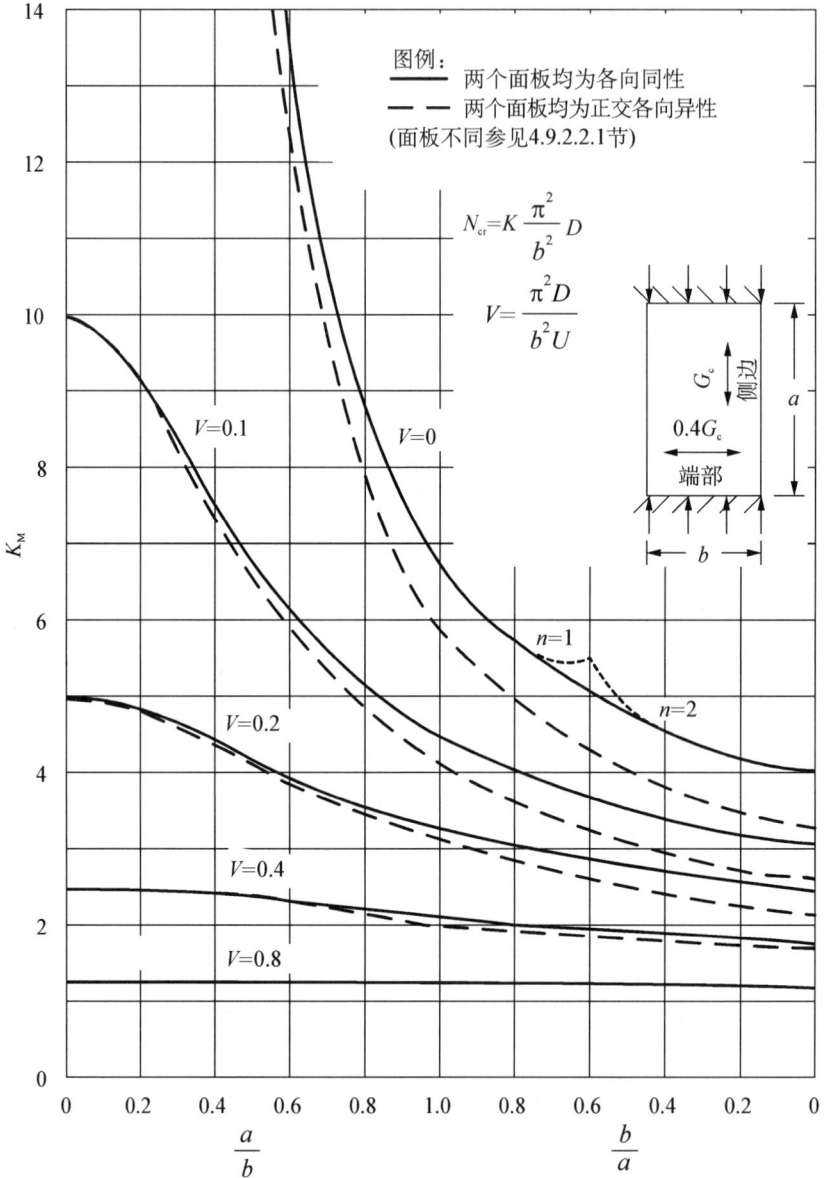

图 4.9.2.3(i)　芯材为正交各向异性端部固支侧边简支夹层板的 K_M（$G_{cb}=0.4G_{ca}$）

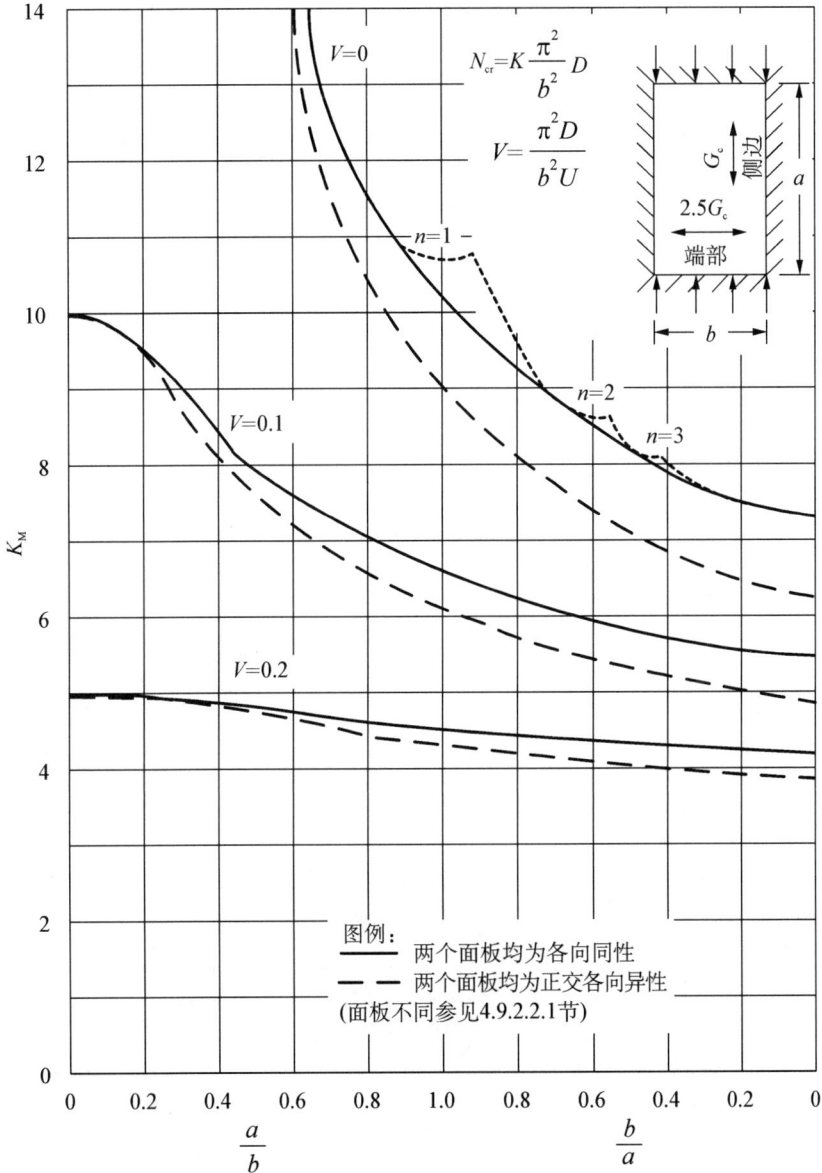

図 4.9.2.3(j)　芯材为正交各向异性四边固支夹层板的 K_M $(G_{cb} = 2.5G_{ca})$

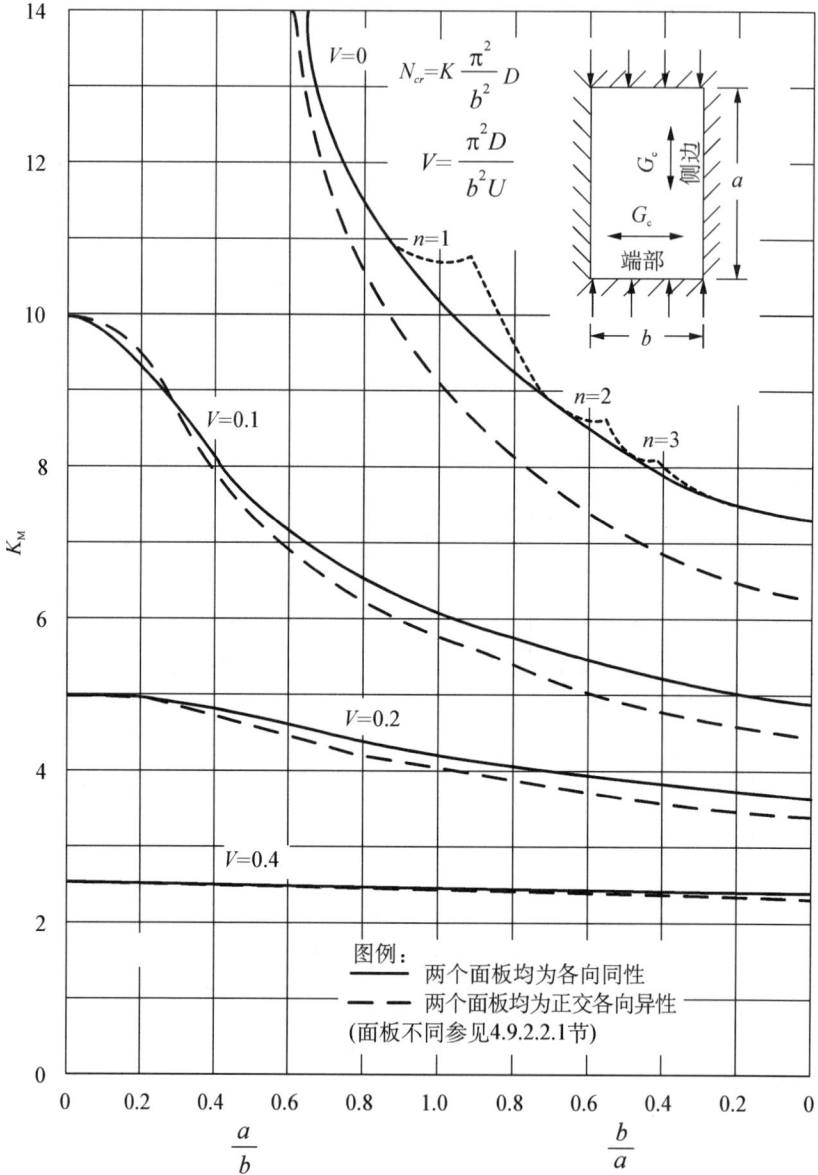

图 4.9.2.3(k)　芯材为各向同性四边固支夹层板的 $K_M (G_{cb} = G_{ca})$

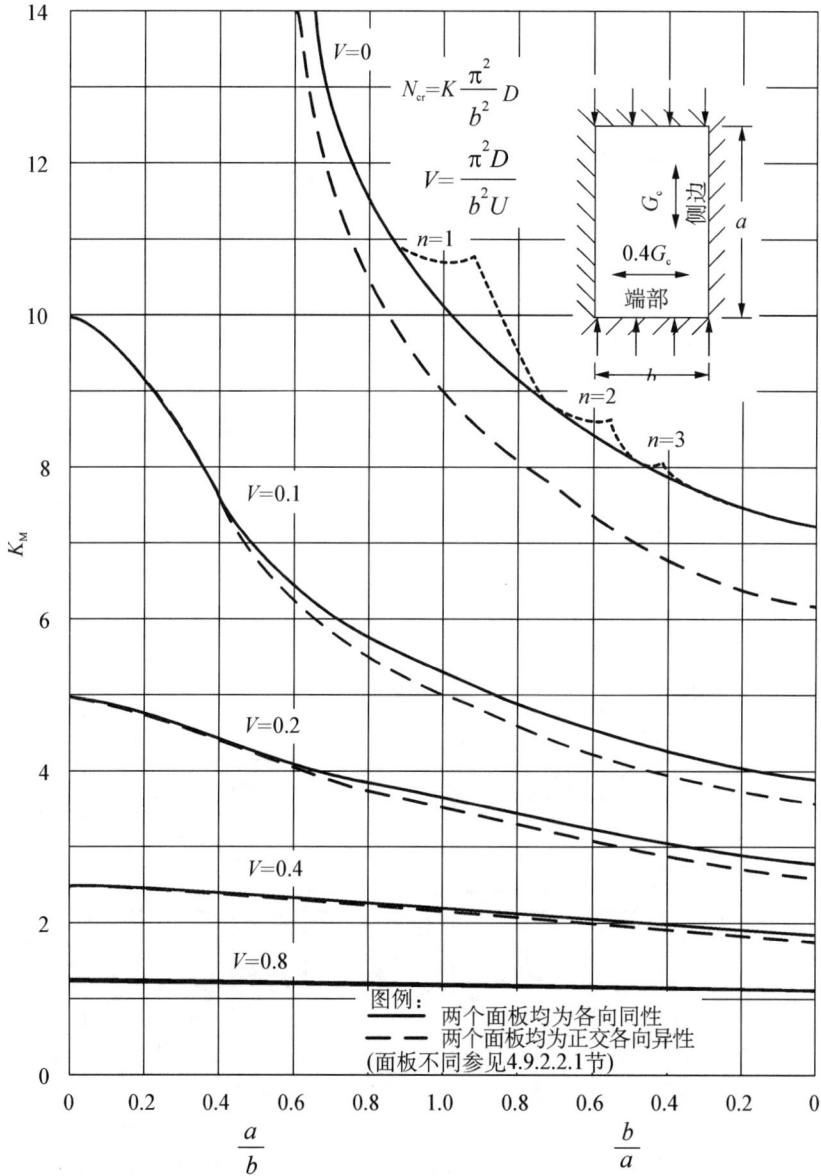

$$N_{cr} = K \frac{\pi^2}{b^2} D$$

$$V = \frac{\pi^2 D}{b^2 U}$$

图 4.9.2.3(1) 芯材为正交各向异性四边固支夹层板的 K_M ($G_{cb} = 0.4 G_{ca}$)

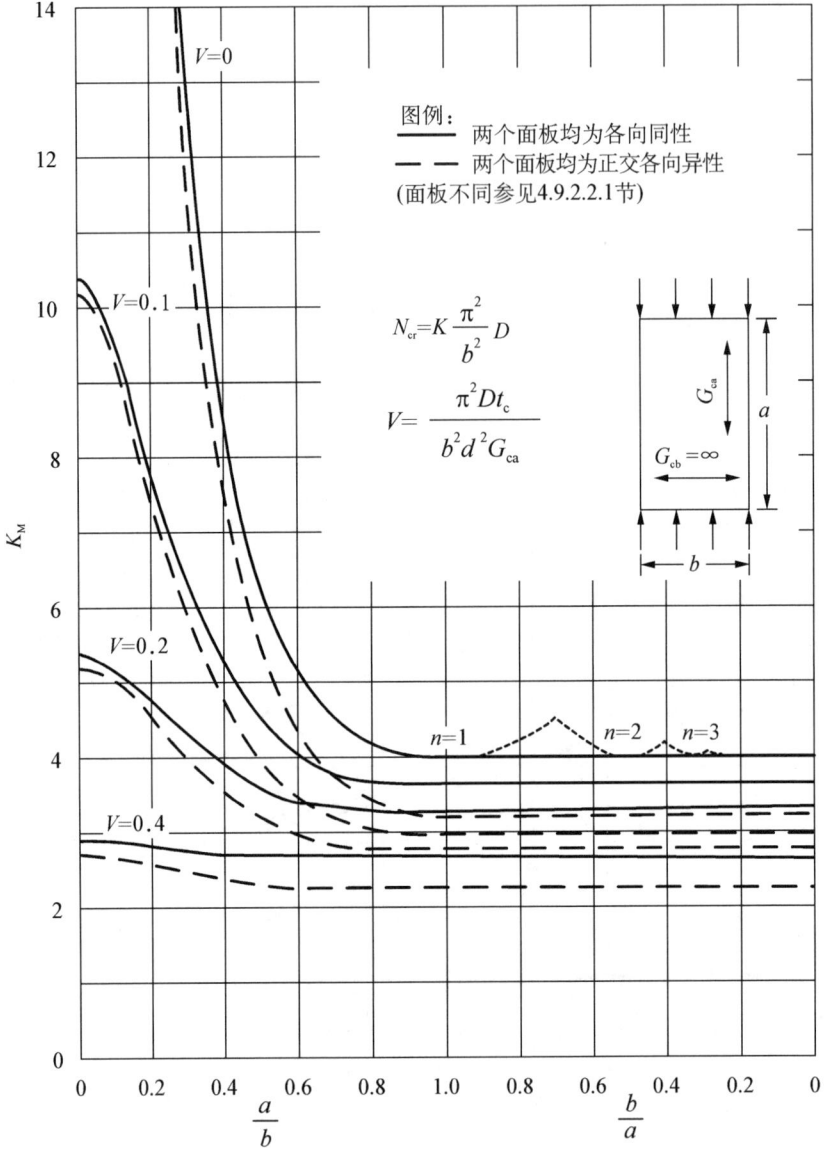

图 4.9.2.3(m) 波纹夹层板的 K_M，波纹槽垂直于加载方向

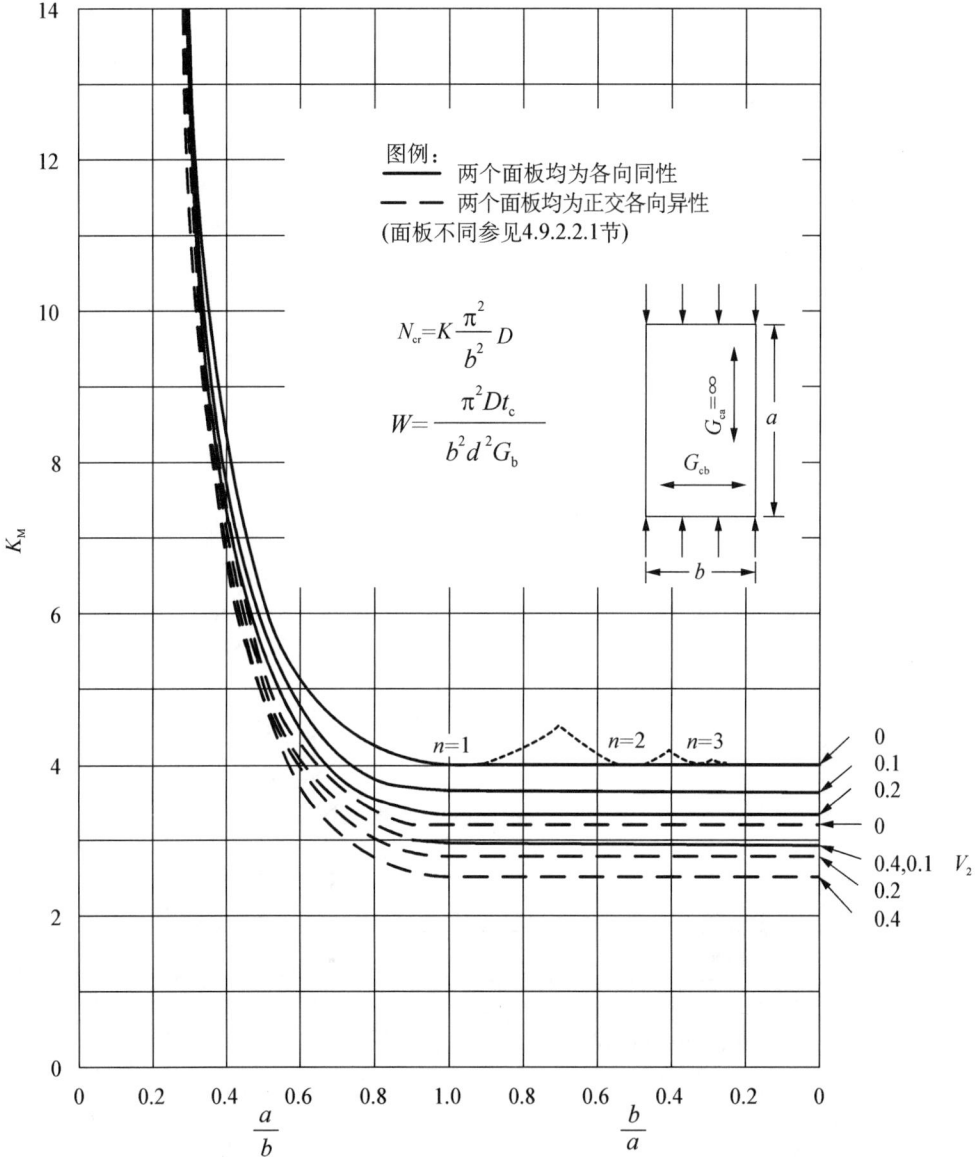

图例：
—— 两个面板均为各向同性
- - 两个面板均为正交各向异性
(面板不同参见4.9.2.2.1节)

$$N_{cr} = K \frac{\pi^2}{b^2} D$$

$$W = \frac{\pi^2 D t_c}{b^2 d^2 G_b}$$

图 4.9.2.3(n)　四边简支波纹夹层板的 K_M，波纹槽平行于加载方向

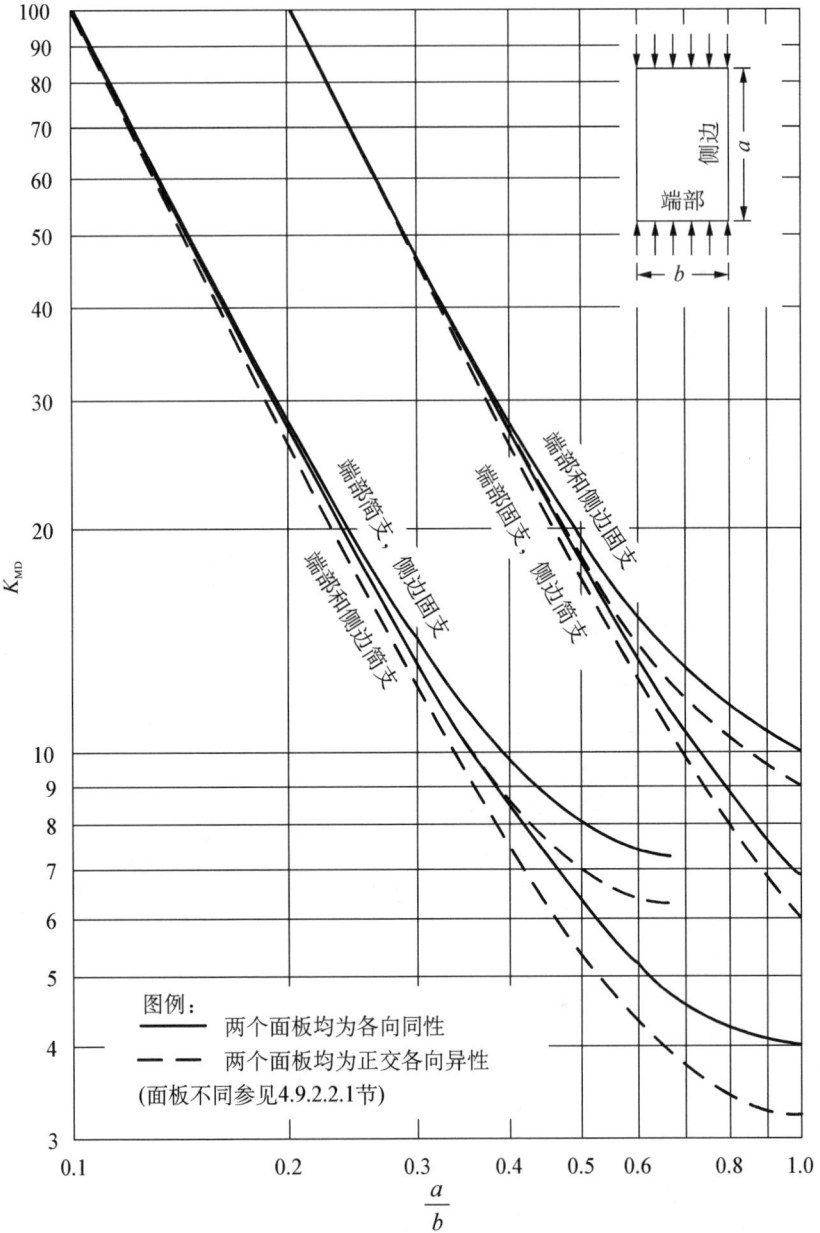

图 4.9.2.3(o) 受侧面压缩载荷夹层板的 K_{MO}

　　如果因为芯材剪切模量的比率与各图中给出的值相差很大，导致图不再适用，或者希望通过更准确的分析来检验，可以使用以下方程[见参考文献 4.9.2.2(a)～(c)]：

$$K_{\mathrm{M}} = \frac{\psi_1 K_{\mathrm{LWR}} + \left(1 + \dfrac{R}{c_4}\right) B_{\mathrm{LWR}} V}{\psi_2 + \psi_3 \Phi_{\mathrm{LWR}} V + \dfrac{R}{c_4} B_{\mathrm{LWR}} V^2} \qquad 4.9.2.3(\mathrm{b})$$

$$K_i = \alpha_i c_1 + 2\beta_i c_2 + \frac{c_3}{\alpha_i} \qquad 4.9.2.3(\mathrm{c})$$

式中

$$\psi_1 = Q + (1-Q) \frac{K_{\mathrm{UPR}}}{K_{\mathrm{LWR}}} \frac{B_{\mathrm{LWR}}}{B_{\mathrm{UPR}}} \qquad 4.9.2.3(\mathrm{d})$$

$$\psi_2 = Q^2 + 2Q(1-Q) \frac{B_{\mathrm{UL}}}{B_{\mathrm{UPR}}} + (1-Q)^2 \frac{B_{\mathrm{LWR}}}{B_{\mathrm{UPR}}} \qquad 4.9.2.3(\mathrm{e})$$

$$\psi_3 = Q + (1-Q) \frac{\Phi_{\mathrm{UPR}}}{\Phi_{\mathrm{LWR}}} \frac{B_{\mathrm{LWR}}}{B_{\mathrm{UPR}}} \qquad 4.9.2.3(\mathrm{f})$$

$$B_i = c_1 c_3 - \beta_i^2 c_2^2 + \gamma_i c_2 K_i \qquad 4.9.2.3(\mathrm{g})$$

$$B_{\mathrm{UL}} = \left(\frac{\alpha_{\mathrm{UPR}}^2 + \alpha_{\mathrm{LWR}}^2}{2\alpha_{\mathrm{UPR}}\alpha_{\mathrm{LWR}}}\right) c_1 c_3 - \beta_{\mathrm{UPR}} \beta_{\mathrm{LWR}} c_2^2 + \frac{c_2}{2} (\gamma_{\mathrm{UPR}} K_{\mathrm{LWR}} + \gamma_{\mathrm{LWR}} K_{\mathrm{UPR}})$$

$$4.9.2.3(\mathrm{h})$$

$$\Phi_i = \alpha_i c_1 \frac{R}{c_4} + \left(1 + \frac{R}{c_4}\right) \gamma_i c_2 + \frac{c_3}{\alpha_i} \qquad 4.9.2.3(\mathrm{i})$$

这些方程里的参数由下面的表达式给出：

$$Q = \frac{A_{\mathrm{UPR}}}{A_{\mathrm{UPR}} + A_{\mathrm{LWR}}} \qquad 4.9.2.3(\mathrm{j})$$

$$V = \frac{A_{\mathrm{UPR}} A_{\mathrm{LWR}}}{A_{\mathrm{UPR}} + A_{\mathrm{LWR}}} \frac{\pi^2 t_c}{b^2 G_{\mathrm{ca}}} \qquad 4.9.2.3(\mathrm{k})$$

$$R = \frac{G_{\mathrm{ca}}}{G_{\mathrm{cb}}} \qquad 4.9.2.3(\mathrm{l})$$

$$A_i = \frac{t_i}{\lambda_i} \sqrt{E'_{ai} E'_{bi}} \qquad 4.9.2.3(\text{m})$$

式中：G_{cb} 和 G_{ca} 是与板加载和不加载边的方向相关的芯材横向刚度模量；i 可以用 UPR 或 LWR 代替分别表示上、下面板。在方程 4.9.2.2.1(a) 中定义了参数 α、β 和 γ。

c_1、c_2、c_3 和 c_4 的取值取决于板的长宽比 $\frac{b}{a}$，板屈曲的纵向半波数 n 和板的边界条件。选取 n 用于生成每单位板长压缩载荷的最小值 N。

对于一个四边简支板：

$$c_1 = c_4 = \frac{a^2}{n^2 b^2}, \ c_2 = 1, \ c_3 = \frac{n^2 b^2}{a^2} \qquad 4.9.2.3(\text{n})$$

对于一个加载边简支而另外两边固支的板：

$$c_1 = \frac{16a^2}{3n^2 b^2}, \ c_2 = \frac{4}{3}, \ c_3 = \frac{n^2 b^2}{a^2}, \ c_4 = \frac{4a^2}{3n^2 b^2} \qquad 4.9.2.3(\text{o})$$

对于一个加载边固支而另外两边简支的板：

$n=1$ 时 $\qquad\qquad c_1 = c_4 = \frac{3a^2}{4b^2}, \ c_2 = 1, \ c_3 = \frac{4b^2}{a^2} \qquad 4.9.2.3(\text{p})$

$n \geqslant 2$ 时 $\qquad c_1 = c_4 = \frac{a^2}{(n^2+1)b^2}, \ c_2 = 1, \ c_3 = \left(\frac{n^4+6n^2+1}{n^2+1}\right)\left(\frac{b^2}{a^2}\right) \qquad 4.9.2.3(\text{q})$

对于一个四边固支板：

$n=1$ 时 $\qquad\qquad c_1 = 4c_4 = \frac{4a^2}{b^2}, \ c_2 = \frac{4}{3}, \ c_3 = \frac{4b^2}{a^2} \qquad 4.9.2.3(\text{r})$

$n \geqslant 2$ 时 $\quad c_1 = 4c_4 = \frac{16a^2}{3(n^2+1)b^2}, \ c_2 = \frac{4}{3}, \ c_3 = \left(\frac{n^4+6n^2+1}{n^2+1}\right)\left(\frac{b^2}{a^2}\right) \qquad 4.9.2.3(\text{s})$

通过考虑芯材剪切模量在波纹槽方向为无穷大，将这些方程应用于采用波纹芯材的夹层结构的夹层板[见参考文献 4.9.2.2(b)]。如果波纹槽平行于加载方向，芯材可以按照与其面积和弹性模量成比例地承受载荷。

对于不是四边简支，而是由较低扭转刚度和有限弯曲刚度的梁支撑时，其屈曲系数可能比四边简支板的屈曲系数小很多（见参考文献 4.9.2.3）。这种板的屈曲系数除了取决于通常的参数之外还取决于参数 ζ 和 ϕ，这里 ζ 和 ϕ 取决于弯曲刚度和支撑梁的截面积。图 4.9.2.3(p) 和 (q) 中给出了支撑梁刚度和面积对屈曲系数的影响。

图例：
$\zeta=\infty$
$\zeta=25$
$\zeta=10$
$\zeta=0.3, 0$

$V=0$

$N_{\mathrm{cr}}=K\dfrac{\pi^2 D}{b^2}$

$V=\dfrac{\pi^2 D}{b^2 t\, G_{\mathrm{c}}}$

$\zeta=\dfrac{2tEI}{AD}$

$\phi=\dfrac{\pi A}{2tb}$

$\phi=1.3, 5$

$\phi=5$

$\phi=3$

$\phi=5$

$\phi=1$

$\phi=1.3, 5$

$\phi=3$

$\phi=1$

梁支撑　梁支撑
a
b
加载端简支

K

$\dfrac{a}{b}$　　$\dfrac{b}{a}$

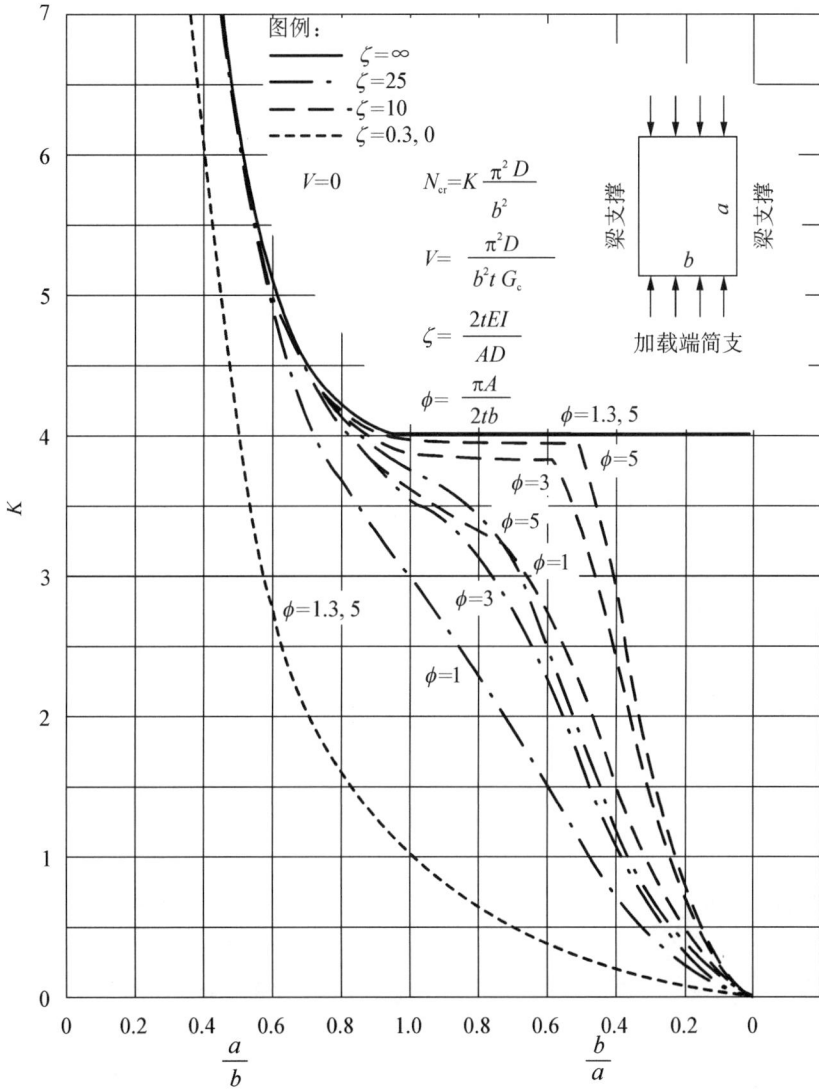

图 4.9.2.3(p)　加载端简支侧边由梁支撑的各向同性夹层平板侧面压缩屈曲系数
　　　　　　　K；$V=0.3$，$V=0$

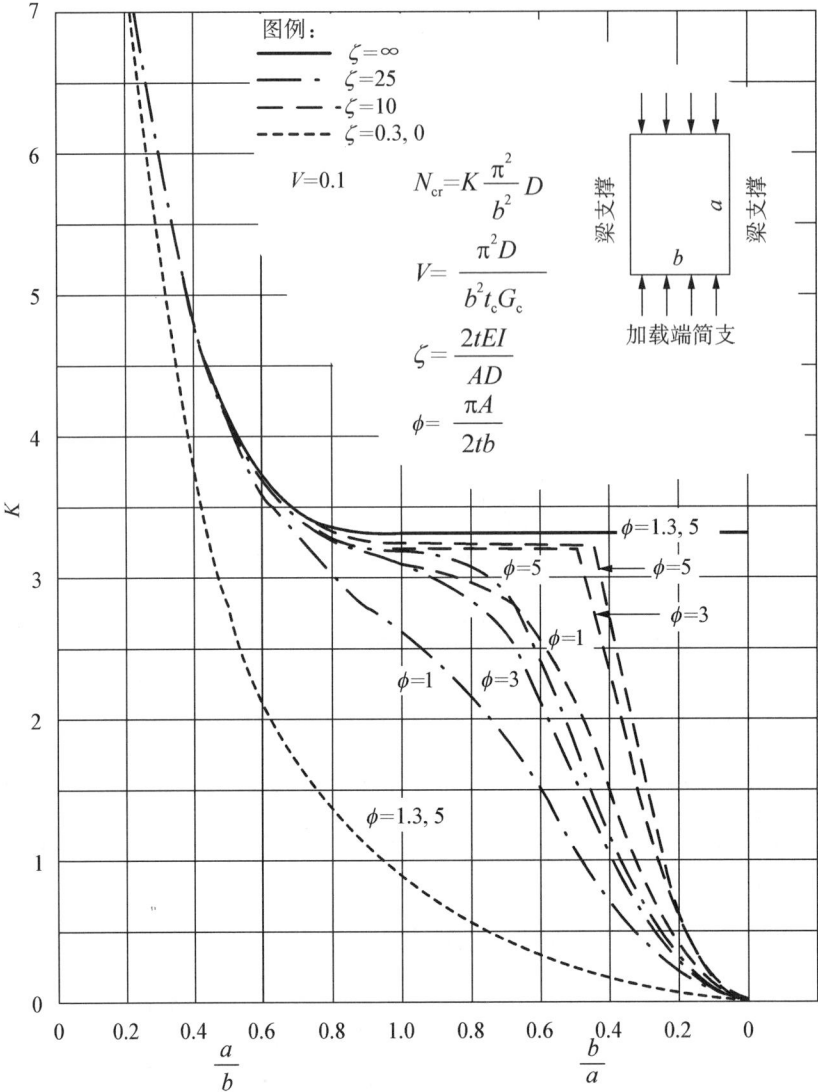

图 4.9.2.3(q)　加载端简支侧边由梁支撑的各向同性夹层平板侧面压缩屈曲系
　　　　　　　数 K，$V = 0.3$，$V = 0.1$

4.9.3　受侧边剪切载荷矩形夹层平板的设计

假计设计前已选定了设计应力并给出了要传递的设计载荷，受侧边剪切载荷矩形夹层平板应当按照 4.2.1 节中总结的基本设计原则来设计。其中的所有条件都要满足。本节针对总体屈曲，还应当分别校核 4.4 节中列出的其他失效模式。

夹层结构的总体屈曲或局部失稳（如面板凹陷或者皱曲）可能导致柱的总体破坏。在以下段落中给出了用来确定面板和夹层尺寸以及必要的夹层性能的详细步骤，提供了理论公式和图表。给出了两个公式：一个公式针对具有不同材料和厚度面板的夹层板；而另一个公式针对具有相同材料和厚度面板的夹层板。面板弹性模量 E'、剪切模量 G' 和应力值 F_s，应为使用条件下的剪切加载值，即如果应用在高温环境下，那么应当在设计中使用高温下的面板性能。面板剪切模量或弹性模量是面板应力处的有效值。如果应力超出了比例极限值，应当使用一个适当的、缩减的或者修正的压缩弹性模量［见参考文献 4.6.6.1(c)］。

4.9.3.1　面板厚度的确定

$$t_{UPR}F_{s\,UPR} + t_{LWR}F_{s\,LWR} = N_s$$

$$t = \frac{N_s}{2F_s}（对于相同面板）$$

4.9.3.1

式中：t 为面板厚度；F_s 为选择的设计面板压应力；N_s 为面板边上每单位长度的设计剪切载荷；下标 UPR、LWR 表示上、下面板。

对于面板为不同材料的夹层板，在确定其面板厚度时，必须满足式4.9.3.1，并且应力 $F_{s\,UPR}$ 和 $F_{s\,LWR}$ 必须依照 $F_{s\,UPR}/G_{s\,UPR} = F_{s\,LWR}/G_{s\,LWR}$（式中 G_s 是面板剪切割线模量）来选择，以在两个面板中产生相等的应变从而避免任一面板产生过应力。例如，如果上面板的材料具有比率 $F_{s\,UPR}/G_{s\,UPR} = 0.005$，而下面板的材料具有比率 $F_{s\,LWR}/G_{s\,LWR} = 0.002$，那么设计必须基于比率为 0.002，否则下面板将会产生过应力。为了实现此目标，必须降低上面板的选择设计应力。对于许多面板组合材料，发现按照 $G_{UPR}t_{UPR} = G_{LWR}t_{LWR}$ 或者 $E_{UPR}t_{UPR} = E_{LWR}t_{LWR}$ 来选取厚度是有益的。

4.9.3.2　芯材厚度和芯材剪切模量的确定

本节给出确定不会发生夹层板总体屈曲的芯材厚度和芯材剪切模量的流程（参考文献 4.9.3.2(a)和 4.9.3.2(b)）。夹层板发生屈曲时每单位板宽的载荷由理论公式给出：

$$N_{s\,cr} = K_s \frac{\pi^2}{b^2}D$$

4.9.3.2(a)

式中：D 为夹层板弯曲刚度。为了求解面板应力，此公式变为

$$F_{s\,UPR} = \frac{\pi^2 K_s E'_{UPR}}{\lambda} \frac{E'_{UPR}t_{UPR}E'_{LWR}t_{LWR}}{(E'_{UPR}t_{UPR} + E'_{LWR}t_{LWR})^2}\left(\frac{d}{b}\right)^2$$

$$F_{s\,LWR} = \frac{\pi^2 K_s E'_{LWR}}{\lambda} \frac{E'_{UPR}t_{UPR}E'_{LWR}t_{LWR}}{(E'_{UPR}t_{UPR} + E'_{LWR}t_{LWR})^2}\left(\frac{d}{b}\right)^2$$

4.9.3.2(b)

$$F_s = \frac{\pi^2 K_s E'}{4\lambda}\left(\frac{d}{b}\right)^2（对于相同面板）$$

式中：E' 为在应力为 F_s 时面板等效弹性压缩模量；$\lambda = 1 - \nu^2$，ν 为面板的泊松比（在式 4.9.3.2(b)中，假定两个面板具有相同的泊松比，$\nu = \nu_{UPR} = \nu_{LWR}$）；$d$ 为两面板形心之间的距离；b 为承受载荷的板边的长度；$K_S = K_F + K_M$，K_F 为取决于面板刚度和板长宽比的理论系数，K_M 为取决于夹层板弯曲和剪切刚度及板长宽比的理

论系数。计算 K_F 和 K_M 的信息在 4. 9. 3. 3 节给出。

给出 $\dfrac{d}{b}$ 的求解:

$$\frac{d}{b} = \frac{1}{\pi} \sqrt{\frac{\lambda F_{s\,\text{UPR}}}{K_s}} \left(\frac{E'_{\text{UPR}} t_{\text{UPR}} + E'_{\text{LWR}} t_{\text{LWR}}}{\sqrt{E'_{\text{UPR}} t_{\text{UPR}} E'_{\text{LWR}} t_{\text{LWR}}}} \right)$$

$$\frac{d}{b} = \frac{1}{\pi} \sqrt{\frac{\lambda F_{s\,\text{LWR}}}{K_s}} \left(\frac{E'_{\text{UPR}} t_{\text{UPR}} + E'_{\text{LWR}} t_{\text{LWR}}}{\sqrt{E'_{\text{UPR}} t_{\text{UPR}} E'_{\text{LWR}} t_{\text{LWR}}}} \right) \qquad 4.9.3.2(\text{c})$$

$$\frac{d}{b} = \frac{2}{\pi} \sqrt{\frac{\lambda F_s}{K_s E'}} \text{(对于相同面板)}$$

由于其余量为已知量,因此如果已知 K_s,可以直接求解方程 4. 9. 3. 2(c)得到 d。在得到 d 之后,芯材厚度 t_c 可以通过下式计算得到:

$$t_c = d - \frac{t_{\text{UPR}} + t_{\text{LWR}}}{2} \qquad 4.9.2.2(\text{d})$$

$$t_c = d - t \text{(对于相同面板)}$$

作为第 1 近似值,假设 $K_F = 0$,因此 $K_s = K_M$。K_M 的值取决于包含夹层板的弯曲和剪切刚度的参数

$$V = \frac{\pi^2 D}{b^2 U} \qquad 4.9.3.2(\text{e})$$

可以写为

$$V = \frac{\pi^2 t_c E'_{\text{UPR}} t_{\text{UPR}} E'_{\text{LWR}} t_{\text{LWR}}}{(E'_{\text{UPR}} t_{\text{UPR}} + E'_{\text{LWR}} t_{\text{LWR}}) \lambda b^2 G_c} \qquad 4.9.3.2(\text{f})$$

$$V = \frac{\pi^2 t_c E' t}{2 \lambda b^2 G_c} \text{(对于相同面板)}$$

式中: U 为夹层板剪切刚度;G_c 为芯材剪切模量,其对立于平行加载方向(也平行于长为 a 的板边)的轴与垂直板面组成的平面。随着芯材剪切模量减小,V 增大而且 K_M 逐步减小。

对于芯材波纹槽平行于加载方向的波纹夹层板,参数 V 可以用下面的参数 V_2 替换:

$$V_2 = \frac{\pi^2 t_c D}{b^2 d^2 G_{cb}} \qquad 4.9.3.2(\text{g})$$

可以写为

$$V_2 = \frac{\pi^2 t_c E'_{\text{UPR}} t_{\text{UPR}} E'_{\text{LWR}} t_{\text{LWR}}}{(E'_{\text{UPR}} t_{\text{UPR}} + E'_{\text{LWR}} t_{\text{LWR}}) \lambda b^2 G_{cb}} \qquad 4.9.3.2(\text{h})$$

$$V_2 = \frac{\pi^2 t_c E' t}{2 \lambda b^2 G_{cb}} \text{(对于相同面板)}$$

式中: G_{cb} 为芯材剪切模量,其对立于垂直加载方向(也平行于长为 b 的板边)的轴与

垂直板面组成的面。

4.9.3.2.1　d 最小值的确定

所需要的 d 最小值可以通过假设 $V=0$ 或者 $V_2=0$ 得到,作为一个第 1 近似值。因为只有芯材剪切模量为无穷大时,$V=0$ 或者 $V_2=0$ 才成立,此时的 d 值为最小值;对于任意实际的芯材,其剪切模量也不会是无穷大,因此必须使用一个较厚的芯材。在四边简支边界条件下,对于带有各向同性,正交各向异性或者波纹芯材的夹层板,图 4.9.3.2.1(a)～(e) 的图表给出了 d 的最小值。真正意义上的固支边界是

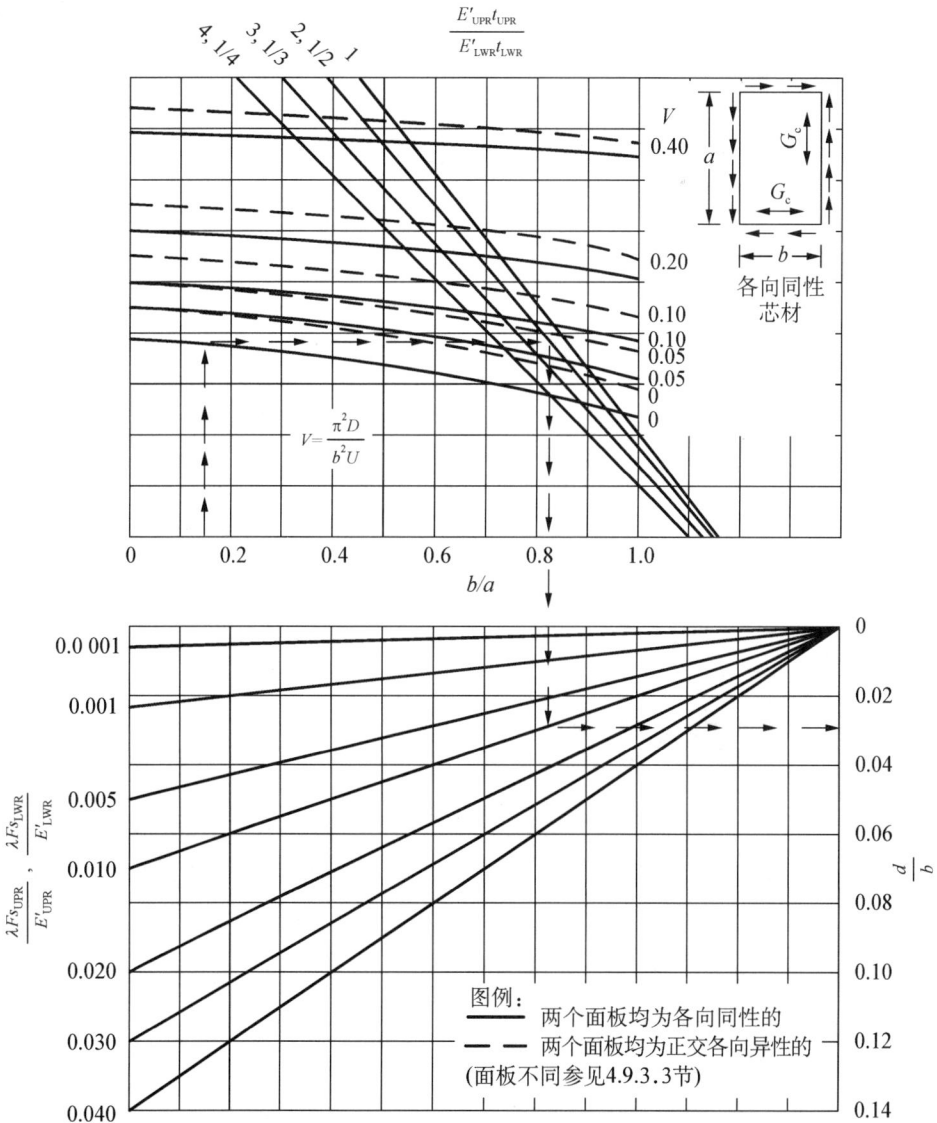

图 4.9.3.2.1(a)　确定芯材为各向同性($G_{cb}=G_{cR}$)的简支夹层板受侧面剪切载荷不会发生屈曲时的比值 $\dfrac{d}{b}$

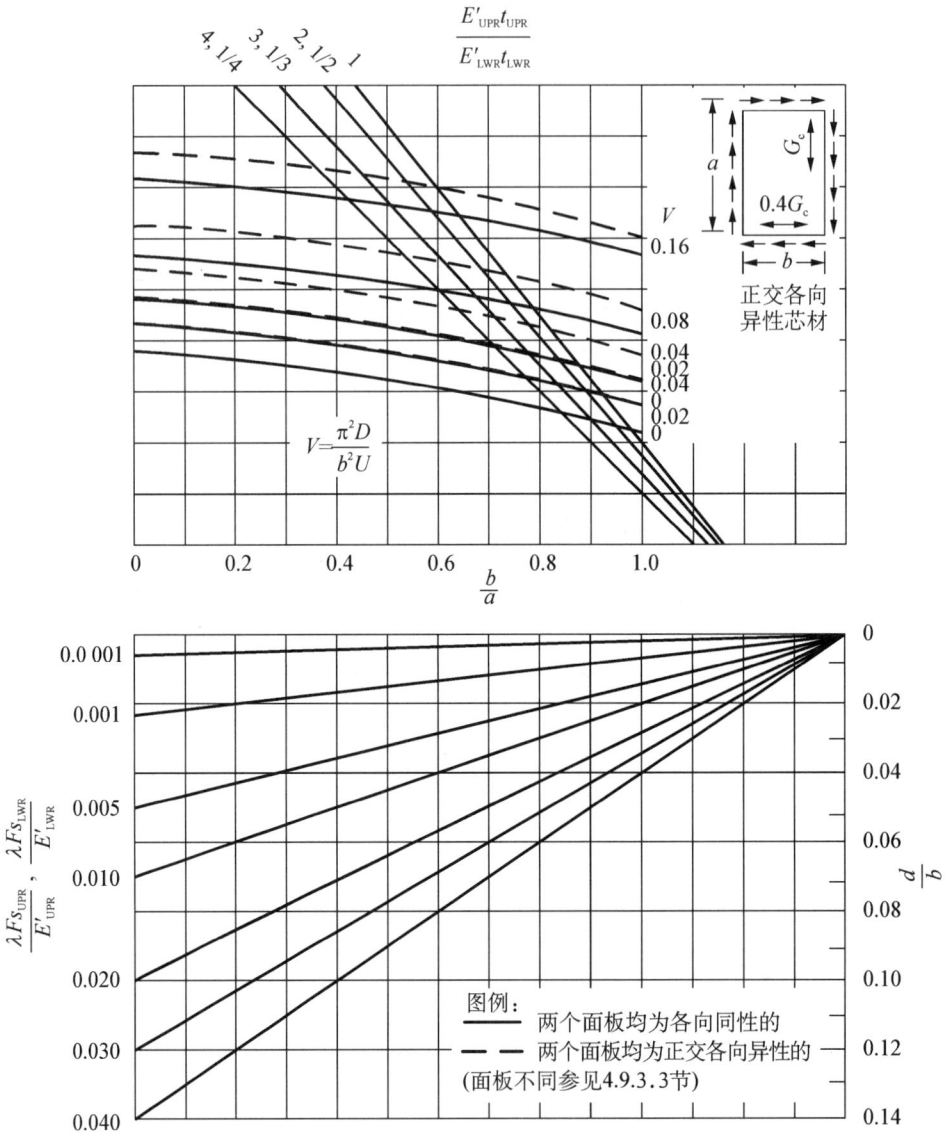

图 4.9.3.2.1(b)　确定芯材为正交各向异性（$G_{cb} = 0.4G_{ca}$）的简支夹层板受侧面剪切载荷不会发生屈曲时的比值 $\dfrac{d}{b}$

$$\frac{E'_{UPR} t_{UPR}}{E'_{LWR} t_{LWR}}$$

$$V = \frac{\pi^2 D}{b^2 U}$$

正交各向异性芯材

图例：
两个面板均为各向同性的
两个面板均为正交各向异性的
(面板不同参见4.9.3.3节)

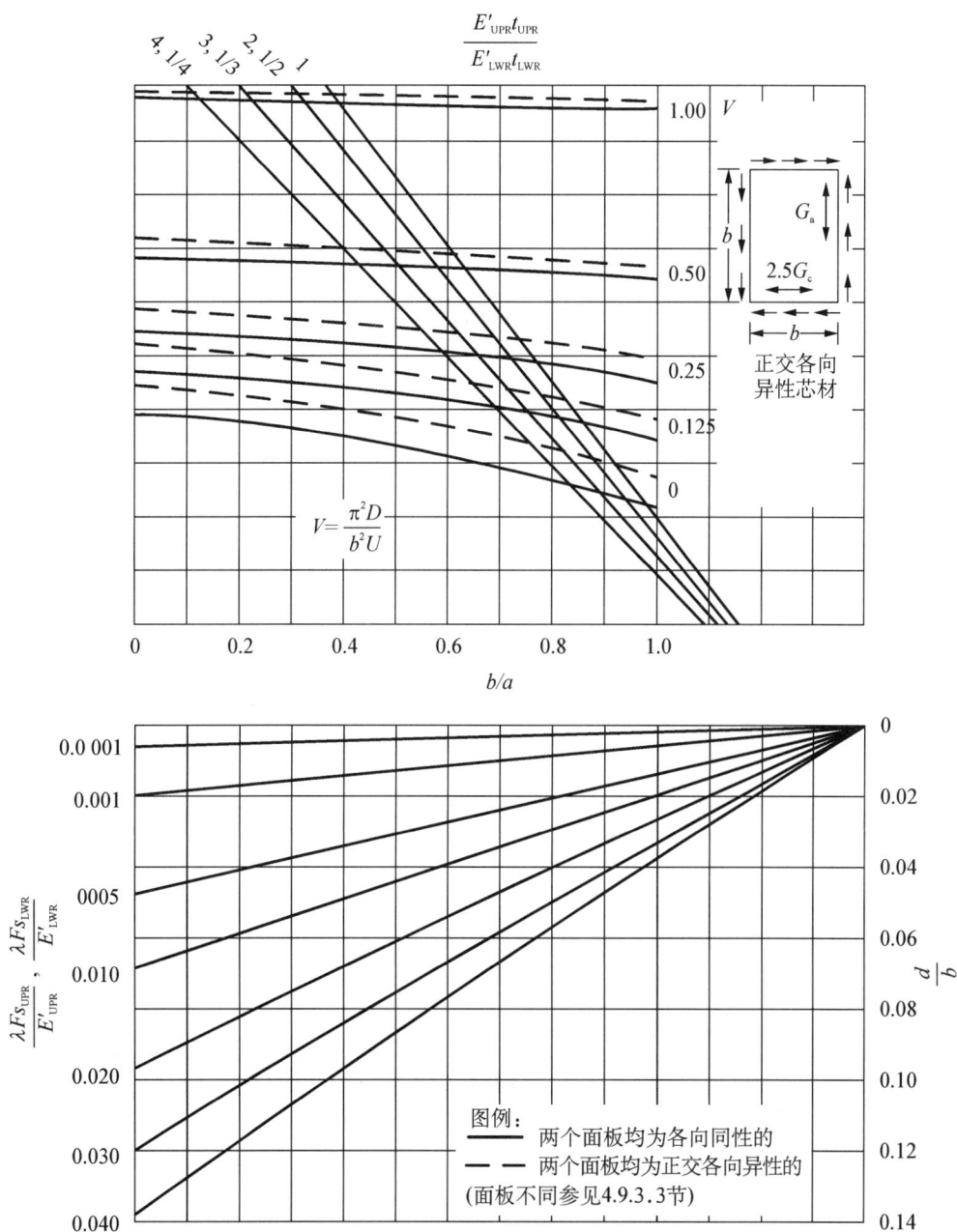

图 4.9.3.2.1(c) 确定芯材为正交各向异性（$G_{cb} = 2.5 G_{ca}$）的简支夹层板受侧面剪切载荷不会发生屈曲时的比值 $\frac{d}{b}$

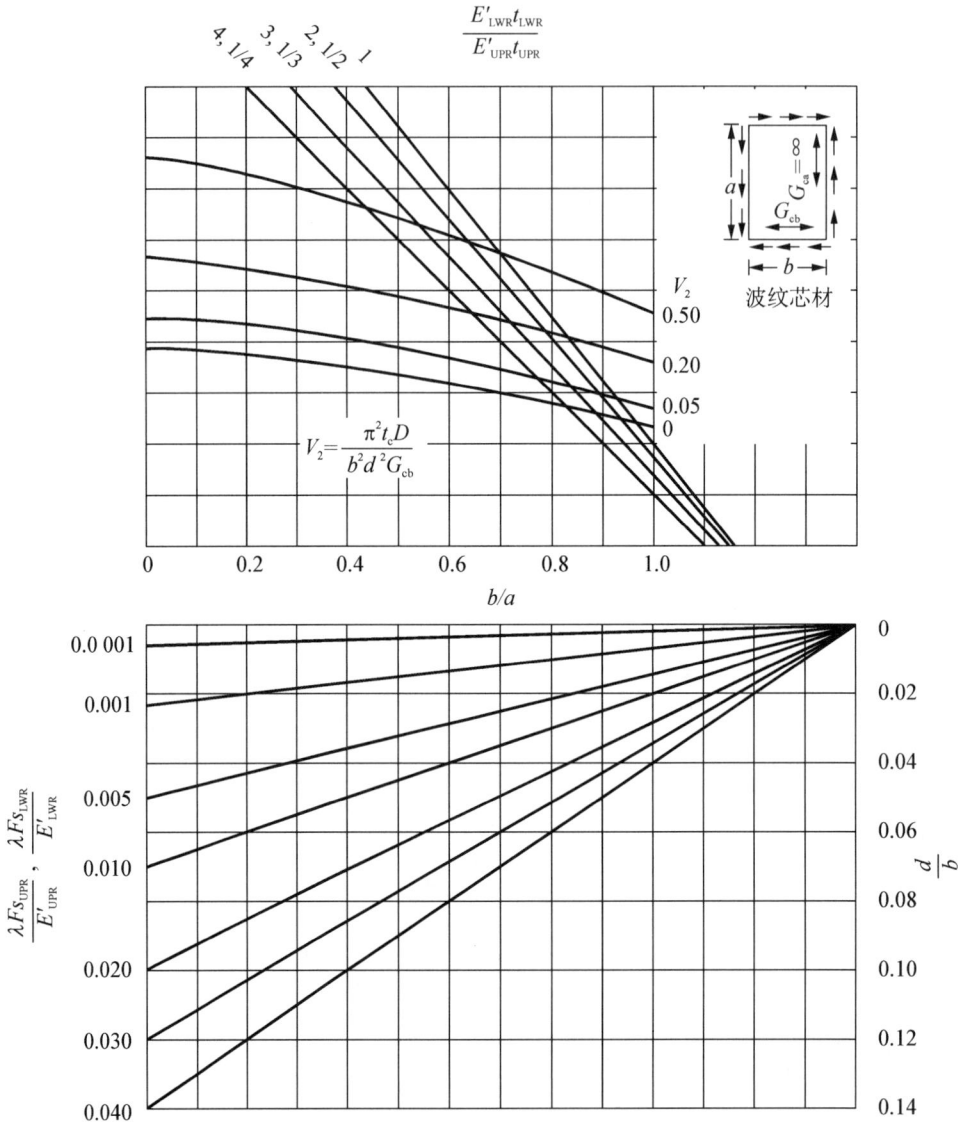

图 4.9.3.2.1(d)　确定具有各向同性面板的简支波纹夹层板受侧面剪切载荷不会发生屈曲时的比值 $\dfrac{d}{b}$，芯材波纹槽平行于边 a

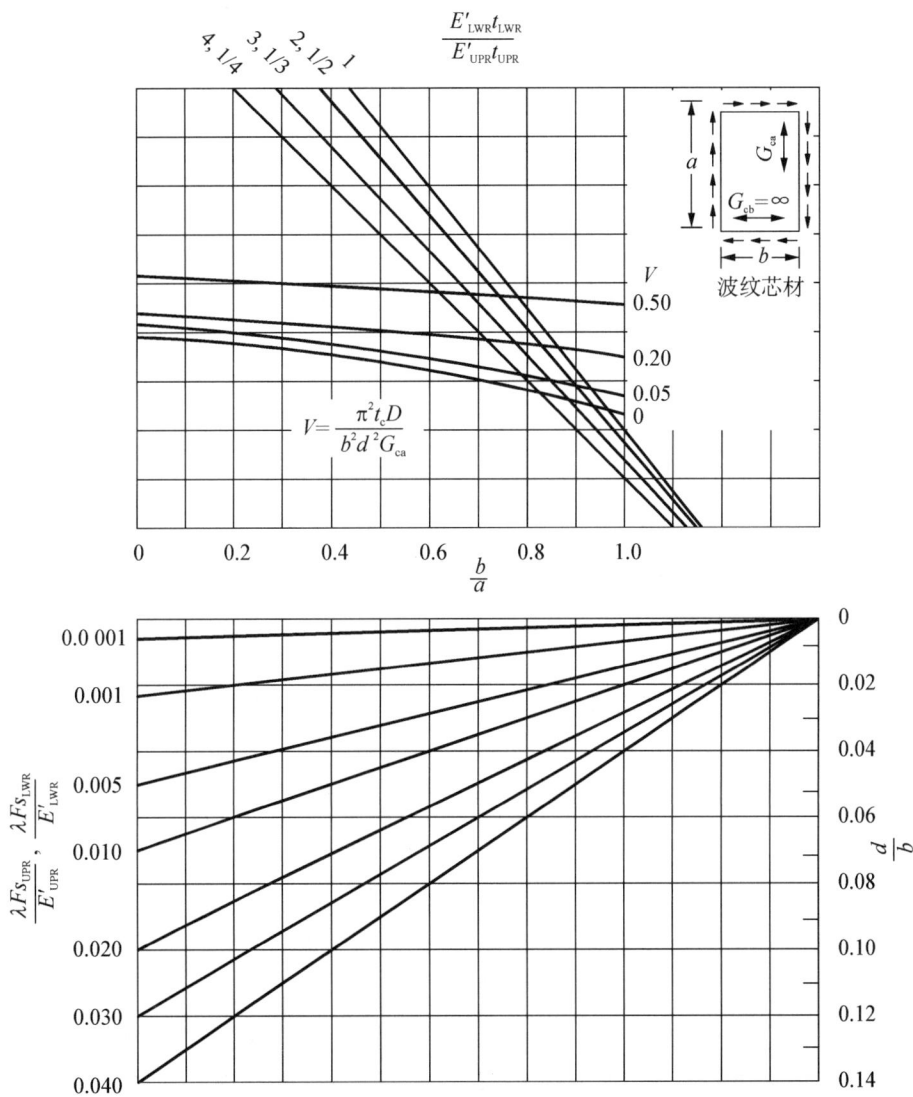

图 4.9.3.2.1(e) 确定具有各向同性面板的简支波纹夹层板受侧面剪切载荷不会发生屈曲时的比值 $\dfrac{d}{b}$，芯材波纹槽平行于边 b

不可实现的,因此,设计图中并未包含带有固支边界的板。但是在 4.9.3.3 节中包括并讨论了检验固支板的近似曲线。

图 4.9.3.2.1(a)～(c)的图表适用于带有各向同性面板的简支夹层板($\alpha = 1.0$、$\beta = 1.0$、$\gamma = 0.375$)和带有正交各向异性面板的简支夹层板,如玻璃纤维织物层压板($\alpha = 1.0$、$\beta = 0.6$、$\gamma = 0.2$)。

常数 α,β 和 γ 取决于面板的弹性性能,其关系如下:

$$\alpha = \sqrt{\frac{E'_b}{E'_a}}; \ \beta = \alpha \nu_{ab} + 2\gamma; \ \gamma = \frac{\lambda G'_{ba}}{\sqrt{E'_a E'_b}} \qquad 4.9.3.2.1(a)$$

式中:E'_a 和 E'_b 分别为平行于边 a 和边 b 的弹性模量;G'_{ba} 为对立面板的剪切模量;ν_{ab} 为泊松比,其对应于由 a 方向上的拉应力在 b 方向产生的缩短与在 a 方向产生的伸长之比;ν_{ba} 的定义是相似的,且 $\lambda = 1 - \nu_{ab}\nu_{ba}$。对于各向同性面板,生成各图时假设了 $\nu = 0.25$。对于正交各向异性面板,假设 $\nu_{ab} = \nu_{ba} = 0.2$,$E'_a = E'_b$ 和 $G_{ab} = 0.21E_a$。

式 4.9.3.2.1(a)～式 4.9.3.2.1(c)中用的参数是:① 板长宽比 $\frac{a}{b}$ 或者 $\frac{b}{a}$;② 面板性能 $\frac{\lambda F_{s\,UPR}}{E'_{UPR}}$ 和 $\frac{\lambda F_{s\,LWR}}{E'_{LWR}}$;③ 比值 $E'_{LWR}t_{LWR}/E'_{UPR}t_{UPR}$。

图 4.9.3.2.1(a)～图 4.9.3.2.1(c)中用的参数也适用于带有不同面板的夹层板,其上面板为各向同性($\alpha_{UPR} = 1.0$,$\beta_{UPR} = 1.0$,$\gamma_{UPR} = 0.375$),而下面板为正交各向异性板,如玻璃纤维复合材料($\alpha_{LWR} = 1.0$,$\beta_{LWR} = 0.6$,$\gamma_{LWR} = 0.2$)。对于此夹层板,可以借助下面的参数在采用两个各向同性面板的夹层板曲线和采用两个正交各向异性面板的夹层板曲线之间进行线性插值:

$$Q = \frac{1}{1 + \left(\frac{\lambda_{UPR}}{\lambda_{LWR}}\right)\left(\frac{t_{LWR}}{t_{UPR}}\right)\sqrt{\frac{E'_{a\,LWR}E'_{b\,LWR}}{E'_{a\,UPR}E'_{b\,UPR}}}} \qquad 4.9.3.2.1(b)$$

考虑上面的假设 $\alpha_{UPR} = \alpha_{LWR} = 1.0$ 和 $\lambda_{UPR} = \lambda_{LWR}$,有

$$Q = \frac{1}{1 + E'_{UPR}t_{UPR}/E'_{LWR}t_{LWR}} \qquad 4.9.3.2.1(c)$$

尽管在两种情况下两个面板不一定要有相同的模量和厚度,相应于带有两个各向同性面板的夹层板的值为 $Q = 0$,而相应于带有两个正交各向异性面板的夹层板的值为 $Q = 1$。这可以通过在 K_M 的一般表达式中替换成这些 Q 值来得到结果(见 4.9.3.3 节中对 K_M 的定义和参考文献 4.9.3.2(b)中的讨论)。因此,例如,如果 $Q = 1/4$,插值会在从面板均为各向同性对应的曲线到面板均为正交各向异性对应的曲线之间的 1/4 处进行。

4.9.3.2.2 确定 d 的实际值

因为实际中芯材的剪切模量不是很大,d 值或多或少会比图 4.9.3.2.1(a)～

(e)中，$V=0$ 的曲线和 $V_2=0$ 的曲线给出的值大。图中平板长宽比的值和 V 或 V_2 的值由式 4.9.3.2(f)或式 4.9.3.2(h)计算得到。图 4.9.3.2.1(a)适用于芯材为各向同性材料的夹层板。这种芯材在垂直于平板纵向方向上的剪切模量与平行于平板纵向的剪切模量相等。图 4.9.3.2.1(b)应用于芯材在垂直于平板纵向的剪切模量是平行于平板纵向的剪切模量的 0.40 倍时的夹层板。而图 4.9.3.2.1(c)则应用于芯材在垂直于平板纵向的剪切模量是平行于平板纵向的剪切模量 2.50 倍时的夹层板。

注意：对于蜂窝芯材条带与加载方向平行的，$G_c=G_{TL}$，并且垂直于加载方向的剪切模量是 G_{TW}。对于蜂窝芯材条带与加载方向垂直的，$G_c=G_{TW}$，且垂直于加载方向的剪切模量是 G_{TL}。如果芯材条带与板长 a 的夹角为 θ 时，$G_c=\dfrac{G_{TL}G_{TW}}{(G_{TL}\sin^2\theta+G_{TW}\cos^2\theta)}$。

图 4.9.3.2.1(d)适用于面板为各向同性板而芯材是波纹芯材的夹层板，其中芯材的波纹槽平行于板长 a 的方向。式 4.9.3.2(h)中所给的参数 V_2 用来替代 V。图 4.9.3.2.1(e)适用于面板为各向同性板而芯材是波纹芯材的夹层板，其中芯材的凹槽平行于板的长度方向 b。由图表的结果可以得到 $\dfrac{d}{b}$ 的比值。

通过图 4.9.3.2.1(a)~(e)中的曲线得到 V 和 V_2 除 0 以外的值时，有必要对其进行迭代，因为 V 直接与芯材的厚度 t_c 成比例。作为确定 t_c 和 G_c 的辅助，图 4.9.3.2.2 描绘的这些曲线，给出了不同 G_c 值下的 V 值，其中，V 值从 0.01~2，G_c 的范围从 $1000\sim1\,000\,000\,\text{lb/in}^2$。接下来的过程建议如下：

（1）根据图 4.9.3.2.1(a)~(e)，令 V 或 $V_2=0.01$，确定芯材的厚度 t_c。

（2）计算把 V、V_2 或 G_c 相关联的常数。

$$\left[\frac{\pi^2 t_c E'_{UPR} t_{UPR} E'_{LWR} t_{LWR}}{(E'_{UPR} t_{UPR}+E'_{LWR} t_{LWR})\lambda b^2}\right]\text{或}\left[\frac{\pi^2 t_c E'_t}{2\lambda b^2}\right]\text{（适用于相同面板）}=VG_c\text{ 或 }V_2G_c。$$

（3）将常数代入图 4.9.3.2.2，确定所需的 G_c。

（4）如果剪切模量在可取的材料参数范围外，向上移动图 4.9.3.2.2 中相应的曲线，并选取一个新的 V 值或 V_2 值，得到合理的剪切模量值。

（5）令 V 或 V_2 的新值，重新查图 4.9.3.2.1(a)~(e)，重复前面的步骤（1）、（2）、（3）。

图 4.9.3.2.1(a)~(e)这类图表，不适合用端部或侧边固支的平板。板边真正固支是无法实现的，尤其是对于夹层结构。建议平板的所有边都设计成简支的情况，并参考 4.9.3.3 节，去估算因为边缘夹持而可能造成芯材厚度的降低。

4.9.3.3　确定屈曲应力 F_{cr} 的校核程序

应该使用图 4.9.3.3(a)~(e)对设计进行校核，以确定代入公式 4.9.3.2(b)的估算 $K=K_F+K_M$ 的 K_M 值，用以计算实际的屈曲应力 F_{cr}。这些图用于边缘简支、面板是各向同性或准正交各向异性面板芯材的夹层板。图 4.9.3.3(a)~(c)，用于各向同性，且 $V\neq0$，由 $\nu=0.25$ 的假设得到；而在图 4.9.3.3(d) 和 (e) 中，$\nu=0.3$。

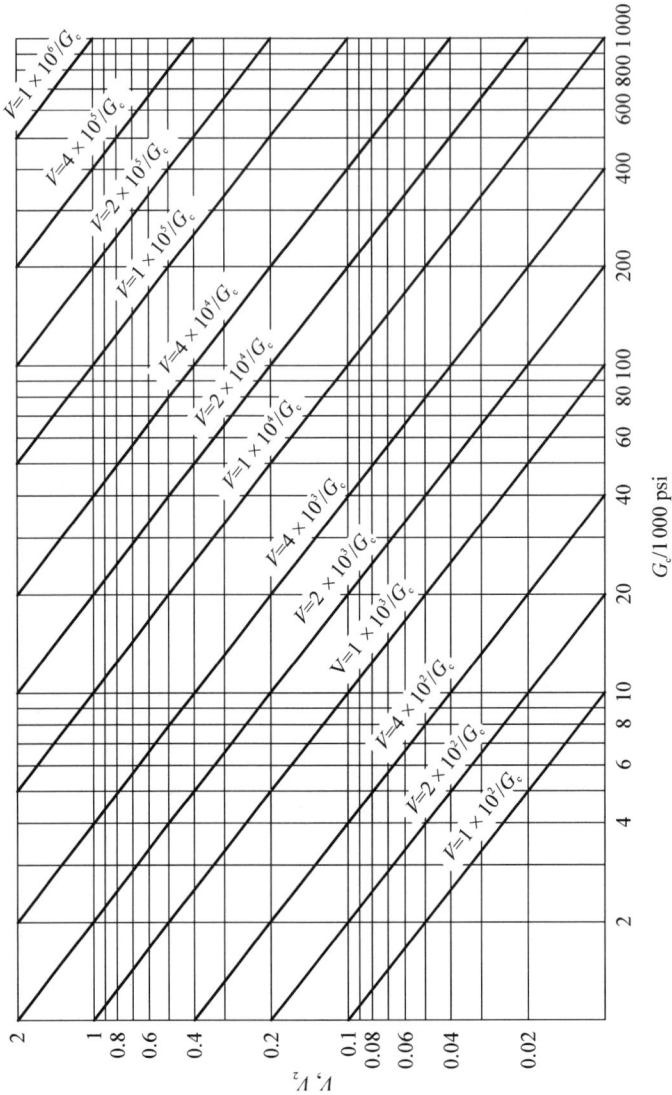

图 4.9.3.2.2 用以确定侧边剪切的夹层板的 V 或 V_2 和 G_c 的图

K_F 值由下面公式得到：

$$K_F = \frac{(E'_{UPR}t^3_{UPR} + E'_{LWR}t^3_{LWR})(E'_{UPR}t_{UPR} + E'_{LWR}t_{LWR})K_{MO}}{12E'_{UPR}t_{UPR}E'_{LWR}t_{LWR}d^2}$$

4.9.3.3

$$K_F = \frac{t^2}{3d^2}K_{MO}（适用于相同面板）$$

式中：K_{MO} 是由图 4.9.3.3(a)~(e)中，$V = 0$ 或者 $V_2 = 0$ 的曲线确定的。

应知道如果要求 F_{cr} 超出了比例极限值，在计算 V、V_2 和 F_{cr} 时用的 E' 值应是等效值。

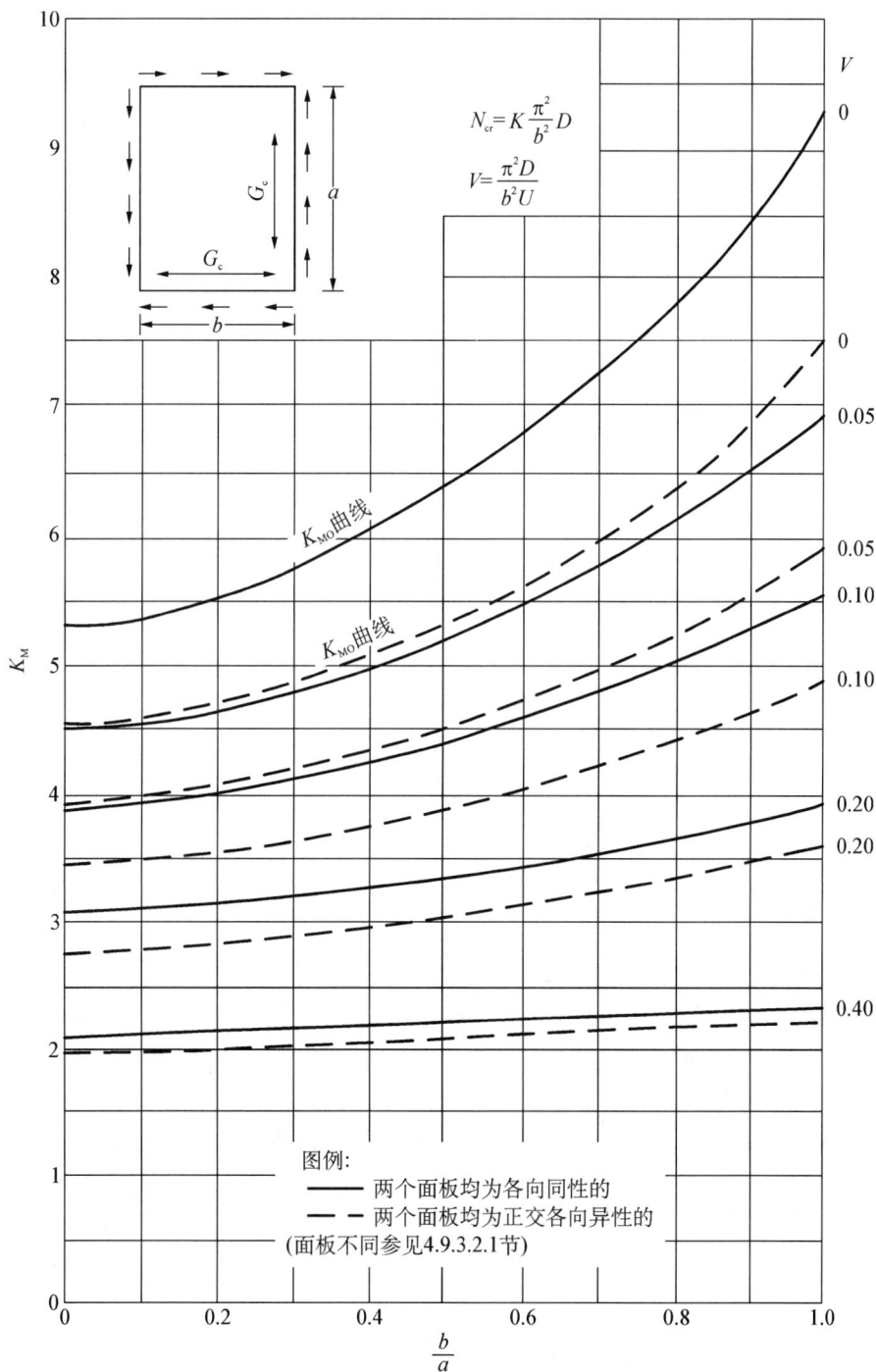

$$N_{cr} = K \frac{\pi^2}{b^2} D$$

$$V = \frac{\pi^2 D}{b^2 U}$$

图 4.9.3.3(a)　侧边剪切载荷下,边缘简支各向同性芯材的夹层板的屈曲系数 K_M

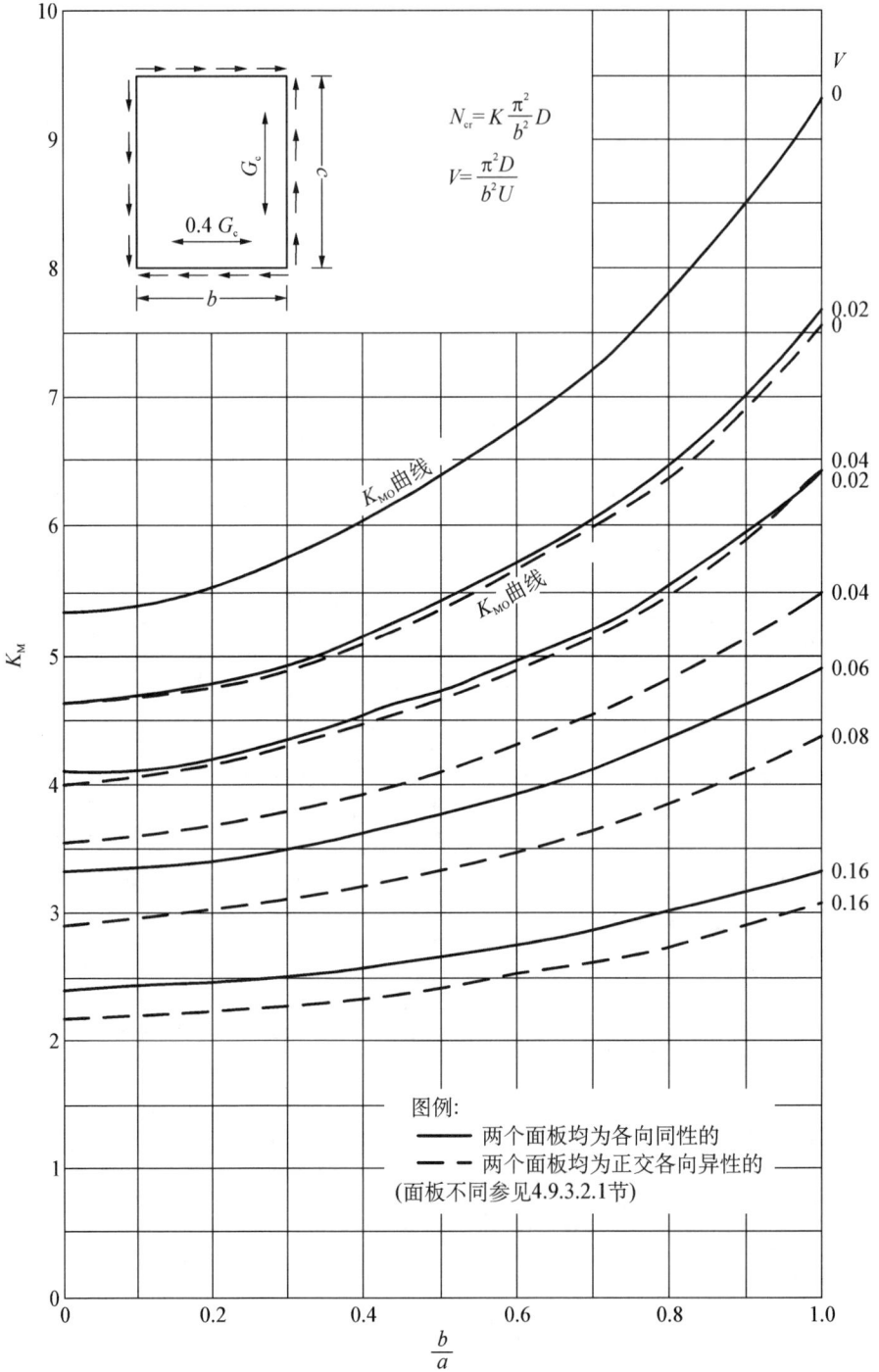

图 4.9.3.3(b) 侧边剪切载荷下，边缘简支的正交各向异性芯材 ($G_{cb} = 0.4G_{ca}$) 夹层板的屈曲系数 K_M

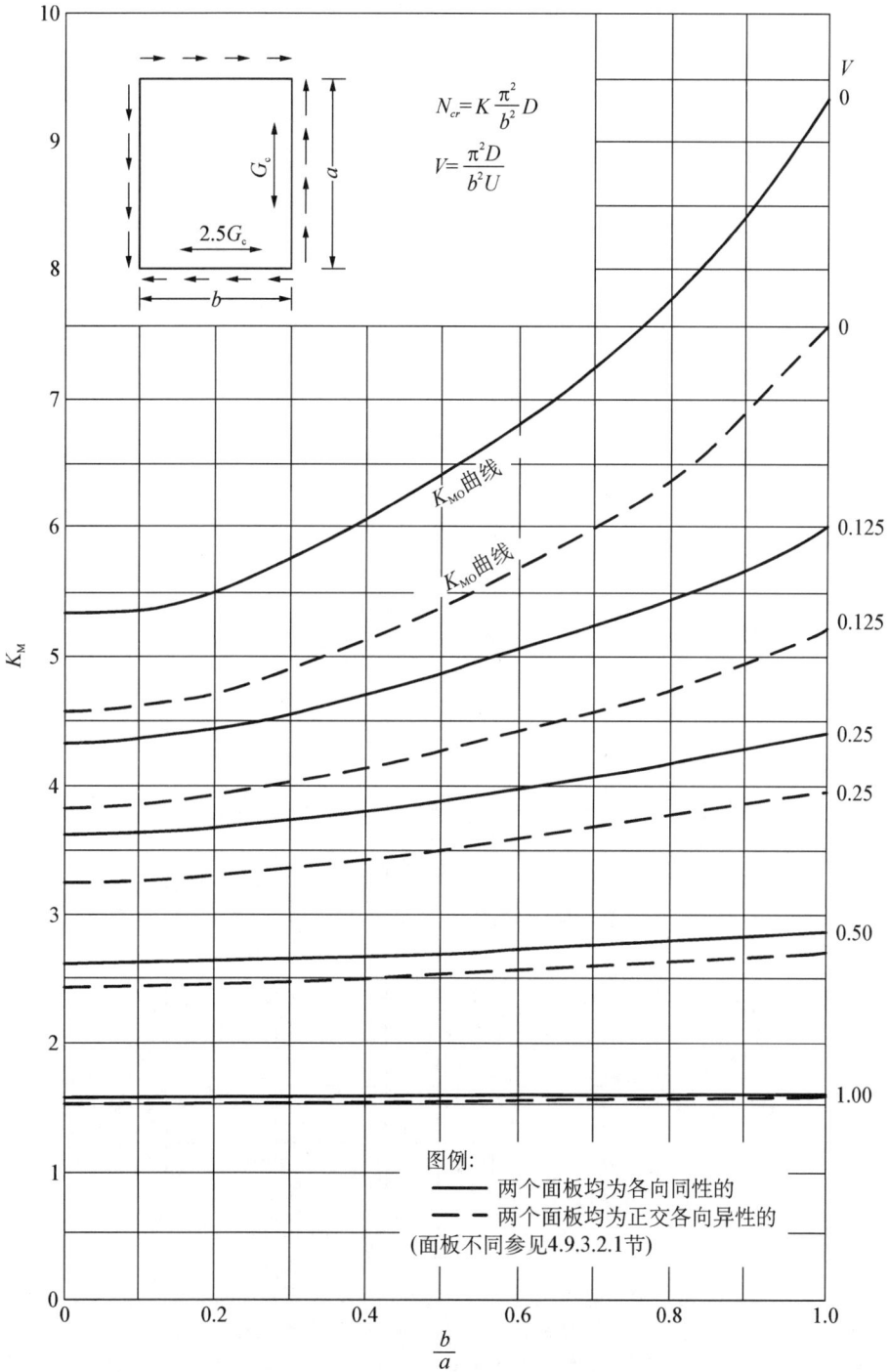

图 4.9.3.3(c)　侧边剪切载荷下，边缘简支采用正交各向同性芯材（$G_{cb} = 2.5G_{ca}$）的夹层板的屈曲系数 K_M

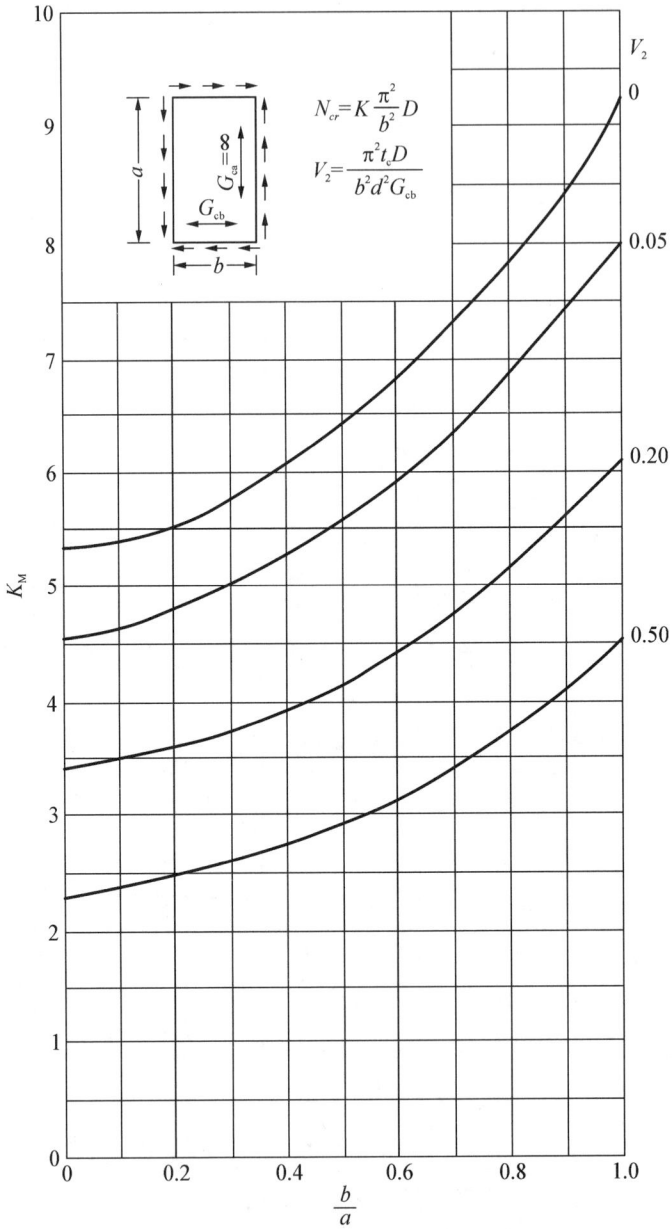

图 4.9.3.3(d)　侧边剪切载荷下边缘简支面板为各向同性且采用
　　　　　　　波纹芯材的夹层板的屈曲系数 K_M，芯材的波纹槽
　　　　　　　平行于板的 a 边

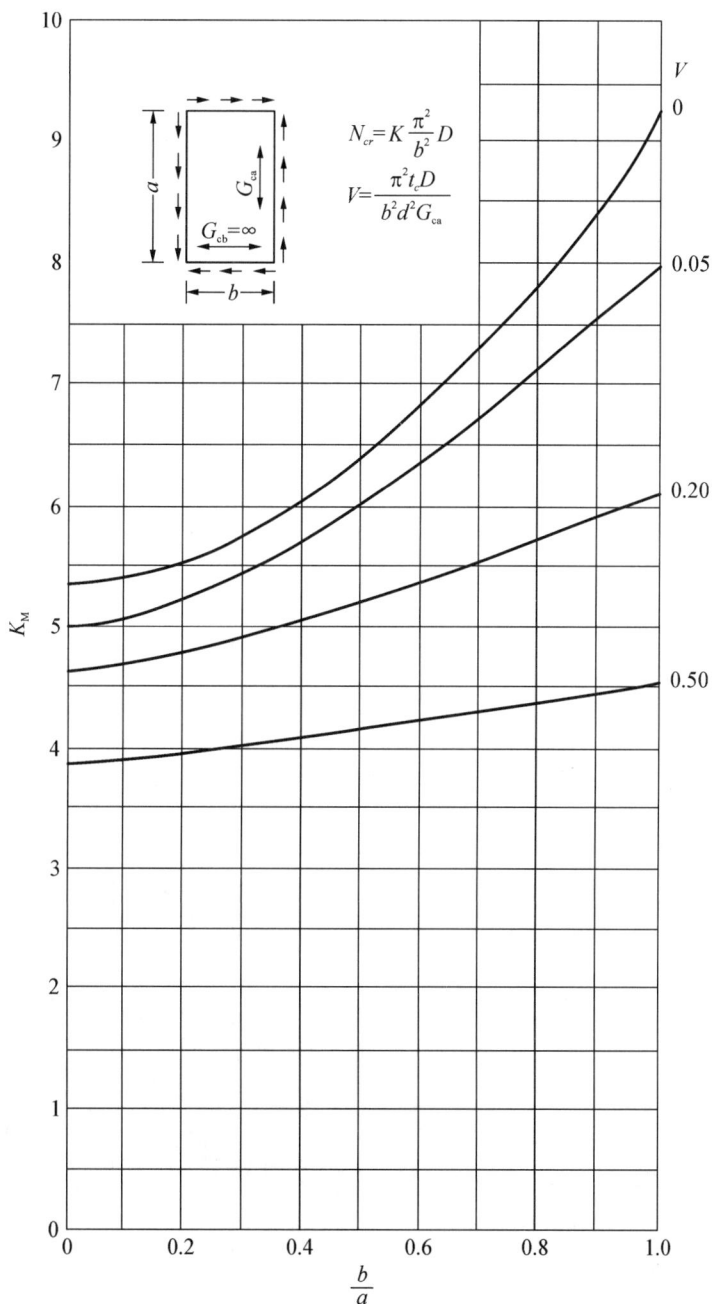

$$N_{cr} = K\frac{\pi^2}{b^2}D$$

$$V = \frac{\pi^2 t_c D}{b^2 d^2 G_{ca}}$$

图 4.9.3.3(e) 侧边剪切载荷下边缘简支面板为各向同性且采用波纹芯材的夹层板的屈曲系数 K_M，芯材的波纹槽平行于板的 b 边

如果芯材剪切模量比与图中给出的数值差别很大,导致图不适用,或者需要更准确地分析时,可以参照文献 4.9.3.2(a)和(b)中的公式。

图 4.9.3.3(f)～(h),是面板为各向同性板、各向同性或正交各向异性芯材,并且所有边缘固支的夹层板 K_M 值的计算图。固支的正交各向异性芯材夹层平板的曲线是近似的,因为是由简支正交各向异性夹层板的屈曲系数乘以各向同性夹层板的固支屈曲系数与简支屈曲系数之比得到的。这些图中得到的 K_M 的值可以通过式 4.9.3.2(b)计算面板应力 F_s,或由公式 4.9.3.2(c)得到 $\dfrac{d}{b}$,然后将其与通过图 4.9.3.2.1(a)～(e)得到简支板的 $\dfrac{d}{b}$ 值进行比较,以确定因为边缘固支而可能造成的面板厚度的降低。

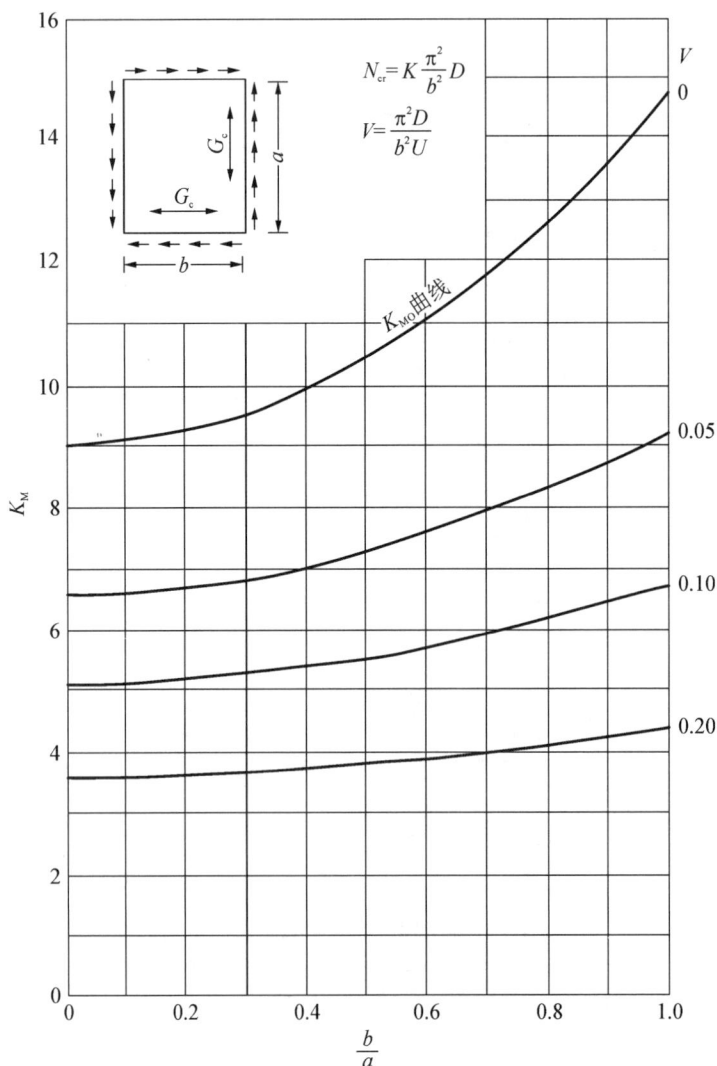

图 4.9.3.3(f)　侧边剪切载荷下,边缘固支采用正交各向异性芯材的夹层板的屈曲系数 K_M

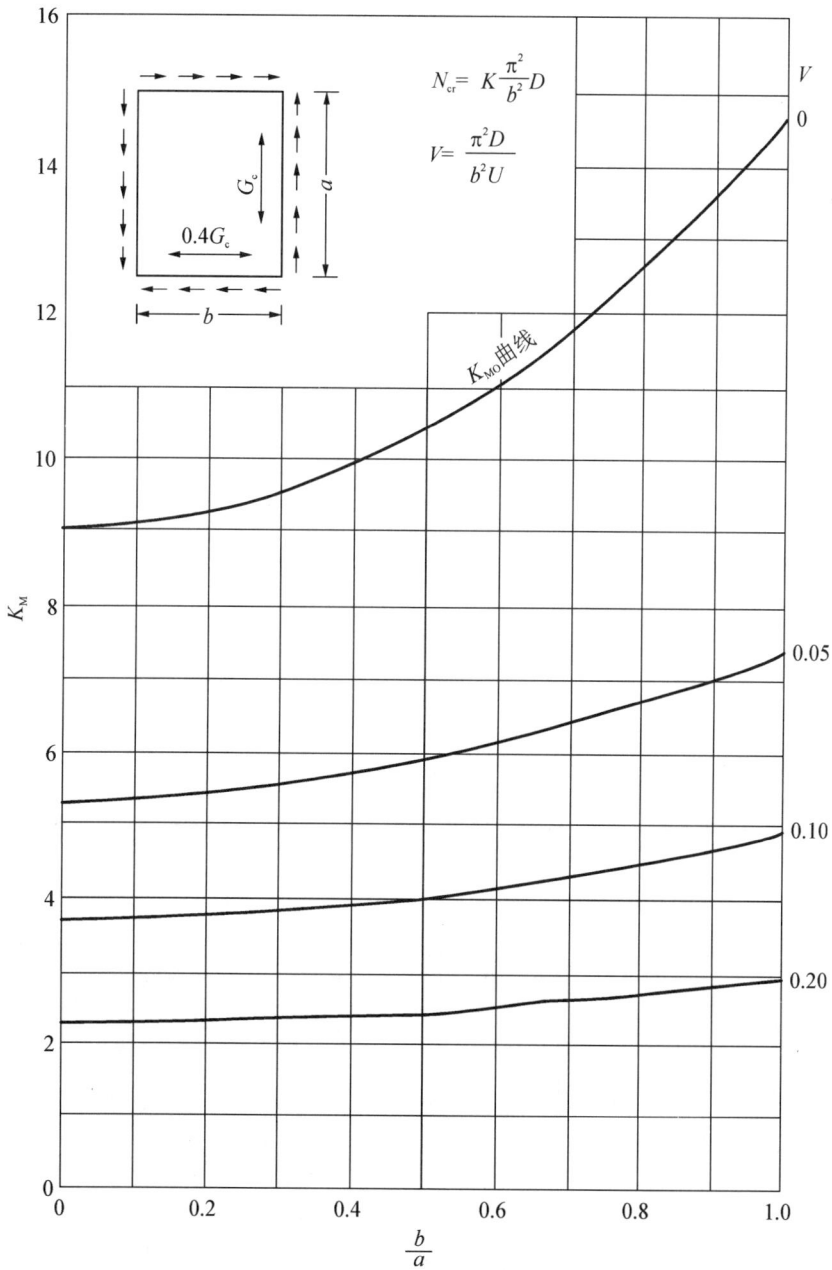

图 4.9.3.3(g)　侧边剪切载荷下四边固支的采用正交各向异性芯材（G_{cb} = $0.4G_{ca}$）的夹层板的屈曲系数 K_M

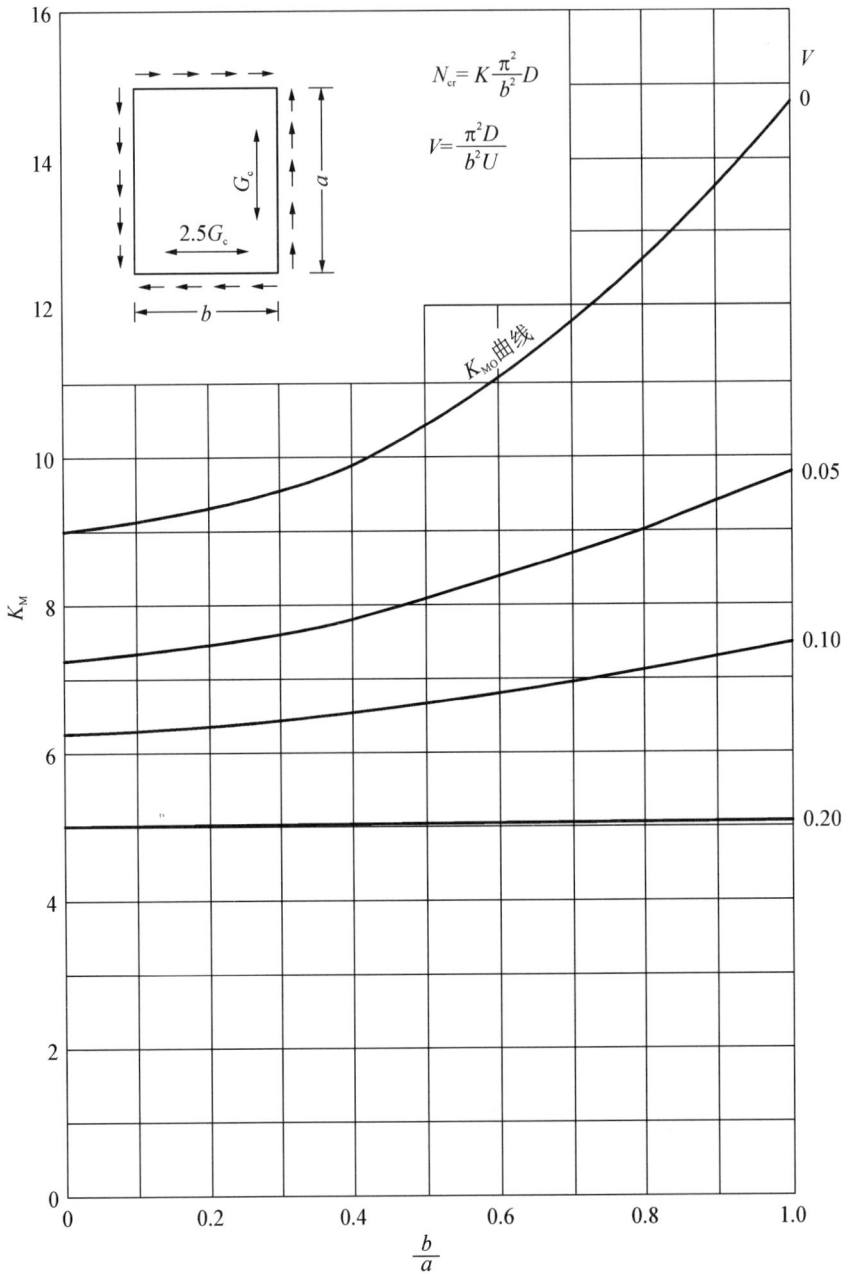

图 4.9.3.3(h)　侧边剪切载荷下四边固支采用正交各向异性芯材 ($G_{cb} = 2.5G_{ca}$)
夹层板的屈曲系数 K_M

4.9.4　扭转载荷下的夹层板条设计

假设设计前已选定了设计应力并给出了要传递的设计载荷,那么受扭转载荷下的夹层板条应该遵照 4.2.1 节总结的基础设计原则,并必须满足这些条件。本节介绍总体屈曲,4.4 节列出的其他失效模式应分别校核。

受扭转载荷夹层板条的设计以扭转量的限制为基础,而不是以夹层面板中因扭矩引起的应力限制为基础。

夹层板条的设计信息按梯形截面(包括矩形)和三角形截面来描述。矩形界面的板条被视为梯形截面的一种极限情况,所述信息用于具有等厚度各向同性薄面板的板条。

夹层板条设计过程的计划安排与其他夹层部件类似,对于一个给定宽度、长度和扭转刚度的夹层板,面板、芯材厚度和性能是可以确定的。截面形状可以由非结构设计性能确定,如需要夹层面板之间有特定角度并且以指定宽度的板条作为控制面的翼型特性,这同时也要说明校核的步骤。

任意形状截面夹层板条的设计要点是,在给定的扭转、面板应力或者芯材应力下,扭矩直接正比于面板厚度。接下来的步骤限制在线弹性范围内。

夹层板的整体屈曲或者局部失稳,如面板凹坑或者褶皱,可能导致面板的整体崩塌。接下来的段落中,详细地给出理论公式和用以确定面板和芯材尺寸的图表,这与给出芯材性能参数一样重要。面板的刚度模量值 G 和应力值 F_s 应是使用条件下的值,这意味着,如果应用在较高的温度,则设计时应该使用高温下的面板性能。

4.9.4.1　确定横截面为梯形和矩形夹层板条的面板厚度,芯材厚度和芯材剪切模量

本节介绍如何确定夹层板条的面板厚度、芯材厚度和芯材剪切模量的步骤,因而选择的设计面板应力和许用的夹层扭转不会超限(见参考文献 4.9.4.1)。

对于上下面板是相同的各向同性材料且厚度相等的夹层板,梯形夹层板条长度为 L 的一端的扭转角度与另一端相关,公式如下:

$$\theta = \frac{k_1 TL}{2td^2 bG} \qquad\qquad 4.9.4.1(a)$$

式中:θ 是扭转角(弧度);k_1 为与 V_t 和 Z 相关的系数;T 为扭矩;b 为夹层板条的宽度;d 为夹层上下面板形心之间的距离;t 为夹层的面板厚度[见图 4.9.4.1(a)的符号介绍];G 为夹层面板的刚度模量。V_t 和 z 由以下公式给出:

$$V_t = \frac{tdG}{2b^2 G_c} \qquad\qquad 4.9.4.1(b)$$

$$z = \frac{b}{d}\tan\alpha \qquad\qquad 4.9.4.1(c)$$

式中:G_c 为芯材在 $x\text{-}z$ 平面的剪切模量;xOy 定义了芯材中面;z 垂直于芯材中

面,如图 4.9.4.1(a)所示;α 为面板相对于中面的角度,如图 4.9.4.1 所示;其余符号在前文中已经定义过。分析假设 $\cos\alpha \approx 1$,且 α 不超过 20°(见参考文献 4.9.4.1)。

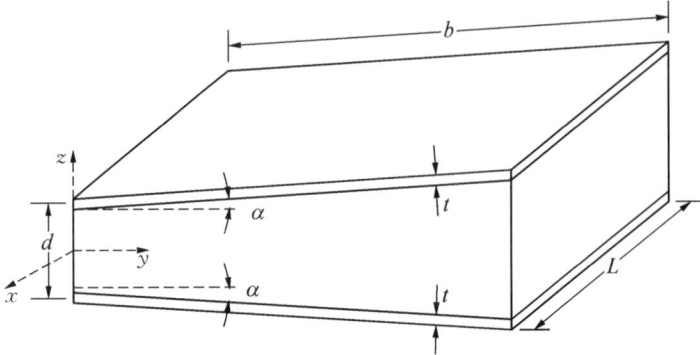

图 4.9.4.1(a)　受扭力的梯形截面夹层板各部位符号

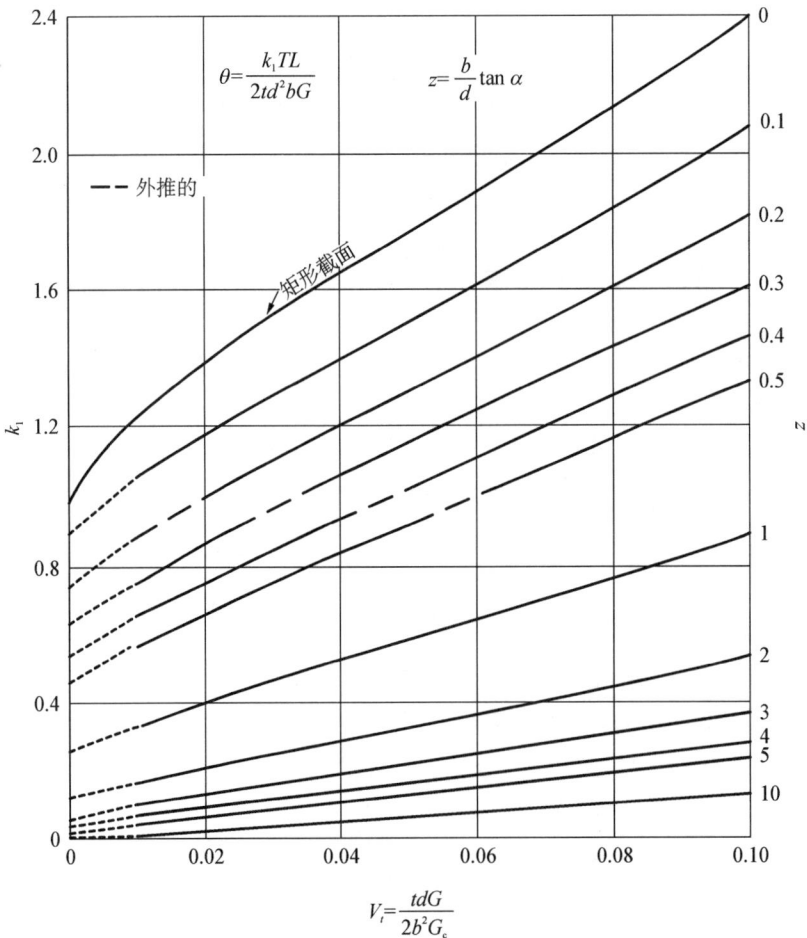

$$\theta = \frac{k_1 TL}{2td^2bG} \qquad z = \frac{b}{d}\tan\alpha$$

图 4.9.4.1(b)　用于设计矩形和梯形截面(刚性芯材)夹层板的系数 k_1

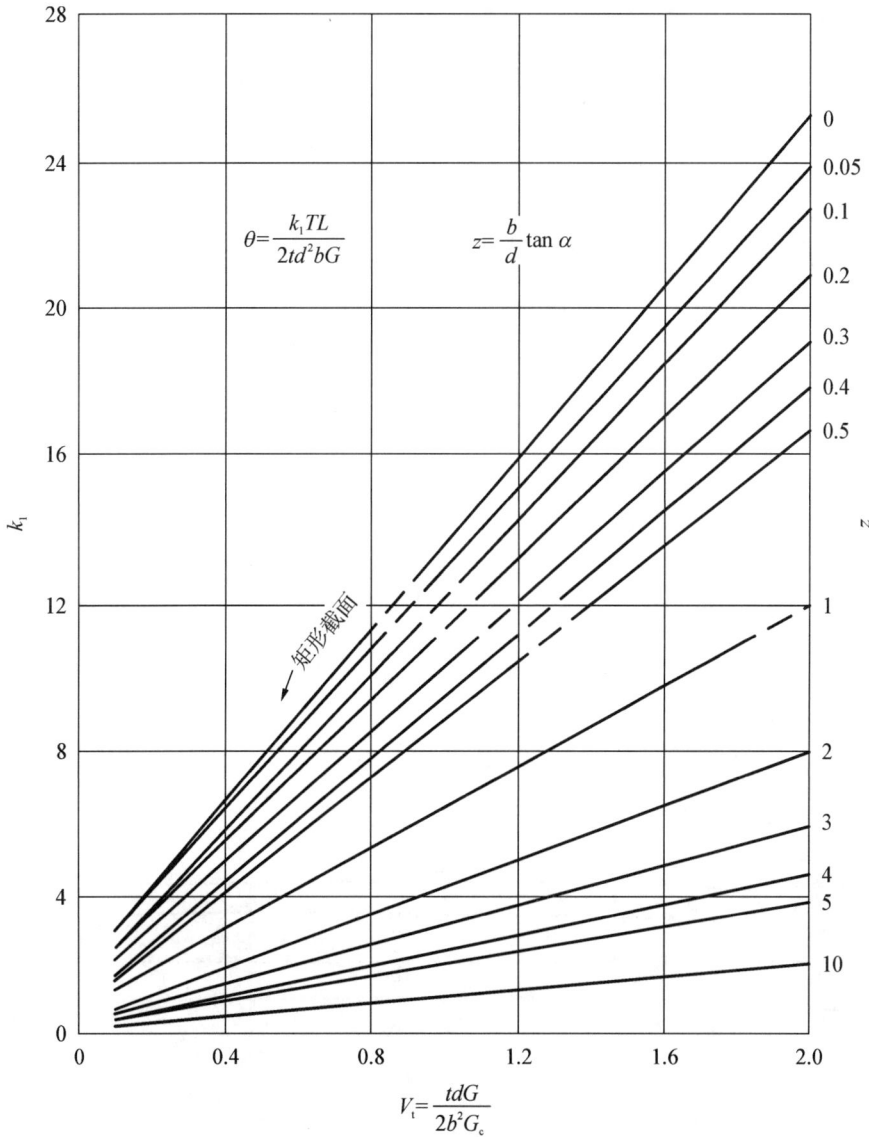

図 4.9.4.1(c)　用于设计矩形和梯形截面夹层板的系数 k_1

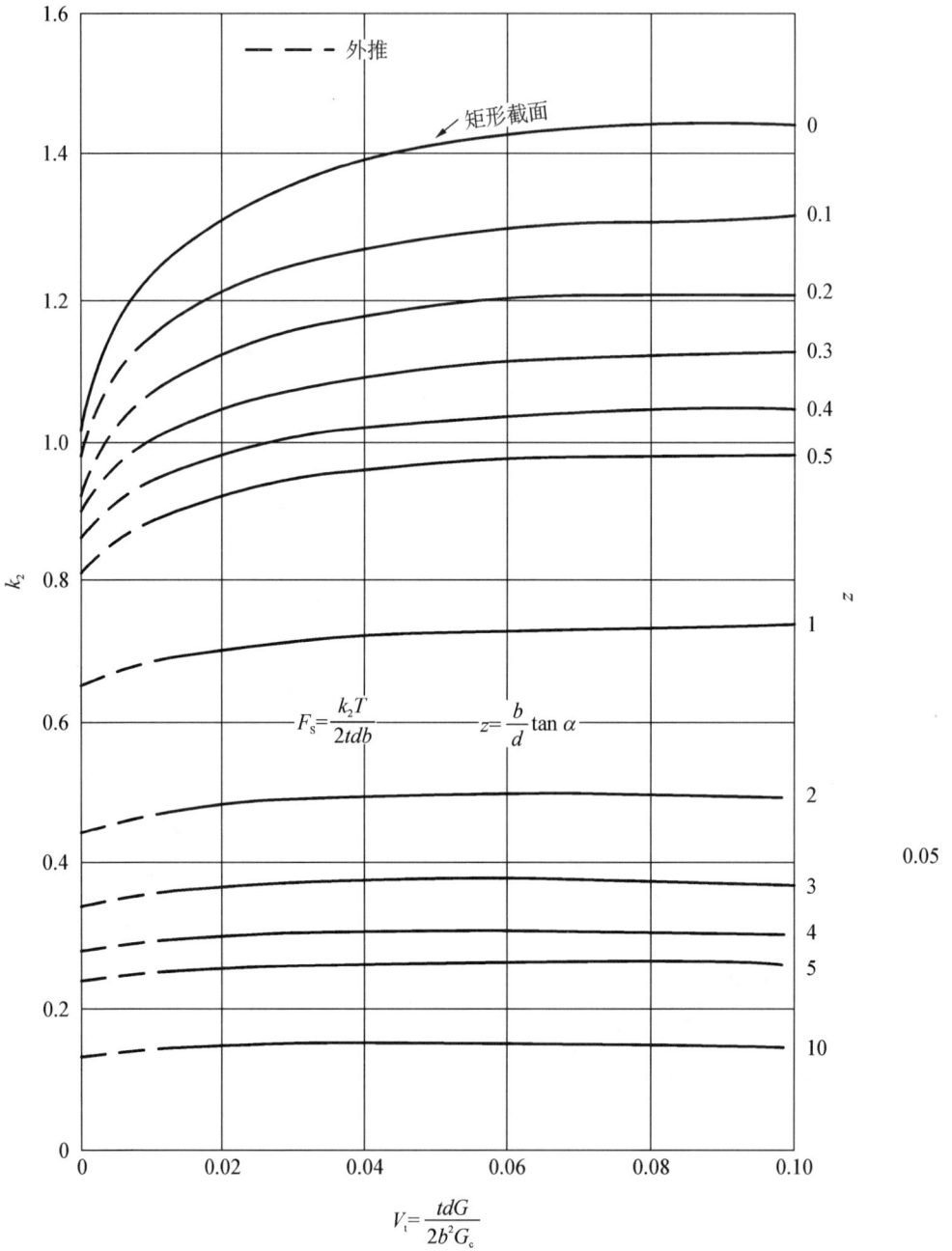

图 4.9.4.1(d)　用于设计矩形和梯形截面(刚性芯材)夹层板的系数 k_2

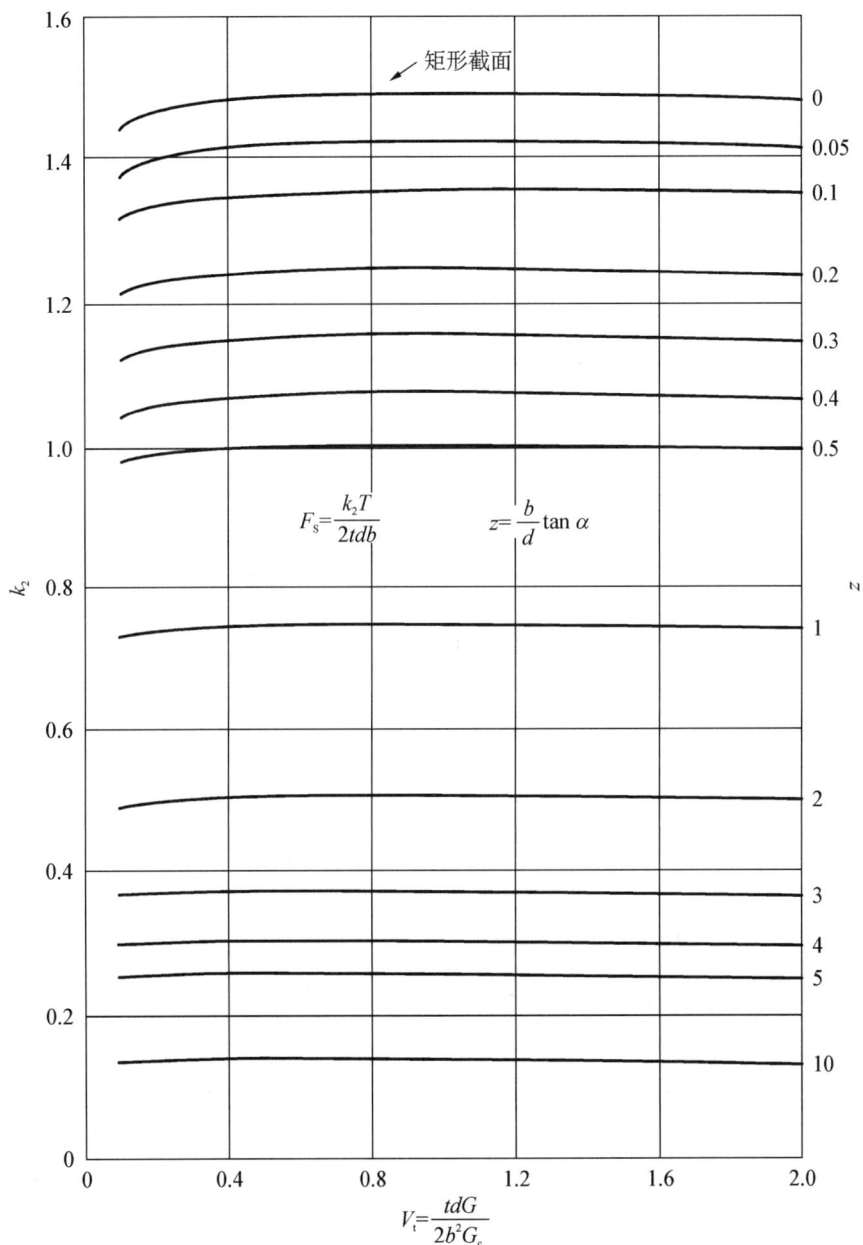

图 4.9.4.1(e)　用于设计矩形和梯形截面夹层板的系数 k_2

最大的面板剪切应力出现在靠近板条宽度中心的位置 $\left(y = \dfrac{b}{2}\right)$，并由下式给出：

$$F_s = \frac{k_2 T}{2tdb} \qquad 4.9.4.1(d)$$

式中：F_s 为面板剪切应力；k_2 为与 V_t 和 z 有关的系数。

最大的芯材剪切应力发生在板条较厚的边缘，可以由下式计算得到：

$$F_{sc} = \frac{k_3 T}{2db} \sqrt{\frac{2G_c}{tdG}} \qquad 4.9.4.1(e)$$

式中：F_{sc} 为芯材剪切应力；k_3 为与 V_t 和 z 有关的系数。

将方程 4.9.4.1(a) 和 4.9.4.1(d) 联立求解，可得

$$d = \frac{k_1 F_s L}{k_2 G\theta} \qquad 4.9.4.1(f)$$

图 4.9.4.1(b)～(e) 给出了 k_1 和 k_2 的图表，系数由 V_t 和 z 的公式表示。注意，图 4.9.4.1(b) 和 (c) 显示的是同一条曲线的不同部分，图 4.9.4.1(d) 和 (e) 也是如此。图 4.9.4.1(b) 和 (d) 显示的是从曲线 $V_t = 0$ 到 $V_t = 0.1$ 的部分，而图 4.9.4.1(c) 和 (e) 则显示的是曲线从 $V_t = 0.1$ 到 $V_t = 2.0$ 的部分。

4.9.4.1.1　确定 d 和 t 的最小值

把 $V_t = 0$ 的假设作为确定 d 和 t 的最小值第 1 种近似。只有芯材剪切模量为无限大时 $V_t = 0$，此时 d 和 t 的值最小；但实际上，任何芯材的剪切模量都是有限大的，因此必须采用更厚的芯材和面板。从图 4.9.4.1(b) 和 (d) 中可以得到 $V_t = 0$ 时的 k_1 和 k_2 值，代入公式 4.9.4.1(f) 中计算得到 d 的最小值。

将该值代入式 4.9.4.1(d)，解出 t 的最小值。如果 t 的计算结果太小，对于面板厚度来说不合理时，有必要减小面板应力 F_s 的值，并且根据公式 4.9.4.1(f) 重新设计计算。

4.9.4.1.2　确定 d 和 t 的实际值

因为实际的芯材剪切模量不是很大，d 和 t 值或许会大于式 4.9.4.1(d) 和式 4.9.4.1(f) 计算出的值。要确定 d 的实际值，可以先根据图 4.9.4.1(b)～(e)，查到 $V_t \neq 0$ 时的 k_1 和 k_2 值，再由公式 4.9.4.1(f) 计算得到 d。使用这些图表，迭代是很有必要的，因为 V_t 直接与 d 和 t 成比例，并且 z 的值也取决于 d。为了帮助确定 d 值和 G_c 值，图 4.9.3.2.2 描绘的这些曲线，表示了不同的 G_c 值下 V 的值，其中，V 的值从 0.01～2，G_c 的范围从 $68 \times 10^2 \sim 68 \times 10^5\,\text{Pa}(1000\sim1\,000\,000\,\text{psi})$。接下来的过程建议如下：

（1）使用 4.9.4.1.2 节确定的 d 的最小值，根据公式 4.9.4.1(c) 计算得到 z。

（2）查图表 4.9.4.1(b) 和 (d)，确定 $V_t = 0.01$ 时的 k_1 和 k_2。

（3）根据公式 4.9.4.1(f) 计算 d 值，并将计算得到的值作为一个新的值代入到公式 4.9.4.1(c) 中，计算得到一个新的 z 值。

（4）重复步骤(2)和(3)，直到由公式 4.9.4.1(f)计算得到的 d 值与公式 4.9.4.1(c)计算的 z 值一致。

（5）由公式 4.9.4.1(d)解出 t：

$$t = \frac{k_2 T}{2dbF_s}$$

（6）计算与 V_t 和 G_c 相关的常数：$\frac{tdG}{2b^2} = V_t G_c$

（7）根据上述计算得到的常数查图 4.9.4.1.2，并确定 G_c 值。

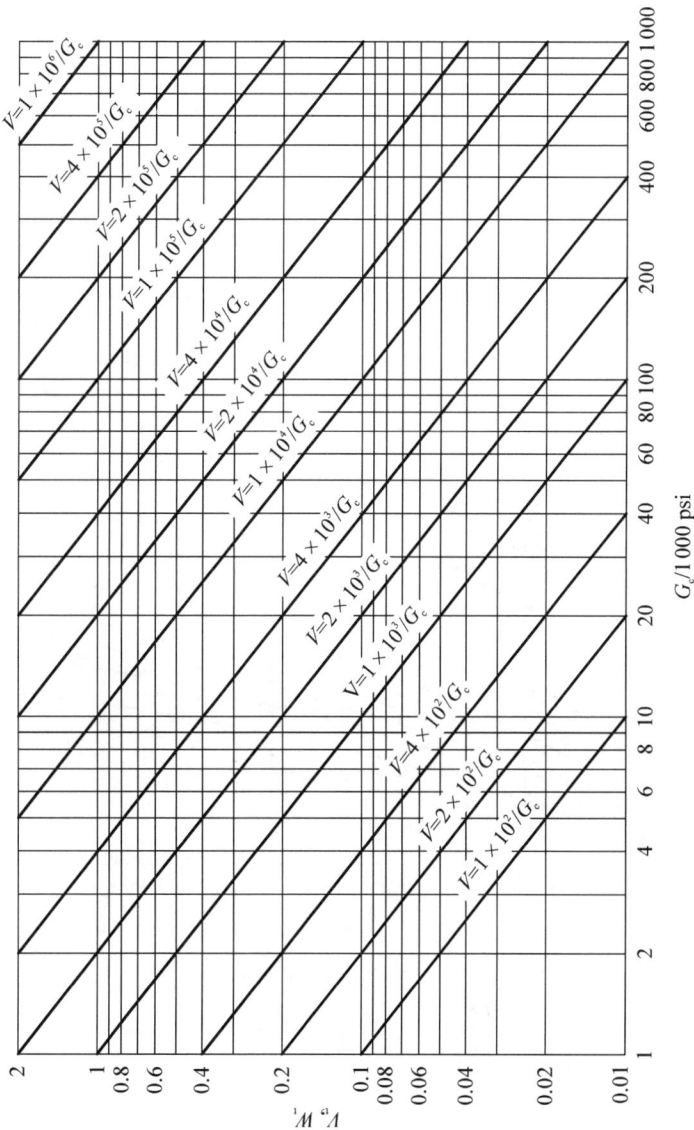

图 4.9.4.1.2　受扭力夹层板条的 V_t、W_t 和 G_c

（8）如果剪切模量在可取材料参数的范围之外，向上移动图 4.9.4.1.2 中相应的曲线，并选取一个新的 V_t 值，得到合理的剪切模量值。

（9）用 V_t 新值，重新查图 4.9.3.2.1(b)～(c)，重复之前的步骤。

4.9.4.1.3　梯形或矩形截面夹层板条的校核步骤

应使用图 4.9.4.1(b)～(e)中的图表和 4.9.4.1.2 节校核设计，用图 4.9.4.1.3(a)和(b)确定系数 k，并用公式 4.9.4.1(a)、(d)和(e)确定理论的可行性。

对于四边封闭[见图 4.9.4.1.3(c)左上角的插图]的矩形截面，扭转角度可以由矩形截面的扭转基本理论计算。对于封闭的、薄壁的矩形截面，系数 k_1 在图 4.9.4.1.3(c)的图线中给出。

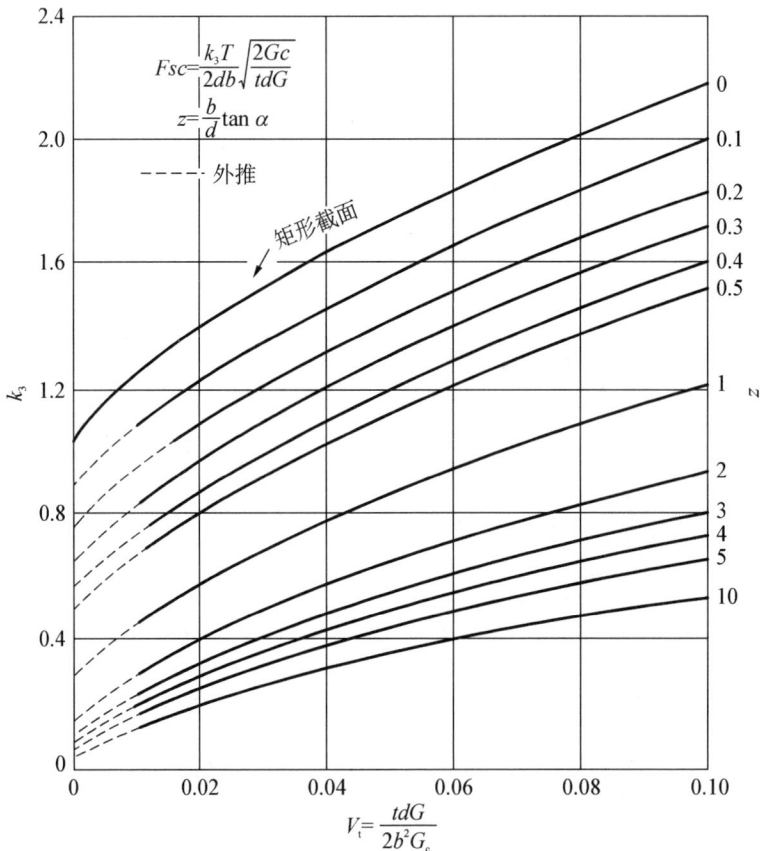

图 4.9.4.1.3(a)　用于设计矩形截面和梯形截面刚芯夹层板条受扭力时的系数 k_3

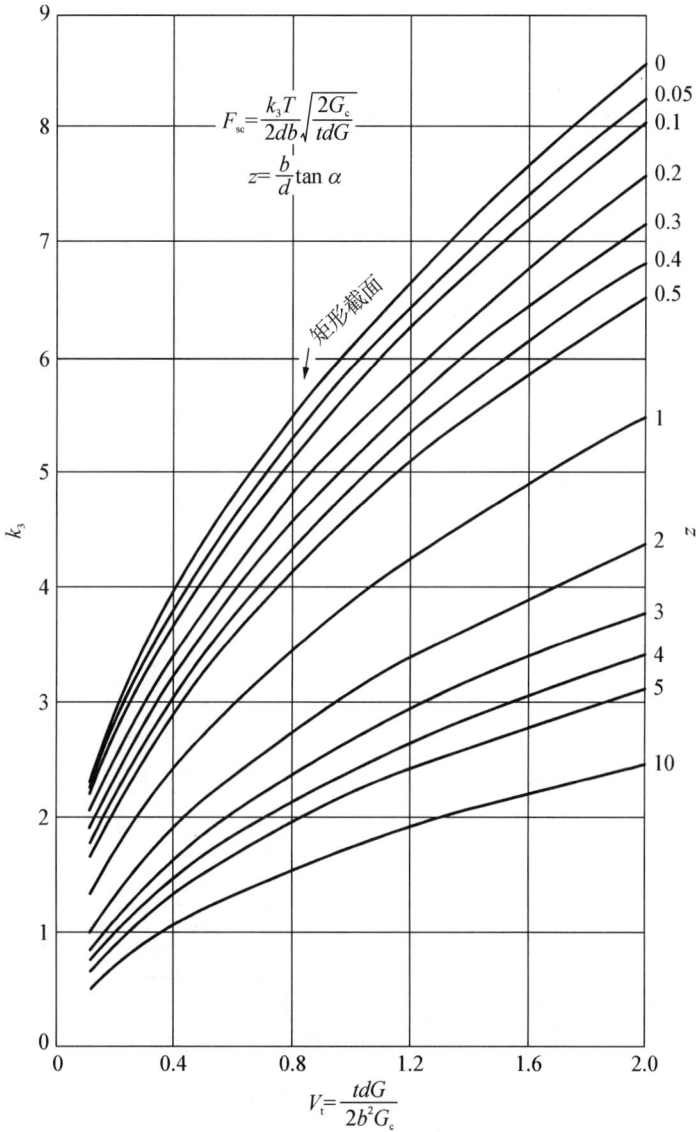

$$F_{sc} = \frac{k_3 T}{2db}\sqrt{\frac{2G_c}{tdG}}$$

$$z = \frac{b}{d}\tan\alpha$$

矩形截面

$$V_t = \frac{tdG}{2b^2 G_c}$$

图 4.9.4.1.3(b)　用于设计矩形截面和梯形截面的夹层板条受扭力
时的系数 k_3

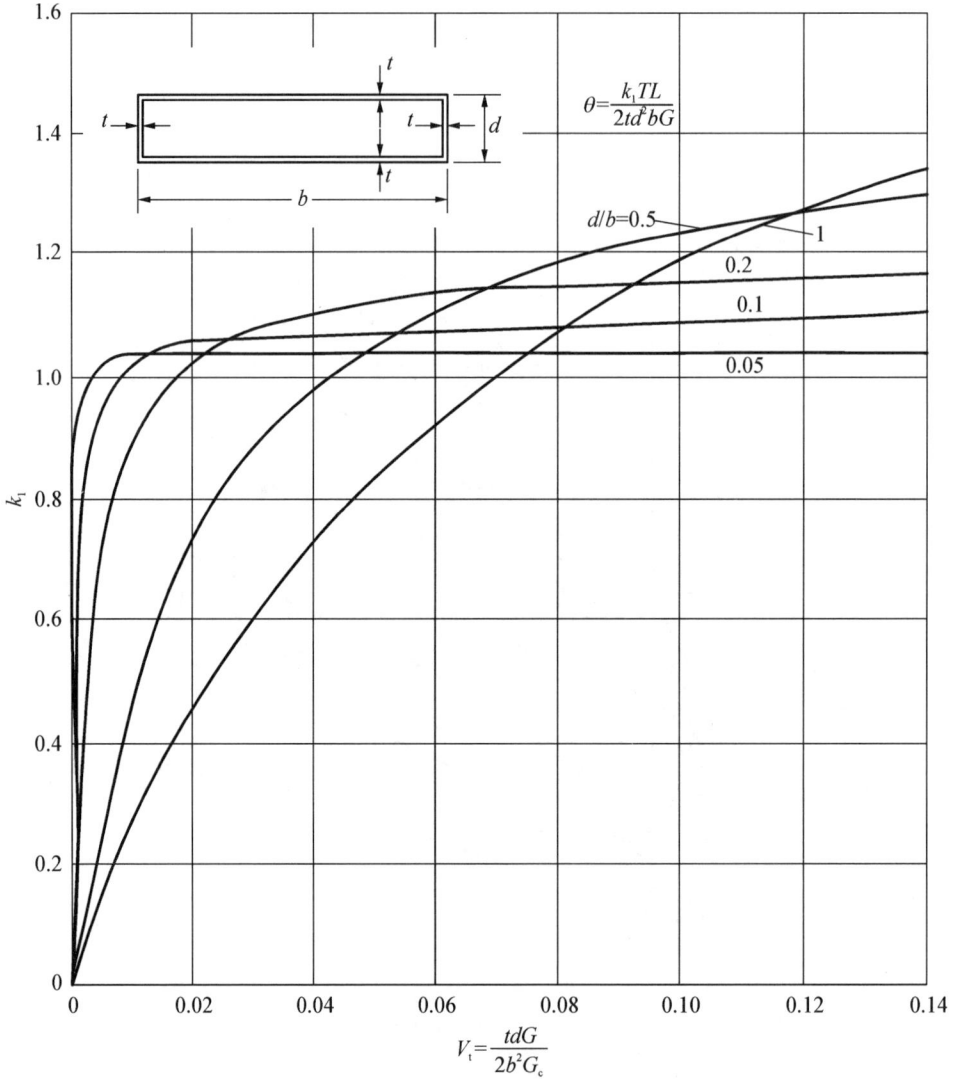

图 4.9.4.1.3(c)　用于设计封闭的薄壁矩形截面的夹层板条受扭力时的系数 k_1

4.9.4.2　确定三角形截面的夹层板条的面板厚度和芯材剪切模量

本节介绍如何确定夹层板条的面板厚度和芯材剪切模量的步骤,使得选择的设计面板应力和许用的夹层扭转不会超限(见 4.9.4.1 节)。

三角形夹层板条长度为 L 的一端的扭转角度与另一端相关,公式如下:

$$\theta = \frac{k_{11}TL}{8tb^3G} \qquad\qquad 4.9.4.2(a)$$

式中:θ 为扭转角(弧度);k_{11} 为与 W_t 和 α 相关的系数[见图 4.9.4.2.1(a)];T 为扭矩;b 为夹层板条的宽度;t 为夹层的面板厚度;α 为面板相对于中面的角度,如图 4.9.4.2 中的符号所示;G 为夹层面板的刚度模量,W_t 由以下公式给出:

$$W_t = \frac{tG}{2bG_c} \qquad\qquad 4.9.4.2(b)$$

式中:G_c 为芯材在 x-z 平面的剪切模量;xOy 定义为芯材中面;z 垂直于芯材中面,如图 4.9.4.2 所示;其余符号在前文中已经定义过。

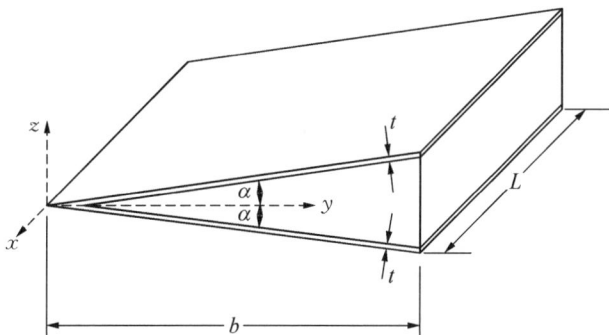

图 4.9.4.2　受扭力的三角形截面夹层板的各部位符号标记

最大的面板剪切应力发生在靠近板条宽度中心的位置,并且可以由下式给出:

$$F_s = \frac{k_{22}T}{4tb^2} \qquad\qquad 4.9.4.2(c)$$

式中:F_s 为面板剪切应力;k_{22} 为与 W_t 和 α 有关的系数。

最大的芯材剪切应力发生在板条较厚的边缘,可以由下式计算得到:

$$F_{sc} = \frac{k_{33}T}{4b^3} \qquad\qquad 4.9.4.2(d)$$

式中:F_{sc} 是芯材剪切应力;k_{33} 是一个与 W_t 和 α 有关的系数[见图 4.9.4.2.3(a)]。

由公式 4.9.4.2(a)和(c)可知,面板厚度 t 有以下两个表达式:

$$t = \frac{k_{11}TL}{8b^3G\theta} \qquad\qquad 4.9.4.2(e)$$

和

$$t = \frac{k_{22} T}{4b^2 F_s} \qquad\qquad 4.9.4.2(f)$$

必须取公式 4.9.4.2(e)或(f)中的较大值以避免过大的扭矩式应力。

4.9.4.2.1 确定 t 的最小值

t 的最小值可以通过假设 $W_t = 0$ 得到第 1 近似值,此时 t 值最小,因为当且仅当芯材剪切模量是无穷大时 $W_t = 0$;但是对于任何真实芯材剪切模量都是有限的,因此必须使用更厚的芯材和面板。$W_t = 0$ 时,k_{11} 和 k_{22} 值可以从图4.9.4.2.1(a)和(b)的曲线中得到,将其代入公式 4.9.4.2(e)和(f)中可以得到 t 的最小值。公式4.9.4.2(e)和(f)中的较大值就是 $W_t = 0$ 时 t 的值。如果 t 的计算结果太小不能作为

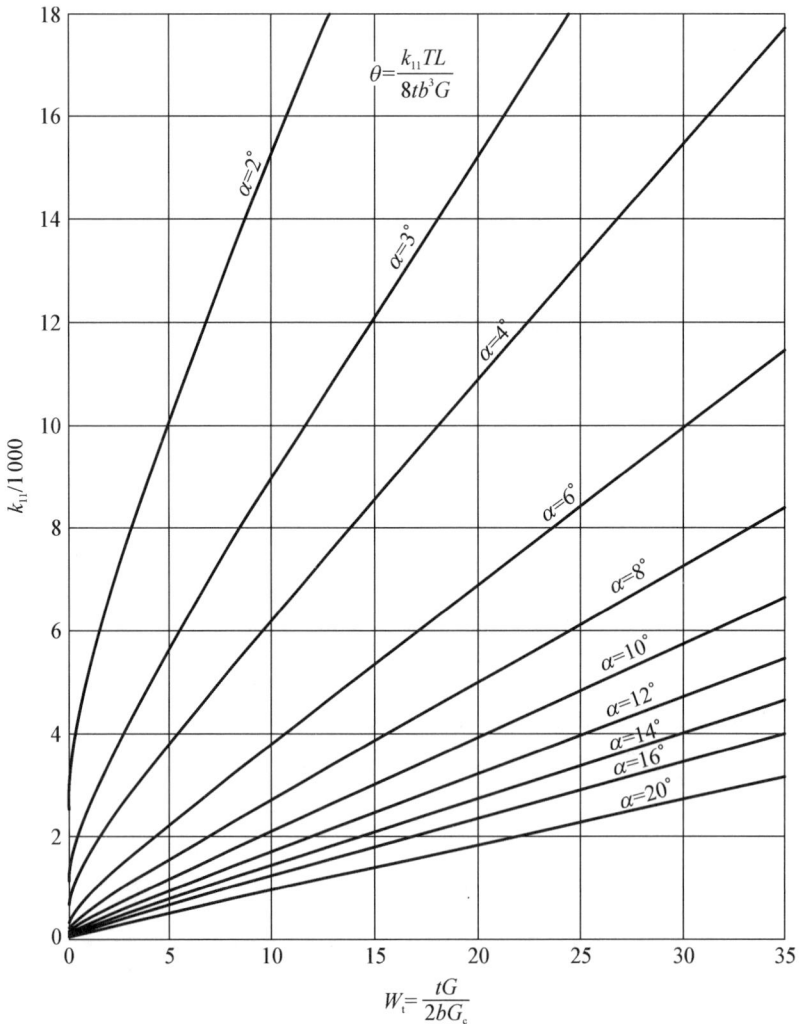

图 4.9.4.2.1(a) 用于设计扭转作用下三角形横截面的夹层板条的系数 k_{11}

$$F_s = \frac{k_{22}T}{4tb_2}$$

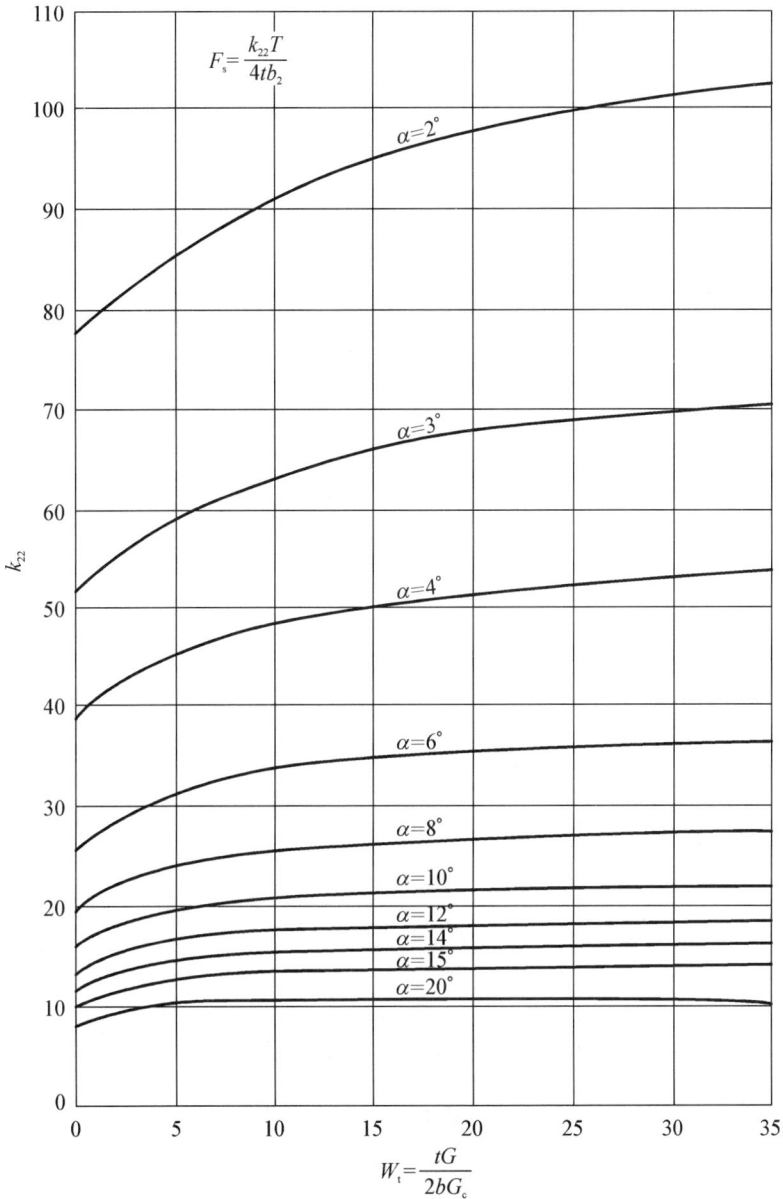

图 4.9.4.2.1(b)　用于设计扭转作用下三角形横截面的夹层板条的系数 k_{22}

$$W_t = \frac{tG}{2bG_c}$$

合理的面板厚度,则必须降低扭转角的值 θ 和面板应力 F_s,并且根据公式 4.9.4.2(e)
和(f)重新进行设计。

4.9.4.2.2　确定 t 的实际值

由于芯材剪切模量的实际值不是非常大,必须用一个比公式 4.9.4.2(e)和(f)
计算出的值略大的 t 值。t 的真实值可以由公式 4.9.4.2(e)和(f)及图
4.9.4.2.1(a)和(b)的曲线中得到的 $W_t \neq 0$ 时的 k_{11} 和 k_{22} 的值测得。在使用这些曲

线图时,因为 W_t 与 t 成正比,所以必须进行迭代。为辅助确定 t 和 G_c,图4.9.4.1.2给出了许多不同 G_c 值时 V_t 或 W_t 的曲线,且 V_t 或 W_t 的范围为 $0.01\sim2$,G_c 的范围为 $6.8\times10^2\sim6.8\times10^5$ Pa($1\,000\sim1\,000\,000$ psi)。步骤如下:

(1) 从图4.9.4.2.1(a)和(b)中得到的 W_t 为1时 k_{11} 和 k_{22} 的值。

(2) 计算公式4.9.4.2(e)和(f),取较大值为 t。

(3) 计算 W_t 与 G_c 的关系常数

$$\frac{tG}{2b} = W_t G_c$$

(4) 将这个常数代入图4.9.4.1.2中得到 G_c。

(5) 如果剪切模量超过了有效材料值的范围,将图4.9.4.1.2中合适的曲线上移并选取一个新的 W_t 值,得到一个芯材剪切模量的合理值。

(6) 将新的 W_t 值重新代回图4.9.4.2.1(a)和(b)中并重复上述步骤。

4.9.4.2.3　三角形截面夹层板条的校核步骤

应用图4.9.4.2.1(a)、(b)和4.9.4.2.3(a)中的曲线校核设计以确定系数 k 及

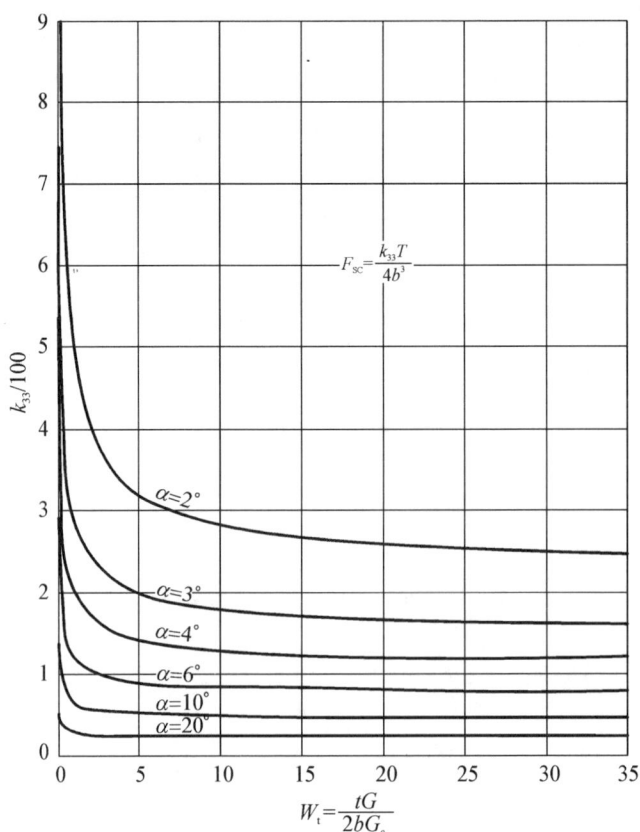

图4.9.4.2.3(a)　用于设计扭转作用下三角形横截面的夹层
板条的系数 k_{33}

由公式 4.9.4.2(a)、(c)和(d)确定的理论可行性来校核夹层板条的设计。

如果三角形横截面是封闭的,则扭转角可由参考文献 4.9.4.2.3 的理论得到。当三角形横截面为封闭的薄壁结构时,系数 k_{11} 由图 4.9.4.2.3(b)的曲线给出。

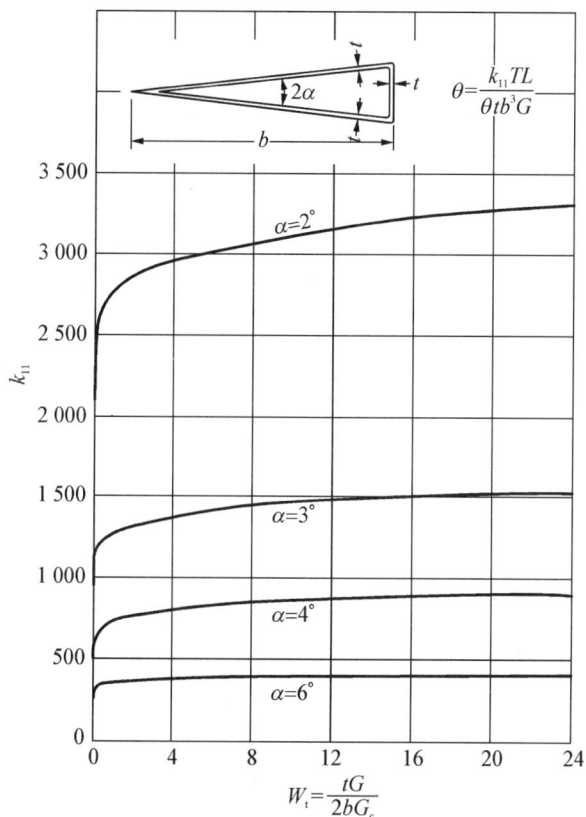

图 4.9.4.2.3(b)　用于设计扭转作用下封闭的薄壁三角形横截面夹层板条的系数 k_{11}

4.9.5　承受沿边弯矩的矩形夹层平板的设计

假设设计前已选定了设计应力并给出了要传递的设计载荷,设计一个承受沿边弯矩的夹层结构矩形平板必须遵循第 4.2.1 节中总结的基本设计原则,且必须符合这些条件。本节针对总体屈曲,对第 4.4 节中列出的其他失效模式需要分别校核。

夹层结构的总体屈曲或局部失稳如面板的凹陷和皱曲可能导致平板的整体压溃。确定面板和芯材尺寸及必要的芯材性能的理论公式和曲线图的详细步骤将分段给出。计算公式有两种:一种用于具有不同材料和厚度面板的夹层结构;另一种则用于具有相同材料和厚度面板的夹层结构。

由于沿边弯矩引起了面板应力沿平板宽度方向的变化,外推至超过面板应力弹性范围的屈曲无法取代屈曲公式中的有效弹性模量,如剪切模量。超过弹性范围的应力的适当外推必须考虑沿平板宽度方向的有效弹性模量随应力改变而发生的变化。这里给出的信息仅严格适用于面板应力在弹性范围内的屈曲。面板弹性模量 E 和应力值 F_c 应为使用条件下的压缩值,即如果应用在高温环境下,则应使用高温时的面板性能进行设计。

4.9.5.1 确定面板厚度

由于简支引起的沿边弯矩,矩形夹层平板产生了如图 4.9.5.1 中的小图所示的载荷。平板的一半受到沿边拉力处于稳定状态,但是另一半受到沿边压力。由于沿

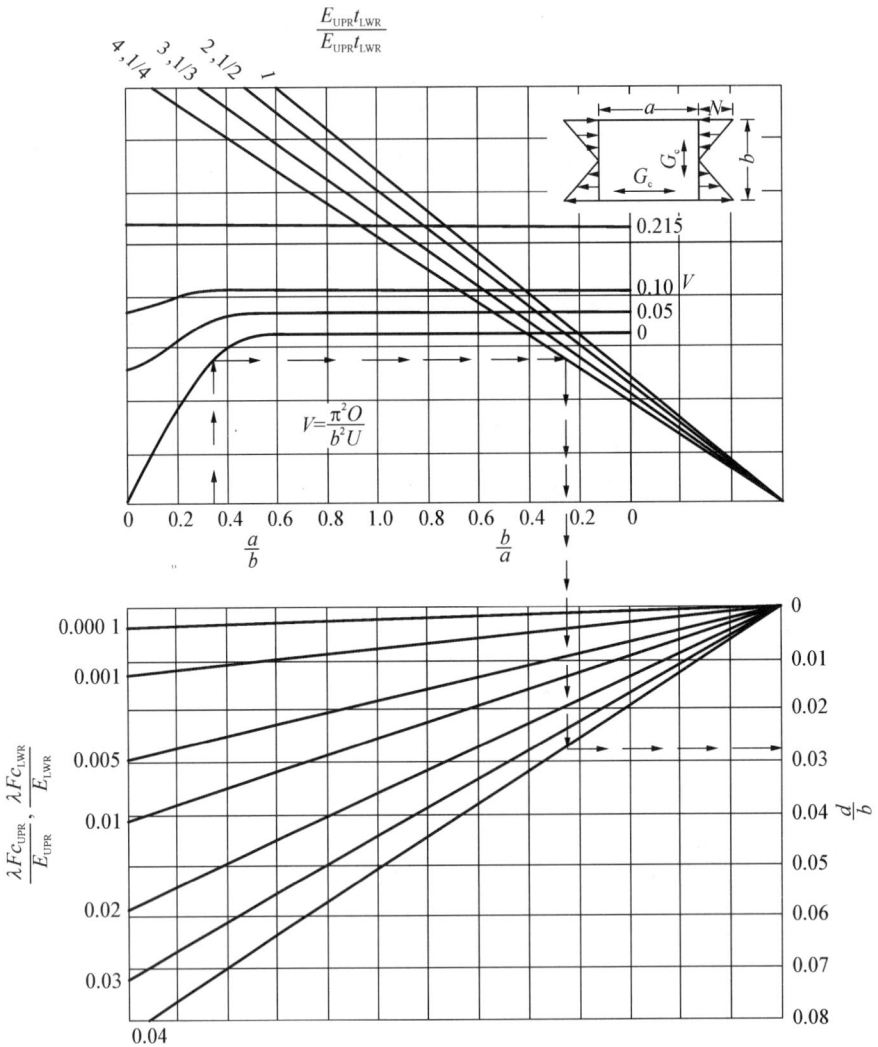

图 4.9.5.1 确定 $\dfrac{d}{b}$ 比值的图表,使得具有各向同性面板和各向同性芯材($G_{cb} = G_{ca}$)的简支夹层板不会在侧边弯曲载荷下屈曲

边压缩载荷从中性轴处的零到平板边缘的最大值 N 之间变化,因此会造成屈曲。

平板边缘 N 的值由如下公式测得:

$$N = \frac{6M}{b^2}$$ 　　　　4.9.5.1(a)

式中: N 为单位边缘宽度的载荷; M 为沿边弯矩; b 为平板宽度。

虽然沿边弯曲的屈曲公式与沿边压缩屈曲的公式相似,但是沿边弯曲的临界载荷 N_{cr} 更高。

面板应力与沿边载荷有以下公式所示的关系:

$$t_{UPR}F_{c\,UPR} + t_{LWR}F_{c\,LWR} = N$$

$$t = \frac{N}{2F_c}(适用于相同面板)$$ 　　　4.9.5.1(b)

式中: t 为面板厚度; F_c 为所选的面板设计压缩应力; N 为平板边缘单位长度上的设计压缩载荷;UPR 和 LWR 为表示上、下面板的下标。

在确定具有不同材料面板夹层结构的面板厚度时,必须满足公式4.9.5.1(b),也必须选择合适的应力 $F_{c\,UPR}$ 和 $F_{c\,LWR}$ 以满足 $F_{c\,UPR}/E_{UPR} = F_{c\,LWR}/E_{LWR}$(其中 E 是面板弹性模量),因此要避免任一面板的过应力。例如,如果上面板是比值 $F_{c\,UPR}/E_{UPR} = 0.005$ 的材料而下面板是比值 $F_{c\,LWR}/E_{LWR} = 0.002$ 的材料,则设计必须基于比值 0.002,否则下面板会产生过应力。为了达到这一要求,上面板选择的设计应力必须更低。对于许多种面板材料的组合,选择满足 $E_{UPR}t_{UPR} = E_{LWR}t_{LWR}$ 的厚度是比较有益的。

如果芯材可以支撑沿边载荷,则 N 应由 $N - F_{c\,core}t_c$ 代替,其中 $F_{c\,core}$ 是芯材中的压缩应力, t_c 是芯材厚度。

4.9.5.2　确定芯材厚度和芯材剪切模量

本节给出了确定芯材厚度和芯材剪切模量的步骤,所以夹层板不发生总体屈曲[见参考文献 4.9.5.2(a)和(b)]。

夹层板发生屈曲时单位平板宽度上的载荷由理论公式给出:

$$N_{cr} = K\frac{\pi^2}{b^2}D$$

式中: D 为夹层弯曲刚度。在求解面板应力时,公式可变为

$$F_{c\,UPR} = \frac{\pi^2 K E_{UPR}}{\lambda}\frac{E_{UPR}t_{UPR}E_{LWR}t_{LWR}}{(E_{UPR}t_{UPR} + E_{LWR}t_{LWR})^2}\left(\frac{d}{b}\right)^2$$

$$F_{c\,LWR} = \frac{\pi^2 K E_{LWR}}{\lambda}\frac{E_{UPR}t_{UPR}E_{LWR}t_{LWR}}{(E_{UPR}t_{UPR} + E_{LWR}t_{LWR})^2}\left(\frac{d}{b}\right)^2$$ 　4.9.5.2(a)

$$F_c = \frac{\pi^2 KE}{4\lambda}\left(\frac{d}{b}\right)^2(适用于相同面板)$$

式中：E 为面板的弹性模量；$\lambda = 1 - \nu^2$，ν 是面板的泊松比（公式 4.9.5.1(b) 中假定 $\nu = \nu_{\text{UPR}} = \nu_{\text{LWR}}$）；$d$ 为面板形心间的距离；b 是加载的平板边缘的长度；$K = K_F + K_M$，K_F 是依赖于面板刚度和平板长宽比的理论系数，K_M 是依赖于夹层弯曲和剪切刚度和平板长宽比的理论系数。4.9.5.3 节给出了关于计算 K_F 和 K_M 的信息。

$\dfrac{d}{b}$ 的求解为

$$\frac{d}{b} = \frac{1}{\pi \sqrt{K}} \sqrt{\frac{\lambda F_{\text{c UPR}}}{E_{\text{UPR}}}} \left(\frac{E_{\text{UPR}} t_{\text{UPR}} + E_{\text{LWR}} t_{\text{LWR}}}{\sqrt{E_{\text{UPR}} t_{\text{UPR}} E_{\text{LWR}} t_{\text{LWR}}}} \right)$$

$$\frac{d}{b} = \frac{1}{\pi \sqrt{K}} \sqrt{\frac{\lambda F_{\text{c LWR}}}{E_{\text{LWR}}}} \left(\frac{E_{\text{UPR}} t_{\text{UPR}} + E_{\text{LWR}} t_{\text{LWR}}}{\sqrt{E_{\text{UPR}} t_{\text{UPR}} E_{\text{LWR}} t_{\text{LWR}}}} \right) \qquad 4.9.5.2(\text{b})$$

$$\frac{d}{b} = \frac{2}{\pi \sqrt{K}} \sqrt{\frac{\lambda F_{\text{c}}}{E}} \text{（适用于相同面板）}$$

因此，如果 K 已知，由于其他量已知，公式 4.9.5.2(b) 可以直接求解得到 d。得到 d 以后，芯材厚度 t_{c} 可以由公式计算得到：

$$t_{\text{c}} = d - \frac{t_{\text{UPR}} + t_{\text{LWR}}}{2} \qquad 4.9.5.2(\text{c})$$

$$t_{\text{c}} = d - t \text{（上下面板相同）}$$

作为第 1 近似值，假设 $K_F = 0$，则 $K = K_M$。K_M 的值依赖于夹层的弯曲和剪切刚度并包含参数

$$V = \frac{\pi^2 D}{b^2 U}$$

也可以写为

$$V = \frac{\pi^2 t_{\text{c}} E_{\text{UPR}} t_{\text{UPR}} E_{\text{LWR}} t_{\text{LWR}}}{(E_{\text{UPR}} t_{\text{UPR}} + E_{\text{LWR}} t_{\text{LWR}}) \lambda b^2 G_{\text{c}}}$$

$$V = \frac{\pi^2 t_{\text{c}} E t}{2 \lambda b^2 G_{\text{c}}} \text{（适用于相同面板）} \qquad 4.9.5.2(\text{d})$$

式中：U 为夹层剪切刚度；G_{c} 为对应于平行加载方向（也平行于平板边长 a）的轴与垂直板面的轴组成的面内的芯材剪切模量。随着芯材剪切模量的降低，V 的值升高而 K_M 的值逐渐降低。

对于具有平行于加载方向的波纹槽的波纹夹层结构，参数 V 由以下参数代替：

$$V_2 = \frac{\pi^2 t_{\text{c}} E_{\text{UPR}} t_{\text{UPR}} E_{\text{LWR}} t_{\text{LWR}}}{(E_{\text{UPR}} t_{\text{UPR}} + E_{\text{LWR}} t_{\text{LWR}}) \lambda b^2 G_{\text{cb}}}$$

$$V_2 = \frac{\pi^2 t_{\text{c}} E t}{2 \lambda b^2 G_{\text{cb}}} \text{（适用于面板相同）} \qquad 4.9.5.2(\text{e})$$

式中：G_{cb}为垂直加载方向(平行于平板边长 b)的轴与垂直板面的轴组成的面内的芯材剪切模量。

4.9.5.2.1　确定 d 的最小值

规定的 d 最小值可以通过假设 $V=0$ 或 $V_2=0$ 得到第一级近似值,此时的 d 值最小,因为当且仅当芯材剪切模量为无穷大时,$V=0$ 或 $V_2=0$;但是对于任何真实芯材剪切模量都是有限的,因此必须使用更厚的芯材。在图 4.9.5.1 和图 4.9.5.2.1(a)~(c)的任一图表中都可以用 $V=0$ 或 $V_2=0$ 找到 d 的最小值。这些图表适用于具有各向同性面板和各向同性、正交各向异性或波纹芯材的简支夹层板。

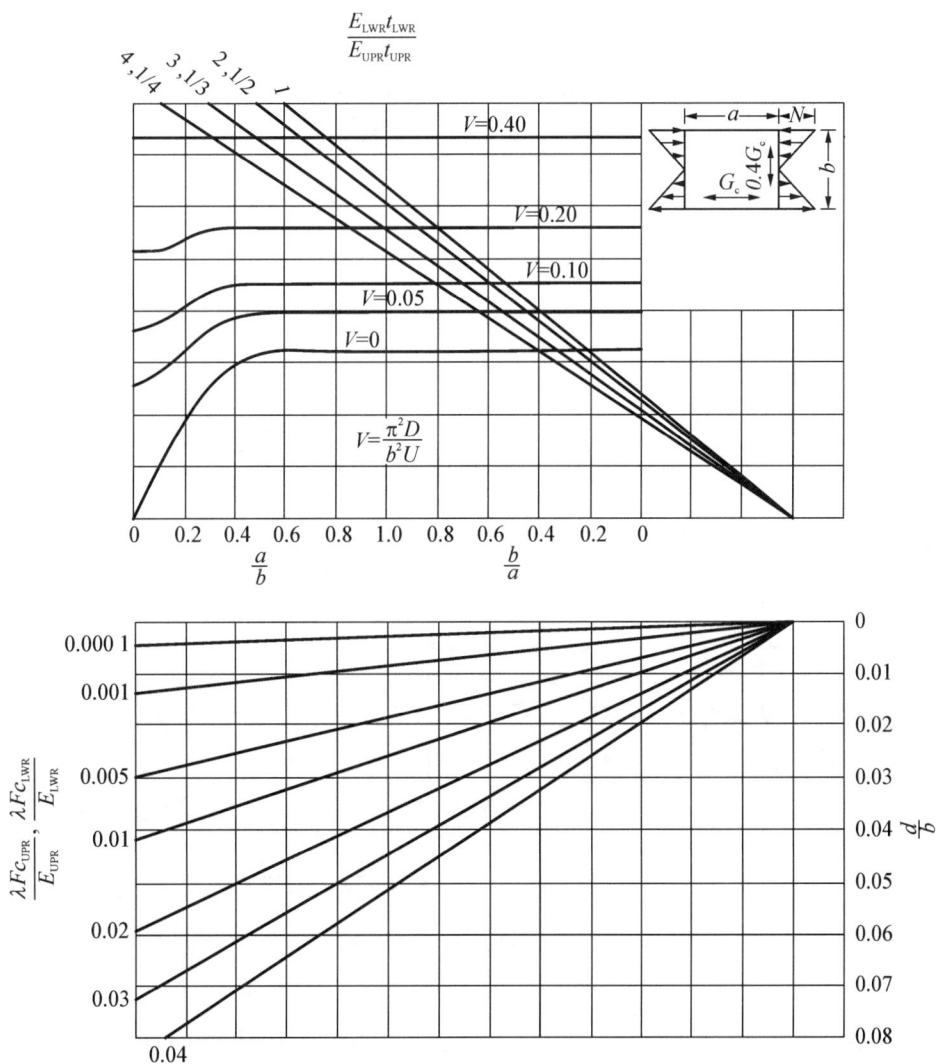

图 4.9.5.2.1(a)　确定 $\dfrac{d}{b}$ 比值的图表,使得具有各向同性面板和正交各向异性芯材($G_{cb}=0.4G_{ca}$)的简支夹层板不会在侧边弯曲载荷下屈曲

$$\frac{E_{\text{LWR}}t_{\text{LWR}}}{E_{\text{UPR}}t_{\text{UPR}}}$$

4,1/4　3,1/3　2,1/2　1

0.15

0.10　V

0.05

0

$$V = \frac{\pi^2 D}{b^2 U}$$

0　0.2　0.4　0.6　0.8　1.0　0.8　0.6　0.4　0.2　0

$$\frac{a}{b}$$　　　$$\frac{b}{a}$$

0.000 1

0.001

0.005

0.01

$$\frac{\lambda FC_{\text{URP}}}{E_{\text{UPR}}}, \frac{\lambda FC_{\text{URP}}}{E_{\text{UPR}}}$$

0.02

0.03

0.04

0

0.01

0.02

0.03

0.04　$$\frac{d}{b}$$

0.05

0.06

0.07

0.08

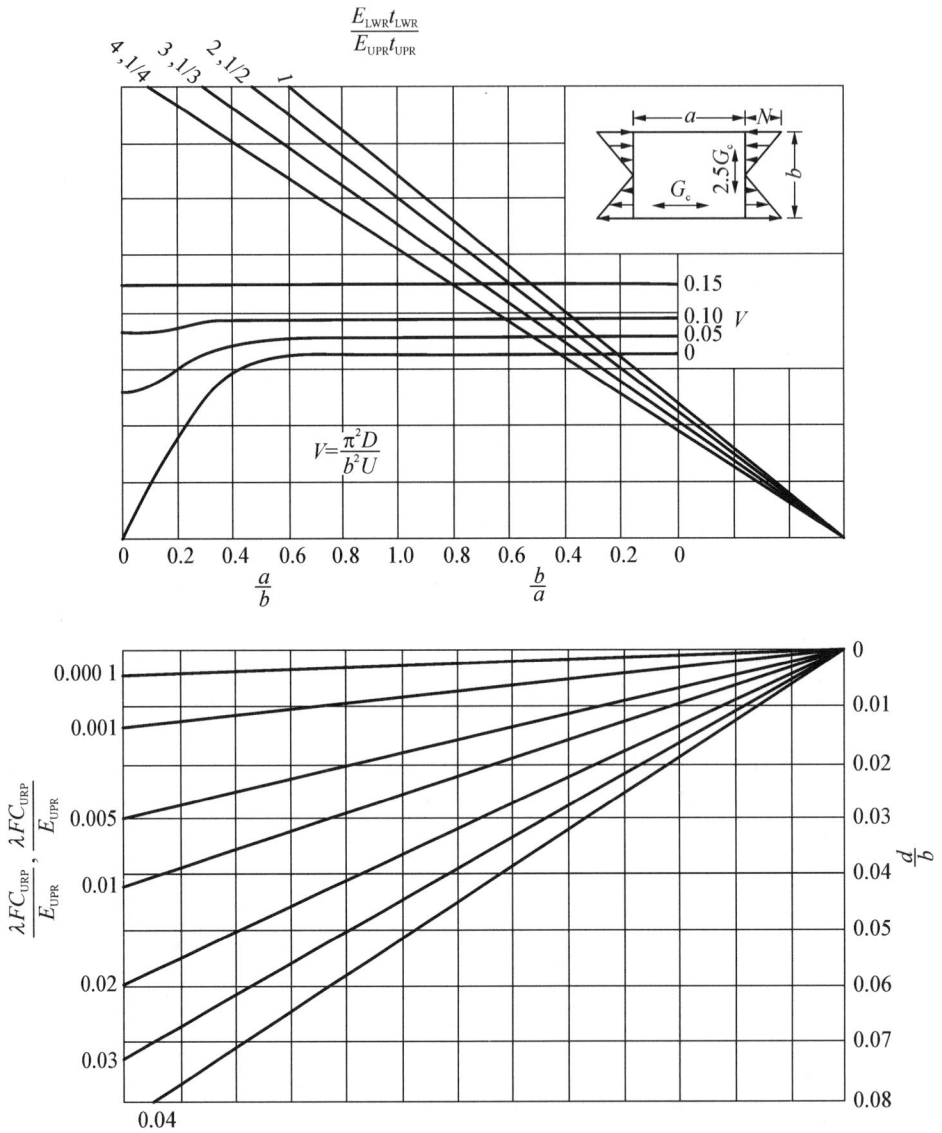

图 4.9.5.2.1(b)　确定 $\frac{d}{b}$ 比值的图表,使得具有各向同性面板和正交各向异性芯材($G_{\text{cb}} =$ 2.5G_{ca})的简支夹层板不会在侧边弯曲载荷下屈曲

$$\frac{E_{LWR}t_{LWR}}{E_{UPR}t_{UPR}}$$

4,1/4　3,1/3　2,1/2　1

0.50

0.20 · V_2

0.05

0

$$V_2=\frac{\pi^2 t_c D}{b^2 d^2 G_{cb}}$$

$G_{ca}=\infty$　G_{cb}

0　0.2　0.4　0.6　0.8　1.0　0.8　0.6　0.4　0.2　0

$$\frac{a}{b}$$　　　　　$$\frac{b}{a}$$

0.000 1

0.001

0.005

0.01

0.02

0.03

0.04

$$\frac{\lambda FC_{URP}}{E_{UPR}},\ \frac{\lambda FC_{URP}}{E_{UPR}}$$

0

0.01

0.02

0.03

0.04

0.05

0.06

0.07

0.08

$$\frac{d}{b}$$

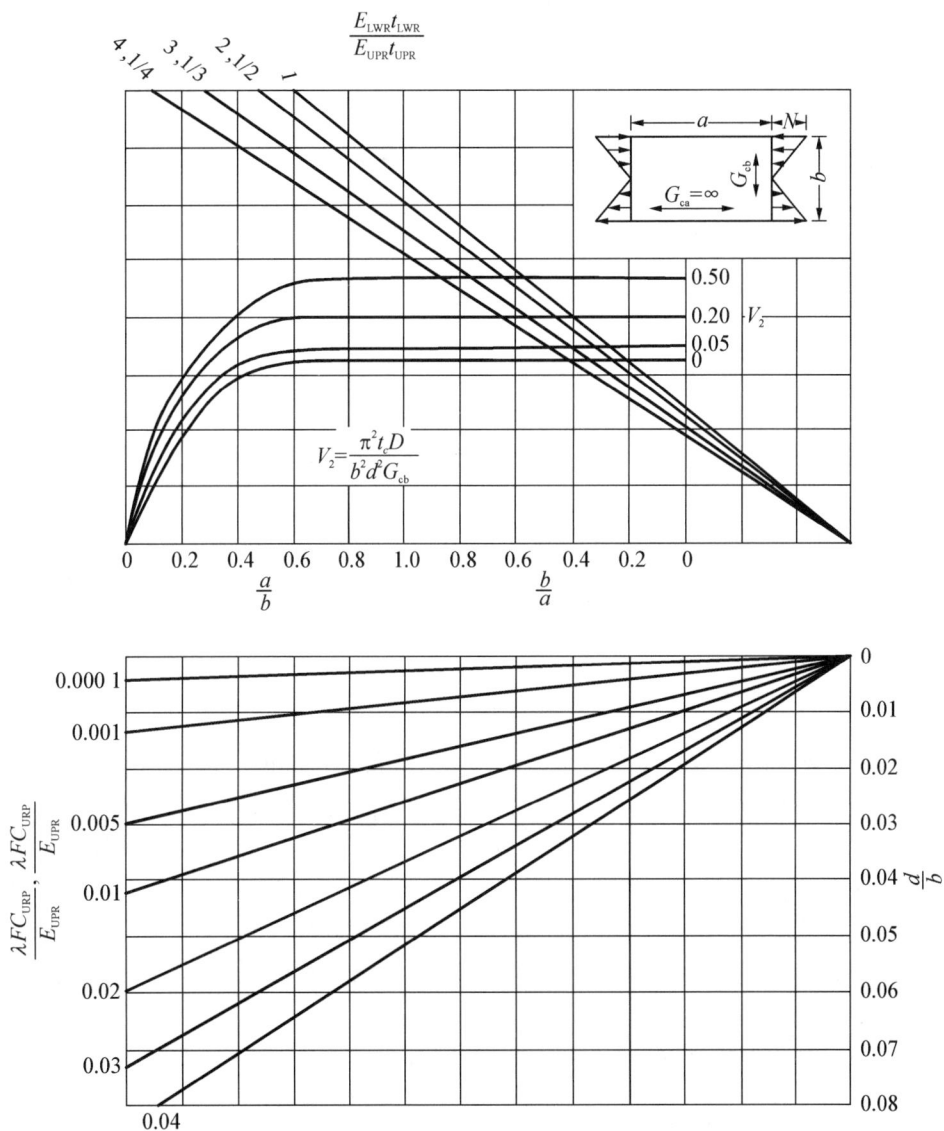

图 4.9.5.2.1(c)　确定 $\dfrac{d}{b}$ 比值的图表,使得具有各向同性面板和波纹芯材的简支夹层板不会在侧边弯曲载荷下屈曲;芯材的波纹槽平行于边 a

这些图表需要用到的参数有:

(1) 平板长宽比 $\dfrac{a}{b}$ 或 $\dfrac{b}{a}$;

(2) 面板性能 $\dfrac{\lambda F_{c\,\text{UPR}}}{E_{\text{UPR}}}$ 和 $\dfrac{\lambda F_{c\,\text{LWR}}}{E_{\text{LWR}}}$;

(3) $E_{\text{LWR}}t_{\text{LWR}}/E_{\text{UPR}}t_{\text{UPR}}$ 的比值。

4.9.5.2.2 确定 d 的实际值

由于芯材剪切模量的实际值不是非常大,必须用一个比假设 $V=0$ 或 $V_2=0$ 得到的值略大的 d 值。图 4.9.5.1 和图 4.9.5.2.1(a)~(c)为用于确定所有边均为简支的夹层结构 d 值的图表。这些图需要用到平板长宽比的值和由公式 4.9.5.2(d) 计算出的 V 值,或由公式 4.9.5.2(e)计算出的 V_2 值。图 4.9.5.1 适用于具有各向同性芯材的夹层结构,其垂直于加载方向的芯材剪切模量与平行于加载方向的芯材剪切模量相等。图 4.9.5.2.1(a)适用于具有蜂窝芯材的夹层结构,其垂直于加载方向的芯材剪切模量是平行于加载方向的芯材剪切模量的 0.4 倍。图 4.9.5.2.1(b)适用于具有蜂窝芯材的夹层结构,其垂直于加载方向的芯材剪切模量是平行于加载方向的芯材剪切模量的 2.5 倍。

注:对于具有平行于加载方向的芯材带(ribbons)的蜂窝芯材,$G_c=G_{\text{TL}}$ 且垂直于加载方向的剪切模量为 G_{TW}。对于具有垂直于加载方向的芯材带的蜂窝芯材,$G_c=G_{\text{TW}}$ 且垂直于加载方向的剪切模量为 G_{TL}。如果芯材带与平板长度 a 成 θ 角,则

$$G_c = \frac{G_{\text{TL}}G_{\text{TW}}}{(G_{\text{TL}}\sin^2\theta + G_{\text{TW}}\cos^2\theta)}$$

图 4.9.5.2.1(c)适用于具有平行于加载方向的波纹槽的波纹层结构。

在使用图 4.9.5.1 和图 4.9.5.2.1(a)~(c)时,因为 V 和 V_2 与芯材厚度 t_c 成正比,所以必须进行迭代。为帮助确定 t_c 和 G_c,图 4.9.5.2.2 给出了许多不同 G_c 值时 V 的曲线,且 V 的范围为 0.01~2,G_c 的范围为 1 000 到 1 000 000 lb/in²。步骤如下:

(1) 从图 4.9.5.1 和图 4.9.5.2.1(a)~(c)中得到 V 或 V_2 为 0.01 时芯材厚度 t_c 的值。

(2) 计算 V 或 V_2 和 G_c 之间的关系常数。

$$\left[\frac{\pi^2 t_c E_{\text{UPR}}t_{\text{UPR}}E_{\text{LWR}}t_{\text{LWR}}}{(E_{\text{UPR}}t_{\text{UPR}}+E_{\text{LWR}}t_{\text{LWR}})\lambda b^2}\right] \text{或} \left[\frac{\pi^2 t_c Et}{2\lambda b^2}\right]\text{(适用于面板相同)} = VG_c \text{ 或 } V_2 G_c$$

(3) 将这个常数代入图 4.9.5.2.2 中得到所需的 G_c。

(4) 如果剪切模量超过了有效材料值的范围,将图 4.9.5.2.2 中合适的曲线上移并选取一个新的 V 或 V_2 值,得到一个芯材剪切模量的合理值。

(5) 将新的 V 或 V_2 值重新代回图 4.9.5.1 和图 4.9.5.2.1(a)~(c)中并重复步骤(1)、(2)和(3)。

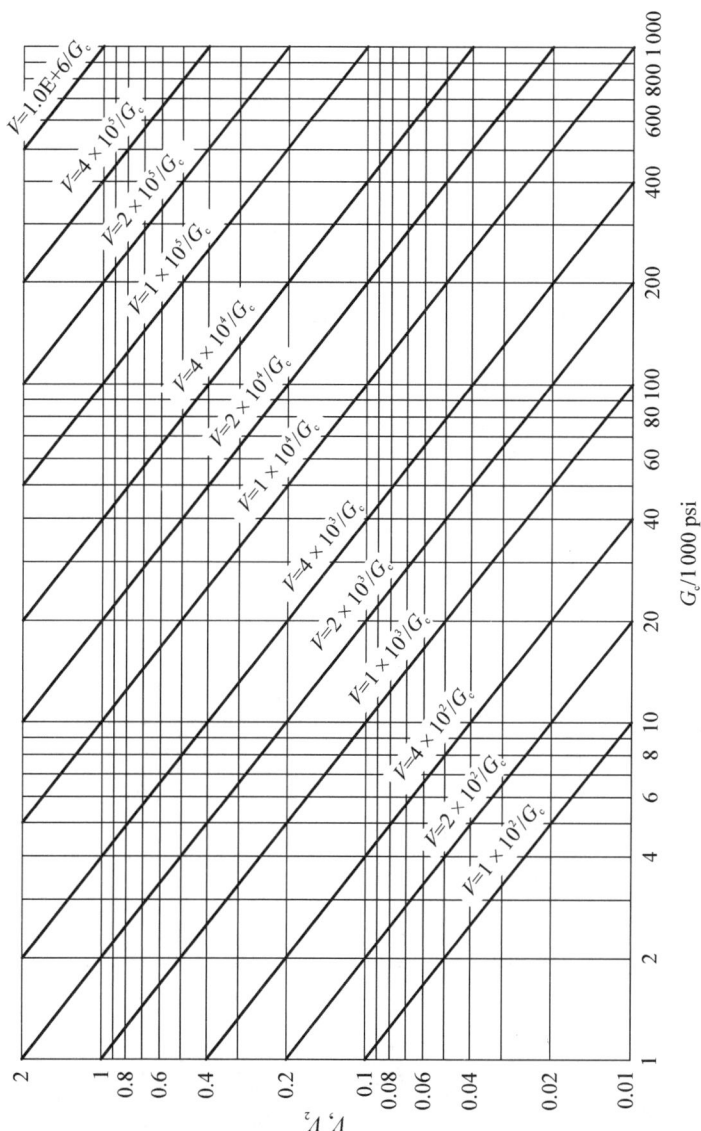

图 4.9.5.2.2　确定侧边弯曲载荷下的 V 或 V_2 和 G_c 的图表

4.9.5.3　确定屈曲应力 F_{cr} 的校核步骤

用图 4.9.5.3(a)～(d)中曲线得到的 K_M 值计算 $K = K_F + K_M$，并将其代入公式 4.9.5.2(a)中计算出的实际屈曲应力 F_{cr} 来校核矩形夹层平板的设计。这些图适用于边缘简支且具有各向同性面板和各向同性或某些正交各向异性芯材的夹层板。

对于参数 V 或 V_2 的每个值，都有一条 K_M 的值随比值 $\dfrac{a}{b}$ 或 $\dfrac{b}{a}$ 变化带有尖顶的曲线。在每幅图顶部的曲线中以虚线显示出这些尖点。这些尖点显示了不同平

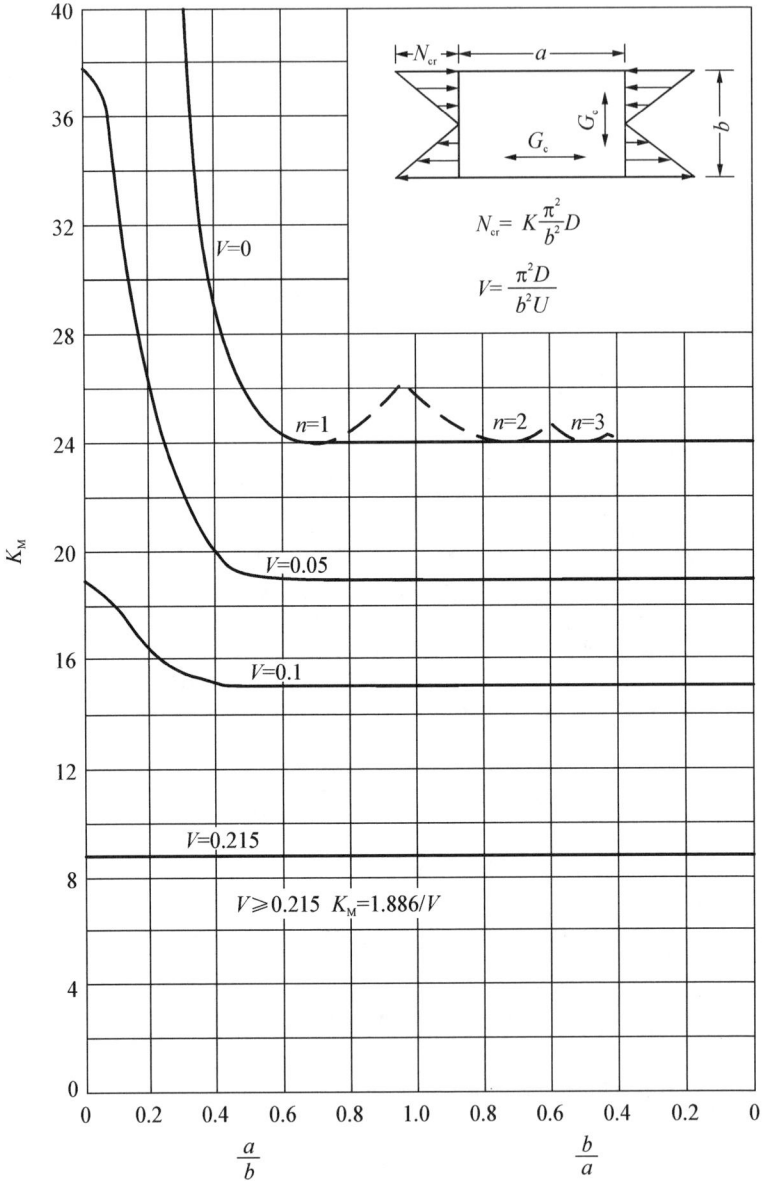

图 4.9.5.3(a) 侧边弯曲载荷下具有各向同性芯材（$G_{cb} = G_{ca}$）的简支夹层板系数 K_M

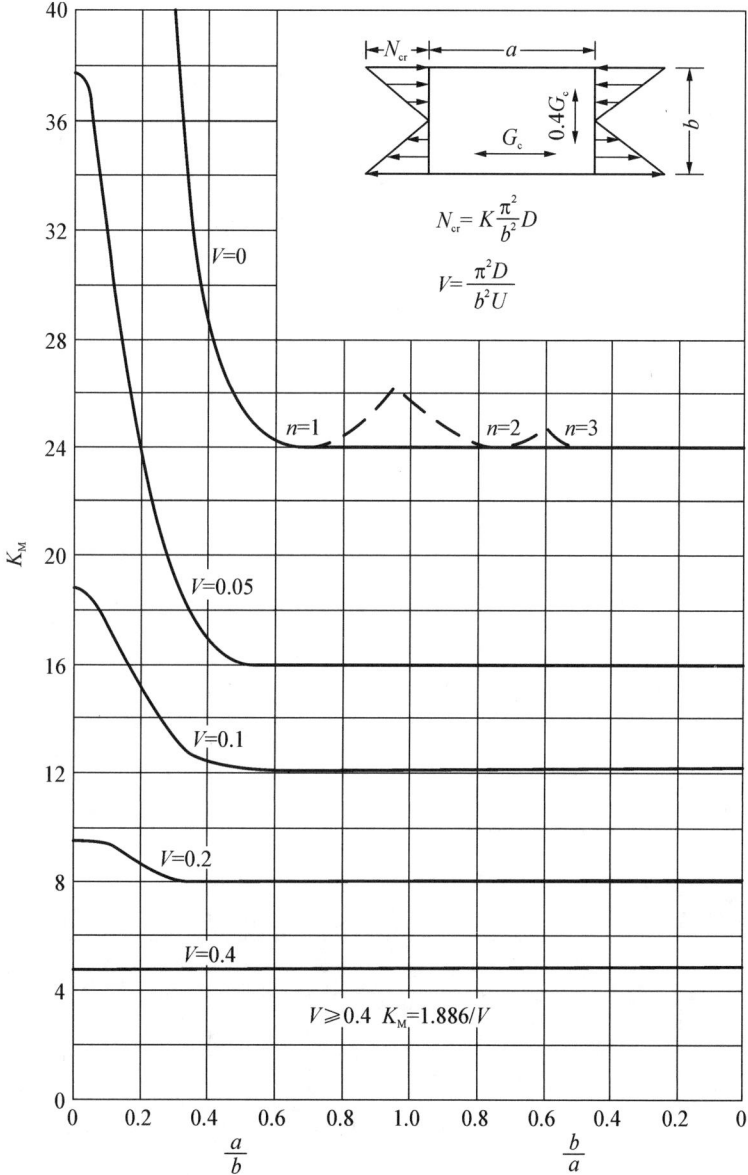

图 4.9.5.3(b) 侧边弯曲载荷下具有正交各向异性芯材 ($G_{cb} = 0.4G_{ca}$) 的简支夹层板系数 K_M

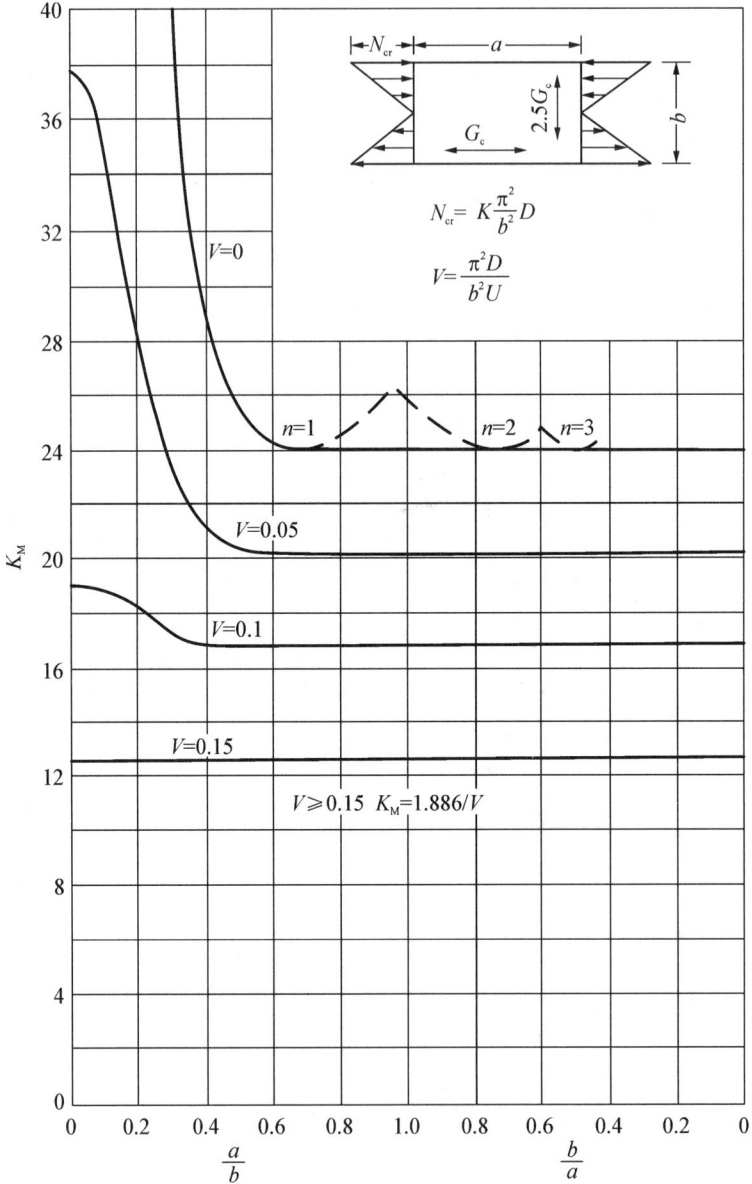

图 4.9.5.3(c)　侧边弯曲载荷下具有正交各向异性芯材（$G_{cb} = 2.5G_{ca}$）
的简支夹层板系数 K_M

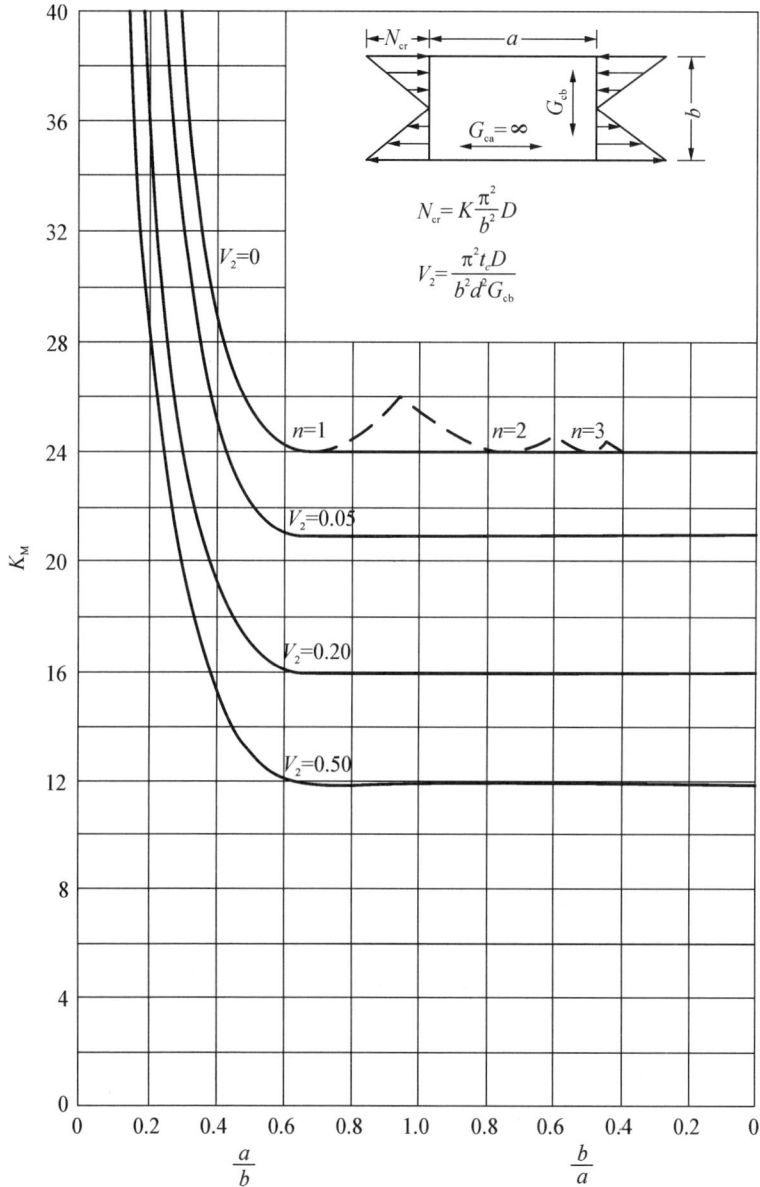

图 4.9.5.3(d)　侧边弯曲载荷下具有波纹芯材的简支夹层板系数 K_M，芯材的波纹槽平行于边 a

板屈曲处的半波数量 n 时夹层板的屈曲系数。图中只显示了 K_M 最小时每个尖顶曲线的一部分。包络曲线指出了设计时用到的 K_M 值。

K_F 的值应由以下公式得到：

$$K_F = \frac{(E_{UPR}t_{UPR}^3 + E_{LWR}t_{LWR}^3)(E_{UPR}t_{UPR} + E_{LWR}t_{LWR})K_{MO}}{12E_{UPR}t_{UPR}E_{LWR}t_{LWR}d^2}$$

4.9.5.3

$$K_F = \frac{t^2 K_{MO}}{3d^2}(上下面板相同)$$

式中：当 $V = 0$ 或 $V_2 = 0$ 时，$K_{MO} = K_M$，且由此可以得到图 4.9.5.3(a)～(d)中的曲线图。对于比值 $\frac{a}{b} \geqslant 0.4$ 的平板，可以假设 $K_F = 0$。此时 K 可以由 $K = K_F + K_M = K_M$ 计算得到，且由公式 4.9.5.2(a)求解出 F_{cr}。

如果由于芯材剪切模量的比值与图表中给出的值相差太远或需要更精确的分析进行校核使得这些图表不适用，则应使用参考文献 4.9.5.2(a)和(b)中给出的公式。

4.10 夹层矩形平板在组合载荷下的设计方法

假设设计前已选定了设计应力和给出了要传递的设计载荷，则对于受侧压的矩形平板结构，无论是否有面外的垂直载荷作用，都应该遵循 4.2.1 节的基本设计准则。这些条件是必须满足的。本节则着重强调屈曲问题。4.4 节列出的其他破坏模式应分别进行校核。

对于单独载荷作用的工况应确定面板的应力，而当组合载荷时，可以用适当的耦合公式来评估组合载荷对面板的影响，如文献 4.10(a)和(b)，由此来建立设计应力值。

夹层板的总体屈曲或局部失稳，例如面板凹坑或皱褶，可能会导致板的整体压溃。可以分别依据方程 4.6.5.4 和 4.6.6.5(a)来预测组合载荷下胞间的屈曲(凹坑)及面板皱褶。

夹层板在组合载荷下的总体屈曲可以由耦合方程来确定。耦合方程的关键变量为 R，R 代表所受的总应力与屈曲应力之比或组合载荷与单一载荷之比($R = N/N_{cr}$)。

4.10.1 组合加载时的屈曲

4.10.1.1 双轴压缩

夹层板在双轴压缩情况下的总体屈曲可以由以下耦合公式来计算

$$R_{cx} + R_{cy} = 1$$

4.10.1.1

以上公式只适用于各向同性的正方形夹层板，并且要求板的剪切刚度远大于弯曲刚度($V = 0$)。这种做法对于可以忽略剪切刚度的长板($V \gg 0$)是非常保守的。V

是衡量弯曲刚度与剪切刚度的参数,具体定义参见 4.7.2.1 节。若需对带波纹板芯材的夹层板进行准确分析,可参见式 4.10.1.1(a) ~ 4.10.1.1(e)。

4.10.1.2　弯曲和压缩的组合情况

夹层板在侧弯和压缩同时作用时的总体屈曲可以由以下耦合公式来计算

$$R_{cr} + (R_{bx})^{3/2} = 1 \qquad\qquad 4.10.1.2$$

由以上公式得到的结果有可能趋于保守。若需对带波纹板芯材的夹层板进行准确分析,可参见式 4.10.1.1(b)、(e)以及式 4.10.1.2。

4.10.1.3　压缩和剪切的组合情况

夹层板在侧压和剪切载荷同时作用时的总体屈曲可以由以下耦合公式来计算

$$R_{c} + (R_{s})^{2} = 1 \qquad\qquad 4.10.1.3$$

参考文献 4.10.1.1(b)、(d)和(e)提供了更完整的计算过程。

4.10.1.4　弯曲和剪切的组合情况

夹层板在侧弯和剪切载荷同时作用时的总体屈曲可以由以下耦合公式来近似估计

$$(R_{b})^{2} + (R_{s})^{2} = 1 \qquad\qquad 4.10.1.4$$

若需进行更加详细的分析可参见参考文献 4.10.1.1(b)和 4.10.1.2 中的耦合曲线。

4.10.2　面内载荷和面外载荷的组合情况

侧边加载与垂直夹层板的面外载荷共同作用的情况与面外载荷单独情况作用相比,会大大增加板的弯曲变形和应力。4.7 节已介绍了在面外载荷单独作用时的设计方法。而在面内和面外载荷同时作用时的弯曲变形和应力可以由以下公式近似估计:

$$\psi = \frac{\psi_{0}}{1 - \dfrac{N}{N_{cr}}} \qquad\qquad 4.10.2$$

式中:ψ 为面内载荷和面外载荷同时作用下的弯曲变形或应力;ψ_{0} 为在面外载荷单独作用时的弯曲变形或应力;N 为面内载荷(单一加载或组合加载);N_{cr} 为面内载荷作用下的总体屈曲载荷(单一加载或组合加载)。对于以上公式的具体注意事项参见文献 4.10.1.1(e)和 4.10.2。

4.11　夹层圆筒的设计方法

4.11.1　引言

假设设计前已选定了设计应力并给出了要传递的设计载荷,需要设计一个由夹层壳作为外壁的圆筒结构,首先必须满足 4.2.1 节的基本设计要求,且这些条件是必须满足的。除此之外,如果圆柱过长,它应该有足够的弯曲刚度,保证不会出现侧边屈曲。4.4 节列出的其他破坏模式应分别进行校核。

总体屈曲和局部失稳,例如面板凹坑或皱褶可能导致圆柱的整体压溃。下面将介绍设计的详细过程、理论方程、用于确定面板和芯材尺寸的图表,以及芯材的必要的性能。给出了两个方程,第 1 个用于上、下面板的材料或厚度不同,另一个用于两个面板材料和厚度均相同的情况。

这节将会介绍在不同载荷工况下的夹层圆柱设计,这些载荷工况包括:4.11.2 节的外部径向受压情况,4.11.3 节的扭转情况,4.11.4 节的轴向压缩或弯曲情况,以及 4.11.5 节的组合加载情况。

4.11.2　外部径向受压下的夹层圆柱设计方法

面板的弹性模量 E' 和应力值 F_c 在使用时都应为压缩值,换句话说,也就是如果使用环境温度高,则在设计时就应该采用高温下的材料属性。面板弹性模量为面板应力的有效值。如果应力超过了比例极限,则将采用适用的切线、折减或修正的压缩弹性模量(见 4.11.2 节)。

4.11.2.1　确定外部径向压缩载荷下夹层圆筒的面板厚度、芯材厚度及芯材剪切模量

这节将介绍确定夹层面板厚度、芯材厚度及芯材剪切模量的设计公式及设计方法,以保证夹层圆筒在特定应力下不会出现总体屈曲。这里介绍的设计公式及设计方法适用于夹层圆筒的夹层面板材料为各向同性材料,各向同性或正交各向异性芯材。假设圆筒的端部简支约束于刚性板上。面板的应力与施加的外部径向压力(无轴向力)有关,用如下公式表示:

$$t_{UPR}F_{c\,UPR} + t_{LWR}F_{c\,LWR} = rq$$

$$t = \frac{rq}{2F_c}（上下面板相同的情况）$$

　　　　　　　　　　　　　　　4.11.2.1(a)

式中:t 为面板的厚度;F_c 为面板的环向设计压缩应力;q 为外部径向压缩的设计载荷值;r 为圆筒的平均半径;下标 UPR 和 LWR 分别代表上面板和下面板。如果芯材能承受环向压缩载荷,则 rq 应替换为$(rq - F_{ccore}\,t_c)$,其中 F_{ccore} 为芯材的环向应力。

在确定夹层结构的不同材料的面板厚度时,必须满足式 4.11.2.1(a)。另外,为了避免单个面板过度承载,必须选定适当的设计应力 $F_{c\,UPR}$ 和 $F_{c\,LWR}$,来满足 $F_{c\,UPR}/E'_{UPR} = F_{c\,LWR}/E'_{LWR}$(其中 E' 为面板的有效压缩弹性模量,若超过此比例极限,则应该采用切线模量)。例如,如果上面板的材料满足 $F_{c\,UPR}/E'_{UPR} = 0.005$,而下面板材料满足 $F_{c\,LWR}/E'_{LWR} = 0.002$,则设计值必须依据比例系数 0.002,否则下面板将会过度承载。为了满足该条件,上面板的设计应力必须折减到 $0.002E'_{UPR}$。对多种

材料的组合情况，基于 $E'_{\text{UPR}}t_{\text{UPR}}=E'_{\text{LWR}}t_{\text{LWR}}$ 的条件来选择厚度是相当方便的。

夹层圆筒在外部径向压缩情况下发生屈曲时的单位长度载荷可由以下理论公式计算[见式 4.11.2.1(a)]：

$$rq = \left(\frac{E'_{\text{UPR}}t_{\text{UPR}}}{\lambda_{\text{UPR}}} + \frac{E'_{\text{LWR}}t_{\text{LWR}}}{\lambda_{\text{LWR}}} \right)K \qquad 4.11.2.1(\text{b})$$

$$rq = \left(\frac{2E't}{\lambda} \right)K$$

式中：E' 为面板的压缩有效弹性模量；$\lambda = 1 - \nu^2$，ν 为面板的泊松比；K 为理论系数。将式 4.11.2.1(a) 和 (b) 结合，令两者的面板应变相等，则

$$K = \frac{F_{\text{c UPR}}\lambda_{\text{UPR}}}{E'_{\text{UPR}}} \frac{\left[E'_{\text{UPR}}t_{\text{UPR}} + E'_{\text{LWR}}t_{\text{LWR}} \right]}{\left[E'_{\text{UPR}}t_{\text{UPR}} + \left(\frac{\lambda_{\text{UPR}}}{\lambda_{\text{LWR}}} \right)E'_{\text{LWR}}t_{\text{LWR}} \right]} \qquad 4.11.2.1(\text{c})$$

如果面板的泊松比 ν 相同，则 λ 相同，上述公式可简化为

$$K = \frac{F_{\text{c UPR}}\lambda}{E'_{\text{UPR}}} = \frac{F_{\text{c LWR}}\lambda}{E'_{\text{LWR}}}$$

既然两个面板的应变相同，K 可能与面板的应力和模量有关。如果上下面板相同（模量、泊松比和厚度相同），则

$$\frac{F_c\lambda}{E'} = K（上下面板相同的情况）$$

式中：系数 K 与圆筒尺寸和夹层壳的弯曲和剪切刚度有关。更加简便的方法用无量纲方法来确定 K。例如，d/r，L/r，$E'_{\text{UPR}}t_{\text{UPR}}/E'_{\text{LWR}}t_{\text{LWR}}$ 及 $V = D/r^2S$。其中：d 为上下面板中面之间的距离，L 为圆筒长度，D 为夹层板壳的弯曲刚度，S 为夹层板壳的剪切刚度。对于面板相对于芯材很薄的圆柱（$t_c \approx d$），则有

$$D = \frac{E'_{\text{UPR}}t_{\text{UPR}}E'_{\text{LWR}}t_{\text{LWR}}d^2}{(E'_{\text{UPR}}t_{\text{UPR}} + E'_{\text{LWR}}t_{\text{LWR}})\lambda}$$

$$S = \frac{G_c d^2}{t_c}$$

将 D 和 S 代入 V 的表达式，得

$$V = \frac{D}{r^2S}$$

$$V = \frac{E'_{\text{UPR}}t_{\text{UPR}}E'_{\text{LWR}}t_{\text{LWR}}d}{(E'_{\text{UPR}}t_{\text{UPR}} + E'_{\text{LWR}}t_{\text{LWR}})\lambda r^2 G_c} \qquad 4.11.2.1(\text{d})$$

$$V = \frac{E' t d}{2 \lambda r^2 G_c} (\text{上下面板相同的情况})$$

式中：G_c 是与芯材在径向和环向的剪切扭曲有关的剪切模量。

上下面板中面间所要求的最小距离 d 可以由 $V = 0$ 来得到第 1 级近似结果。因为只有芯材剪切模量为无穷大时，$V = 0$，所以此时面板的距离最小。对于实际情况的芯材，剪切模量非无穷大，因此需要采用厚芯材。

图 4.11.2.1 中的表格给出了各向同性面板的夹层板 d/r 的最小值。表格中用到的参数如下。

(1) 面板性能 $\dfrac{F_{c\,\mathrm{UPR}} \lambda_{\mathrm{UPR}}}{E'_{\mathrm{UPR}}}$ 和 $\dfrac{F_{c\,\mathrm{LWR}} \lambda_{\mathrm{LWR}}}{E'_{\mathrm{LWR}}}$；

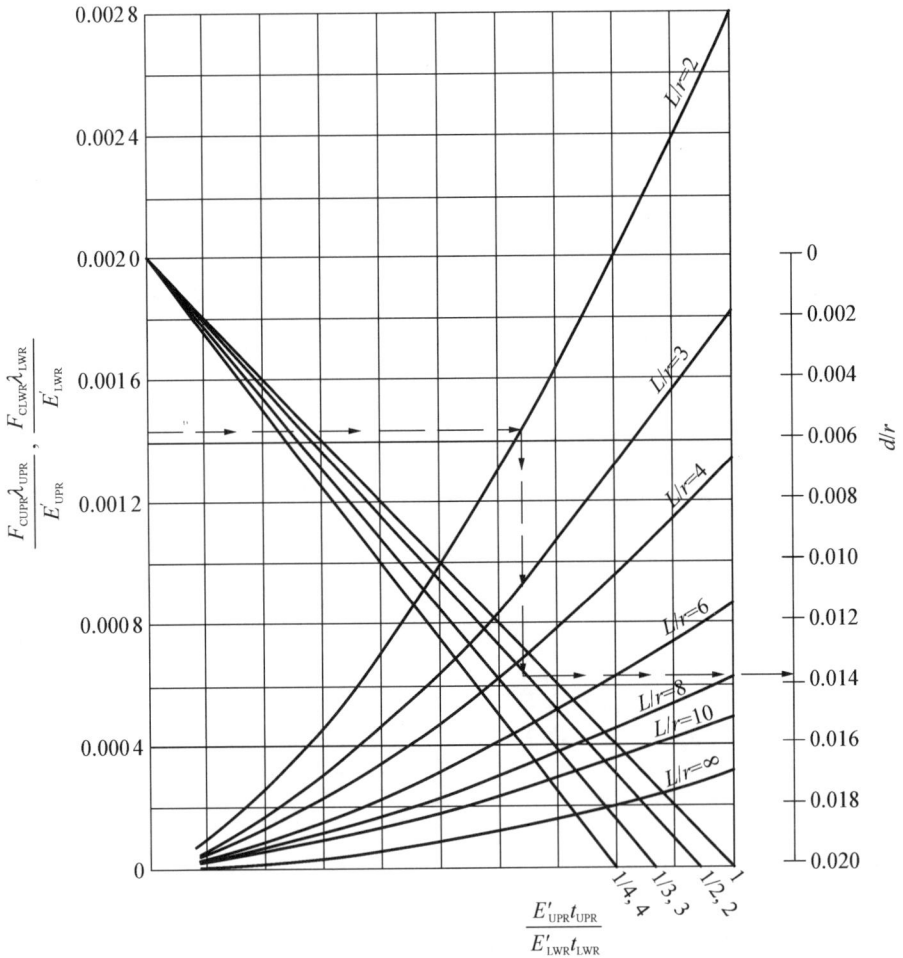

图 4.11.2.1　带各向同性面板夹层圆筒在外部径向压力下（无轴向载荷）不发生屈曲的
　　　　　　最小 d/r（$V = 0$）值

（2）圆筒长径比 L/r；

（3）比例系数 $\dfrac{E'_{\text{UPR}} t_{\text{UPR}}}{E'_{\text{LWR}} t_{\text{LWR}}}$。

芯材厚度由 d 计算，用以下公式：

$$t_{\text{c}} = d - \frac{t_{\text{UPR}} + t_{\text{LWR}}}{2}$$

$$t_{\text{c}} = d - t\,(\text{上下面板相同的情况})$$

4.11.2.2　最终设计

最终设计是通过假设采用一个比利用以上曲线确定的芯材稍厚的芯材，并且利用图 4.11.2.2(a) 中曲线 $V = 0$，图 4.11.2.2(b) 中曲线 $V = 0.05$ 和图 4.11.2.2(c) 中曲线 $V = 0.10$ 进行校核来得到的。最终设计应该采用图 4.11.2.2(a)～(c)[见参考文献 4.11.2.2(a)] 中屈曲系数的 0.95 倍。由于系数 V 依赖于夹层厚度和芯材剪切模量。因此，有必要进行几次迭代。不同于其他图中给出的值，V 需要在图中插值确定。

如果需要更加精确地确定 K，可以利用公式 4.11.2.2 来求得[见参考文献 4.11.2.1(a)]。公式如下：

$$K = \frac{\psi^2 (n^2 - 1)\left(3 + \dfrac{n^2 L^2}{\pi^2 r^2}\right)\left[\left(\dfrac{n^2 L^2}{\pi^2 r^2} - \dfrac{1}{3}\right)\left(n^2 - 1 + \dfrac{\pi^2 r^2}{L^2}\right) - \dfrac{2}{3}\right] + \dfrac{8}{9}\left[1 + \left(n^2 + \dfrac{\pi^2 r^2}{3L^2}\right)V\right]}{\left[\left(\dfrac{n^2 L^2}{\pi^2 r^2} + 1\right)^2 (n^2 - 1) + \dfrac{1}{3}\right]\left[1 + \left(n^2 + \dfrac{\pi^2 r^2}{3L^2}\right)V\right]}$$

式中：当面板相同时，$\psi^2 = \dfrac{E'_{\text{UPR}} t_{\text{UPR}} E'_{\text{LWR}} t_{\text{LWR}} d^2}{(E'_{\text{UPR}} t_{\text{UPR}} + E'_{\text{LWR}} t_{\text{LWR}})^2 r^2}$，或者 $\psi^2 = \dfrac{d^2}{4r^2}$。

选择合适的圆周屈曲的数值 n 来使 K 达到最小值。这个近似方程没有包含芯材径向-轴向方向的剪切模量，因为当圆柱长于 1 倍直径时这些项基本不起作用。因此，由给出的曲线可以看出正交各向异性芯材圆筒和各向同性芯材圆筒有相似的特性。

图 4.11.2.2(a) 的曲线族可以由一个短圆柱和中等长度圆柱的单独的曲线近似表达。这个单独的曲线由 4.11.2.2(d) 给出，它是由修改 4.11.2.2(a) 的坐标轴得到的。对于长圆柱，单独的曲线可以分叉到一族陡峭的曲线，如图 4.11.2.2(d) 的右上部所示。这族曲线依赖于 r/d 以及横坐标。如果横坐标如图所示可以呈曲线分叉状显示，则坐标值应该从分叉曲线开始选取，而不是从底部的直线开始选取。因此，当采用范围为 $0 \sim 10^5$ 的横坐标且 $\dfrac{(E'_{\text{UPR}} t_{\text{UPR}} + E'_{\text{LWR}} t_{\text{LWR}}) r \sqrt{\lambda}}{d \sqrt{E'_{\text{UPR}} t_{\text{UPR}} E'_{\text{LWR}} t_{\text{LWR}}}}$ 中的参数取为 100 时，能产生最小的屈曲压力的纵坐标值应为 305（上分叉）而不是 164（底部直线）。

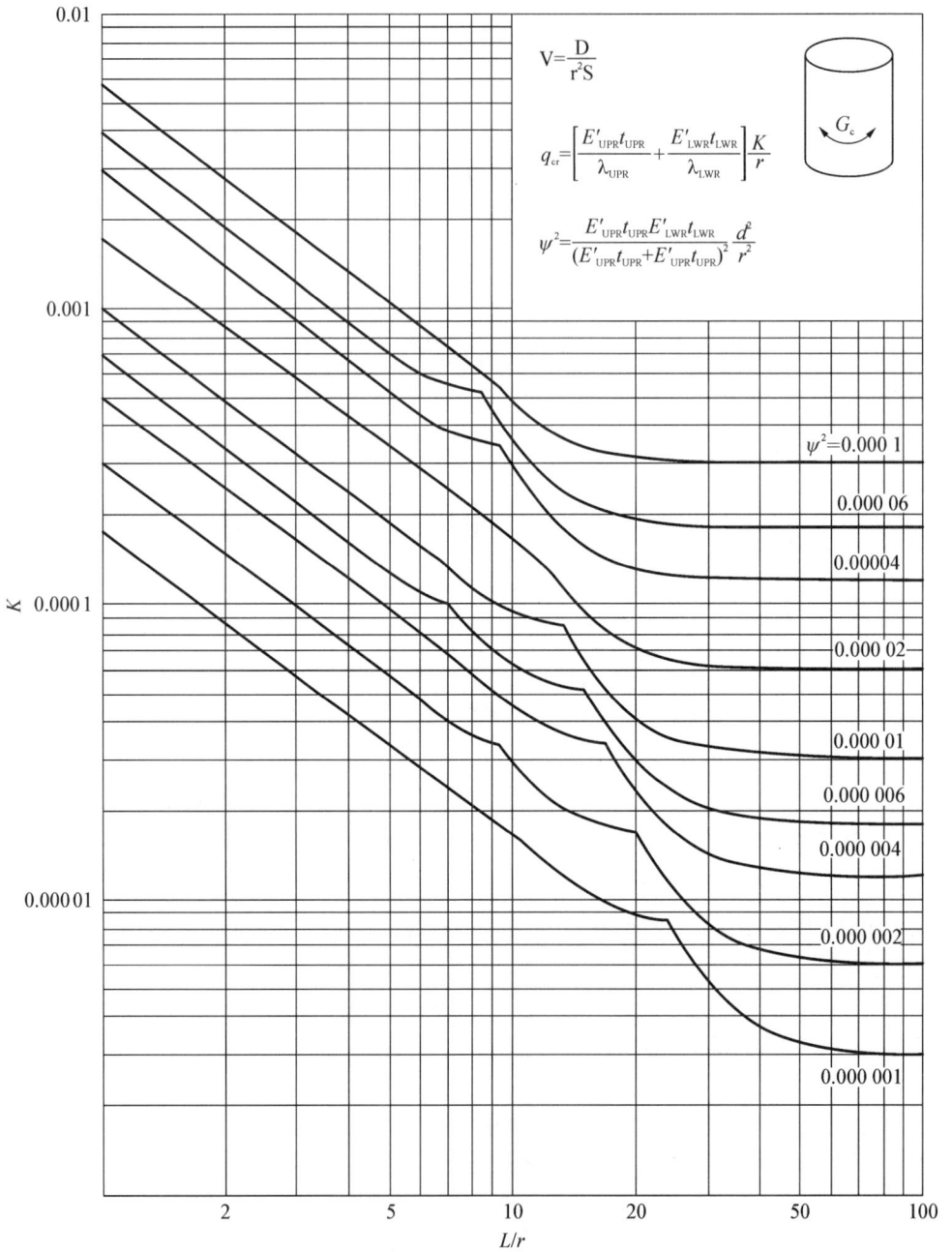

$$V = \frac{D}{r^2 S}$$

$$q_{cr} = \left[\frac{E'_{UPR} t_{UPR}}{\lambda_{UPR}} + \frac{E'_{LWR} t_{LWR}}{\lambda_{LWR}} \right] \frac{K}{r}$$

$$\psi^2 = \frac{E'_{UPR} t_{UPR} E'_{LWR} t_{LWR}}{(E'_{UPR} t_{UPR} + E'_{UPR} t_{UPR})^2} \cdot \frac{d^2}{r^2}$$

图 4.11.2.2(a)　夹层圆柱在外部静压下的屈曲系数 K。各向同性面板、各向同性或正交各向异性芯材，$V = 0.0$

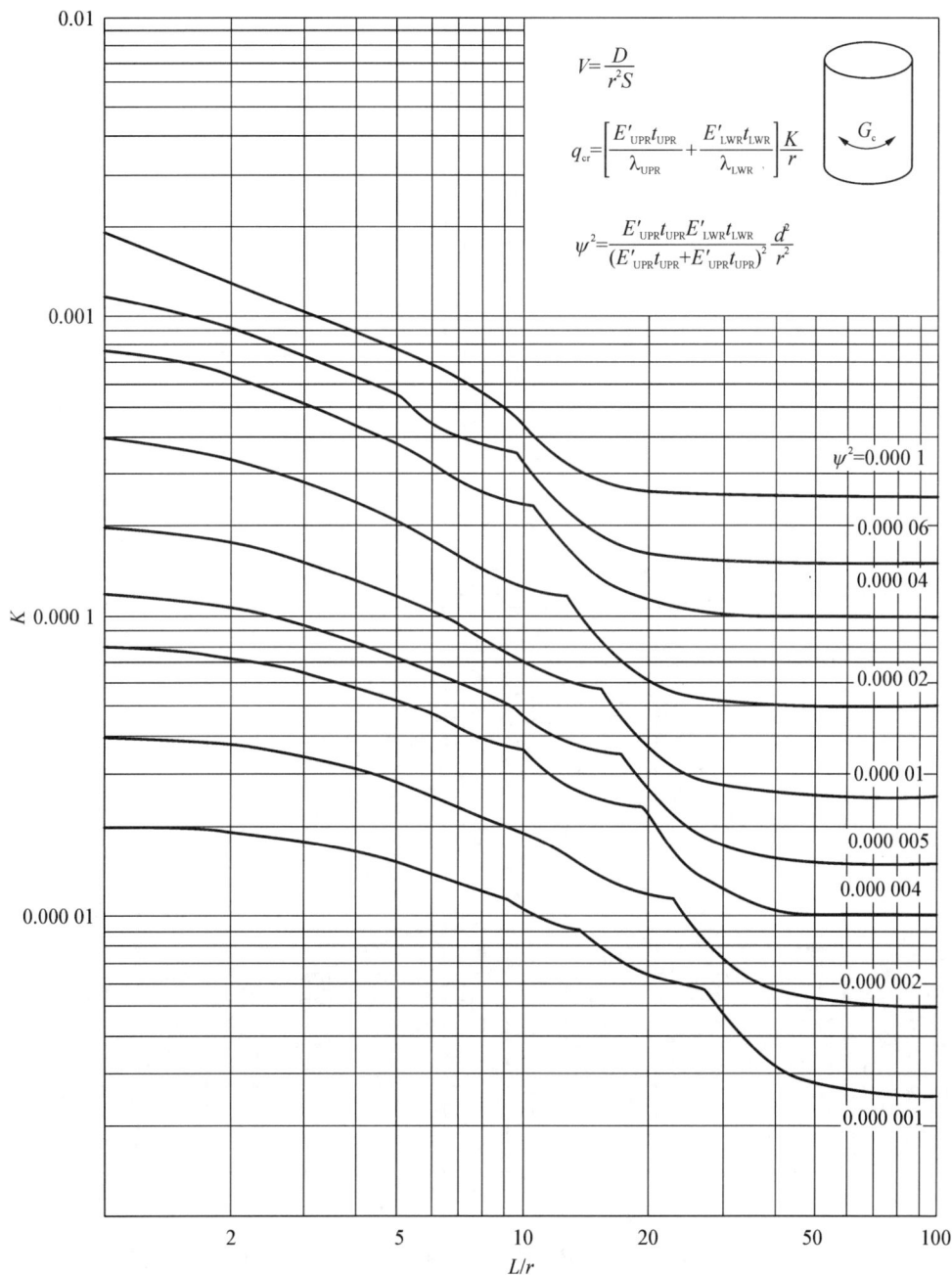

图 4.11.2.2(b)　夹层圆柱在外部静压下的屈曲系数 K。各向同性面板、各向同性或正交各向异性芯材，$V = 0.05$

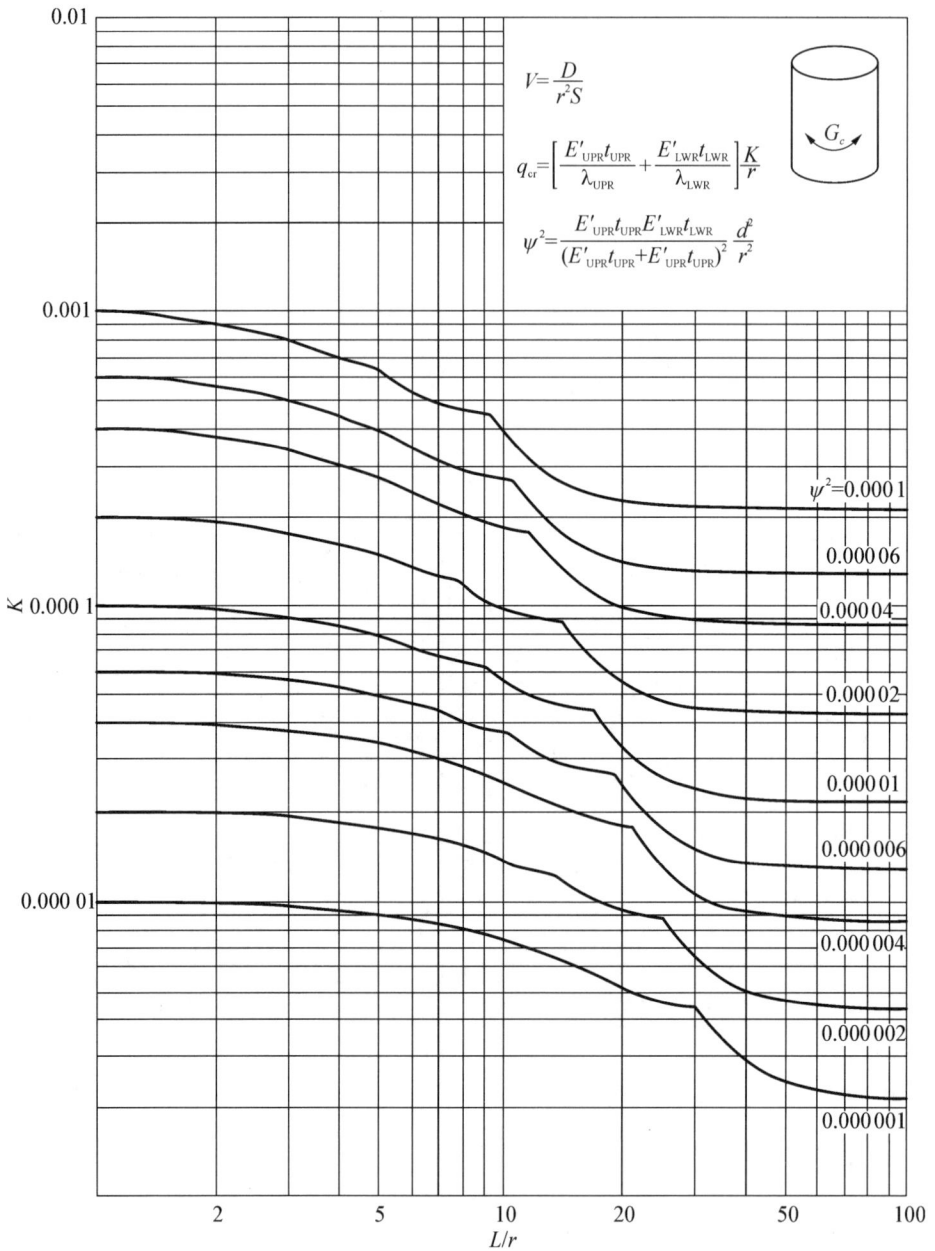

図 4.11.2.2(c)　夹层圆柱在外部静压下的屈曲系数 K。各向同性面板、各向同性或正交各向异性芯材，$V = 0.10$

图中纵轴：$\dfrac{(E'_{\text{UPR}}t_{\text{UPR}}+E'_{\text{LWR}}t_{\text{LWR}})^2}{\pi^2 E'_{\text{UPR}}t_{\text{UPR}}E'_{\text{LWR}}t_{\text{LWR}}}\left[\dfrac{L}{d}\right]K$

图中横轴：$\dfrac{L^2}{dr}\dfrac{(E'_{\text{UPR}}t_{\text{UPR}}+E'_{\text{LWR}}t_{\text{LWR}})\sqrt{\lambda}}{\sqrt{E'_{\text{UPR}}t_{\text{UPR}}E'_{\text{LWR}}t_{\text{LWR}}}}$

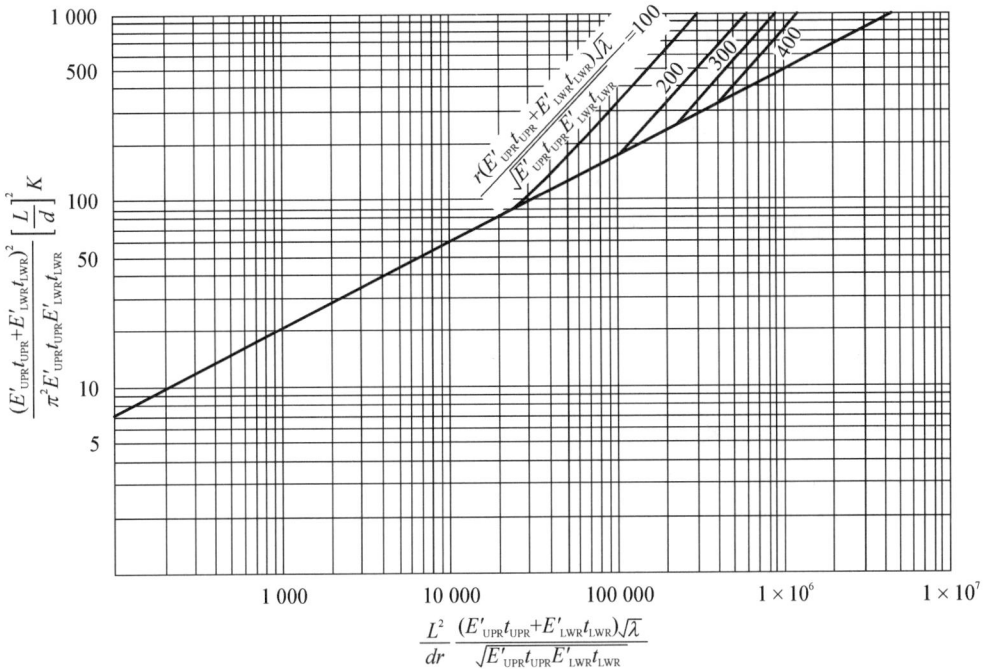

图 4.11.2.2(d)　修改的夹层圆柱在外部静压下的屈曲系数。各向同性面板、各向同性或正交各向异性芯材，$V = 0$

4.11.3　扭转载荷作用下的夹层圆柱设计方法

面板的弹性模量 E' 和应力值 F_c 在使用时都应为压缩值，换句话说，如果使用环境温度高，则在设计时就应该采用高温下的材料性能。有效弹性模量应该为面板材料在与圆筒轴向成 $45°$ 角夹角时的压缩模量，或压缩或拉伸模量的最小值（各向同性的管子受扭转时，压缩和拉伸应力 F_c 和 F_t 等于剪切应力 F_s）。如果应力超过了比例极限值，可以应用切线压缩弹性模量、折减的压缩弹性模量或修正的压缩弹性模量。

4.11.3.1　确定扭转载荷下夹层圆筒的面板厚度

面板的应力与施加的外部扭转载荷有关，用下公式表示：

$$t_{\text{UPR}}F_{s,\,\text{UPR}} + t_{\text{LWR}}F_{s,\,\text{LWR}} = N$$
$$t = \frac{N}{2F_s}（上下面板相同的情况）$$

4.11.3.1(a)

式中：t 为面板厚度；F_s 为面板的设计剪切应力；下标 UPR 和 LWR 分别代表上、下面板；N 是由设计扭矩 T 决定的：

$$N = \frac{T}{2\pi r^2}$$
　　　　　　　　　　　　　　　　　　　　　　　　4.11.3.1(b)

式中：r 为圆筒壁的平均半径。

　　在确定夹层结构的不同材料的面板厚度时，必须满足式 4.11.3.1(a)。另外，为了避免单个面板过度承载，必须选定适当的设计应力 $F_{S\,UPR}$ 和 $F_{S\,LWR}$ 来满足 $F_{S\,UPR}/G_{S\,UPR} = F_{S\,LWR}/G_{S\,LWR}$（其中 G_s 为面板的剪切模量，若超过此比例极限，则应该采用切线剪切模量）。例如，如果上面板的材料满足 $F_{S\,UPR}/G_{S\,UPR} = 0.005$，而下面板材料满足 $F_{S\,LWR}/G_{S\,LWR} = 0.002$，则设计值必须依据比例系数 0.002，否则下面板将会过度承载。为了满足该条件，上面板的设计应力必须折减到 $0.002G_{S\,UPR}$。对多种材料结合的情况，基于 $G_{S\,UPR}t_{UPR} = G_{S\,LWR}t_{LWR}$ 或者 $E'_{UPR}t_{UPR} = E'_{LWR}t_{LWR}$ 的条件来选择厚度是相当方便的。

　　如果圆筒又细又长，并且半径有限，则为了避免出现 4.11.3.3 节中的侧向屈曲，应适当增加面板厚度。

4.11.3.2　确定扭转载荷下夹层圆筒的芯材厚度和芯材剪切模量

　　这节将介绍确定芯材厚度及芯材剪切模量的设计方法，以保证夹层圆筒在特定应力下不会出现总体屈曲［见参考文献 4.11.3.2(a)～(c)］。面板屈曲时的应力如下公式表示：

$$F_{s\,UPR} = KE'_{UPR}\frac{h}{r}$$

$$F_{s\,LWR} = KE'_{LWR}\frac{h}{r}$$
　　　　　　　　　　　　　　　　　　　　　　4.11.3.2(a)

$$F_s = KE'\frac{h}{r}（上下面板相同的情况）$$

式中：E' 为应力 F_s 时的有效弹性模量；h 为夹层的厚度；r 为挠度半径；k 为与圆筒几何尺寸、夹层的弯曲和剪切刚度有关的理论屈曲系数。

　　系数 K 是由图 4.11.3.2(a)～(f)的上半部曲线选定的。这些曲线是针对各向同性材料面板和各向同性或正交各向异性芯材的夹层结构。在确定系数之前，首先假设面板的泊松比为 0.25。图 4.11.3.2(a)～(c)是针对薄面板情况（$t_c/h = 1$），图 4.11.3.2(d)～(f)是针对中等厚度面板情况（$t_c/h = 0.7$）。图 4.11.3.2(a)和(d)针对具有各向同性芯材；图 4.11.3.2(b)和(e)针对具有正交各向异性芯材，并且芯材的环向剪切模量是轴向的 0.4 倍；图 4.11.3.2(c)和(f)针对具有正交各向异性芯材，环向芯材剪切模量是轴向的 2.5 倍。曲线给出了波纹板芯材夹层圆筒结构的近似值。更加准确的计算方法参见 4.11.3.2(a)和(b)。

　　K 的最终设计值应该为图 4.11.3.2(a)～(f)［见参考文献 4.11.3.2(d)］中给出值的 0.75 倍。

图 4.11.3.2	芯材	芯材剪切比	$t_c h$
(a)	各向同性	1.0	1.0
(b)	正交各向异性	0.4	1.0
(c)	正交各向异性	2.5	1.0
(d)	各向同性	1.0	0.7
(e)	正交各向异性	0.4	0.7
(f)	正交各向异性	2.5	0.7

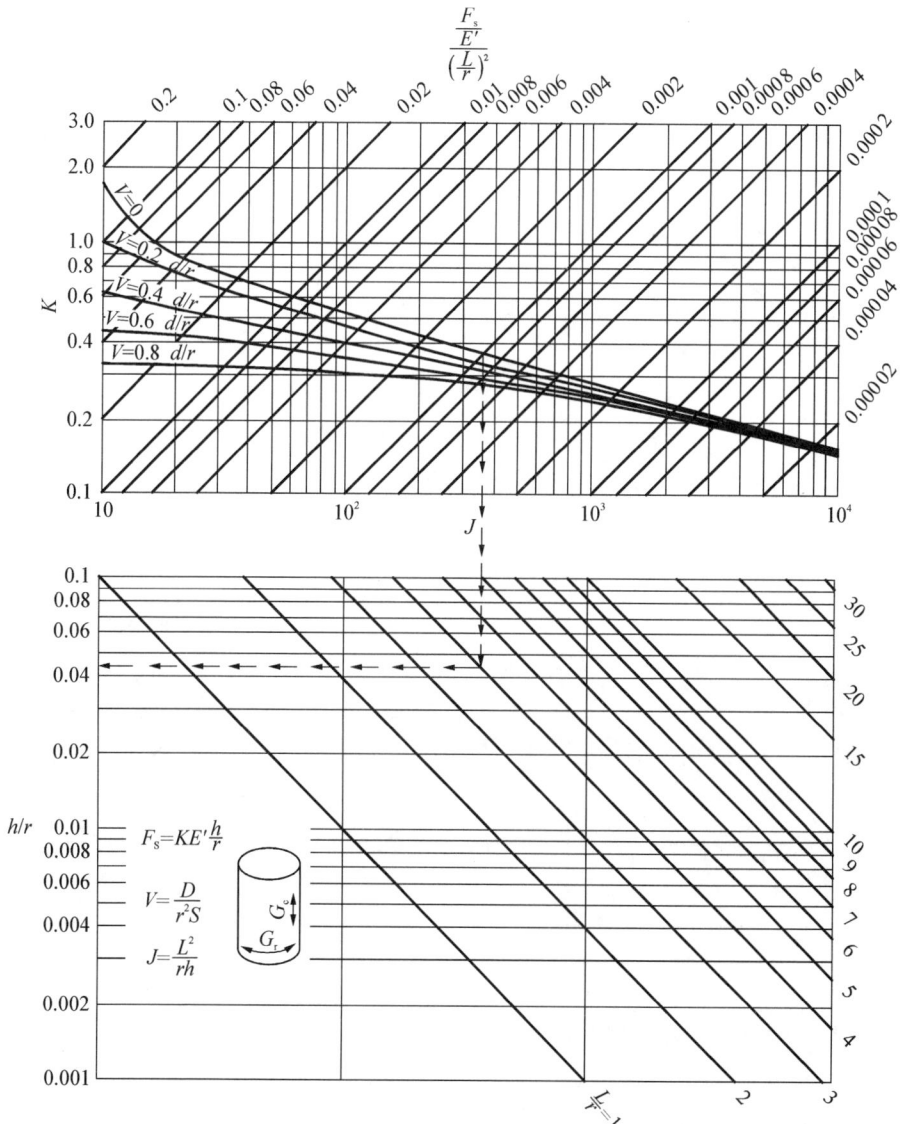

图 4.11.3.2(a) 各向同性芯材的夹层圆筒不发生屈曲的 h/r 比，$t_c/h = 1.0$

$$\frac{F_s}{E'\left(\frac{L}{r}\right)^2}$$

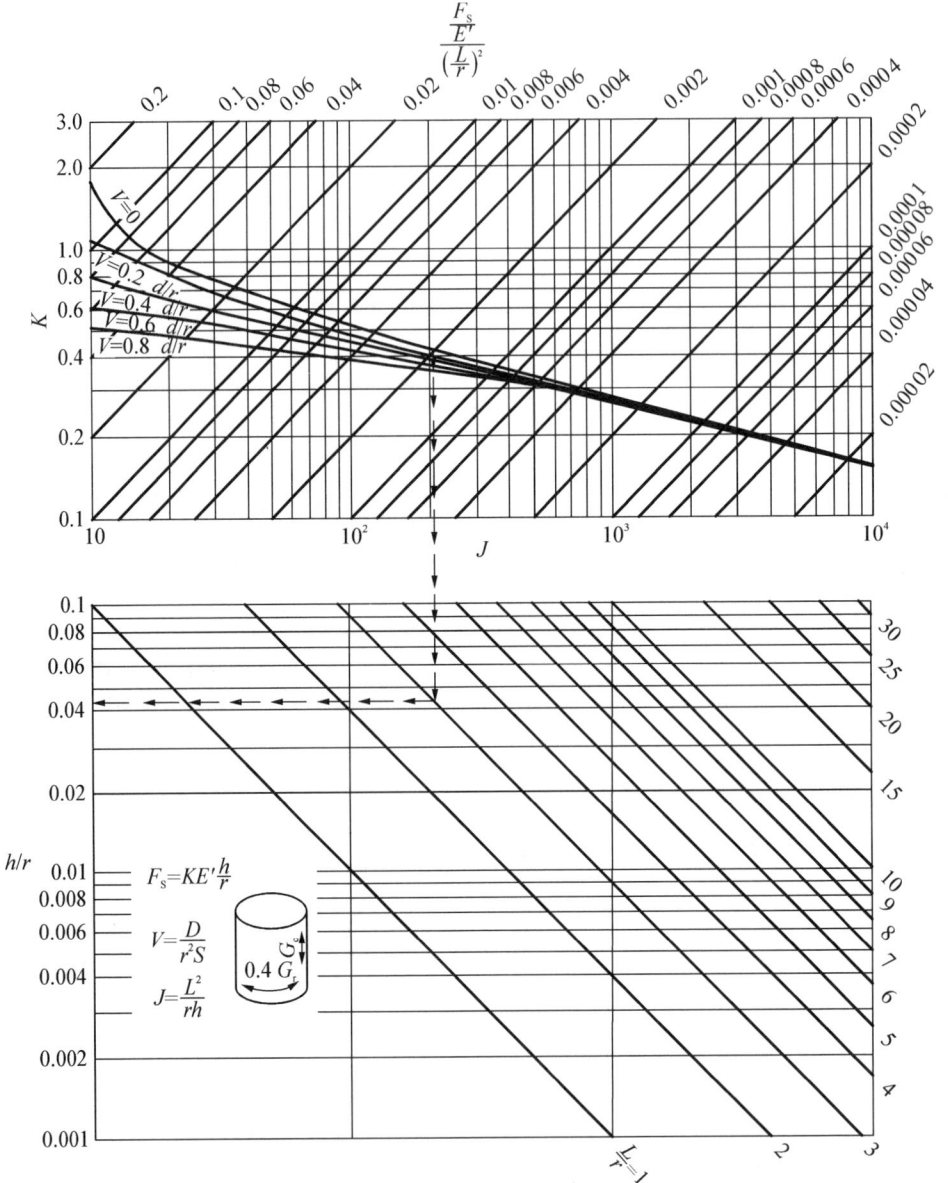

图 4.11.3.2(b)　正交各向异性芯材的夹层圆筒不发生屈曲的 h/r 比，$t_c/h = 1.0$

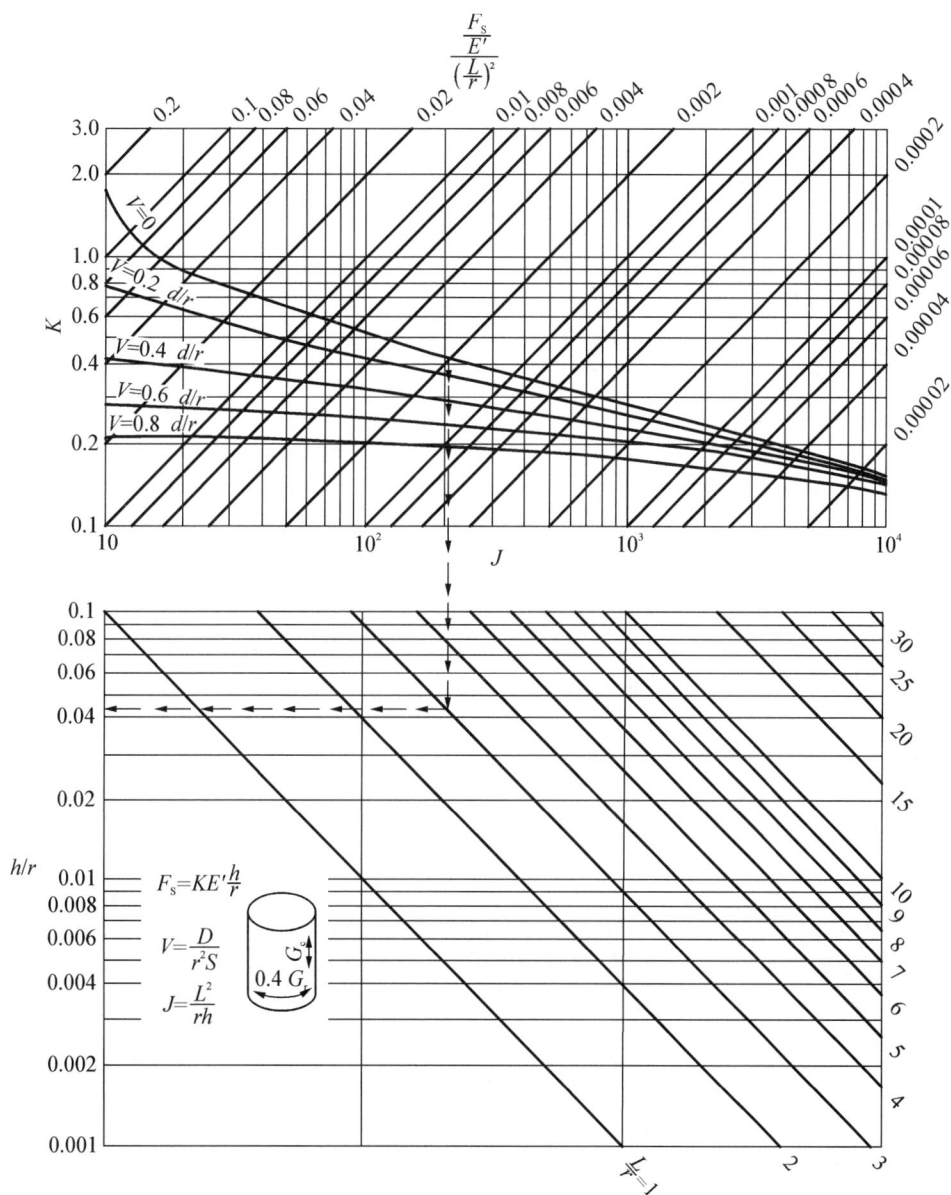

图 4.11.3.2(c)　各向同性芯材的夹层圆筒不发生屈曲的 h/r 比，$t_c/h = 1.0$

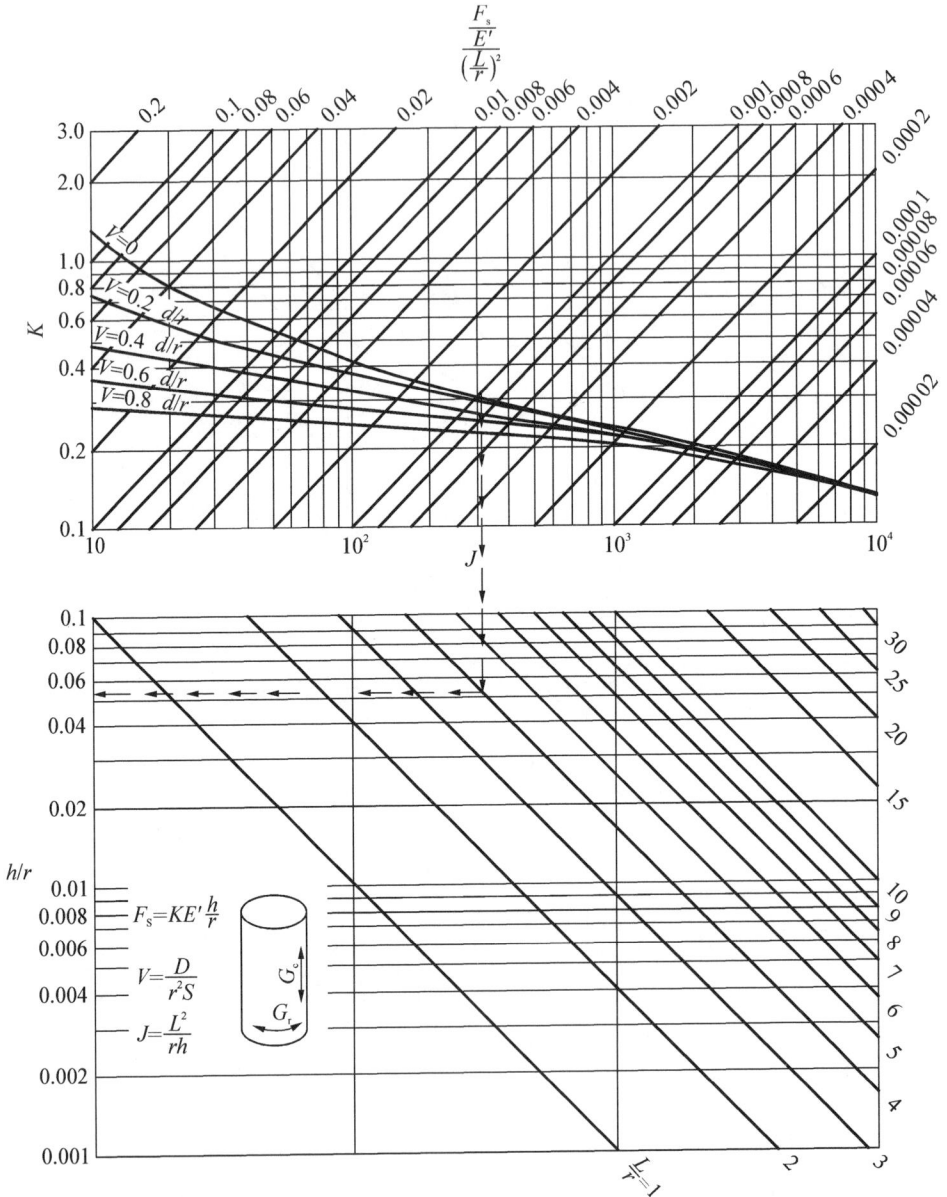

图 4.11.3.2(d)　各向同性芯材的夹层圆筒不发生屈曲的 h/r 比，$t_c/h = 0.7$

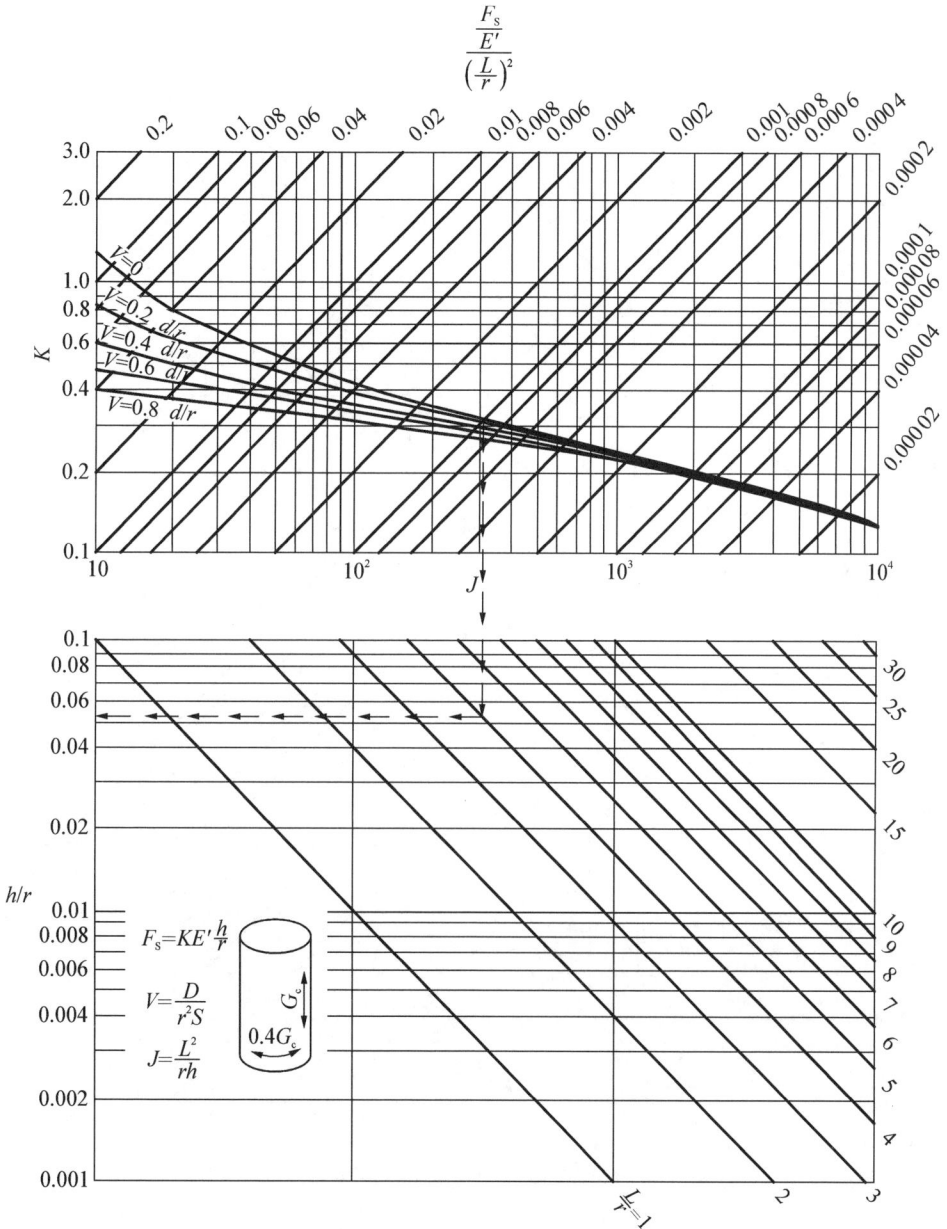

图 4.11.3.2(e) 正交各向异性芯材的夹层圆筒不发生屈曲的 h/r 比, $t_c/h = 0.7$

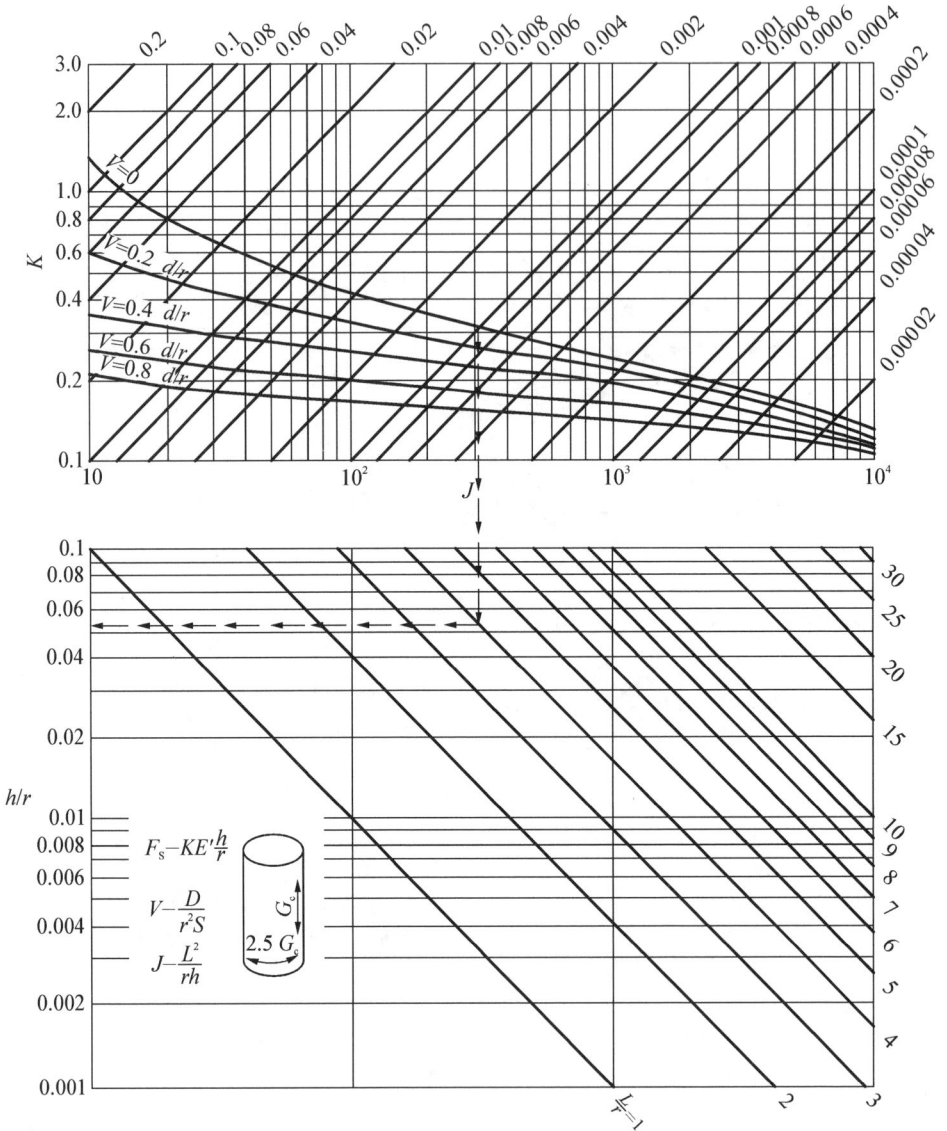

图 4.11.3.2(f)　正交各向异性芯材的夹层圆筒不发生屈曲的 h/r 比，$t_c/h = 0.7$

解方程 4.11.3.2(a)可以得到 h/r 的表达式:

$$\frac{h}{r} = \frac{F_{s\,UPR}}{E'_{UPR}} \frac{1}{K}$$

$$\frac{h}{r} = \frac{F_{s\,LWR}}{E'_{LWR}} \frac{1}{K} \qquad\qquad 4.11.3.2(b)$$

$$\frac{h}{r} = \frac{F_s}{E'} \frac{1}{K}（上下面板相同的情况）$$

因此,如果已知 K,并且其他量也已知,则可由以上 3 个方程直接得到 h。h 得到后,可以由以下公式计算芯材厚度 t_c:

$$t_c = h - (t_1 + t_2) \qquad\qquad 4.11.3.2(c)$$

$$t_c = h - 2t（上下面板相同的情况）$$

K 依赖于夹层的弯曲刚度 D、剪切刚度 U,包含于下面的公式中:

$$V = \frac{D}{r^2 U} = \frac{E'_{UPR} t_{UPR} E'_{LWR} t_{LWR} d}{(E'_{UPR} t_{UPR} + E'_{LWR} t_{LWR})\lambda r^2 G_c} \qquad\qquad 4.11.3.2(d)$$

$$V = \frac{E' t d}{2\lambda r^2 G_c}（上下面板相同的情况）$$

式中: d 为上下面板中心的距离; $\lambda = 1 - \nu^2$, ν 为面板的泊松比; G_c 为芯材的与径向和环向剪切变形有关的剪切模量; K 与圆筒的几何尺寸;可以由无量纲的系数来衡量 L/r、h/r 和 $J = L2/hr$。

h 的最小值可以由假设 $V = 0$ 来得到第 1 级近似值。h 达到最小值是因为 $V = 0$ 时芯材的剪切模量是无穷大。对于任何实际芯材,剪切模量都不是无穷大,因此必须用更加厚的芯材。

图 4.11.3.2(a)~(c)给出了夹层结构 h/r 值,分别为上下面板相同,并都是各向同性材料的薄面板的情况或者上下面板为各向同性材料的薄面板,并满足 $E'_{UPR} t_{UPR} = E'_{LWR} t_{LWR}$。图 4.11.3.2(d)~(f)适用于中厚面板的情况($t_c/h = 0.7$)。图的上半部分列出了由下面公式确定的值:

$$\frac{F_s/E'}{(L/r)^2} \qquad\qquad 4.11.3.2(e)$$

在图的上半部曲线中由上述公式确定的曲线与 $V = 0$ 的交点就是 J 的横坐标,这种作图法可以适用于任何 L/r 的情况,并在下半图中给出 h/r 的最小值。

由于实际的芯材剪切模量不是很大,因此 h 值比计算的最小值偏大。图 4.11.3.2(a)~(f)的输入为 4.11.3.2(d)定义的 V 值。图 4.11.3.2(a)和(d)适用于各向同性芯材,环向剪切模量等于轴向剪切模量的情况。图 4.11.3.2(b)和(e),图 4.11.3.2(c)和(f)适用于环向剪切模量分别等于 0.40 和 2.5 倍的轴向剪切模量的正交各向异性芯材情况。

注意：对于带有平行于圆筒轴向的加筋的蜂窝芯材圆筒，$G_c = G_{TL}$，环向剪切模量为 G_{TW}。对于带环向加筋的蜂窝芯材圆筒，$G_c = G_{TW}$，环向剪切模量为 G_{TL}。如果加筋与板的长度 a 的夹角为 θ，则有

$$G_c = \frac{G_{TL}G_{TW}}{(G_{TL}\sin^2\theta + G_{TW}\cos^2\theta)}$$

在使用图 4.11.3.2(a)~(f)的过程中，由于 V 与芯材厚度 t_c 成正比，因此有必要进行迭代。作为确定 t_c 和 G_c 的最终值的辅助手段，图 4.11.3.2(g)提供了一系列 V 与

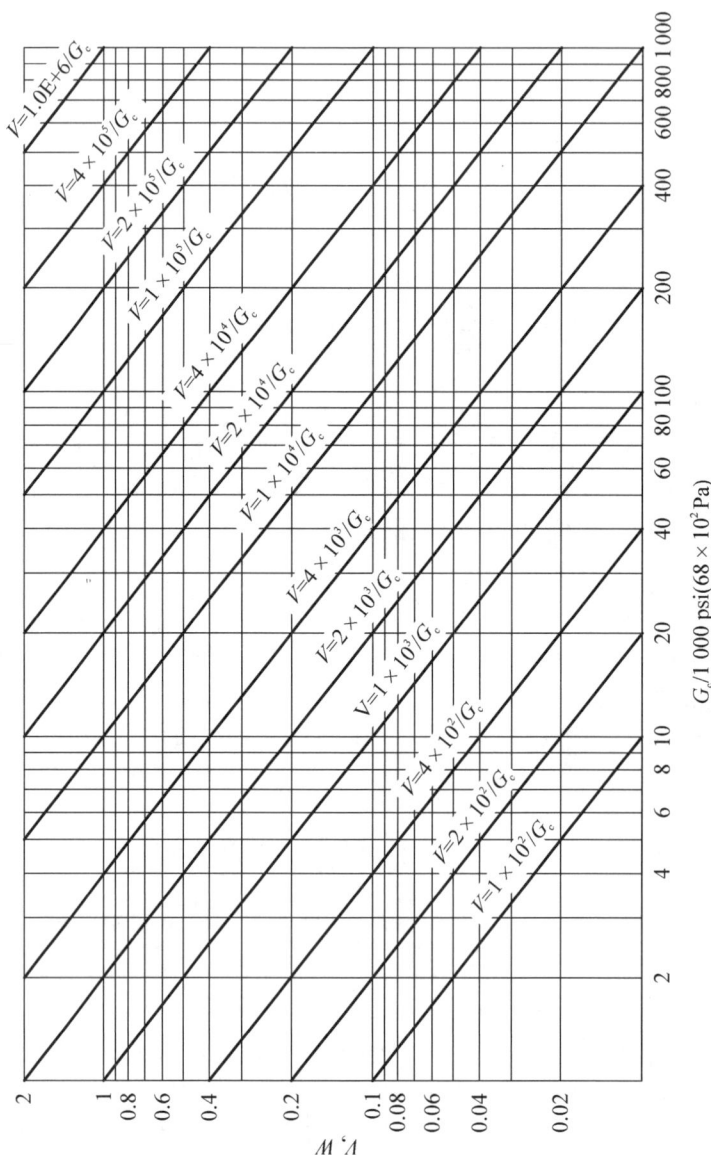

图 4.11.3.2(g) 在扭转载荷作用下夹层圆筒的 V 和 G_c

G_c 的曲线，V 从 0.01 一直到 2.0，G_c 从 $68 \times 10^2 \sim 68 \times 10^5$ Pa($1\,000 \sim 1\,000\,000$ psi)。建议使用以下流程：

由图 4.11.3.2(a)~(f)确定厚度 d，假设 V 为 0.01。

计算 V 和 G_c 的常数值分别为

$$VG_c = \left[\frac{E'_{\text{UPR}} t_{\text{UPR}} E'_{\text{LWR}} t_{\text{LWR}} d}{(E'_{\text{UPR}} t_{\text{UPR}} + E'_{\text{LWR}} t_{\text{LWR}}) \lambda r^2} \right]$$

$$VG_c = \frac{E' t d}{2\lambda r^2} (\text{上下面板相同的情况})$$

(1) 将上面的常数代入图 4.11.3.2(g)，求出 G_c；

(2) 如果剪切模量超过了材料可达到的范围，可以将 4.11.3.2(g)适当向上移动，选取一个新的 V 值，使芯材的剪切模量在合理的范围内；

(3) 将新的 V 值代入图 4.11.3.2(a)~(f)，重复(1)、(2)和(3)。

应该由图 4.11.3.2(a)~(f)确定 K 值，并由此根据公式 4.11.3.2(a)计算实际的屈曲应力 F_{scr} 来检验设计是否满足要求。

4.11.3.3　检验是否会出现侧向屈曲

如果夹层圆筒很长，可能会产生侧向屈曲，类似于圆柱在端部受压时的屈曲形式。环向单位长度的屈曲临界载荷为

$$N_{\text{cr}} = \frac{\pi (E'_{\text{UPR}} t_{\text{UPR}} + E'_{\text{LWR}} t_{\text{LWR}}) r}{2L}$$

$$N_{\text{cr}} = \frac{\pi E' t r}{L} (\text{上下面板相同的情况}) \qquad 4.11.3.3$$

如果由上述公式计算出的 N_{cr} 小于设计载荷，则圆筒需要重新设计，增大直径、缩短长度或使用刚度更大的面板。这个公式是基于薄壁圆筒来推导的，当 $d/r = 0.2$ 时，计算误差约为 3%。当 $d/r < 0.2$ 时，误差 $< 3\%$。

4.11.4　轴向压缩或弯曲作用下的夹层圆筒设计方法

面板的弹性模量 E' 和应力值 F_c 在使用时都应为压缩值，换句话说，如果使用环境温度高，则在设计时就应该采用高温下的材料性能。面板的弹性模量为面板应力的有效值。如果应力超过了比例极限值，可以应用切线弹性压缩模量、折减的弹性压缩模量或修正的弹性压缩模量。

4.11.4.1　确定面板厚度、芯材厚度和芯材的剪切模量

这节将给出夹层圆筒不发生总体屈曲的条件下，确定面板和芯材厚度及芯材剪切模量的步骤[见参考文献 4.11.3.2(a)、(b)和(d)及 4.11.4.1(a)~(c)]。

面板应力与轴向载荷的关系如下：

$$t_{\text{UPR}} F_{c\,\text{UPR}} + t_{\text{LWR}} F_{c\,\text{LWR}} = N$$

$$t = \frac{N}{2F_c} (\text{上下面板相同的情况}) \qquad 4.11.4.1(a)$$

式中：t 为面板厚度；F_c 为面板的设计压缩应力；上标 UPR 和 LWR 分别代表上面板和下面板。若载荷是由弯曲产生的，则对于平均半径为 r 的圆筒，最大载荷 N 和弯矩 M 的关系为 $N = M/\pi r^2$。

在确定夹层结构不同材料的面板厚度时，必须满足式 4.11.3.1(a)。另外，为了避免单个面板过度承载，必须选定适当的设计应力 $F_{c\,UPR}$ 和 $F_{c\,LWR}$，以满足 $F_{c\,UPR}/E'_{UPR} = F_{c\,LWR}/E'_{LWR}$（其中 E' 为面板的有效压缩弹性模量，若超过此比例极限，则应该采用切线剪切模量）。例如，如果上面板的材料满足 $F_{c\,UPR}/E'_{UPR} = 0.005$，而下面板材料满足 $F_{c\,LWR}/E'_{LWR} = 0.002$，则设计值必须依据比例系数 0.002，否则下面板将会过度承载。为了满足该条件，上面板的设计应力必须折减到 $0.002\,E'_{UPR}$。对多种材料结合的情况，基于 $E'_{UPR}t_{UPR} = E'_{LWR}t_{LWR}$ 的条件来选择厚度是相当方便的。若芯材可以承受轴向压缩载荷，则 N 应该替换为 $N - F_c t_c$。

若轴向受压的圆筒细长并且半径有限，则必须增加面板厚度以防止圆柱屈曲，参考 4.11.4.3 节。

理论公式都是基于经典的正弦波形式的屈曲载荷。理论中定义的参数与屈曲载荷有关，而不是确定准确的屈曲载荷。实际中理论和试验存在巨大的差距。可惜薄壁圆筒在轴向压缩或弯曲载荷作用下的屈曲载荷远远小于由经典理论[见参考文献 4.11.4.1(d) 和(e)]计算的理论值。前面基于大变形理论的设计方法和菱形屈曲所得结果小于经典理论值的一半。更加深入的板壳分析表明后屈曲行为会导致更加低的屈曲载荷。

在没有足够多的试验数据之前，必须采用对理论值进行折减的方式。这些折减系数试图考虑壳的初始不规则因素。经典理论指出，厚板壳比薄板壳折减程度低[见参考文献 4.11.3.2(d) 和 4.11.4.1(d)]。95% 的折减系数 k 都可以从参考文献 4.11.3.2(d) 中查找到，如图 4.11.4.1(a) 所示，k 为圆筒平均直径 r 与圆筒回转半径 ρ 之比的函数。

以下的步骤适用于圆筒长度大于一个屈曲波形的情况，此时可以形成一个长的圆筒。如果芯材剪切模量很大，理想的屈曲长度约等于圆筒的半径。屈曲长度随芯材剪切模量的减小而下降。

屈曲的临界环向单位长度载荷可由下面公式计算：

$$N_{cr} = 2kK\,\frac{\sqrt{(E'_{UPR}t_{UPR} + E'_{LWR}t_{LWR})D}}{r} \qquad 4.11.4.1(b)$$

式中：k 为折减系数，可以由图 4.11.4.1(a) 得到；D 为夹层的弯曲刚度；r 为壳的平均半径；K 为与夹层弯曲和剪切刚度有关的理论屈曲系数。解以上方程得到面板的应力为

$$F_{c\,UPR} = \frac{kKE'_{UPR}}{\sqrt{\lambda}}\,\frac{2\sqrt{E'_{UPR}t_{UPR}E'_{LWR}t_{LWR}}}{E'_{UPR}t_{UPR} + E'_{LWR}t_{LWR}}\,\frac{d}{r}$$

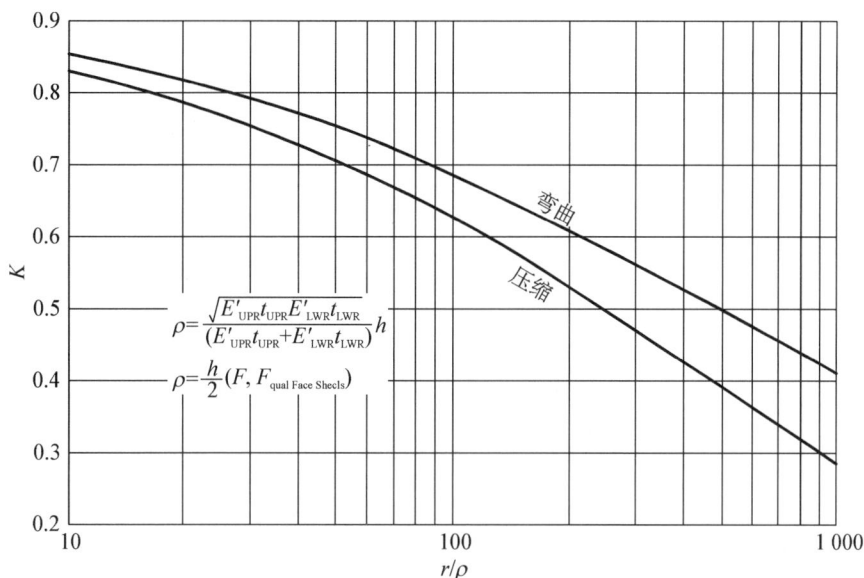

图 4.11.4.1(a) 在夹层圆筒受轴压或弯曲时的折减系数 k

$$F_{c\,LWR} = \frac{kKE'_{LWR}}{\sqrt{\lambda}} \frac{2\sqrt{E'_{UPR}t_{UPR}E'_{LWR}t_{LWR}}}{E'_{UPR}t_{UPR} + E'_{LWR}t_{LWR}} \left(\frac{d}{r}\right) \qquad 4.11.4.1(c)$$

$$F_c = \frac{kKE'}{\sqrt{\lambda}}\left(\frac{d}{r}\right)(上下面板相同的情况)$$

式中：E' 为受应力 F_c 时的有效压缩弹性模量；$\lambda = 1 - \nu^2$，ν 为面板的泊松比（这里假设 $\nu = \nu_{UPR} = \nu_{LWR}$）；$d$ 为上、下面板中面之间的距离。

系数 K 可由以下方程近似求得。

对于各向同性材料芯材或蜂窝芯材，或带有周向波纹板芯材的夹层板：

当 $\left(\dfrac{1+R}{2\sqrt{R}}\right)\left(\dfrac{r}{d}\right)V \leqslant \dfrac{1}{2}$ 时，

$$K = 1 - \left(\frac{1+R}{2\sqrt{R}}\right)\left(\frac{r}{d}\right)V$$

$$K = 1 - \left(\frac{r}{d}\right)V(上下面板相同的情况)$$

当 $\left(\dfrac{1+R}{2\sqrt{R}}\right)\left(\dfrac{r}{d}\right)V > \dfrac{1}{2}$ 时，

$$K = \frac{1}{4\left(\dfrac{1+R}{2\sqrt{R}}\right)\left(\dfrac{r}{d}\right)V}$$

$$K = \frac{1}{4\left(\dfrac{r}{d}\right)V}(\text{上下面板相同的情况})$$

对于带有轴向波纹板芯材的夹层板：

$$K = 1 - \frac{1}{4}\left(\frac{1+R}{2\sqrt{R}}\right)\left(\frac{r}{d}\right)W \qquad 4.11.4.1(\text{d})$$

$$K = 1 - \frac{1}{4}\left(\frac{r}{d}\right)W(\text{上下面板相同的情况})$$

式中：

$$R = \frac{E'_{\text{LWR}}t_{\text{LWR}}}{E'_{\text{UPR}}t_{\text{UPR}}}$$

$$V = \frac{E'_{\text{UPR}}t_{\text{UPR}}E'_{\text{LWR}}t_{\text{LWR}}d}{(E'_{\text{UPR}}t_{\text{UPR}} + E'_{\text{LWR}}t_{\text{LWR}})\lambda r^2 G_c} \qquad 4.11.4.1(\text{e})$$

$$V = \frac{E'td}{2\lambda r^2 G_c}(\text{上下面板相同的情况})$$

$$W = \frac{E'_{\text{UPR}}t_{\text{UPR}}E'_{\text{LWR}}t_{\text{LWR}}d}{(E'_{\text{UPR}}t_{\text{UPR}} + E'_{\text{LWR}}t_{\text{LWR}})\lambda r^2 G'_c} \qquad 4.11.4.1(\text{f})$$

$$W = \frac{E'td}{2\lambda r^2 G'_c}(\text{上下面板相同的情况})$$

式中：G_c 为芯材的剪切模量，方向为与圆筒的轴线方向相同，垂直于筒壁；G'_c 为芯材的剪切模量，方向为周向，垂直于筒壁。当剪切模量下降时，V 与 W 增大，而 K 值减小。

将 K 的表达式代入，解出以 h/r 表达的面板应力，得到

$$\frac{d}{r} = \left(\frac{1+R}{2\sqrt{R}}\right)\left[\frac{F_{c\,\text{UPR}}\lambda_{\text{UPR}}}{kE'_{\text{UPR}}} + V\right]$$

$$\frac{d}{r} = \left(\frac{1+R}{2\sqrt{R}}\right)\left[\frac{F_{c\,\text{LWR}}\lambda_{\text{LWR}}}{kE'_{\text{LWR}}} + V\right] \qquad 4.11.4.1(\text{g})$$

$$\frac{h}{r} = \frac{F_c\lambda}{kE'} + V(\text{上下面板相同的情况})$$

或

$$\frac{d}{r} = \left(\frac{1+R}{2\sqrt{R}}\right)\left[\frac{F_{c\,\text{UPR}}\lambda_{\text{UPR}}}{kE'_{\text{UPR}}} + \frac{W}{4}\right]$$

$$\frac{d}{r} = \left(\frac{1+R}{2\sqrt{R}}\right)\left[\frac{F_{c\,\text{LWR}}\lambda_{\text{LWR}}}{kE'_{\text{LWR}}} + \frac{W}{4}\right] \qquad 4.11.4.1(\text{h})$$

$$\frac{h}{r} = \frac{F_c\lambda}{kE'} + \frac{W}{4}(\text{上下面板相同的情况})$$

　　因为 k 和 V 或者 W 都依赖于 d ,因此在确定 d 时有必要进行迭代。可以通过图 4.11.4.1(a) 中的方程和曲线并假设 $V=0$ 或 $W=0$,迭代得到 d 的最小值。这个 d 最小值是因为当 $V=0$ 或 $W=0$ 时,芯材的剪切模量为无穷大。而实际中芯材的剪切模量并非无限大,因此必须选取更加厚的芯材。V 或 W 的值也依赖于芯材的剪切模量 G_c 。作为确定 d 和 G_c 最终值的手段,图 4.11.4.1(b) 列出了对应不同 G_c 的 V 或 W 的曲线。

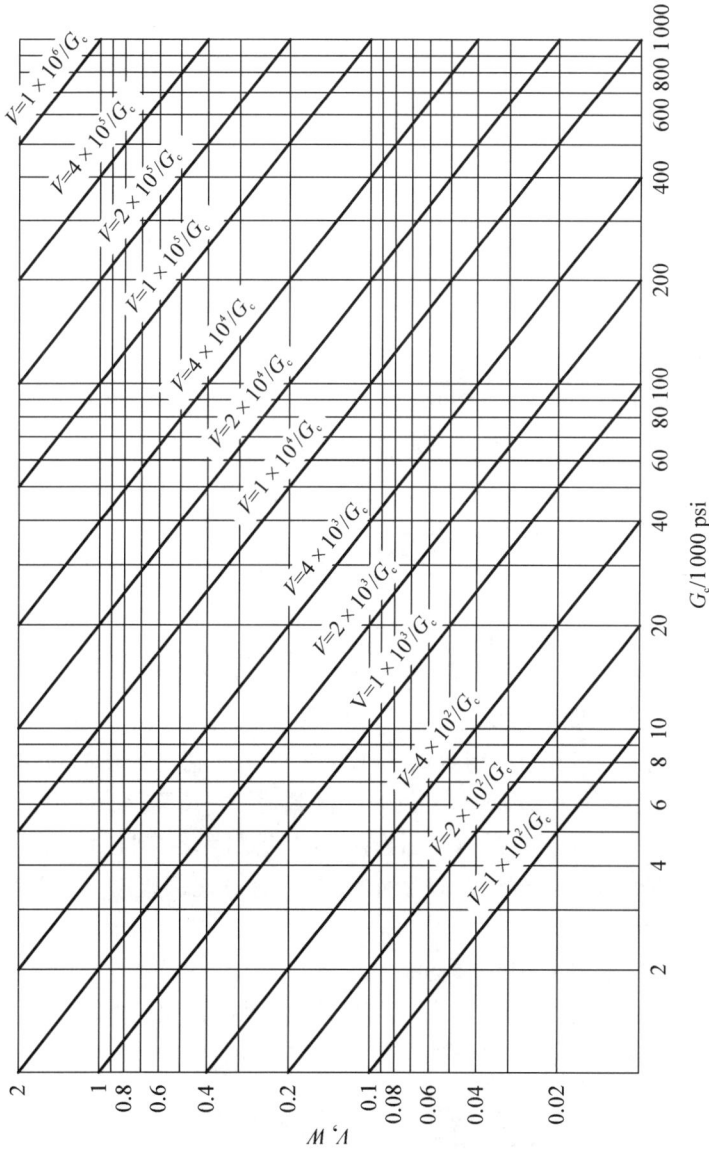

图 4.11.4.1(b)　确定夹层圆筒在轴压或弯曲载荷下的 V 和 G_c

建议采用以下步骤：

（1）对于各向同性材料芯材，或蜂窝芯材或沿环向的波纹板芯材层压板，使用 V；沿轴向波纹板芯材的夹层板使用 W。

（2）假设 V 或 W 等于 0，k 等于 0.6，利用 4.11.4.1(g)或(h)计算 d 的值。

（3）将基于计算得到的 d 的 r/ρ 代入图 4.11.4.1(a)，确定新的 k 值（ρ 在图 4.11.4.1(a)中定义）。利用步骤（2）得到的 k 值，重新计算 d 值。

（4）重复步骤（2）和（3），直到步骤（3）计算得到的 d 与步骤（2）相等。

（5）给 V 或 W 假定一个小值，重复以上步骤，确定更大的 d 值。

（6）计算常数 VG_c 或 WG_c 值：

$$\left[\frac{E'_{\text{UPR}}t_{\text{UPR}}E'_{\text{LWR}}t_{\text{LWR}}d}{(E'_{\text{UPR}}t_{\text{UPR}}+E'_{\text{LWR}}t_{\text{LWR}})\lambda r^2}\right]=VG_c$$

或

$$\left[\frac{E'td}{2\lambda r^2}\right]=WG_c\text{（上下面板相同的情况）}$$

（7）将以上的常数代入图 4.11.4.1(b)确定 G_c。

（8）如果剪切模量超过材料可达到的范围，则可在图 4.11.4.1(b)中的适当向上移动选取新的 V 或 W，以使芯材剪切模量在合理范围。

（9）利用新的 V 或 W 重新计算 d，重复以上步骤直到得到合适的 d。

（10）利用以下公式计算芯材厚度 t_c：

$$t_c=d-\frac{t_{\text{UPR}}+t_{\text{LWR}}}{2} \qquad\qquad 4.11.4.1(\text{i})$$

$$t_c=d-t\text{（上下面板相同的情况）}$$

4.11.4.2 确定圆筒壁屈曲应力 F_{cr} 的检验步骤

应该利用图 4.11.4.1(a)得到的 k 来校核设计。利用公式 4.11.4.1(d)得到的 K 代入方程 4.11.4.1(b)或(c)分别计算端部载荷 N_{cr} 或者屈曲应力 F_{cr}。应该注意的是以上方程都是应用于各向同性面板，并包括芯材为各向同性蜂窝芯材或波纹芯材的夹层圆筒的情况。应该理解如果所求的 F_{cr} 超过比例极限，则应使用 E' 作为计算 V 和 F_{cr} 的有效值。

4.11.4.3 检验是否会出现屈曲

如果轴压下的夹层圆筒相当长，可能会产生圆柱屈曲。此时若圆筒两端铰支，面板的应力可以由欧拉柱屈曲公式计算：

$$F_{e\,\text{UPR}}=\frac{\pi^2r^2E'_{\text{UPR}}}{2L^2}$$

$$\qquad\qquad 4.11.4.3(\text{a})$$

$$F_{e\,\text{LWR}}=\frac{\pi^2r^2E'_{\text{LWR}}}{2L^2}$$

式中：L 为柱自由端的长度；下标 e 代表欧拉。圆柱环向单位长度的载荷为

$$N_e = \frac{\pi^2 r^2 (E'_{UPR} t_{UPR} + E'_{LWR} t_{LWR})}{2L^2}$$

4.11.4.3(b)

$$N_e = \frac{\pi^2 r^2 E' t}{L^2} (\text{上下面板相同的情况})$$

如果由上述公式计算出的 N_e 小于设计载荷，则圆筒需要重新设计，增大直径、缩短长度或使用刚度更大的面板。这个公式是基于薄壁圆筒推导的，当 $d/r = 0.2$ 时，计算误差约为 3%。当 $d/r < 0.2$ 时，误差 < 3%。

4.11.5　夹层圆筒在组合载荷下的设计方法

应该在每个载荷情况下单独确定面板应力，而复合载荷和应力的效应可以对面板材料由适当的耦合公式来评估。

总体屈曲或局部失稳，例如凹坑或面板皱褶，可能导致圆柱的压溃。计算在组合载荷下的皱褶或凹坑分别参见 4.6.6.5 和 4.6.5.4 节。若基于 4.6 节的计算方法表明有可能会产生皱褶或凹坑，则必须由试验加以验证。

夹层圆筒在组合载荷下的总体屈曲由关于系数 R 的耦合公式给出，R 代表组合加载时所施加的应力或载荷与在单独载荷作用时的屈曲临界应力或载荷 $R - N/N_{cr}$。R 的下标代表不同的应力或加载方向。

4.11.5.1　轴向压缩或外部横向均布压缩载荷

夹层圆筒在轴向压缩或外部横向均布压缩载荷作用下的总体屈曲可以由以下耦合公式给出：

$$R_{cx} + R_{py} = 1$$

4.11.5.1

以上公式对于大多数夹层圆筒通常偏于保守。尤其当圆筒的 $V \gg 0$ 时会过于保守。对更加精确的分析，包括波纹板夹层结构，可以见参考文献 4.11.3.2(a) 和 (b) 以及 4.11.5.1(a) 和 (b)。

4.11.5.2　轴向压缩和扭转

夹层圆筒在轴向压缩和扭转共同作用时的整体屈曲可由以下耦合公式进行计算：

$$R_c + R_s = 1$$

4.11.5.2

以上公式对于厚壁的短圆筒来讲偏于保守，扭转项应该具有二次方形式。尤其是当圆筒的 $V \gg 0$ 时会过于保守。对更加精确的分析，包括波纹板夹层结构，可以见参考文献 4.11.3.2(a) 及 4.11.5.1(a)。

4.11.5.3　扭转与外部横向或内部均布压缩载荷

夹层圆筒在扭转与外部或内部均布压缩载荷共同作用时的整体屈曲可由以下耦合公式进行计算：

$$R_\mathrm{p} + R_\mathrm{s}^2 = 1 \qquad\qquad 4.11.5.3$$

对于外部均匀压强,R_p 为正;对于内部压强,R_p 为负。详细的推导过程及耦合曲线结果见参考文献 4.11.3.2(a)和(b)。

4.12 夹层结构的有限元建模

4.12.1 引言

有限元建模为结构设计提供了最通用最多样的工程分析手段,有许多可用的商业有限元程序。然而,在利用有限元对夹层结构进行设计之前,需要对有限元方法和夹层结构的力学行为有基本的了解。

关于有限元的理论和应用有大量教材。然而在此仅对夹层结构的特殊性进行一些概括评论。

夹层板壳的有限元建模可以根据板壳的几何参数和材料采取不同的方法。为了更加便于实际操作,大多数夹层板有限元分析都采用二维板壳单元。二维方法是下面要介绍的常用方法之一。

应该注意的是如果建模方法得当,则可以利用以下介绍的模型方法准确预测总体响应量。但是细节响应的准确预测,例如,横向剪切应力或正应力沿厚度方向分布,则要求采用高阶板壳模型或包含体单元的模型。

当用有限元方法分析夹层结构时,通常还要牢记下列几点。

夹层结构需考虑到芯材的剪切变形,而通常的有限元板壳单元都不包含剪切变形,因为对于金属板剪切变形可以忽略。用户必须选择可以提供准确分析和设计夹层结构的单元。这对屈曲和固有频率分析尤其重要,因为忽略或错误估计芯材的剪切变形会导致偏危险的结果。在芯材剪切模量很低时会出现一些特殊问题,例如低密度聚氨酯芯材。对于包含了横向剪切刚度的单元,会导致即使面板很薄,面板的剪切刚度仍远大于芯材的剪切刚度。建议用户将计算结果与分析结果或三维有限元模型对比来检查。

由于夹层板在厚度方向上的刚度和强度较低,需要通过 2D 或 3D 分析对局部载荷的引入,在边角或连接处进行比固体结构更为细致的检验。同理,带有小半径的夹层曲板(半径小于夹层厚度的 10 倍)应该用二维平面应变单元或三维单元来分析,以考虑壳单元无法考虑的横向正应变。

当夹层结构的一个或多个分量为各向异性时,例如复合材料面板、蜂窝或轻木芯材,则在分析中必须考虑材料的各向异性性质。对于复合材料面板或蜂窝芯材,如果采用非常细的网格去分析应力集中区域,则应注意网格尺寸不小于典型单元。

参考文献 4.12.1(a)和(b)给出了更多的信息和夹层结构分析计算流程的参考文献。Noor 等[见参考文献 4.12.1(b)]列出了参考文献清单(引用超过 1300 篇文章),都是分析计算夹层结构的文章。Librescu 和 Hause[见参考文献 4.12.1(c)]给出了更深入的研究,包括了考虑夹层平板和曲板结构在承受外力和热载荷时屈曲和后屈曲响应的扩展方程。

4.12.2　总体模型

在总体近似模型中,夹层结构通过一个等效单层板单元或壳单元来模拟。这种单元沿厚度方向位移、应变和(或)应力是近似的。基于这个特性,总体有限元模型不包括所有几何细节或局部应力集中。如果需要局部应力状态,则必须采用更多的分析技术。

一般方法为从整体有限元模型结果中提取单元力和力矩,然后利用这个信息作为输入进行更加深入的分析。可以将有限元结果进行后处理以计算局部响应,核对4.6 节所列出的破坏模式(面板每层的安全余度,芯材剪切强度,平压强度,芯材压溃和失稳模式)。有限元结果也可用于“手动计算”的输入,来得到连接处、接头等细节处的应力。

可以采用更加详细的局部有限元模型模拟较小的范围,确定开口、接头或其他特征处的行为。

总体有限元得到的位移可以传递到细节模型的边界处。或者可以利用约束方程将局部模型集成到总体模型中。但是在这种情况下,需要仔细检查局部模型边界上的载荷传递来确保应力和应变场的连续性。

4.12.3　层叠模型

层叠壳或离散层叠建模法采用标准壳单元。夹层被分为 3 层或更多层,对于薄夹层板可以提供整体响应的一阶近似估计。这个方法利用经典层压板理论计算出夹层的刚度系数从而给出一个等效单层结果。在这个模型中,所有层都有一个沿横截面共同而唯一的转角。由于芯材材料只提供剪切刚度,因此在层叠模型中的常使用剪切柔性 C^0 壳单元。也可以使用基于 Kirchhoff-Love 经典理论(C^1 壳单元),然而该方法忽略了夹层结构的横向剪切变形。图 4.12.3 给出了一个层叠模型的简单

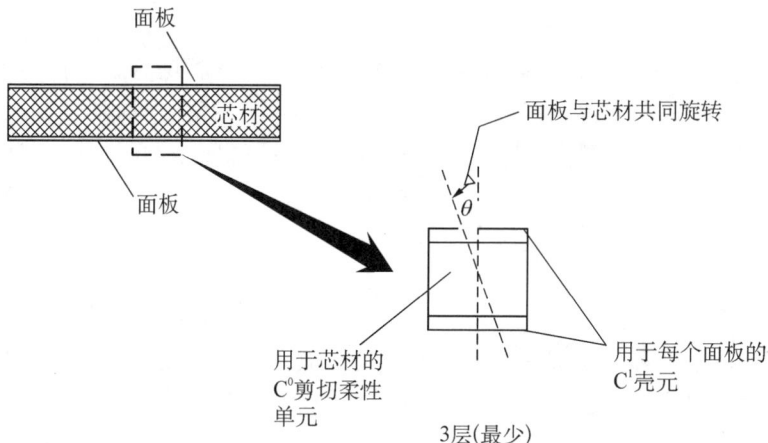

图 4.12.3　夹层结构简单的层叠模型

例子,每个面板用一层单元来模拟,芯材用一层单元模拟。可以沿厚度使用更多的单元构建更加复杂的模型。这个方法的变种为利用 3 层(或多层)二维单元互相叠加并公用节点。

单元叠加法是一种类似于在蒙皮-筋条脱粘问题中计算断裂参数和层间应力的方法。单元叠加可以提供所需的高阶横向位移。这种方法采用多层厚壳单元对层压板进行建模,每层又由相似的子部分组成。用多点约束将这些层固定在一起,在界面施加位移协调约束。单元叠加在每个附加层的每个节点上引入了两个额外的自由度。对于传统的模型,每个节点有 6 个自由度,则两层模型有 8 个自由度,四层模型有 12 个自由度。注意单元叠加不要求剪切修正系数,因为每层的横向剪切分布近似为常数。

4.12.4　体模型

除了壳单元模型之外,还有几类更加细致但需要大量计算资源的建模方法。

壳/体模型采用壳单元模拟上下面板,采用实体单元模拟芯材材料。这种方法可以提供总体响应和局部响应预测。方法的准确性和计算成本与芯材厚度方向的模拟有关。面板可能为层合板材料,可以利用壳单元模拟,芯材利用实体单元模拟。为了准确分析芯材变形,在厚度方向上需要划分多层体单元。壳单元的参考面与相邻体单元的边界重合。这可以通过"偏移"功能来实现,偏移量为壳单元的参考面(面板的中心线)和芯材面板交界面的节点的之间的距离。

对于壳/体模型,在建模过程中必须考虑到壳单元和体单元之间的位移场的协调问题。例如,面板采用 4 节点 C^1 壳单元,芯材采用 8 节点体单元将会导致位移不协调。而 C^0 壳单元则和同阶的标准体单元在横向的位移场互相协调。4 节点、8 节点和 9 节点 C^0 壳单元分别与 8 节点、20 节点和 27 节点体单元连接可以产生协调的位移场。

在全三维有限元模型中,上下面板和芯材。都用三维体单元模拟这些模型称为三维实体模型,它们会消耗大量计算成本,因此一般仅在细节分析时使用。

4.12.5　夹层单元模型

最近,一些专门夹层单元被嵌入到商用软件中,可以利用这些夹层单元进行夹层结构分析。夹层单元模型包含夹层结构运动学和刚度的计算,比层叠壳/体模型消耗更少的计算成本。然而,这些单元目前还没有广泛应用,并且它们所基于的方程不尽相同,因此需要用户仔细查看文档以理解单元所基于的假设。参考文献 4.12.5(a)和(b)列出了这种方法的例子。

4.13　最优化夹层板

采用轻质芯材和薄面板组成夹层结构这一概念为在给定刚度式承载能力的情况下寻求重量最轻的最优结构提供了可能性。但需要认识到,优化得到的最轻结构可能是不现实的,因为这可能导致太薄以至于不切实际的面板或太厚的芯材。因此,最优化可能需要增加限制条件,例如限制芯材厚度和所需最小的厚度(包括限制多层板的面板厚度或可用的金属板厚度)。

前面的章节介绍了特殊夹层板组件的设计,在考虑了面板和芯材中的应力、变形和偏移的情况下设计了夹层板的正确比例。但是这些夹层板可能没有达到最小重量。本节会给出一些关于这方面的例子。

直接进行优化而不对优化结果进行检验将可能在比较材料要求时产生错误的结论,这是由于优化的夹层结构可能是不切实际的。

凭直觉进行优化,比如要求所有部分都完全受力或者所有形式的失效同时发生,并不一定能得到重量最小的结构部件(见参考文献 4.13)。

4.13.1　夹层板质量

夹层板的质量通过以下公式进行计算:

$$W = w_{UPR}t_{UPR} + w_{LWR}t_{LWR} + w_c t_c + W_B$$ 4.13.1(a)
$$W = 2wt + w_c t_c + W_B(\text{上下面板相同的情况})$$

式中: W 为单位面积的夹层板质量; w 为密度; t 为厚度;下标 UPR 和 LPR 表示上、下面板;下标 c 表示芯材, W_B 是面板和芯材之间粘合部分的单位面积质量。粘合部分可以是胶水或铜焊。假设所有夹层板的粘合部分的质量是相同的,那么质量的比较可以写为 $W - W_B$。

将 $d - \dfrac{t_{UPR} + t_{LWR}}{2}$ 记为 t_c,其中 d 是面板面心间的距离。那么计算质量的公式可以改写为

$$(W - W_B) = \phi_{UPR}t_{UPR} + \phi_{LWR}t_{LWR} + w_c d$$ 4.13.1(b)
$$(W - W_B) = 2\phi t + w_c d(\text{上下面板相同的情况})$$

式中:

$$\phi_{UPR} = w_{UPR} - \frac{w_c}{2}, \quad \phi_{LWR} = w_{LWR} - \frac{w_c}{2}, \quad \phi = w - \frac{w_c}{2}$$ 4.13.1(c)

在计算过程中保持质量单位的一致是非常重要的。因此,如果 w 为密度,单位为磅每立方英寸(lb/in³, pci), t 和 d 的单位必须为英寸(in),则 $W - W_B$ 为单位面积的质量,单位为磅每平方英寸(lb/in², psi)。

例 1　计算夹层结构的 $W - W_B$,其中铝面板厚 0.032 in,密度 0.100 lb/in³,蜂窝芯材厚 3/4 in,芯材密度为 6 lb/ft³(0.0035 lb/in³)。

从式 4.13.1(a)得到

$$(W - W_B) = 2(0.100)(0.032) + 0.0035(0.75)$$
$$(W - W_B) = 0.00640 + 0.00263 = 0.00903 \, \text{lb/in}^2$$

或

$$(W - W_B) = 144(0.009\,03) = 1.30\,\text{lb/ft}^2$$

4.13.2 夹层结构的弯曲刚度

由于夹层结构的主要目的是提供刚度,进而在横向载荷下小变形和在侧边面内载荷下高抗屈曲性能,因此具有给定的抗弯刚度的最轻夹层结构是可以确定的。

夹层结构单位宽度的弯曲刚度可由以下公式计算:

$$D = \frac{\dfrac{E_{\text{UPR}} t_{\text{UPR}}}{\lambda_{\text{UPR}}} \dfrac{E_{\text{LWR}} t_{\text{LWR}}}{\lambda_{\text{LWR}}}}{\dfrac{E_{\text{UPR}} t_{\text{UPR}}}{\lambda_{\text{UPR}}} + \dfrac{E_{\text{LWR}} t_{\text{LWR}}}{\lambda_{\text{LWR}}}} d^2 \qquad 4.13.2(a)$$

$$D = \frac{Et}{2\lambda} d^2 \text{(上下面板相同的情况)}$$

式中:D 为弯曲刚度;下标 UPR 和 LWR 分别代表上面板和下面板;E 为面板弹性模量,$\lambda = 1 - \nu^2$,ν 为泊松比;t 为面板厚度;d 为上下面板中心的距离。

将刚度表达式代入质量公式,并求导得到质量最小值[见参考文献 4.13.2(a)],得出以下在特定刚度 D 下达到最小质量时的 d 和 t 的表达式:

$$d^3 = \frac{2D}{w_c} \left[\sqrt{\frac{\phi_{\text{UPR}} \lambda_{\text{UPR}}}{E_{\text{UPR}}}} + \sqrt{\frac{\phi_{\text{LWR}} \lambda_{\text{LWR}}}{E_{\text{LWR}}}} \right]^2 \qquad 4.13.2(b)$$

$$d^3 = \frac{8D\phi\lambda}{w_c E} \text{(上下面板相同的情况)}$$

以及

$$t_{\text{UPR}} = \frac{d}{2} \frac{w_c}{\phi_{\text{UPR}}} \frac{\sqrt{\dfrac{\phi_{\text{UPR}} \lambda_{\text{UPR}}}{E_{\text{UPR}}}}}{\left(\sqrt{\dfrac{\phi_{\text{UPR}} \lambda_{\text{UPR}}}{E_{\text{UPR}}}} + \sqrt{\dfrac{\phi_{\text{LWR}} \lambda_{\text{LWR}}}{E_{\text{LWR}}}} \right)}$$

$$\qquad 4.13.2(c)$$

$$t_{\text{LWR}} = \frac{d}{2} \frac{w_c}{\phi_{\text{LWR}}} \frac{\sqrt{\dfrac{\phi_{\text{LWR}} \lambda_{\text{LWR}}}{E_{\text{LWR}}}}}{\left(\sqrt{\dfrac{\phi_{\text{UPR}} \lambda_{\text{UPR}}}{E_{\text{UPR}}}} + \sqrt{\dfrac{\phi_{\text{LWR}} \lambda_{\text{LWR}}}{E_{\text{LWR}}}} \right)}$$

$$t = \frac{d}{4} \frac{w_c}{\phi} \text{(上下面板相同的情况)}$$

合成后的结构质量是成比例增加的,因此大约 2/3 的夹层质量为芯材质量[见参考文献 4.13.2(a)~(e)]。

例 2 确定夹层结构部件的尺寸,使单位宽度(in 为单位)复合材料结构具有弯曲刚度 $D = 3.0 \times 10^6$ lb/in²。面板属性为 $E_{\text{UPR}}/\lambda_{\text{UPR}} = 10^7$ psi,$w_{\text{UPR}} = 0.100$ pci,$E_{\text{LWR}}/\lambda_{\text{LWR}} = 3 \times 10^6$ psi,$w_{\text{LWR}} = 0.061$ pci,芯材高度 $w_c = 0.003\,4$ pci。

依据 4.13.2(b)进行最小质量设计：

$$d = \left\{ \frac{2(3.0)(10^6)}{0.0034} \left[\sqrt{\frac{0.0983}{10^7}} + \sqrt{\frac{0.0593}{3(10^6)}} \right]^2 \right\}^{\frac{1}{3}} = 4.66\,\text{in}$$

由公式 4.13.2(c)得

$$t_{\text{UPR}} = 2.33\, \frac{0.0034\sqrt{\dfrac{0.0983}{10^7}}}{0.0983\left(\sqrt{\dfrac{0.0983}{10^7}} + \sqrt{\dfrac{0.0593}{3(10^6)}}\right)} = 0.033\,\text{in}$$

$$t_{\text{LWR}} = 2.33\, \frac{0.0034\sqrt{\dfrac{0.0593}{3(10^6)}}}{0.0593\left(\sqrt{\dfrac{0.0983}{10^7}} + \sqrt{\dfrac{0.0593}{3(10^6)}}\right)} = 0.078\,\text{in}$$

由以上数据可得，夹层质量（除去粘接质量）为 0.0237 psi，其中 0.0156 psi 为芯材，0.0033 psi 为上面板，0.0048 psi 为下面板。虽然芯材密度小于面板，但约 2/3 的夹层质量为芯材所占。

上下面板相同时的最小质量设计：

若夹层结构上下面板都为 1 型面板，由公式 4.13.2(b)得

$$d = \left\{ \frac{8(3)(10^6)(0.0983)}{0.0034(10^7)} \right\}^{\frac{1}{3}} = 4.11\,\text{in}$$

由公式 4.13.2(c)得

$$t = \frac{4.10(0.0034)}{4(0.0983)} = 0.035\,\text{in}$$

夹层质量（除去粘接质量）为 0.0209 psi，其中 0.0139 psi 为芯材质量，0.0070 psi 为面板质量。芯材质量占整个夹层质量的 66%。

若夹层结构上下面板都为 2 型面板，由公式 4.13.2(b)得

$$d = \left\{ \frac{8(3)(10^6)(0.0593)}{0.0034(3)(10^6)} \right\}^{\frac{1}{3}} = 5.19\,\text{in}$$

由公式 4.13.2(c)得

$$t = \frac{5.19(0.0034)}{4(0.0593)} = 0.074\,\text{in}$$

夹层质量（最小粘接质量）为 0.0262 psi，其中 0.0171 psi 为芯材质量，占整个夹层质量的 65%。

以上设计的尺寸总结如表 4.13.2 所示。

表 4.13.2 中显示的是最轻的夹层结构设计，上下面板均为 1 型面板材料（面板

$\phi\lambda/E$ 较低)。当面板为 2 型材料时，得到最薄的面板，但这将导致整个夹层质量比最轻值高 10% 左右。

表 4.13.2　夹层最小质量的各个尺寸汇总

面板	厚度			夹层质量
	d	t_{UPR}	t_{LWR}	
	in	in	in	lb/in²
上下面板均为 1 型面板	4.11	0.035	0.035	0.020 9
1 型和 2 型面板	4.66	0.033	0.078	0.023 7
上下面板均为 2 型面板	5.19	0.074	0.074	0.026 2

注：不包含粘接胶的质量。

4.13.3　夹层抵抗弯曲能力

带有相同薄面板的夹层板，当忽略芯材抗弯能力后，整体的抗弯强度为

$$M = Fth$$

式中：M 为单位宽度所能承受的弯矩；F 为面板应力；t 为面板厚度；d 为上下面板中面之间的距离。解出 t，并将 t 代入方程 4.13.1(b)，关于 h 和 d 求导得到质量最小值时［见参考文献 4.13.2(a)］有

$$d^2 = \frac{2M\phi}{Fw_c}$$

最终得到

$$t = \frac{dw_c}{2\phi}$$

将以上表达式和基于刚度准则的表达式进行对比表明，基于弯矩准则设计的面板可能达到基于刚度准则设计的面板的 2 倍厚，并且 d 与刚度和弯矩要求有关。合成之后的结构可能一半质量为芯材质量。

例 3　确定夹层结构各部分的尺寸，使其满足设计后的夹层结构单位宽度可抗弯矩 7 000 in-lb/in。面板的设计应力 F 为 45 000 lb/in²（在这种情况下为金属面板的屈服应力），w 为 0.100 lb/in³，芯材质量 w_c 为 0.003 4 lb/in³。

由以上公式可得

$$d = \left\{ \frac{2(7\,000)(0.098\,3)}{45\,000(0.003\,4)} \right\}^{\frac{1}{2}} = 3.00\,\text{in}$$

$$t = \frac{3.00(0.0034)}{2(0.0983)} = 0.052\,\text{in}$$

由夹层的尺寸可以计算出质量为 $0.0204\,\text{psi}$（除去粘接质量），其中芯材质量为 $0.0101\,\text{psi}$，约占总质量的 50%。

例 4　确定夹层结构各部分的尺寸，使其满足设计后的夹层结构单位宽度可抗弯矩 $7000\,\text{in-lb/in}$，并且单位宽度的弯曲刚度不小于 $D = 3 \times 10^6\,\text{lb/in}^2$。面板性能为 $E/\lambda = 10^7\,\text{psi}$，$w = 0.100\,\text{pci}$，$w_c = 0.0034\,\text{pci}$。

由 4.13.2 节的例子可以得到，在特定刚度下最轻的夹层设计为 $d = 4.11\,\text{in}$，$t = 0.035\,\text{in}$，质量 $W = 0.0209\,\text{psi}$。由公式 4.13.3(a) 得到由弯矩引起的面板应力为

$$F = \frac{7000}{0.035(4.11)} = 48\,600\,\text{psi}$$

因此必须采用强度更高的材料作为面板材料。

如果所选定的面板材料的许用设计应力仅为 $20\,000\,\text{psi}$，则必须根据弯矩准则修改设计如下：

$$d = \left\{ \frac{2(7000)(0.0983)}{20\,000(0.0034)} \right\}^{\frac{1}{2}} = 4.50\,\text{in}$$

$$t = \frac{4.50(0.0034)}{2(0.0983)} = 0.078\,\text{in}$$

这些尺寸比按照刚度设计值偏大，因此刚度高于所需值（接近所需值的 3 倍）。夹层质量（除去粘接质量）为 $0.0306\,\text{psi}$，大约比仅满足刚度准则设计的结构重了 46%。因此高强度材料面板是明显有益的。

面板应力 F 不应该超过由 4.6.5 节和 4.6.6 节介绍的产生凹坑或皱褶时的应力。

4.13.4　夹层板屈曲

夹层板的总体屈曲载荷为

$$N = K \frac{\pi^2}{b^2} D \qquad\qquad 4.13.4(a)$$

式中：N 为单位宽度的屈曲载荷；K 为系数，它与加载形式、边界约束、长宽比、剪切系数 V 有关；b 为板的宽度；D 为单位宽度的弯曲刚度。系数 $V = \pi^2 D/b^2 U$，其中 U 为夹层的剪切刚度。V 通常很小，K 对 V 的依赖性很弱，因此在指定 N 时最轻夹层结构的设计应该几乎与指定刚度的设计相同。可以给予板的屈曲准则来得到最小质量，但通常很难，因此都是由刚度准则得到第一个近似值。下面给出了具体步骤。

例 5　确定夹层各个部分的尺寸，使得宽为 $40\,\text{in}$，长为 $80\,\text{in}$ 的简支板在 $40\,000\,\text{lbf}$ 载荷（加载于 $40\,\text{in}$ 的边上）下不会发生屈曲。面板性能为 $E/\lambda = 10^7\,\text{psi}$，$w =$

$0.100\,\text{pci}$, $w_c = 0.0034\,\text{pci}$, $G_c = 20\,000\,\text{psi}$。

此时板的屈曲系数为

$$K = \frac{4}{(1+V)^2} \qquad\qquad 4.13.4(b)$$

与公式 4.13.4(a)和质量方程[式 4.13.1(a)]结合,并对质量求最小值[见参考文献 4.13.2(a)],得

$$d^3 = \frac{Nb^2(1+V)^2}{2\pi^2 E/\lambda(1-V)\dfrac{w_c}{4w}} \qquad\qquad 4.13.4(c)$$

$$t = d(1-V)\frac{w_c}{4w}$$

对于此例子,$W_c/4w = 0.0085$,因此得

$$d = \left\{\frac{40\,000(40)(1+V)^2}{2\pi^2(10^7)(0.0085)(1-V)}\right\}^{\frac{1}{3}} = \left\{0.954\,\frac{(1+V)^2}{(1-V)}\right\}^{\frac{1}{3}}$$

$$t = 0.0085d(1-V)$$

假设一系列 V,计算出对应的 d 和 t,结果如表 4.13.4 所示。

表 4.13.4　计算结果

V	d/in	t/in
0	0.984	0.0084
0.05	1.035	0.0084
0.10	1.086	0.0083
0.15	1.141	0.0082

表 4.13.4 显示 V 的变化对 d 产生的影响很小,对 t 基本上没有影响。

假设 $t=0.0085\,\text{in}$,则面板应力为

$$F = \frac{N}{2t} = \frac{1000}{0.0170} = 59\,000\,\text{lbf/in}^2$$

因此必须采用更强的面板材料。如果芯材为蜂窝芯材,则必须有很小的单胞尺寸以保证面板不会出现凹坑塌陷。假设这些都可能发生,则可以计算出实际的 V。假设 $d=1\,\text{in}$,则

$$V = \frac{\pi^2 t dE/\lambda}{2b^2 G_c} = \frac{\pi^2(0.0085)(1)(10^7)}{2(1600)(20\,000)} = 0.0131$$

此时 V 足够小,因此可以忽略 V 的作用。

夹层板的质量为

$$W = 1(0.0034) + 0.017(0.100) = 0.0051\,\text{psi}$$

选择增厚面板来降低应力：

对于 $t = 0.020\,\text{in}$，$F = 1000/0.04 = 25000\,\text{pbf/in}^2$，解屈曲方程得到 D，然后再求得 d。$V = 0$ 时，$d = 0.64\,\text{in}$；$V = 0.0197$，$t = 0.020\,\text{in}$ 时，$d = 0.65\,\text{in}$。

夹层板单位面积的质量为

$$W = 0.65(0.0034) + 0.040(0.100) = 0.0062\,\text{psi}$$

结果合理，但比 $0.0085\,\text{in}$ 面板的夹层板重了约 20%。

参 考 文 献

4.1　　　　　Military Handbook 23A, Structural Sandwich Composites, Notice 3 [M]. June, 1974 (Cancelled by Notice 4, February, 1988).

4.2.3(a)　　U S Federal Aviation Administration Technical Report DOT/FAA/AR - 00/44. Impact Damage Characterization and Damage Tolerance of Composite Sandwich Airframe Structures [R]. January 2001.

4.2.3(b)　　U S Federal Aviation Administration Technical Report DOT/FAA/AR - 02/80. Impact Damage Characterization and Damage Tolerance of Composite Sandwich Airframe Structures Phase II [R]. October 2002.

4.2.3(c)　　U S Federal Aviation Administration Technical Report DOT/FAA/AR - 99/91. Damage Tolerance of Composite Sandwich Structures [R]. January 2000.

4.3.1(a)　　U S Federal Aviation Administration Advisory Circular AC 20 - 107B. Composite Aircraft Structure [R]. September 2009.

4.3.1(b)　　European Aviation Safety Agency Acceptable Means of Compliance AMC 20 - 29. Composite Aircraft Structures [S]. 7/10.

4.3.1(c)　　Transport Canada Civil Aviation Airworthiness Manual Advisory AMA 500C/8. Composite Aircraft Structure [S]. January 8, 1991.

4.3.1(d)　　Baker A, Dutton S, Kelly D. Composite Materials for Aircraft Structures [M]. 2 ed., American Institute of Aeronautics and Astronautics, 2004, ISBN 1 - 56347 - 540 - 5.

4.6.1(a)　　Metallic Materials Properties Development and Standardization (MMPDS) [R]. formerly MIL - HDBK - 5, 2012, MMPDS - 07.

4.6.2(a)　　Violette M, Brummer B, Towry R, et al. Shear Properties of Honeycomb Core under Off-Axis Loading [C]. Proceedings of the Canadian International Composites Conference (CANCOM), Vancouver, BC, August, 2005.

4.6.2(b)　　Kitt B R, Christie M C. Test Results and Analysis for Off-Axis Loading of Honeycomb Core [C]. Proceedings of the SAMPE Conference, Seattle, WA, May, 2010.

4.6.2(c)　　ASTM Standard C273, Standard Test Method for Shear Properties of Sandwich

Core Materials [S]. American Society for Testing and Materials, West Conshohocken, PA.

4.6.2(d) ASTM Standard C393. Standard Test Method for Core Shear Properties of Sandwich Constructions by Beam Flexure [S]. American Society for Testing and Materials, West Conshohocken, PA.

4.6.3 Ward S, Gintert L. Analysis of Sandwich Structures [M]. // ASM Handbook, Volume 21, Composites, ASM International, 2001.

4.6.5(a) Metallic Materials Properties Development and Standardization (MMPDS) [R]. formerly MIL - HDBK - 5, 2012, MMPDS - 07.

4.6.5(b) ASTM Standard C364. Standard Test Method for Edgewise Compressive Strength of Flat Sandwich Constructions [S]. American Society for Testing and Meterials, West Conshohocken, PA.

4.6.5(c) SAE Standard AMSSTD401, Sandwich Constructions and Core Materials; General Test Methods [S]. SAE International, Warrendale, PA, 1999, www.sae.orq.

4.6.5.1(a) Norris C B. Short Column Compressive Strength of Sandwich Constructions as Affected by Size of Cells of Honeycomb Core Materials [R]. U. S. Forest Service Research Note FPL - 026, Forest Prod. Lab., Madison, WI, 1964.

4.6.5.1(b) Blaas C, et al. Local Instability in Sandwich Panels [R]. Fokker Report TR - N - 84 -CSE - 061, 1984.

4.6.5.2(a) Anderson M S. Local Instability of the Elements of a Truss-Core Sandwich Plate [R]. NASA Tech. Rep. TR R - 30, 1959.

4.6.5.2(b) Wittrick W H. On the Local Buckling of Truss-Type Corrugated-Core Sandwich Panels in Compression [J]. Int J Mech Sci, 1972, 14(4):263 - 271.

4.6.5.2(c) Zahn J J. Local Buckling of Orthotropic Truss-Core Sandwich [R]. USDA Forest Serv Res Pap FPL 220, Forest Prod Lab, Madison Wisc, 1973.

4.6.6.1(a) ASTM Test Method C 364/C 364M - 07. Standard Test Method for Edgewise Compressive Strength of Sandwich Constructions [S]. Annual Book of ASTM Standards, Vol. 15. 03, American Society for Testing and Materials, West Conshohocken, PA.

4.6.6.1(b) SAE Standard AMSSTD401. Sandwich Constructions and Core Materials; General Test Methods [S]. SAE International, Warrendale, PA, 1999, www.sae.orq.

4.6.6.1(c) Metallic Materials Properties Development and Standardization (MMPDS) [S]. formerly MIL - HDBK - 5, 2012, MMPDS - 07.

4.6.6.2(a) Military Handbook 23A, Structural Sandwich Composites [S]. Notice 3, June, 1974 (Cancelled by Notice 4, February, 1988).

4.6.6.2(b) Norris C B, Ericksen W S, March H W, et al. Wrinkling of the Facings of Sandwich Constructions Subjected to Edgewise Compression [R]. U. S. Forest Prod Lab Rep 1810, Madison WI, 1949.
See also: Norris C B, Boller K H, Voss A W. Wrinkling of the Facings of Sandwich Construction Subjected to Edgewise Compression-Sandwich Constructions Having Hon-eycomb Cores [R]. U. S. Forest Prod Lab Rep 1810A, Madison, WI, 1953.

4.6.6.3(a) Kassapoglou, Christos, Design and Analysis of Composite Structures with

	Applications to Aerospace Structures [M]. Chapter 10, "Sandwich Structure," John Wiley & Sons, Ltd., 2010.
4.6.6.3(b)	ESDU 88015. Elastic Wrinkling of Sandwich Panels with Laminated Fibre Reinforced Face Plates [S].
4.6.6.3(c)	Birman and Bert, Wrinkling of Composite-Facing Sandwich Panels Under Biaxial Loading [J]. Journal of Sandwich Structures and Materials, 2004.
4.6.6.3(d)	Cox H L, Riddell J R. Sandwich Construction and Core Materials III: Instability of Sandwich Struts And Beams [R]. ARC Technical Report R&M 2125,1945.
4.6.6.3(e)	Gough G S, Elam C F, de Bruyne N D. The Stabilization of a Thin Sheet by a Continuous Supporting Medium [J]. Journal of the Royal Aeronautical Society, 1940,44,12 – 43.
4.6.6.3(f)	Hemp W S. On a Theory of Sandwich Construction [R]. ARC Technical Report R&M 2672,1948.
4.6.6.3(g)	Hoff N J, Mautner S E. The Buckling of Sandwich-Type Panels [J]. Journal of Aeronautical Sciences, July 1945,285 – 297.
4.6.6.3(h)	Kassapoglou C, Fantle S C, Chou J C. Wrinkling of Composite Sandwich Structures Under Compression [J]. Journal of Composites Technology and Research, 1995, 17(4),308 – 316.
4.6.6.3(i)	Kollar, Springer. Mechanics of Composite Structures [M]. Cambridge University Press, 2003.
4.6.6.3(j)	Pearce T R A, Webber J P H. Buckling of Sandwich Panels with Laminated Face Plates [J]. Aeronautical Quarterly. 1972,23,148 – 160.
4.6.6.3(k)	Rapp H. Evaluation of Compression and Bending Tests of CFRP — Sandwich Plates [M]. UNIBW – ILB – 1/03, Universität der Bundeswehr München, Institut für Leichtbau, 2003.
4.6.6.3(l)	Williams D. Sandwich Construction: A Practical Approach for the Use of Designers [R]. RAE Report No. Structures 2,1947.
4.6.6.3(m)	Yusuff S. Theory of Wrinkling in Sandwich Construction [J]. Journal of the Royal Aeronautical Society, January 1955,59,30 – 36.
4.6.6.3(n)	Yusuff S. Face Wrinkling and Core Strength Requirements in Sandwich Construction [J]. Journal of the Royal Aeronautical Society, march 1960,64,164 – 167.
4.6.6.3(o)	Zenkert D. An Introduction to Sandwich Construction [M]. London. Camelion Press Ltd, 1997.
4.6.6.5(a)	Plantema F J. Sandwich Construction [M]. John Wiley & Sons, NY, 1966.
4.6.6.5(b)	Birman V, Bert C. Wrinkling of Composite-facing Sandwich Panels Under Biaxial Loading [J]. Journal of Sandwich Structures and Materials, 2004,6,217 – 237.
4.6.6.5(c)	Fagerberg L. Wrinkling of Anisotropic Sandwich Panels Subjected to Multi-Axial Loading [C]. Sandwich Construction 5—Proceedings of the 5th International Conference of Sandwich Construction, 2000,211 – 220.
4.6.6.6	Smidt S. Testing of Curved Sandwich Panels and Comparison with Calculations Based on the Finite Element Method [C]. Proceedings of the 2nd International Conference on Sandwich Constructions, Gainesville, FL, March, EMAS, Ltd.,

U.K., 1992.

4.6.7(a)　　Sullins R T, et al. Manual for Structural Stability Analysis of Sandwich Plates and Shells [S]. NASA CR－1457, December, 1969.

4.6.7(b)　　Vinson Jack R. The Behavior or Sandwich Structures of Isotropic and Composite Materials [M]. Technomic Publishing Company, 1999.

4.6.8.1(a)　Montrey, Henry M. Bending of a Circular Sandwich Plate by Load Applied through an Insert [R]. USDA Forest Serv Res Pap FPL 201. Forest Prod Lab Madison Wisc, 1973.

4.6.8.1(b)　Yongquist W G, Kuenzi, Edward W. Stresses Induced in a Sandwich Panel by Load Applied at an Insert [R]. U. S. Forest Prod Lab Reps 1845, 1845A, and 1845B. Forest Prod Lab Madison Wisc, 1955－56.

4.7.2.1.3(a)　Raville M E. Deflection and Stresses in a Uniformly Loaded, Simply Supported, Rectangular Sandwich Plate [R]. U. S. Forest Prod Lab Rep, 1847, Madison, WI, 1962.

4.7.2.1.3(b)　Allen H G. Graphs for the Analysis of Simply Supported Rectangular Sandwich Plates Under Uniform Transverse Pressure [R]. Report CE/21/68, Dept. Civil Eng., Southampton Univ, England, 1968.

4.7.2.2　　　Erickson W S. Bending of a Circular Sandwich Panel Under Normal Load [R]. U. S. Forest Prod. Lab. Rep. 1828, Madison, WI, 1960.

4.8.1(a)　　Kraus H. Thin Elastic Shells [M]. John Wiley and Sons, NY, 1967.

4.8.1(b)　　Dym C L. Introduction to the Theory of Shells [M]. Hemisphere Publishing, NY, 1990.

4.9.2.2(a)　Ericksen, Wilhelm S, March H W. Effects of Shear Deformation in the Core on a Flat Rectangular Sandwich Panel [R]. U. S. Forest Prod. Lab. Report 1583－B, Forest Prod Lab, 1958.

4.9.2.2(b)　Jenkinson Paul M, Kuenzi Edward W, Buckling Coefficients for Flat Rectangular Sandwich Panels with Corrugated Core under Edgewise Compression [R]. U. S. Forest Service Research Paper FPL 25, Forest Prod Lab, 1965.

4.9.2.2(c)　Kuenzi Edward W, Norris Charles B, Jenkinson Paul M et al. Buckling Coefficients for Simply Supported and Clamped Flat, Rectangular Sandwich Panels under Edgewise Compression [R]. U. S. Forest Service Research Note FPL－070, Forest Prod Lab, 1964.

4.9.2.2(d)　Norris Charles B. Compressive Buckling Curves for Simply Supported Sandwich Panels with Glass-Fabric-Laminate Facings and Honeycomb Cores [R]. US Forest Prod. Lab. Report 1867, Forest Prod Lab, 1958.

4.9.2.3　　　Zahn John J, Cheng Shun. Edgewise Compressive Buckling of Flat Sandwich Panels: Loaded Ends Simply Supported and Sides Supported by Beams [R]. U. S. Forest Service Research Note FPL－019, Forest Prod Lab, 1964.

4.9.3.2(a)　Harris L A, Auelmann R R. Stability of Flat, Simply Supported Corrugated Core Sandwich Plate Under Combined Longitudinal Compression and Bending, Transverse Compression and Bending, and Shear [R]. North American Aviation, Inc., Missile Div, Rep, STR 67(1959).

4.9.3.2(b)　Kuenzi E W, Ericksen W S, Zahn J J. Shear Stability of Flat Panels of Sandwich

Construction [R]. U.S. Forest Prod. Lab. Report 1560, Forest Prod Lab, 1962.

4.9.3.2.1　　Norris Charles B. Compressive Buckling Curves for Simply Supported Sandwich Panels with Glass-Fabric-Laminate Facings and Honeycomb Cores [R]. US Forest Prod Lab Report, 1867, Forest Prod Lab, 1958.

4.9.4.1　　Montrey Henry M, Kuenzi Edward W. Design Parameters for Torsion of Sandwich Strips Having Trapezoidal, Rectangular, and Triangular Cross Sections [R]. U. S. Forest Service Research Paper FPL 156, Forest Prod Lab, 1973.

4.9.4.2.3　　McComb Harvey G Jr. Torsional Stiffness of Thin-Walled Shells Having Reinforcing Cores and Rectangular, Triangular, or Diamond Cross Section [S]. NACA TN 3749(1956).

4.9.5.2(a)　　Harris Leonard A, Auelmann Richard R. Stability of Flat, Simply Supported Corrugated-Core Sandwich Plates under Combined Loads [J]. Journal of the Aero/ Space Sciences, July, 1960, 27(7), 525 – 534.

4.9.5.2(b)　　Kimel W R. Elastic Buckling of a Simply Supported Rectangular Sandwich Panel Subjected to Combined Edgewise Bending and Compression [R]. U.S. Forest Prod Lab Rep, 1857A(1956).

4.10(a)　　CMH- 17 - 2G. The Composite Materials Handbook [M]. SAE International, Warrendale PA, 2012.

4.10(b)　　Metallic Materials Properties Development and Standardization (MMPDS) [S]. formerly MIL-HDBK - 5, 2012, MMPDS - 07.

4.10.1.1(a)　　Gerard G, Becker H. Handbook of Structural Stability, Part I—Buckling of Flat Plates [M]. NACA Tech Note 3781, 1957.

4.10.1.1(b)　　Harris L A, Auelmann R R. Stability of Flat, Simply Supported Corrugated Core Sandwich Plates Under Combined Loadings [J]. Journal of the Aero/Space Sciences, July, 1960, 27(7)525 – 534.

4.10.1.1(c)　　Noel R G. Elastic Stability of Simply Supported Flat Rectangular Plates Under Critical Combinations of Longitudinal Bending, Longitudinal Compression, and Lateral Compression [J]. Journal of Aeronautical Sciences 1952, 19(12)829 – 834.

4.10.1.1(d)　　Norris C B, Kommers W J. Critical Loads of a Rectangular, Flat Sandwich Panel Subjected to Two Direct Loads Combined with a Shear Load [R]. U. S. Forest Prod Lab Rep, 1833, 1952.

4.10.1.1(e)　　Plantema F J. Sandwich Construction [M]. John Wiley & Sons, NY, 1966.

4.10.1.2　　Kimel W R. Elastic Buckling of a Simply Supported Rectangular Sandwich Panel Subjected to Combined Edgewise Bending, Compression, and Shear [R]. U. S. Forest Prod Lab Rep, 1895, 1956.

4.10.2　　Norris C B, Kommers W J. Stresses Within a Rectangular, Flat Sandwich Panel Subjected to a Uniformly Distributed Normal Load and Edgewise, Direct, and Shear Loads [R]. U.S. Forest Prod Lab Rep, 1838, 1953.

4.11.2　　Metallic Materials Properties Development and Standardization (MMPDS) [S]. formerly MIL - HDBK - 5, 2012, MMPDS - 07.

4.11.2.1(a)　　Kuenzi E W, Bohannan B, Stevens, G H. Buckling Coefficients for Sandwich Cylinders of Finite Length Under Uniform External Lateral Pressure [R]. U. S. Forest Service Research Note FPL - 0104, Forest Prod Lab, Madison, WI, 1965.

4.11.2.2(a)   Buckling of Thin-Walled Circular Cylinders [S]. NASA SP – 8007,1965.

4.11.3.2(a)   Baker E. Stability of Circumferentially Corrugated Sandwich Cylinders Subjected to Combined Loads [J]. AIAA J, 1964,2(12).

4.11.3.2(b)   Harris L, Baker E. Elastic Stability of Simply Supported Corrugated Core Sandwich Cylinders, in Collected Papers on Instability of Shell Structures [S]. NASA Tech. Note D – 1510,1962.

4.11.3.2(c)   March H W, Kuenzi E W. Buckling of Sandwich Cylinders in Torsion [R]. U.S. Forest Prod Lab Rep, No. 1840,1958.

4.11.3.2(d)   Buckling of Thin-Walled Cylinders, National Aeronautics and Space Administration [S]. NASA SP – 8007,1965.

4.11.4.1(a)   Fulton R E. Effect of Face-Sheet Stiffness on Buckling of Curved Plates and Cylindrical Shells of Sandwich Construction in Axial Compression, National Aeronautics and Space Administration [S]. NASA Tech. Note D – 2783,1965.

4.11.4.1(b)   Stein M, Mayers J. Compressive Buckling of Simply-Supported Curved Plates and Cylinders of Sandwich Construction [S]. NACA Tech. Note 2601,1952.

4.11.4.1(c)   Zahn J J, Kuenzi E W. Classical Buckling of Cylinders of Sandwich Construction in Axial Compression — Orthotropic Cores [R]. U.S. Forest Service Res. Note FPL – 018, Forest Prod Lab, Madison, WI, 1963.

4.11.4.1(d)   Peterson J P, Anderson J K. Test of a Truss-Core Sandwich Cylinder Loaded to Failure in Bending [S]. NASA Tech. Note D – 3157,1965.

4.11.4.1(e)   Peterson J P, Anderson J K. Structural Behavior and Buckling Strength of Honeycomb Sandwich Cylinders Subjected to Bending [S]. National Aeronautics and Space Administration, NASA Tech. Note D – 2926,1965.

4.11.5.1(a)   Maki A C. Elastic Stability of Cylindrical Sandwich Shells Under Axial and Lateral Load [R]. U.S. Forest Service Res. Note FPL – 0173, Forest Prod. Lab., Madison, WI, 1967.

4.11.5.1(b)   Plantema F J. Sandwich Construction [M]. John Wliey and Sons, Inc., 1966.

4.12.1(a)   Burton S W, Noor A K. Assessment of Computational Models for Sandwich Panels and Shells [J]. Computational Meth. Appl Mech Engng, 1995,124 – 151.

4.12.1(b)   Noor A K, Burton W S, Bert C W. Computational Models for Sandwich Panels and Shells [J]. Appl Mech Rev, 1996,49(3)155 – 199.

4.12.1(c)   Librescu L, Hause T. Recent Developments in Modeling and Behavior of Advanced Sandwich Constructions: A Survey [J]. Composite Structures, 2000,48,1 – 17.

4.12.5(a)   Dundulis G, Naxvydas E, Uspuras E, et al. Confinement Study Using Algor and Neptune Codes [C]. Transactions of 15th Int. Conference on Structural Mechanics in Reactor Technology, Seoul Korea, August 1999, VI – 333 to VI – 340.

4.12.5(b)   Cavallero PV, Jee M Structural Analyses & Experimental Activities Supporting the Design of Lightweight Rigid-Wall Mobile Shelter.

4.13   Sheu C Y, Prager W. Recent Developments in Optimal Structural Design [J]. Applied Mechanics Review, Oct. 1968.

4.13.2(a)   Kuenzi E W. Minimum Weight Structural Sandwich [R]. U.S. Forest Service Res. Note FPL – 086,1970.

4.13.2(b)   Engel H C, Hemming C B, Merriman H R. Structural Plastics [M]. McGraw

Hill, 1950.

4.13.2(c)　　Engel H C, Trunell W W. Structural Composite Plastic Materials [J]. Modern Plastics, Sept. 1944.

4.13.2(d)　　Gerard G. Minimum Weight Analysis of Compression Structuress [M]. N. Y. University Press, 1956.

4.13.2(e)　　Perry D J. Aircraft Structures [M]. McGraw Hill, 1950.

第5章 夹层结构制造(材料和工艺)

5.1 介绍

本章包含夹层面板和零件制造方面的内容。图 5.1(a)显示的是包含主要单元的夹层类结构。图 5.1(b)包括蜂窝壁板制造步骤的一系列图片。图 5.1(c)显示的是制成夹层板的构型和重要细节结构特征。ARP 3606(见参考文献 5.1)也用一系列图片简要描述了夹层复合材料的无损检测标准。虽然本章包括的夹层材料和工艺有限,但仍可以作为了解简单夹层结构制造的一个出发点。

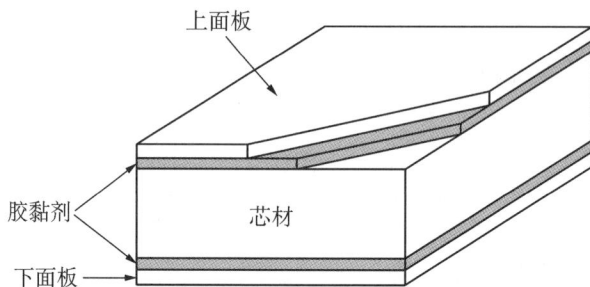

图 5.1(a)　普通夹层复合材料

由于存在芯材及芯材与面板之间的胶层,夹层材料的工艺方法与复合材料层压板有所不同。材料的韧性、耐久性、环境老化和失效模式都与具体的工艺过程有关。

由于较好的面板和芯材的胶接应在两者之间存在由胶黏剂构成的倒角,因此工艺对蜂窝芯材尤其重要。该倒角的形成强烈依赖于工艺,本章后续将予以详细论述。若在获得夹层结构比刚度方面的优势时不考虑这些工艺过程,将导致制造和服务方面的问题,并最终提高成本。

许多术语可用于描述胶黏剂和胶接在复合材料结构中的应用。然而,复合材料工业中有些术语的应用不太一致,这些术语包括:胶接、胶黏剂胶接、二次胶接、共固化和共胶接。另外,这些术语的具体含义应用在传统的层压板、树脂浸渍层压板、夹层结构和修理等具体领域时也有所不同。正确的术语和含义也随讨论问题的重

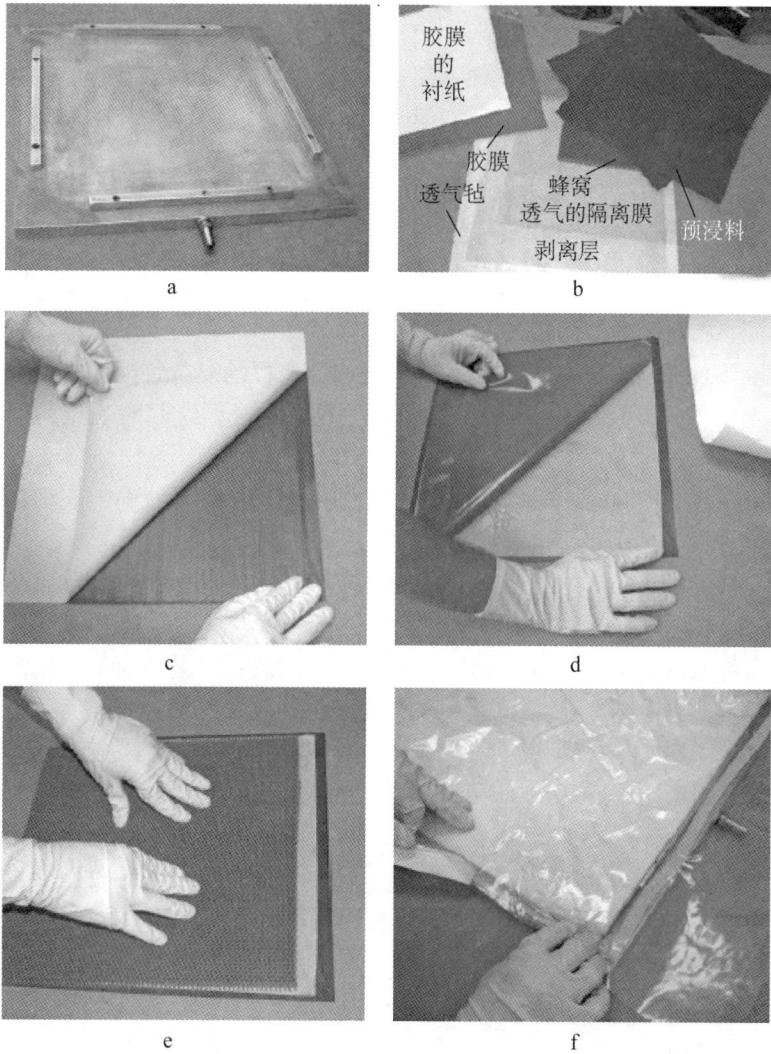

图 5.1(b)　使用蜂窝加工夹层板和预浸料面板的一般步骤

a-模具　b-原材料　c-用预浸料铺贴面板　d-加胶膜　e-收入蜂窝芯　f-装袋

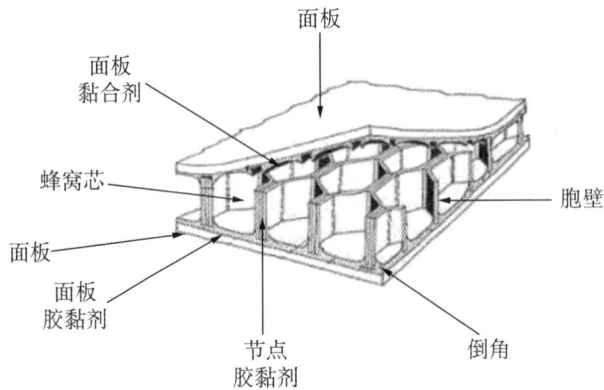

图 5.1(c)　蜂窝夹层复合材料

点有所不同：界面（例如，面板和芯材之间）、单固化循环中一个零件的截面、单固化循环中整个零件或者多固化循环中经历大量这样流程的复杂装配体。

　　本章术语基于夹层结构作为一个整体经历一个固化周期的观点，其具体定义如下：

　　胶接（bond）——用胶作黏结剂或不用胶，将一个表面与另一个表面的粘合（与第 1 卷定义相同）。

　　胶黏剂胶接（adhesive bonding）——用特殊黏接材料把两个或两个以上的固体材料粘接在一起。

　　二次胶接（secondary bonding）——通过胶黏剂胶接工艺，将两件或多件已固化的复合材料零件胶接在一起。也适用于金属结构的胶接。例如，把铝面板粘接在铝蜂窝芯上。

　　夹层共固化（sandwich co-cure）——两个面板同时作为胶黏剂进行固化（如用自胶接预浸料，则不需要胶）。

　　夹层共胶接（sandwich co-bond）——一个已固化的面板与芯材胶接，同时另一个面板固化并与芯材胶接。

5.2　材料

5.2.1　芯材

　　用于夹层结构的芯材材料的结构形式通常包括蜂窝、开口或闭口刚性泡沫、热塑性塑料和木头。蜂窝材料包括凯夫拉和芳纶纸、铝、玻璃和碳纤维材料及较少用的钛和不锈钢。目前，木头还是一种常用的商用芯材材料，并且在航空航天领域中得到持续应用，例如地板。但其成本也在上升，导致其他材料也具有竞争力。第 3 节详细讨论了芯材材料。

　　芯材性能的方向性，例如蜂窝芯材的条带（ribbon）方向，应按照设计、分析和制造文件进行控制。固化过程中释放的气体可能导致制造困难，非金属芯材材料内部的湿气可能导致芯材与面板之间的弱胶接。这类问题将在后续章节详细讨论。

5.2.2　面板

用于制造层压板的复合材料通常也可以用于制造夹层结构，尤其是已固化的面板。需要注意的是，如果面板与芯材共固化，夹层结构中的复合材料面板可能和夹层板的外观和力学性能有本质的不同。

另外，共固化可能导致面板表面形成凹坑，即芯材的胞壁会在共固化的面板表面形成印痕，如图 5.2.2(a)所示。这种情况从侧面看如图 5.2.2(b)所示。当面板较薄或蜂窝芯材芯格尺寸较大时，这种现象更明显。如果需要面板表面光滑，可能需要对具有凹坑的面板进行大量和昂贵的表面光洁工作。

图 5.2.2(a)　蜂窝芯在共固化面板上的印痕

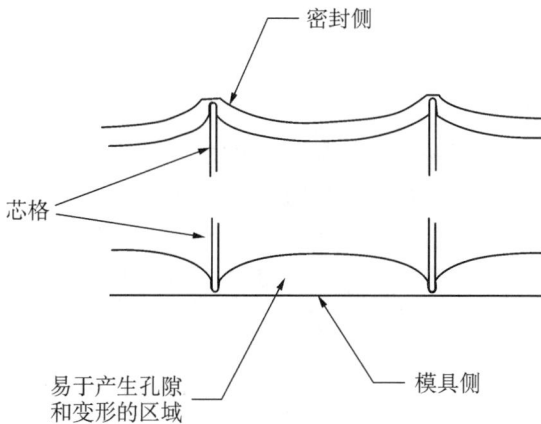

图 5.2.2(b)　共固化复合材料面板凹坑的例子

除了凹坑等几何缺陷之外,还存在其他因素导致共固化面板的力学性能大大低于传统层压板。以开孔蜂窝作为芯材的夹层材料,芯材与面板的接触面积只有面板的 $1\%\sim5\%$。固化时,芯材上面的复合材料面板趋向于垂向芯格。这导致面板表面呈波形,并且难以保证复合材料面板中树脂的固化压力。为防止过高的孔隙率甚至分层,许多预浸料固化时需要高于大气压以及树脂的压力。图 5.2.2(c)描述了共固化导致的表面波形与使用具有相同铺层的预固化面板表面的区别。需要注意的是,共固化面板存在大得多的胶层间隙。

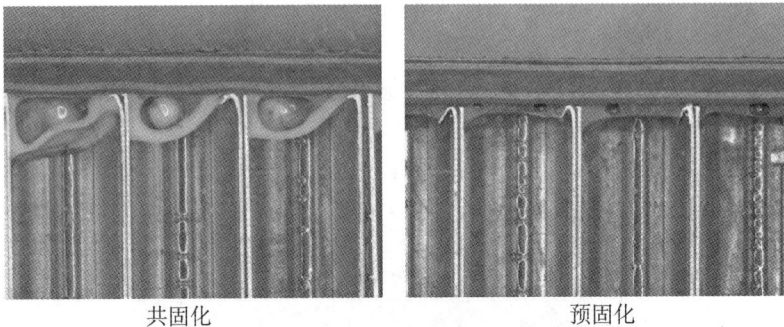

共固化 预固化

图 5.2.2(c) 共固化面板波纹和相同的使用预固化面板的夹层结构对比

这导致虽然热压罐的压力为 $40\,\mathrm{lbf/in^2}$,但面板中树脂的压力可能很低甚至为零。因此,与真空袋固化或者甚至接触压力固化的层压板类似,共固化面板的力学性能较低。如果共固化的目的是为了制作夹层结构则常常需要在进行其他试验前用共固化典型夹层试验板甚至零件来筛选复合材料预浸料的适用性。也可以通过把典型的面板与芯材共固化,然后通过加工方法去除芯材,最后通过力学实验方法确定共固化面板的真实力学性能。共固化面板力学性能的降低与芯材的结构和密度相关,也与预浸料和胶黏剂的形态有关,还受固化工艺过程影响。共固化面板承压能力降低得最为严重。

如果使用薄面板,尤其是与蜂窝芯材共固化时,面板固化后可能存在贯穿孔洞。贯穿孔洞定义为空隙、孔、微裂纹和(或)分层网络的交叉互联,这样会使芯格与外界环境直接贯通。存在贯穿孔洞的面板经受高低压循环压力时,例如飞行器的地—空—地循环,可能会把湿气吸入芯材。冷却后,湿气凝结并汇聚在芯材内部,引起进一步的破坏和结构增重。考虑到冷凝水问题以及夹层结构易受冲击损伤(例如工具砸落和冰雹),这就要求设计的夹层结构面板具有比实际承载所必需的更厚的厚度。如果仅为排除贯穿孔洞,可在面板的铺层中加入可粘接 Tedlar 聚氟乙烯薄膜或聚脂薄膜麦拉片。当然,引入这些材料也可能会引入其他使用或修理问题。

夹层结构的面板必须与芯材连在一起。对于金属或预固化面板,需要用胶黏剂进行粘接。对于共固化复合材料面板,复合材料树脂可作为胶黏剂,但由此导致面板中树脂含量的降低,可能对面板的性能产生负面影响。可能需要使用稍高树脂含量的预浸料以满足此双重功能。预浸料中树脂的功能可能低于具有最佳效果的胶黏剂,但对大多数应用情况来说还是足够的。

对于大部分零件,夹层结构所使用的复合材料面板,尤其是预固化面板,复合材料的类型、环境退化和应用方面的考虑均与传统的复合材料层压板相同。

5.2.3　胶黏剂

对于把面板和芯材粘接起来的胶黏剂的要求与二次胶接、共固化或共胶接层压板相似,只有一些附加考虑和修改。用于夹层结构(尤其是蜂窝夹层结构)的胶黏剂与常规用于其他连接工艺的胶黏剂稍有不同,需要更好地控制胶黏剂的流动性,从而在芯材和面板之间形成倒角,并进而提高面板与芯体的连接强度。根据具体的使用目的选择胶黏剂非常关键。有些蜂窝芯复合材料零件发生破坏的原因就是使用于金属与金属之间粘接的胶膜,这些胶膜不流动,从而不会形成良好的倒角。

如果胶黏剂与预浸料面板同时固化,则必须确定这些不同材料之间的相容性以保证不会产生较弱的界面。弱界面可能由胶黏剂与预浸料的树脂混合所导致,这两者的混合物会产生另外一种更弱的材料。

在蜂窝夹层结构中,面板与芯材之间倒角的形成与树脂流动性、表面张力、固化循环中预凝胶段对面板和芯材的浸润程度均有关。必须限制树脂的流动性,从而防止胶黏剂流向芯格壁,这样只会增加质量而不会提高面板与芯材之间的粘接强度。

夹层结构的胶膜选择必须非常谨慎还有其他的原因。正如第 5.2.2 节所述,在面板与开孔芯材粘接时,保证胶黏剂在较低压力下流动并粘好是非常重要的。胶黏剂必须流入芯材一定距离以产生倒角,但流入的距离太大则会导致没有足够的胶在芯格壁与面板界面处形成倒角。许多胶黏剂可能需要比大气压更高的压力及伴随的树脂压力,以防止过高的孔隙率并允许树脂正常流动。在夹层结构的工艺中,认识到即便是相同的胶黏剂(例如,环氧树脂)也可能有不同的化学配方是非常重要的,这些化学配方将决定固化时胶黏剂的不同行为。

由于非金属芯材材料可能非常容易吸湿,胶黏剂对预粘接湿气不过于敏感是非常重要的。

有些胶黏剂具有挥发性,并且在固化时由于化学反应会产生气体,这些都会导致芯格内部压力升高,可能会产生气泡并导致面板与芯材之间胶接质量较差。芯格内部的气体压力太高会冲开或压紧芯材,因为气体会向低压区流动。芯格壁上有穿孔的蜂窝芯可以让气体流出,通常用于航天领域。

芯材表面状态的轻微改变就可能对胶接的有效性产生很大影响。例如,加工后在芯材顶部会有绒毛,如果它们牢牢地连在芯材上,这些绒毛要么会增强胶黏剂与芯材的连接,要么会阻止形成良好的倒角。

为了评估与某一芯材的胶接质量,通常的做法是采用相似但更高密度的芯材进行测试,以得到更高的胶层应力,用于诊断倒角或其他胶接的缺陷。测试具有较小接触面积的候选芯材以得到较高的评估应力进行评估。

胶膜通常用于面板与芯材之间的粘接。未固化胶膜厚度通常在 $3\sim15\mu$ in 之间（$0.075\sim0.38$ mm）。胶膜内部通常嵌有一层松散的平织涤纶、玻璃、尼龙网或垫子，以便于操作并且可用于控制胶层厚度。胶膜内部的这种纤维材料叫载体或纱罩；这种胶膜称为支撑胶膜。下面讨论非支撑胶膜。如果载体在胶膜的表面而不是嵌在内部，载体一定要面向芯材，否则胶黏剂与面板之间的界面强度会低。通常在胶膜两侧包有脱模纸或塑膜。为使得纱罩面向芯材，需遵循"纸面对面板"规则。

有时胶膜以无支持状态交付。当需要极轻的胶黏剂时，需要用非支撑胶膜，它们通常是网状的。网状孔可以把气体通过蜂窝芯材把热气体吸入"熔化"状态的胶膜，无须在芯格中心的面板内侧有额外的胶黏剂，即可形成最大可能的倒角。对于一些应用情况来说，这种面板上远离芯格壁的胶黏剂除了增加重量之外没有其他作用。由于胶黏剂通常比预浸料中的树脂提前胶化，在一些应用中可能会采用一个表面在胶化前对面板施加推力，从而提供一些树脂压力。

零件共固化时，面板和芯材之间并不总使用胶粘剂。自胶接面板也可靠预浸料中的多余树脂形成必要的倒角，从而得到良好的胶接质量。这种技术可以节省结构的重量，但仅限于非常轻的芯材，这些芯材不需要额外的胶黏剂就可以使得芯材与面板之间的胶接强度高于芯材本身。

5.2.4 表面处理和密封

由于夹层复合材料面板通常存在凹坑、表面密封和其他问题，表面料材通常需要与共固化面板一起使用。本来使用胶膜就是为此目的，目前市场上已有为此专门设计的材料。它们与胶膜在形态和处理上相似，但密度更低，并且提高了表面的外观和可打磨性能。这些材料与预浸料面板同时固化，会对降低芯体压塌的可能性有益处。表面层也常用精细的玻璃纤维编织预浸料。MIL-HDBK-349 概述了最终表面处理的步骤（见参考文献 5.2.4）。

对于已固化的零件，混合了低黏度树脂的松酯合剂可能用于表面光顺和密封销孔的孔隙。松酯合剂肯定会对重量有影响，尤其是需要多层涂层以完全密封和光顺表面时，可作为涂料制备的一部分。可通过对零件进行初始轻微加热使得树脂流入不连续区域，也可以用传统的注塑方法，但此法会带来更大增重问题，并且需要大量的表面抛光工作。因此，应严肃审核需要表面光顺和密封的夹层结构面板的工艺过程。共胶接工艺所带来的任何工时、重量和（或）成本的节省，都可能被此表面光顺和密封工作所抵消，而且还可能会带来芯材压塌等问题。

为环境和机械防护，通常需要夹层复合材料结构不同区域进行密封。虽然已发展了一些夹层复合材料无损检测的检测标准，但 ARP 5606（见参考文献 5.1）中描述了在生产环境中采用的一些典型密封工艺。

5.3 工艺

在夹层结构的制造中，有许多特殊或特定的工艺过程。虽然还有更多用于夹层结构的技术如使用树脂注射方法，但目前大多数航空复合材料夹层结构，都是使用提前加工好的面板或者共固化预浸料面板加工而成的。由于芯材的主要作用是使用很轻的材料把面板分开并且承受剪力，大部分芯材都相对较弱。这在加工过程中提出了独特的问题，很多情况固化时会对零件施加压力受限。在使用轻质量的芯材制造时，特别是蜂窝结构，由于很小的压力就能使材料破坏，需要额外的预防措施来保护芯材。这些工艺过程许多都包含暴露于高温下一定时间。每个使用者都必须证实对于它们特殊的应用，多重热暴露的胶接没有明显地影响它们的芯材和其他胶接部位的性能。

5.3.1　芯材

许多芯材工艺过程都与夹层结构的制造有关，都涉及一些材料的处理。对于相对较轻的材料，芯材只有必要时才需要处理，而且要尽可能少，以避免芯材的破坏和变形。一些其他结构的粘结的部位，当处理芯材的时候，必须戴上干净的棉手套，以避免受到污染。在处理和操作过程中，必须支撑好芯材，且不能使其扭曲以防止芯材破坏。在运输和储存中，芯材应该包裹好以防止芯材破坏和污染。芯材通常应该存放在最初的运输包装中。如果包装已经打开，芯材通常包在牛皮纸里并且如果可能，应放回原来包装中。决不允许把一片芯材直接堆放到另一片上面，因为这样会破坏表面。使用无蜡的硬纸片或者类似的材料隔开堆放在一起的芯材。当处理金属蜂窝芯材时，由于蜂窝的切口非常锋利，在边缘必须采取保护措施。

5.3.1.1　清洗

芯材已经干净地交付，并且在密封的包装中运输和储存，在干净的地方加工，所以在胶接前不需要进一步清洁。没有使用的干净的芯材应该包裹在无蜡的牛皮纸中或者其他无涂饰的遮盖物，以防止受到污染。

尽管有这些预防措施，但是在胶接前可能还需要做一些清洁工作。对于金属蜂窝芯材，如果芯材确实需要清洁，用溶剂喷雾或者浸没在溶剂中，或者频繁地使用清洁剂。有时会使用浸没溶剂擦拭的方法做局部的清洁工作，尽管这效果有限。对于一些金属蜂窝芯材，蒸汽除油法会很有效，但是环境法规可能会妨碍或者限制这种方法的使用。这时，可以用溶剂和（或）浸没在溶剂中冲洗受影响的表面。如果只需去除灰尘，就要频繁地使用过滤过的压缩空气和（或）放在真空中。

如需清洁，在 ARP 4916（5.3.1.1）中包含的一些指导方针可能适用。再次强调，尽管这个说明书是为了复合材料维修应用而写的，但是对于最初的制造许多内容仍然适用。

以水为基质的方法逐步地替代了溶剂，而且对于对溶剂敏感的材料，如泡沫和热塑性塑料，可能更为合适。使用低压蒸馏水为基质的方法需要干燥。每次芯材的胶接，使用溶剂或者清洁方法，还是一系列的加工参数均应该通过测试是否有效地去除考虑中的污染物来确认，充分准备胶接的芯材表面，确保涉及的芯材性能没有明显地受影响。在随后的胶接表面，不应该残留任何的清洁材料。

无论对于喷洒、浸没或是脱脂工艺，使用溶剂或是清洁剂，芯材放置于网格的货架上时，应优先使用任何在垂直方向开放的空间以加快液体的排干，不要堆积芯材。使用溶剂或者洗涤液喷洒或者浸没芯材，然后让溶剂排干。从溶剂室中取走芯材后，应按照说明干燥芯材。放置芯材的位置要使材料中的细胞腔完全暴露于循环空气中，而且要提供适当的空间以干燥残留溶剂或者使用清洁方法。如果清洁铝蜂窝芯材，第 5 章的 MIL - HDBK - 349(见参考文献 5.2.4)中的一些指导说明可能适用。

对于局部的清洁(少于全面积的 10％)，芯材一般按照以下方法清洁。使用干净的蘸有溶剂或者洗涤液的粗棉布擦拭芯材，但不要用溶剂或者洗涤剂浸透芯材，只使用最少量。安装芯材前，按照说明干燥。当芯材只有灰尘时，使用过滤压缩空气(无油)和(或)真空除去灰尘和残留物。

泡沫芯材和包含固化过的发泡胶黏剂(粘结节点)或者密封区域可以通过使用 240～320 粒的砂纸轻轻地打磨来清洁。然后可以随意地使用蘸有溶剂或者洗涤剂的干净粗棉布擦拭。

当在胶接细节处使用溶剂或者洗涤剂时，必须采取措施确保足够的时间让溶剂从表面完全挥发掉。一些更新的，更符合环境法规的清洁方法可能需要持续更长的时间。任何不能在室温下消除的溶剂或者洗涤剂，应该在烘箱中或者使用典型的最高温度 150℉(66℃)的热风枪来完全地去除。在室温下延长干燥时间可能会有效，但是在胶接夹层结构时，任何挥发的残留溶剂都有可能导致问题。

尽管蜂窝外部被污染需要清洁，通常使用溶剂，但是需要说明的是：聚合物能携带相对低分子质量的混合物，它可以通过溶剂被过滤到表面，并且如果集中在胶层的话会妨碍胶接。如果技术上不会引入污染，它们会以同样的方式妨碍胶接。这个问题一般通过使用前在高温条件处理非金属芯材来处理在接下来的章节会提到这个问题。也可以通过额外的清洁循环或者使用其他清洁工艺和材料来处理。

对于每一种芯材材料胶接工艺和应用，在进行清洁、再清洁和(式)干燥前的拆封保存期需要确定下来。

5.3.1.2　干燥

去除被芯材吸进去的水分，对于夹层复合材料制造来说是一个普遍的问题，预胶接的水分对于已胶接胶层的性能是有害的，而且对于未密封的蜂窝，芯材细胞内部的压力(蒸汽压力)会损坏或者破坏芯材。

如图 5.3.1.2 所示的一个例子，由于内部的压力，蜂窝芯材裂开一个大口。非金属芯材在拼接、使用胶膜、填充、稳定化处理、热成型、加工或者装配操作前，应该在烘箱中先干燥(并且保持干燥)。

非金属芯材在全部清洁操作后应该干燥，然后在防湿或者抗湿的密封包装方法下包装，有干燥剂的话更好。包装材料不要包含可能排放或转化对胶接有害的材料。溶剂清洁后的干燥可能会帮助除去残留的溶剂和清洁操作中的清洁剂，以及吸

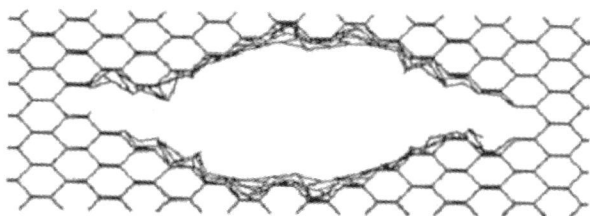

图 5.3.1.2　开裂的芯材

收的水分。复合材料的干燥方法包括在 ARP 4977 中(见参考文献 5.3.1.2)。尽管写的是复合材料结构的修理,但是大部分内容也适用于最初制造的应用。

对于芯材本身,普通的干燥温度可达 250℉(121℃),对于包含芯材的胶接部位需要更长的时间,干燥温度为 140~180℉(60~82℃),尽管有许多加热方法可以使用,如辐射加热,但是在生产设置中,干燥芯材和其他胶接部位一般在烘箱中进行。大部分芯材可以放置在热烘箱中,但是脆弱的零件或组件可能需要在一个可控的速率下加热到最终的温度以避免破坏。

一些芯材的胶接部位或者组件可能需要在最终固化温度下干燥,但是需要大量的支持工具和专门的工艺来避免变形或者其他破坏。在特定条件下,可能在随后的加工工艺,芯材暴露在最高温度下加热,但是,这通常是打算赶出残留的芯材成分(相对低分子质量混合物),而不是仅仅除去水分。

下面是一种典型的干燥非金属芯材的工艺。把芯材放置在烘箱中,然后基于自由空气温度,升到接下来工艺的最高温度。当自由空气温度达到温度范围的最小值时,保持这个温度至少 120 分钟。完成后,降温到 150℉(66℃)或更低,从烘箱中取出芯材。

下述是典型的非金属蜂窝芯材的接收和存储要求。在任何加工和组装操作前,干燥的非金属芯材储存在无尘室里不超过以下时间:用牛皮纸包装前不超过 72h,用防水材料密封前不超过 14 天,用含有干燥剂的防水材料密封前不超过 90 天。当超过所列出的储存时间,需要按照上述的方法进行再干燥和再加工才能储存。除湿袋如果暴露在大气环境下超过 8h,就需要再次干燥,一般在 230~260℉(110~127℃)下干燥至少 16h。

接下来说明的是,在加工复合材料过程中,普通的保护非金属芯材免受潮湿的方法。在铺叠时,芯材应该按照要求存放,直到准备铺叠。芯材铺叠在工具上,在无尘室内,不超过 24h 内,工具必须使用胶膜或者浸料覆盖。如果没有覆盖胶膜或者预浸料,暴露的芯材必须使用真空袋密封于工具上以确保暴露在大气环境中最多不超过 72h。

对于每一种芯材材料胶接工艺和应用,在进行清洁、再清洁和(式)干燥前的拆封保存期需要确定下来。

5.3.1.3　成形

金属蜂窝可以通过滚轴机械成形。芯材的表面可能需要使用薄板保护,以免和滚轴直接接触。对于非金属芯材的成形,比如引入一个复杂的外形,加工中,可以通过足够灵活的热成形来避免破坏。密度越高的芯材,芯材的板要越薄以避免破坏。

密度不超过 6 磅每立方英尺(lb/ft³)(96 kg/m³),厚度不超过 1 in(25 mm)的非金属蜂窝芯材,一般使用以下热成形方法。对于较厚或者较重的芯材,可以通过形成"绿色"芯材(尤其是加工过的)来获得额外的柔性。取决于加工温度和弯曲角度的需要,热成形可能会改变芯材的性能,可能需要通过试验来确定这种影响。

热成形非常重要,需要在工程图纸或者应用制造计划中详细说明,典型的是在热成形前进行干燥处理,在任何形式的芯材稳定后不再进行热成形。可能在有情况下需要在加工和加工后的热成型前稳定芯材。使用双面胶固定芯材,使它不要影响接下来的热成型加工。

放置芯材的烘箱温度需达到可以软化而不造成永久破坏树脂的程度。这个温度可能因不同的应用而不同,每个使用者需要评估热破坏(如果有的话)。在烘箱中,可能需要成形工具,压力或者机械力(如重链网)来使得芯材和工具接触,或者在烘箱外面,移除芯材时还是温的,应快速接触。成形工具需要适应芯材的回弹,成形需要的时间和力量取决于芯材的材料密度和刚度,还取决于需要成形的轮廓和温度的使用。如果有压力或者机械力作用在芯材上,还需要采取保护措施以防止芯材受到破坏。

以下是非金属蜂窝芯材的一般热成型方法。

(1) 剪一块与零件相同尺寸的无孔、涂有四氟乙烯的玻璃纤维布隔离膜。

(2) 使用无硅的闪存断路器磁带把隔离膜贴到工具上。

(3) 把蜂窝芯材放到工具上,靠手压成形,并使用无硅胶布以使芯材保持在工具上。芯材的所有区域不能与工具直接接触。

(4) 剪一块有孔、涂有四氟乙烯的玻璃纤维布隔离膜,尺寸大概比芯材表面大 2~4 in(英寸)(50~100 mm)。

(5) 把隔离膜铺在蜂窝材料上面。

(6) 用一层干布材料把整个铺层包起来,在所有尖角处用干布材料包起来。

(7) 把整个铺层放到尼龙真空袋中,并且真空袋要超出部件的边缘几英寸。

(8) 使真空线与铺层相邻并位于真空袋密封边以内。

(9) 使用真空袋密封剂把尼龙真空袋密封于工具上。

(10) 把装配体(工具和包装好的铺层)放到预先加热到 450~475℉(232~246℃)烘箱中。

(11) 保持烘箱温度在 450~475℉(232~246℃)5~10 min。

(12) 以每分钟加 0.5~1 英寸汞柱(in Hg)(1.7~3.4 kPa)的速率缓慢地对真空袋加压直到 20~29 英寸汞柱(20~29 in Hg)(70~100 kPa)压力。

(13) 保持真空 20~29 英寸汞柱(20~29 in Hg)(70~100 kPa)压力,温度 450~

475℉(232～246℃)15～25 min。

(14) 向真空中通气前,冷却烘箱到最低温度 150℉(66℃)。打开烘箱门可以加快冷却速度。

当有孔蜂窝芯按所需形状完成形后,周边可能进行封闭处理以维持形状。受到热成形或在加工过程中受扭曲的芯材,如果没有不进行维形处理,则可能在后续的热处理过程中,如面板芯材胶接固化时恢复到原先的形状。

5.3.1.4　拼接

由于设计和使用的限制,夹层结构芯材的不同区域可能使用不同的或改进的芯材。对于一个大零件,可能需要同种芯材的多个区域。使用拼接把局部芯材替换成不同性能的芯材,或者把小点的芯材贴到大的上。拼接操作可以在面板贴到芯材上之前或者在同种材料加工的时候。

如果嵌入的芯材会完全被芯材的其他部分包围,嵌入的芯材比测量的一个芯胞要大一些会更好。即使没有特别地按照设计、分析或制造文件控制,当把芯材片段拼接好时,沿着带的方向或者其他芯材的方向会是一个好的选择。

对于一个连续结构,一旦单个芯材被剪开并且固定尺寸,必须把它们胶接或者拼接起来。这些胶接可以在面板胶接成简单平板零件的时候同时进行,但是,许多复杂结构需要提前胶接好,或许还要在完成芯材加工前进行胶接。图 5.3.1.4(a)显示了一种典型的蜂窝边缘拼接(胶接)标准。

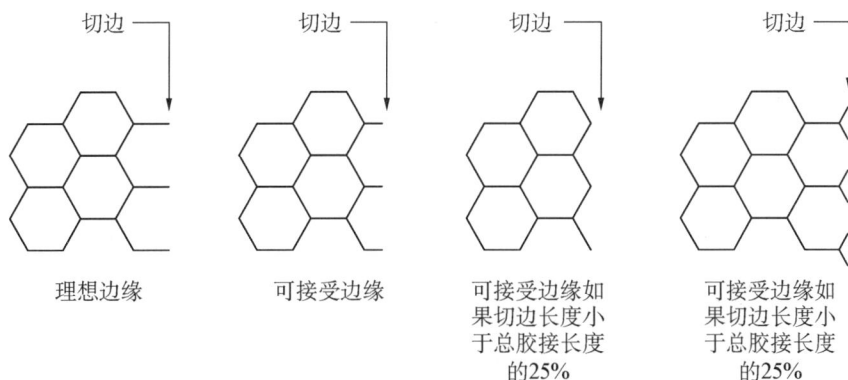

图 5.3.1.4(a)　典型的蜂窝边缘拼接标准

通常使用特别为芯材胶接设计的黏结剂进行胶接。这可能是热固化薄膜胶黏剂,可能是泡沫。如果胶黏剂不扩张,充分的胶接可能需要涂多层胶黏剂。对于小部件,两胶接面也都需要涂胶黏剂。胶接处可能在芯材的边缘形成,并且任何收尾部位都需要泡沫胶黏剂,或者仅仅固定芯材的边缘。不管使用什么胶黏剂,储存时间、温度和累计的时间必须依照确定的需求。

当拼接起两片平芯材,而没有计划进一步的芯材加工,必须采取措施保持表面平整,这样在两片之间没有台阶穿过拼接处。如果一个芯材明显比另一个更平顺,一般把更平顺的略微地抬高一些。

循环拼接的芯材应该在工程图纸或者应用制造计划中特别说明。制造人员需要的拼接规则也要说明。芯材必须干净且干燥,在任何拼接操作前必须按照要求储存。拼接操作必须在达到无尘室要求的地方进行。

把拼接蜂窝与复合材料铺层组装在一起前拼接胶黏剂不需固化。如果制造计划有特殊说明,可在面板和芯材固化时,共胶接拼接胶黏剂。

芯材按照以下方法拼接。按照在 5.3.1.1 节概括的程序清洁拼接芯材。对于大部分拼接区域,当芯材边缘切割到如图 5.3.1.4(a)所示可接受的程度时,按照如图 5.3.1.4(b)所示方法拼接两部分芯材,假定普通的泡沫胶黏剂的厚度是 0.05 英寸(in)(1.27 mm),如果普通的泡沫胶黏剂厚度是 0.025 in(0.64 mm),则涂两层。

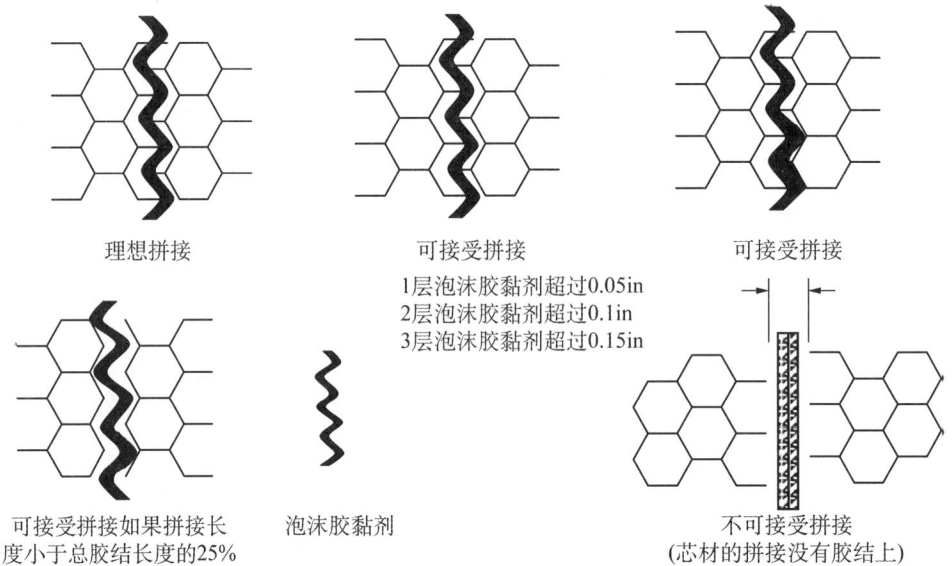

理想拼接　　　　　　　可接受拼接　　　　　　　可接受拼接

　　　　　　　　　　　1层泡沫胶黏剂超过0.05in
　　　　　　　　　　　2层泡沫胶黏剂超过0.1in
　　　　　　　　　　　3层泡沫胶黏剂超过0.15in

可接受拼接如果拼接长　　泡沫胶黏剂　　　　　不可接受拼接
度小于总胶结长度的25%　　　　　　　　　(芯材的拼接没有胶结上)

图 5.3.1.4(b)　蜂窝接头拼接

泡沫胶黏剂加热到室温后,把泡沫胶黏剂切成条状来适合链接的芯材边缘。从泡沫黏合条的一面撕掉保护纸,把黏合条贴到一个需要胶接的芯材边缘上。然后移去另一面的保护背衬,把两芯材区域胶接起来,注意芯材边缘不能发生明显的弯曲(或者变形)。重要的是,所有的背面贴纸都要从使用的胶黏剂上撕掉。

如果芯材拼接加工在面板胶接时同时进行,有泡沫胶黏剂的芯材部位可以安装到夹层零件的装配件中。如果芯材拼接操作在放入复合材料铺层装配前已经加工好,一般芯材部位按照以下方法包装:

(1)把一层无孔并涂有四氟乙烯的玻璃纤维隔离膜或者无孔的四氟乙烯隔离

膜铺到工程板或工具上。隔离膜至少要超出胶接线 2 in(50 mm)。需要时,使用硅快速隔离带或者用隔离带把隔离膜贴到适当的位置。

(2) 把蜂窝芯材装配件放到隔离膜上。使用无硅粘合胶布把蜂窝芯材固定到适当的位置,这样在加工时,芯材能保持固定。

(3) 把一层无孔、涂有四氟乙烯的玻璃纤维隔离膜或者无孔、四氟乙烯隔离膜铺到接头上。隔离膜至少要超出接头线 2 in(50 mm)。

(4) 如果需要控制胶黏剂的流向,需要在隔离膜上放一个垫板。

(5) 在铺层的最上面铺放 1~2 层透气材料的干布。在铺层上部的所有尖角和其他突出部位,用额外的干布材料来避免真空袋在加工中被刺穿。

(6) 在所有装配件外套上一个尼龙真空袋,使用密封胶布密封于工具上。

(7) 调整使真空袋适合蜂窝芯材,并且使蜂窝芯材都在真空袋密封线的内部。

把芯材装配件放入烘箱。除非已建立其他方法,使用厂家推荐的固化周期固化泡沫胶黏剂,一般使用真空下的 6~12 in Hg 压力(20~40 kPa)。基于自由空气温度下,把烘箱的温度提高到保压温度范围 30~300 min。

保压温度典型的是把面板胶接到芯材上的加工温度,包括拼接。保持烘箱的温度 120~150 min。对于装配件拼接材料的胶接,需要确定的适当的温度范围和时间,一旦芯材拼接稳定后,拼接加工可能会停止,在接下来的面板固化周期内,将会完成固化。

在把芯材从烘箱中取出前,把烘箱降温到 150℉(66℃),并最少保持 40 min。当温度达到 150℉(66℃)时,打开真空袋。把芯材冷却到室温,小心地把拼接芯材从板或者工具上取下来,不要破坏芯材。表面检查拼接是否有过多的孔隙或其他缺陷。

共固化面板时,全部的夹层板将会按照后面描述的方法制造。泡沫拼接材料必须适合于面板材料的固化周期。

两片芯材的短边拼接时,玻璃纤维蜂窝有其他替代拼接。在这种方式下,厚一点的拼接芯材部分应该使用坡口。对于挤压拼接,使用一些铝制蜂窝芯材可能可行但是效果不好。

5.3.1.5　填充

填充用于对芯体性能不足以承担硬点、紧固体或其他载荷情况的有限定区域夹层芯体进行选择性的增强。对于相对较轻的负荷区域,使用同样的泡沫胶黏剂对于拼接来说可能足够了。可能也需要使用高密度芯材。芯胞中的泡沫可能会阻碍水的进入,稳定需要加工的壁,并提供一个更好的热绝缘体或者达到其他目标,但是,相比于增加相同质量的更高密度的芯材,它不会使得芯材更强和更硬。

然而,如果预期需要更大的负荷,符合的泡沫塑料在减轻质量和改善性能方面有一个很好的平衡。如果需要很大的负荷,一般使用环氧树脂基质的短切纤维,或者对于高压力点位置,甚至使用固体层压板或金属嵌入。图 2.7.1(a)和(b)举出一些加强方法的例子。

芯胞或芯胞区域,按照确定的需求和详细说明来填充。填充前,泡沫胶黏剂通常从填充区域移开(特别是泡沫胶黏剂不是用于填充的情况)。芯材是否从填充区域移开都可以。如果移开芯材,放置芯材的周围不应该由于移开芯材或者填充操作而发生变形。

填充前清洁芯材,如果填充混合物是冷冻的,需要把它加热到室温。按照厂商的建议混合填充物,使用注射枪、抹刀或铲子涂混合物。保护好填充区域周围的表面不要被填充到,把由于流失的混合物和使用工具涂抹填充物造成芯材破坏概率降到最低。对于填充区域,使用一个带有需要图形的孔的干净薄铝板效果会好一些。如果没有制订其他的固化方案,按照制造商建议的固化周期对填充的混合物进行固化。如果同时固化,确保填充物与使用的面板的固化周期和胶接的固化周期相匹配。

尽管 ARP 4991(见参考文献 5.3.1.5)是为了修复破损的夹层结构而写的,但是对于在最初制造中的键嵌入,在芯材上创建承力点,在芯材区域拼接或者其他目的,需要对芯材部分填充时,这里的许多技术也适用。说明书包括对使用树脂或者填充材料填充芯材区域的多程序方法。ARP 5606(见参考文献 5.1)也包括填充空心区域的程序,尽管是为了制造检查写的,但是对于制造程序还是具有代表性的。

收尾包括边缘填充,还有包括被挤出的 C、U 或 Z 形。嵌入物可以是定制的,或者仅仅是使用泡沫胶黏剂填充材料的加强点,或者是固体层压板嵌入物。

有时使用泡沫填充蜂窝主要是使它成为一个更好的热绝缘体,如直接使用泡沫胶黏剂加入芯材胞中。也可把很低密度、易碎的泡沫压入蜂窝胞内,使用橡胶垫压蜂窝壁下面的泡沫,这样可以在芯体和面板间形成圆角。

5.3.1.6　隔膜

隔膜用于沿厚度方向拼接不同芯体,如,用 1 英寸厚的芯体拼接成两英寸厚的芯体。类似的芯材和面板胶接时,可使用胶膜把芯材胶接起来。隔板也可用于一些声学和雷达截面(Radhv Cross Section,RCS)功能。

隔膜的一种用法在 ARP 4991(见参考文献 5.3.1.5)中有所介绍。如在 Thick Core Plug Preparction 方法中描述的那样,在两层芯材间使用一种玻璃布预浸料。通常,不需要在两层间匹配芯体,但是,在某些特殊应用场合,在一定程度上可编织而对芯体进行匹配。根据经验和具体应用情况,可在玻璃层的两侧粘结胶膜,以替代预浸料。

一些破坏测试证实使用的隔膜胶接工艺必须在它的使用范围内应用,尤其是固化隔膜胶接时压力非常低。在固化时,厚芯材层可能也可以用隔离隔板胶接,所以实际的胶层温度可能比预料的或者要求的低一些。实际的胶层温度应该使用测量来确定,如果在接下来的胶接操作中可以完全成功地固化,那部分固化也是可以接受的。

5.3.1.7　芯材的加工稳定性

对于芯材,加工蜂窝芯材通常需要一些形式上的稳定措施以在加工操作中保持形状。聚乙二醇法,真空卡盘或者甚至冰冻法用来使加工稳定。使用例如双面压敏胶布可能会使芯材在加工时稳定。另外,几层胶膜或者临时的面板可以贴在需要加工芯材的反面并用真空来固定。任何情况下,用于稳定的材料不应该引入污染,污染会影响接下来的胶接操作。

5.3.1.8　加工

芯材在与面板粘接前需要很多工艺步骤。如需复杂的芯体形状,加工或切割是第 1 步。在进行切割或加工操作时,需要对低密度芯材或蜂窝芯材进行稳定。在所有加工操作前,芯材应该是干净和干燥的。

芯材细节粘接前的加工和成型,最好最大限度地防止夹杂污染。应该在芯材上加工出干净区域,以防止夹杂芯材材料。芯材材料应与其他结构胶黏剂细节同样处理,以避免与将要粘接的表面接触,如需接触,则需戴干净的棉手套。

除了稳定材料,不用其他工艺材料,尤其是不用难以在加工后去除的油,因为这些油会影响后续的粘接。除非有特殊授权,润滑油、油脂或其他外来材料不能用在芯材或刀具上。通常使用成型设备或工作组制作芯材以消除潜在的污染。

如果在加工操作时没有引入污染,加工后使用真空或用高压气体吹除残余粉尘可能就足够了。应限制高压气体的流动并进行过滤以防止压缩油或其他污染物进入芯材。需要说明的是对空气的限制,需要周期性地排出气体以保持其效果。加工后,必须去除所有粉尘和其他残渣,有时还需对芯材进行干燥处理。

用于制作复合材料结构的加工程序和硬件非常直接,与用于木工、轻金属工业的很相像。虽然数控机床几乎可用于所有加工操作,然而对于较简单的操作数控机床并不是必须的,虽然不使用数控机床可能会导致公差略大。

芯材细节可以用锯子(带锯、夹具、切除工具)或者钻头(手提式或者压力式)加工。对于简单的浮雕,可能可以使用手提的刳刨工具。想要达到最佳的效果,可能需要为芯材特别设计的刀片和专门的刀头,比如金刚石磨粒或者边缘是硬质合金的工具。

研磨方法如研磨和抛光,可能使用在玻璃强化的蜂窝和许多泡沫的芯材上。如可接受更高的密度(并且是不均匀的)和更低的力学性能,芯材可压制成型(在室温或者高温下)。另外,蜂窝(扩张前形成蜂窝)可以在扩张前切割或者机械加工,尽管厚度的过渡,可能在膨胀后的机械加工中不那么平滑。图5.3.1.8(a)所示是未展开的铝蜂窝和展开的芯材。

对于原型制作或低生产率要求制造,可用手工工具;对于中等生产率要求,可用模板辅助切削和钻削;对于高生产率要求;可用计算机控制加工。对于芯材,应该评估和优化进给速率,刀片材料和加工方法,部位和零件的外形,质量水平和公差都需要考虑。

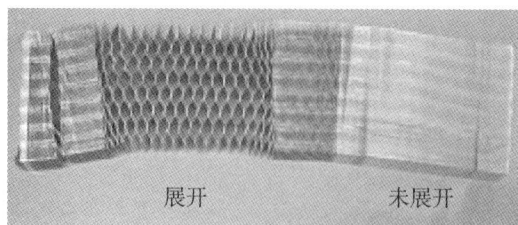

图 5.3.1.8(a)　展开的和未展开的铝蜂窝芯材

芯材的类型需要按尺寸和公差确定,而密度一般决定适合切割和控制的类型。小于 1/8 英寸(in)的厚度难以处理,但这是不常见的,厚度的公差也随厚度的变化而变化。

非金属芯材可以通过以下方法加工(边缘倒角或缺口),首先使用 5.3.1.7 节介绍的一种方法固定蜂窝芯材。按照工程图纸上指定的方法加工芯材。当芯材符合最后的构件,轻轻地切下稍大的芯材,确保完全贴合。除去所有厚度大于 0.005 in (0.13 mm)的毛边。机械加工后,使用过滤空气或者真空除去所有灰尘和残留。由于制造的选择,蜂窝芯材的倒角可能是圆的[见图 5.3.1.8(b)]。

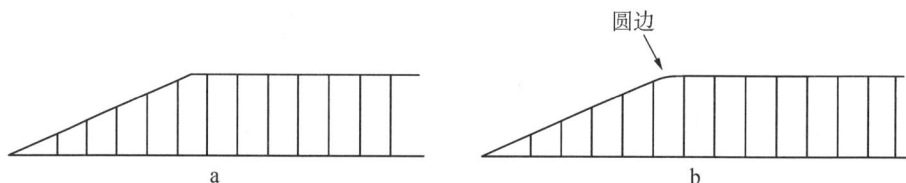

图 5.3.1.8(b)　蜂窝芯材倒角
a-无圆倒角　b-有圆倒角

机械加工后,检查芯材表面是否有明显的破坏如节点胶接处分层或者污染。机械加工后,应该清洁芯材并储存以保证干净和干燥。

对于有小损坏区域的芯材的清洁加工,一般在下面的限度范围内使用泡沫胶黏剂或者类似的材料。一般最大面积是 0.25 in² (平方英寸)(1.6 cm²),垂直于芯材边缘的最大长度是 0.5 in(13 mm)。最大频次是两块区域间距离不少于 12 in (300 mm)。区域若超过确定的极限需要重做,移除影响的区域并且用一块新的芯材拼接上。拼接的部分需要按要求倒角,并且要最少超过倒角 1 in(25 mm)。

早期的蜂窝芯材,由于在使用黏结剂固化时,有挥发物流出,所以必须要穿孔,对于一些空间应用,外形仍然需要优先考虑。如果开放的芯胞暴露在快速升高的温度和压力变化下,芯材可能需要通气以保护芯材或者芯材和面板结合部位免受内部新胞的压力而破坏。为了这个目地,如果芯材没有穿孔,有时候通过芯材壁进一步加工孔,或者在芯材壁的上部进行槽加工。槽的深度必须比面板和芯材胶接的倒角要深,但是一般不超过槽宽度的 2 倍。插槽的使用必须考虑到力学性能的影响,尤其是压缩力学性能。

5.3.1.9　公差

相比于固体层压板和金属材料,夹层结构芯材经常在尺寸上不稳定。对于非蜂窝材料,夹层芯材不需要特意使用适合的公差,这也就不会产生高昂的费用。实际上,芯材的尺寸公差会比其他胶接部位要大。在胶接操作时,应该考虑这些公差和芯材的柔软度。

对于芯材胶接部位的整体厚度达到 2 英寸(in)(50 mm)或达到 4 英寸(in)(100 mm)时,厚度公差一般超过 ± 5 微英寸(μin)(0.13 mm)。实际上,宽松的公差可能会明显降低费用。靠近芯材部位的硬的或者不是那么柔性的胶接细节应该有相应的严格的公差,接近于金属与金属胶接的公差,即不超过 ± 5 微英寸(μin)(0.13 mm),为了一致地达到希望的胶层厚度,或许需少于 ± 3 微英寸 μin(0.08 mm)。

对于芯材的公差,一般在芯材硬的胶接部位的界面处会更加重要,比如收尾处。考虑到芯材的挠曲和在面板和芯材间相对较厚的胶接(相对于沿着芯胞墙的倒角),芯材一般做得尺寸大一些,一般大于 10 微英寸(μin)(0.25 mm),这样芯材可以深入到胶膜中。

芯材中的磨损或毛刺(柔化边缘)也是一个问题,但是超声波切割留下的锐边,相比于传统的加工方法会产生柔化边缘,可能需要不同的层叠公差。

为了达到并保持胶接部位(包括弯曲的芯材)厚度的要求,不仅需要严格的公差,还需要对厚度进行记录。

5.3.2　面板共固化与预固化和树脂压力的对比

在面板固化的同时把它们胶接到蜂窝芯材上时,一个严重影响质量问题是,在固化时,预浸料只支持在蜂窝壁上。越薄的面板,在芯胞之间可能在非支持区域中下垂越显著。这个表面效应,正如 5.2.2 节提及的,被称为浮印(或者凹陷)的芯胞尺寸越大,可见到的覆盖范围和增加的下垂范围就越大。如果共固化面板,则可能无法基于结构为考虑、优化蜂格尺寸,但从制造的角度,减小蜂格尺寸又是必要的。由于提示了面板的孔隙率、共固化面板可能出现贫胶,这一现象在工装侧更为明显。

当在面板固化的同时把它们胶接到芯材上时,另一个影响质量的是,固化时树脂在芯胞上方点的压力接近 0,这直接影响层压板的质量,这会导致如孔隙率的问题。越薄的面板,越有可能在面板上形成无效的网络路径,这些网络直接连接芯胞和外部环境。如果潮湿的空气进入芯胞,空气冷却下来,水分凝结(水滴)在芯材内部聚集成液态水。

由于许多制造者经历了长期的共固化面板的质量问题,因此开展了一些对于零件结构和表面质量的影响因素的研究[见参考文献 5.3.2(a)]。为了测量树脂压力,压力传感器安装在一个平板铝工具中。传感器是嵌入的,在凹处填入催化的树脂,这样只能测量流体静水的树脂压力,而没有机械压力。使用多通道数据收集器监测压力传感器。在高压中,对于层压板和薄皮的夹层结构同时监测静水树脂压力。图5.3.2(a)显示充足的树脂压力非常容易维护平面层压板。在层压板拐角处的静水树脂压力大概比使用的高压的 1/10 还要小。需要说明的是,层压板的中间的树脂压力的减少大于1/10。对于这个特定的操作,导致树脂压力降低的原因是在中央传感器有小的树脂泄漏。但是,树脂的泄漏不会影响拐角处 6 英寸(in)(15 cm)处的树脂压力。这意味着高纤维容量的层压板在极为贴近的距离内,具有相对独立的树脂压力区域。这部分解释了为什么复合材料结构在极其接近的距离内,可以在关于树脂压力总量变化下制造。

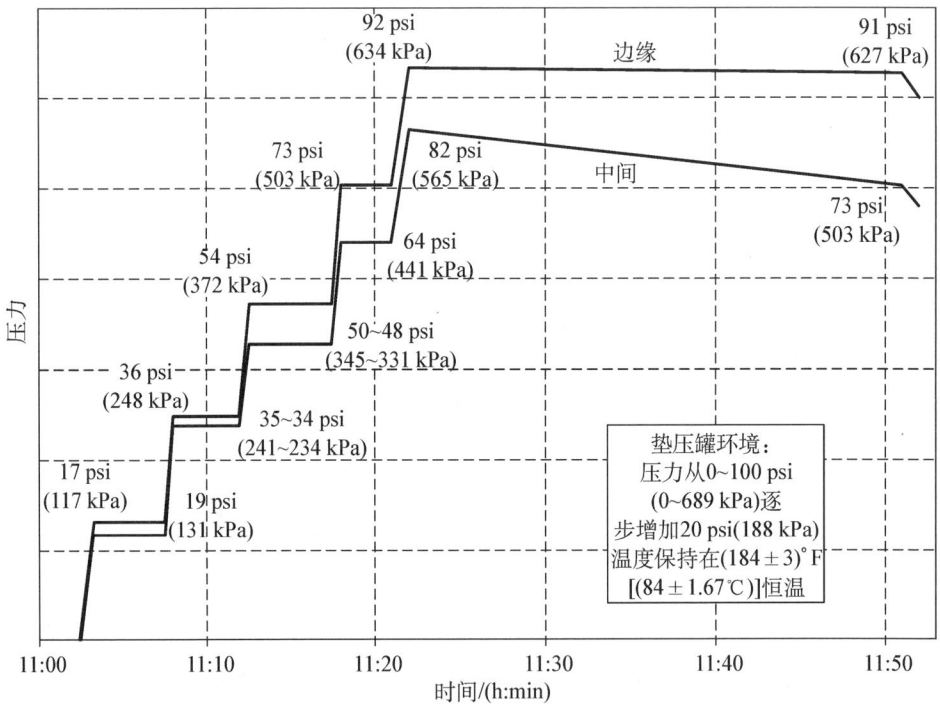

图 5.3.2(a) 在固体层压板的中间和边角的树脂压力读数

[见参考文献 5.3.2(b)](注:不同位置的比例不同)

图 5.3.2(b)表示在蜂窝夹层中难以维持树脂压力。这部分说明了相比于层压板,制造高质量的蜂窝结构要困难得多。这种情况下,需要维持长时间的中间环节,来排除铺层间的水分和适度的流动和巩固。尽管在蜂窝下树脂压力很低,图5.3.2(c)显示边缘带区域仍然维持了适度树脂压力,阻止由水分导致的孔隙产生,这加强了树脂压力独立区域的概念。

另一个问题是当面板共固化时产生的芯材变形,与共固化的面板相比,使用预固化面板不易出现这个问题。芯材变形在 5.4 节讨论。

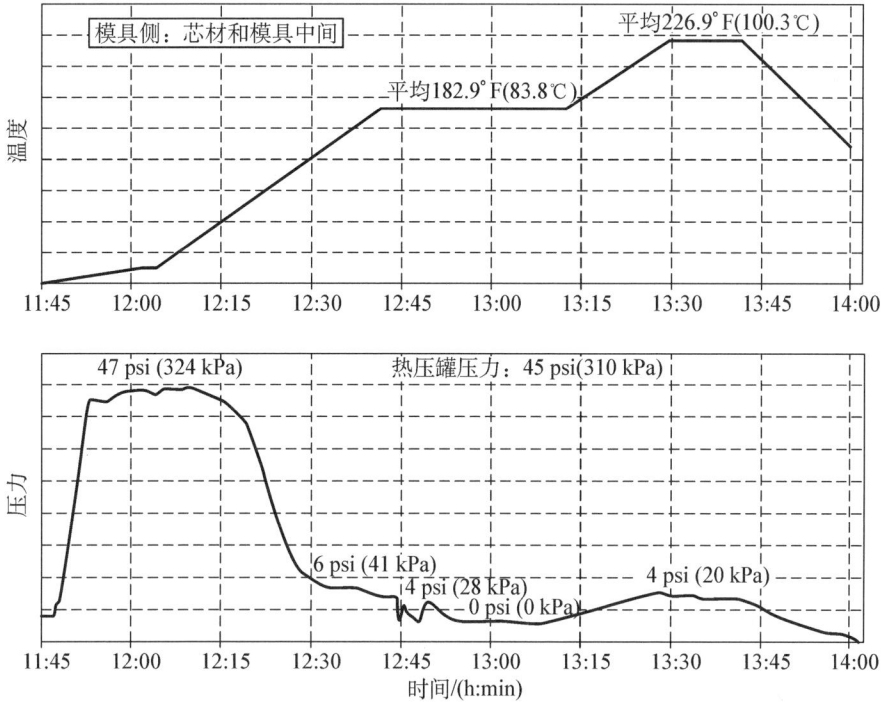

图 5.3.2(b)　蜂窝夹层结构的树脂压力读数[见参考文献 5.3.2(b)]

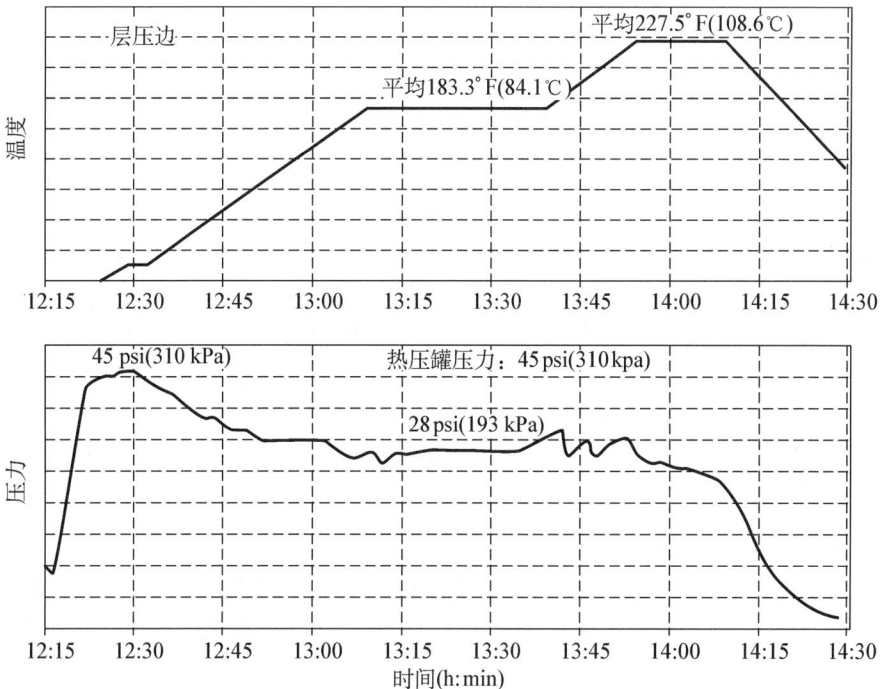

图 5.3.2(c)　边缘带的树脂压力读数[见参考文献 5.3.2(b)]

5.3.3　胶黏剂

对夹层芯材胶接的稳定性,胶黏剂应该作出具体评估。如果任何一种开孔芯胞蜂窝被用作芯材,胶黏剂必须有特殊的流变性,以形成良好的倒角,这是非常重要的。胶黏剂首先应在试做阶段,对于胶接夹层芯材的稳定性做出评估。一般需要评估平面拉力和滚筒剥离水平。对比任意材料,它们必须在所有严格的环境下评估,如冷/干燥和热/潮湿。通过下面的积木方法,胶接的问题应该在任何的大结构完成前解决。

非金属芯材可能有非常高的吸湿性,特别是芳纶材料。水分会直接影响芯材的性能,预胶接的水分也会影响面板和芯材胶接的胶黏剂,如果面板是共固化的,甚至会影响一些面板的预浸料。特别是非金属芯材会比大部分粘合部位吸收更多的水分。正如 5.3.1.2 节所说明的,在铺层前,蜂窝胶接部位应该干燥。紧接着的铺层和加工应该越迅速越好,这样可以避免表面水分的再吸收。

芯材水分会影响胶黏剂和预浸料的固化反应,但是在固化期间的蒸发也会在粘合和共固化面板时产生孔隙和其他缺陷。降低芯材的水分吸收很简单,可以使用类似于应用在其他复合材料的方法解决。评价预胶接的水分对复合材料和胶黏剂的影响可能会更加困难。而大部分制造商偏向于在胶接芯材前干燥,这样可以把对胶黏剂和预浸料的影响降到最低。对于特定的应用,如果足够保证,那在胶接前就不需要对芯材进行干燥处理。

如果胶膜应用于面板和开放芯胞芯材的胶接,实际上,胶黏剂和芯胞壁接触很少。如果对重量要求很严格,轻一些的胶膜可能是网状的,所以全部应用于芯胞壁的上部,或者胶黏剂可以仔细地卷在芯胞壁的上部。任何情况下,应该检查使用的胶黏剂是否和开放芯胞芯材的胶接相适应。胶黏剂必须保留在面板和芯材的界面处以形成正常强劲的倒角,而不是仅仅滑倒在芯胞壁下面,这对于开放芯胞芯材来说,例如蜂窝,会明显增加有效的胶接区域。一般使用平拉强度测试检查,这里的胶接希望比芯材本身要强一些,这样会在芯材内部,但远离面板和芯材胶接处失效。

相比于固体基质结构的粘合部位,对于考虑成本-效益的夹层复合材料结构,一般需要大一些的尺寸公差。因此,胶黏剂可比常规胶层厚度厚些,这样在填充间隙后不致于导致强度严重下降。

5.3.3.1　压痕检查

复合材料夹层结构,类似于其他的胶接组装,通过胶接夹层芯材形成。把预加工的层压板胶接到芯材上类似于把金属面板胶接到芯材上,一般会使用预贴合操作。所有紧密连接表面的胶接应该预贴合以确保足够接近公差而仍有足够的胶接区域。如果准备胶接的部位都是硬的,那可能需要非常小的公差,接近于可接受的胶接厚度范围的 1/2 或者 1/3。当需要胶接较软的或者未固化部分,对于充分的胶接,可以使用较为宽松的公差。

以干配合作为预检查。如果需要稍微大一些的手压来让对应的表面接触,那么需要额外的努力来保证准备的固化压力能充分满足胶接部位。虽然在干配合时简单检查芯体一面板的间隙是可以接受的，但预检查的最好的办法是压痕检查。

对于结构的胶接，压痕检查是一种演练，由于这些细节应该在尺寸方面完全和用于生产的方面的一样。在进行压痕检查时，这些细节不需要胶接，如果表面准备不会明显影响尺寸公差或者其他可能会影响胶接工艺的方法，可以使用还没有把胶接表面准备好的部位（或准备好的金属部位）。

在生产中，用相似尺寸的压痕检查薄膜产品取代胶膜的使用。虽然胶黏剂凝结之后的最终温度通常会较低，但还是应根据升温速率、最终温度及真空和压力路径的所有公差范围，重新制备符合热量、压力和时间响应要求的胶黏剂。但是压痕检查的薄膜不要胶接到表面上，而且希望不要污染部件。如果没有这样的压痕检查材料或者为了更好地获得预期使用的胶黏剂的反应，通常预期的胶膜是 2 层间的一块薄隔离膜的夹层结构。采用实际生产法使用的固化工艺，并且在加热速率、保压温度真空和压力曲线方面保持相同的偏差，即便在胶黏剂的凝固已经完成后的最后保持时间通常会缩短。

应该认识到的是，由于压痕检查材料不允许浸湿芯材或者其他胶接的面，因此它提供了一个足够压力的指示，但是仅仅这个不能保证在实际固化中芯材上即将固化好的隔离膜是否能提供适当的倒角。倒角和其他的胶接方面，必须以真实的装配件的破坏测试和样片的机械试验来确认。共固化填充材料和泡沫胶黏剂通常在压痕检查阶段被忽视，并在下面的破坏测试阶段被验证。

当压痕检查的零件冷却后，分散开，去除压痕检查材料并测量有效的胶接厚度。由于压痕检查与在实际固化中胶黏剂的浸湿和流动情况有所区别，有效的胶接厚度的压痕检查，可能转移到后来的破坏测试中实际胶接厚度的测量过程中。

在芯材区域，通过芯体压痕检查胶膜的一致性，并由于表征压力的适当和均匀。应该检查胶接部位有无任何破坏的信号，如芯材破碎、变形或移位。微弱的芯材胶接区域或者没有芯材压印说明在胶接处没有足够的压力。对于更硬的部位，这可能意味着，在胶接区域没有充分控制尺寸公差。

对于固态基质中间的区域，压痕检查材料用于检查厚度的均匀性，过厚的胶黏剂厚度、空洞和孔隙的出现显示该区域压力不足。在检查方面，薄膜可以提供一些帮助。对于需要的所有区域，应该测量薄膜的厚度范围，它的公差应该小于普通可接受的胶接厚度的量级。

由于大部分夹层芯材都有绝缘性能，决定实际中胶接的适当的温度（如果是共固化，对面板也是）比通常要严格。在加工时，内部压力的升高导致的翘曲，甚至是在冷却或者低温时部分自身结构的撕裂，这些可能是零件上大的热梯度造成的。

相比于固体层压板，夹层结构的固化特别需要低一些的压力，相应的工装数量会成比例下降，倾向于减少较重工装以降低热梯度。在固化时，在胶黏剂和预浸料树脂的流动（或）极限范围内，慢一些的加热速率有助于限制整个零件最高温度的差异。最初的温度调查可以作为压痕检查的一部分，但一般会重做，作为后面破坏测试的一部分。

由于共固化和共胶接水平的提高，压痕检查的作用下降，因此这些制造方法，在破坏测试方面需额外地强调。

5.3.3.2　胶接

夹层结构制作从本质上就涉及胶黏剂粘接，其强度和限制都与传统胶黏剂粘接相同。夹层芯材胶接需要与其他结构胶黏剂胶接得到相同的重视。与其他胶接细节相同，夹层芯可能被污染。伴随结构胶黏剂胶接，发生在夹层结构上的同样问题包括载荷、表面准备和污染及环境效应。夹层结构的胶接失效通常是由于材料的使用不当、工艺不适合或不良控制、污染或不兼容的材料及不良的设计造成的。除非芯材首先失效，否则无法得到芯材材料的全部性能。夹层芯材的胶接对结构很关键，芯材与面板界面的粘接失效可能会导致面板与芯材的大面积突然开裂。

预固化面板和其他胶接细节需要在胶接前做准备处理。轻载预固化复合材料面板的表面处理有时仅限于去除表面剥离层。如有其他要求，去除表面的隔离膜或剥离层之后，应进行轻喷砂处理或至少需要进行完整打磨。

在预固化层压板的任何表面光泽需要用 180 粒的砂纸或者好一些的纸或氧化铝除去。不要擦得太重，只要足够除去表面釉即可。太多的磨损会过多地暴露表面的纤维。残留的碎屑必须用丙酮、异丙醇或者其他认可的溶剂擦去。在所有的胶接操作或描述的程序中，处理胶接部位或者胶黏剂的时候，必须戴上白色、无绒的棉手套。

关于铝面板的准备，MIL‐HDBK‐349（见参考文献 5.2.4）包含详细的信息，这比预加工的层合面板要复杂。在 ARP 4916（见参考文献 5.3.1.1）中描述的水膜破坏试验也可以用来确定对于预固化或者金属面板的胶接部位胶接的清洁和准备。

对于胶膜的应用，应该达到下面的要求。黏合材料应该如应用材料或者加工说明书中要求的一样。胶黏剂的性能应该通过将要使用的芯材和面板材料的试样水平的测试来确定。胶黏剂的应用操作环境应该达到无尘室的要求。

从冷冻储存中取出后，在胶黏剂达到室温且水分未在外包装上冷凝前，不要打开密封的胶黏剂。胶黏剂表面和内部的水分会大大弱化芯材和面板的胶接。在胶膜表面永远不允许有水的冷凝。如果胶黏剂的表面有水汽或者其他挥发物，必须有排出通道（这部分水必须要很好地排出）。在第 3 册的 5.7.8 章节有更详细介绍。

胶膜必须按照下面方法应用于芯材：

（1）如果不是在室温下，从冷冻室取出胶黏剂并在密封下等待温度升到室温，直到在包装表面所有水汽停止冷凝。在返回冷冻储存前，再密封原来的包装（或相似的）。

（2）通过滚轴把每卷胶膜水平悬空，不要和其他滚轴或物体接触。

（3）在一个干净的桌面上，或者在铺有聚酯薄膜或者未处理过的牛皮纸桌面上,把胶膜剪成近似于要胶接的面的形状。

(4) 在固化操作前,记录下胶膜的批次,卷数和胶膜在室温下的时间。

(5) 从胶膜的一边撕掉保护膜,并光滑地把胶膜贴到芯材表面。确保正确的一边(一般是薄膜覆盖的一边)对着蜂窝。有些情况下,把胶膜先贴到面板的一侧会好一些,这有助于贴后赶出气泡。

(6) 用手把胶膜压好。需要的话也可以用热气枪或者热熨斗[一般不超过150°F(66℃)]用来固定胶膜。

(7) 在进行接下来的操作前,立即撕掉胶膜上剩下的保护纸。修剪胶膜,使它与胶接面的轴线相平或者稍大一些。允许对接接头,但是不要重叠拼接处,除非特别说明。例如,MIL - HDBK - 349(见参考文献 5.2.4)中要求重叠长度为1/16 -inch(1.6 mm)。

如果芯材没有首先失效,然后应该考虑粘结的失效模式。对比首选的内聚失效模式,对粘合失效模式知之甚少,而且其发展不可预测,一般在环境暴露和重复载荷下会恶化。因此粘合失效模式一般不可信,尽管它的强度值很高。当考虑接受使用粘合失效模式的时候,需要特别地关注和关心,也许还要基于使用的历史考虑。

固化时,当胶黏剂开始流动(预浸料面板中的树脂如果共固化的话也会流动),如果保持相同的压力,由于胶黏剂和预浸料容量的因素,肯定有一些漂浮在工具中。蜂窝芯材完全固化并且没有流动或者混合。必须为气泡提供排除的路径,尤其是对于开放芯胞,其在铺层时里面充满了空气。

由于在芯材和周围的固体区域的力量和刚度不一样,需要灵活地使用垫板。垫板的厚度一般限制在面板材料厚度的 2~3 倍。装饰面上可能需要厚一点并且硬一点的垫板,但是需要更严格的控制胶接部位的偏差,否则会出现更多的问题。

像其他任一低水平的胶接装配一样,固化的芯材部位应该在无尘室中除去保护袋,避免污染。所有的材料,如可能接触界面的 flashbreaker 带,包括芯材的胶接面均应该检查好,保证不会传递不利于胶接的残留物。

与许多胶接结构类似,在从高应力向低应力过渡的区域可能需要附加件。通常这些附加件贴在面板外部,但是对于小公差结构,它们可以在面板和芯材之间加入,尽管这需要更高的费用。它们一般比面板厚薄可采用相同的交错及边缘几何准则。可在外部附加胶接加强片。

夹层结构的边缘可以使用混合物、金属挤压物或者特殊的胶布填充。附加的点和承力点通过嵌入或者 2 次胶接嵌入组装。参见 2.7 节和 2.8 节的一些例子。

夹层板胶接部位或者胶接部件,可以通过使用同样的键结构的变形体来连接,这种变形体用于固体基质的黏合接头。不同的片可以使用对接接头连接(对于轻载荷的接头)。也有双带式的变形,通过在外表面使用(分开或者通过挤压的部位来连接两个面),或者通过在内部的倍增器或类似于木头饼干接头的形式。芯材的第 3

个部分可以适合用于在两胶接部位的开孔。

夹层结构胶接部位铺层的处理与任何一个结构连接操作相似,使用无尘室设备并按照胶接操作中的说明进行操作。

面板胶接到芯材上,可能有面板层压板的固化,一般需要压着(如果是平的)或者在高压容器中的真空袋中或者烘箱中(如果固化的话)进行。

5.3.3.3 倒角

结构胶黏剂必须通过特殊检查,以确定其是否适于粘接夹层结构。尤其是对于蜂窝芯材,胶黏剂在芯格壁上形成的倒角提供了大部分的胶接强度。如只是芯格的上表面与面板粘接,即使粘接工艺很好并且最终失效模式是胶层失效,但由于胶接面积较小,导致所得到的胶接强度也比有倒角的要低。用于粘接面板和开孔芯材的胶黏剂需要具备适当的流动性,会留在面板与芯材的胶接处并且在芯格壁上堆积足够多以形成倒角,但流动性太高会导致胶黏剂流入芯格的全部厚度范围内。许多胶黏剂是为蜂窝胶接特制的,其流变性可得到良好的控制。

倒角的形状对芯材胶接的强度和耐久性非常关键。图 5.3.3.3(a)是一个蜂窝芯倒角的例子。图例 5.3.3.3(b)描述了一个好的胶黏剂倒角形状。5.3.3.3(c)是具有好倒角的照片。图 5.3.3.3(d)是一些倒角成型的问题。

图 5.3.3.3(e)描述了如果胶黏剂表面的拉应力过高并且芯格壁没有浸入胶的后果。图5.3.3.3(f)显示的是由于胶黏剂固化前气体没来得及排出(也就是说升温太快)所导致的一个不好的倒角。图 5.3.3.3(g)描述的是由于胶膜在外界环境中暴露时间过长,失去了其流动特性,从而导致没有在芯材与面板之间形成倒角。

图 5.3.3.3(a)　蜂窝芯材的胶接倒角

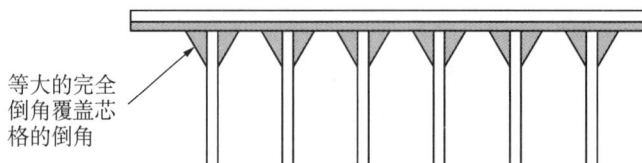

等大的完全倒角覆盖芯格的倒角

图 5.3.3.3(b)　良好的蜂窝芯材与面板间的胶接倒角

图 5.3.3.3(c)　成型良好的胶接倒角

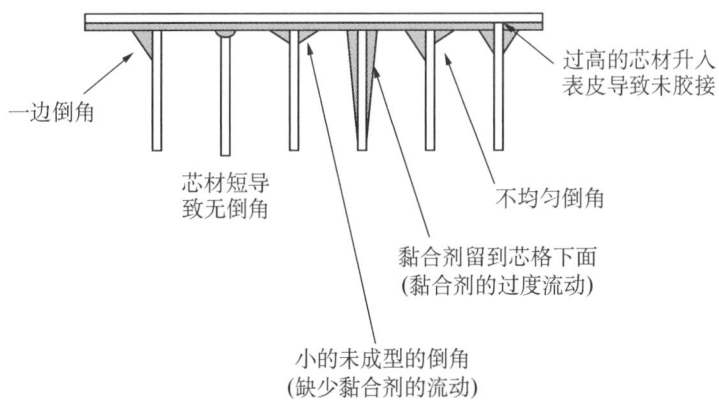

图 5.3.3.3(d)　倒角形状所具有的问题

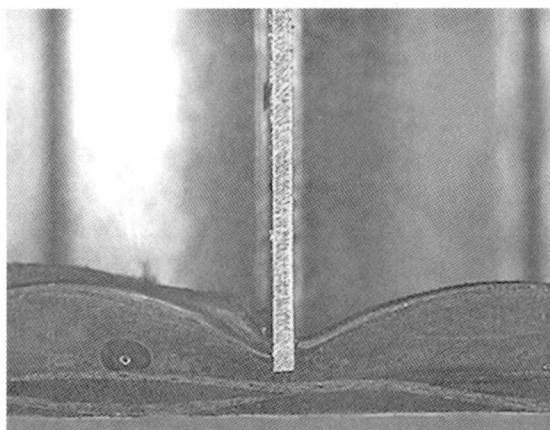

图 5.3.3.3(e)　胶膜表面拉应力过高导致的不良倒角

图 5.3.3.3(f)　气体未排出所导致的不良倒角

图 5.3.3.3(g)　胶膜暴露时间过长导致没有形成倒角

使胶黏剂成网状,需要把胶黏剂放到芯材上,然后使用热空气使芯材融化。这样做的目的是把横跨芯胞的胶拉至蜂格壁,从而使所有胶黏剂都用到面板和芯材的胶接。

5.4　蜂窝芯材压塌

5.4.1　固化中芯材的压塌

芯材的压塌一般度量发生在固化时蜂窝芯材部位的变形和位移。芯材的压塌一般与倒角区域有关,在芯材的平面,倒角区域一般在高压容器的压力下发生变形和移动,正如图 5.4.1(a)说明的一样。

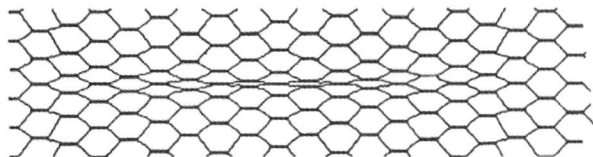

图 5.4.1(a)　蜂窝芯材压塌的例子

可用芯体从初始加工直边的最大变形距离量化衡量芯体压塌,此变形通常发生在芯体对角点的中点处。除了最轻微的压塌,其他都是不可接受并且不能修复的。图 5.4.1(b)是一个蜂窝芯材在固化时,芯材压塌而产生的变形的侧视图。图 5.4.1(c)是蜂窝夹层板的俯视图,它本来有一个正方形的芯材部位。由于芯材压塌涉及面板的滑动,起皱是间接的但不可接受的。

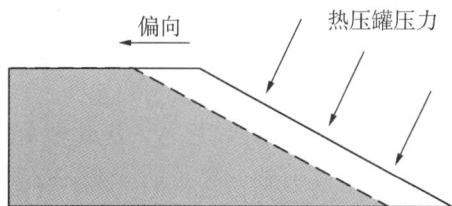

图 5.4.1(b)　蜂窝芯材压塌的例子(侧视图)　　图 5.4.1(c)　大量芯材压塌的平面图示

为了防止芯材的压塌,作用在芯材上的力的水平分量(夹层结构的平面,垂直于芯胞墙)必须使用一些组合的效果来抵消。这包括机械阻力(机械束缚或者摩擦控制条),来自于边带处的摩擦滑动的阻力(随着边带宽度的增加而成线性增加)和芯材本身可以提供的阻力(一般是最小的除非像讨论的那样稳固)。一般情况下,减小倒角可以把芯材压塌最小化。

最初导致芯材压塌的力是穿过倒角作用在芯材厚度方向的水平力,这些力必须由层间足够的摩擦或者机械阻力来平衡以阻止层间的滑动。一般,最靠近芯材的层表现出最大的位移。在真空包装过程中,边缘支持的因素也可以抵抗芯材压塌的作用力。然而,完全消除作用在倒角面的水平力可能导致其他质量问题。收尾部分可以用来保护芯材免受侧边力的作用。芯材和收尾部分的胶接一般使用类似于芯材拼接的方法处理,剩下的收尾部分胶接的处理类似于其他的胶接部位。

导致加工变化的许多因素中,可能由于解决了一个芯材压塌的问题而使加工更差。当然,许多导致芯材压塌的因素也是相互作用的,使得问题更加复杂。摩擦因数是预浸料性能的函数,反过来也是固化时间的温度曲线的函数,有效的作用力明显是压力的函数。

　　如果可能的话,正确量化芯材压塌的类型很重要。芯材一直经历一些变形和位移。上部的预浸料层也经历一定程度的滑动或者运动,这可能导致起皱的副作用。可能看见一些低表面预浸料的移动,在工具的整个零件上从无到有地出现。

5.4.2　芯材压塌的理论讨论

　　理论上,把导致芯材压塌的发生归结为一系列基本要素和摩擦。部分导致芯材压塌的不可预测原因是摩擦因数。摩擦分为静态和动态,静摩擦比动摩擦要高。达到最大静摩擦前,基本不会发生位移。一旦超过最大静态摩擦,低一些的动摩擦导致快速的位移。对于现存的制造操作,发展的新零件或加工方法,非线性的反应会导致解决方法的恶化。

　　正如在制造环境中可能发生的例子,有时候,许多导致芯材压塌的相互作用的因素可能随时间变化而改变,但是,在某种程度上不认为是重要的。只要不超过最大静摩擦,摩擦不会被认为是芯材压塌的一个重要因素。一旦超过,芯材压塌的质量问题立即变成一个实质的问题,但是生产观念不会发生改变。

　　有许多力在作用,有一些相互平衡。最明显的力来自固化零件几何构件上的管压。当改变高压容器内的与作用于芯材压塌有关的压力时,如厚度或者倒角的几何尺寸的改变,可能会改变作用在芯材上的合力,因此改变芯材压塌的反应。

　　芯材的刚度一定程度上可以抵抗固化容器的力,一般在厚度方向上比较好,但是蜂窝倾向于在垂直于芯胞方向硬度低一些。任何几何的变化可能改变芯材部位抵抗这些力的能力。使用高密度芯材有助于抵抗芯材的压塌。

　　预浸料面板对固化作用的抵抗力不大。预浸料带有特征带或柄用于测量预浸料刚度。这很大程度上是由于织物结构、表面处理和加强的尺寸,全部的阻力与层数成比例。如果面板是预固化的,面板提供的对芯材压塌的阻力会最大。

　　一个不太明显的影响固化压力的作用力来自于开放芯胞内部的气体。当开放芯胞之初的压力是大气压力、高压固化零件时会在无尘室中把它们放在真空袋中,尽管一般在夹层结构中,抽真空会受到限制且达不到完全真空。主要决定芯材压力能否从大气压力变化到真空,或者接近真空的变量是面板的渗透性。如果面板是金属的或者预固化的复合材料,那渗透性为0。除非有其他的渗透途径,在室温下,芯胞中保持大气压力。渗透性越好,在真空中的时间越长,芯胞中的压力越接近真空。

　　当达到给定的固化压力,真空袋会通气达到大气压力。在固化时,任何在芯胞中的气体会由于温度的升高而膨胀并且抵抗施加的压力。这降低了把面板压到芯材上的有效压力的作用(但是这对于共固化的面板来说,有助于发展树脂压力)。正如在树脂压力讨论中所说明的,如果在固化时,芯胞中的气体允许漏出,这样固化时有效压力将会变化。

　　预浸料的渗透性是许多加强件和树脂参数的函数。有许多的加强参数会影响预浸料渗透性。编织得松或紧很重要，还有纤维和织物的重量，纤维和粗纱的扭曲情况。纤维不能扭曲或者扭曲后反扭曲。纤维和织物的尺寸和表面也会影响预浸料的渗透性。

树脂中主要影响预浸料渗透性的参数是树脂的黏性，这反过来归因于树脂的化学成分和成形。另外，树脂的黏性与时间的相关，因此在货架存储期、外置期及固化期性能不断变化。预浸料中的树脂含量也会影响渗透性。由于预浸料制造，产生的加强部分树脂的分布不同，这对于渗透性影响不明显。由于各方面的原因，制造中，一些预浸料的加强部分没有完全被树脂浸湿。随后预浸料的加工可以帮助完成树脂的分布。由于这些的复杂性，通过模拟固化周期，测量出代表面板的渗透性，这可能会容易一些。

摩擦是另一个芯材压塌的主要方面。摩擦是由作用力和渗透性下的许多因素决定的，这些因素是已经讨论过的。树脂黏性是一个特别重要的参数，也是上面讨论的其他参数的函数。树脂有润滑剂的作用，预浸料树脂在促进层间滑动方面起着润滑剂的作用，由于黏性，润滑性可能发生变化。树脂含量和树脂分布成为对于层间滑动的有效润滑剂含量的度量。最后，加强的材料、尺寸、表面处理、编织式样和扭曲全都影响加强的摩擦因数。由于复杂性，对于一个给定的零件，一个看上去很小或者没有被注意的变化可能明显地影响芯材的压塌反应。

通常的制造中，芯材压塌反应可以由上面的讨论评估。使用机械带或控制带是使用外部的办法来明显提高层间的摩擦力，防止层间的滑动从而导致芯材的压塌。在芯材表面，使用一层预固化的胶膜或者预浸料会有积极的效果。它会明显地增加芯材的硬度。因此，它会更好地抵抗固化作用力，对于阻碍芯材和外界之间渗透性是不明显的。另外，对于预固化面板，最大化所有面板的刚度、摩擦和渗透反应以阻止芯材压塌。

5.4.3　固化中芯材压塌的稳定性

芯材胶接到面板上前，在固化中力的作用很容易使芯材变形。在和面板共固化时，为了加固相对较轻的芯材，芯材一般需要稳固。固化中，需要的芯材质量可能比不使用额外程序而成功固化的要轻一些。对于严重的芯材压塌的案例，可能需要更多的制造操作。有时解决芯材压塌的最直接、最有效的方法是预固化面板。

接下来主要是应用在蜂窝芯材固化方面。由于泡沫芯材也会遭遇芯材压塌，一般热塑性泡沫可以通过致密化过程解决，在超过面板和芯材胶接的温度下，使外表面发生变形。这产生了一个更高密度的表面来抵挡在固化时进一步的且不均匀的变形。芯材压塌的讨论仍然适用于泡沫芯材，正如展示的预固化胶膜或者预浸料稳定性方法。

为防止固化时铺层滑移，可通过束缚或机械装置降低芯体压塌。一个例子是使用摩擦或者控制条（或者仅仅在固化后可以修剪的宽的边带），这会增加有效摩擦，这个摩擦用来防止滑移和芯材压塌。在铺层工具的零件的周边使用贴有黏合条的砂纸或者固定条,然后错开,把层压板放到黏合条上。使用这种方法时,至少2层(紧贴芯材的上下两层)应该错开贴到控制条上。

对于处理芯材压塌的另一个普通的方法是在芯材的表面(或两个面)预固化一层胶膜。这会使芯材更有能力在固化时抵抗芯材的变形力。在任何稳定操作前,芯材应该按照在5.3.1.2节说明的储存和干燥。工程图或者制造计划中应该规定胶黏剂或者预浸料的应用区域。类似于所有的胶接操作,预防固化变形的程序应该在满足要求的无尘室中完成。铺层完成后,芯材要按照图5.4.3和下面的描述来包装:

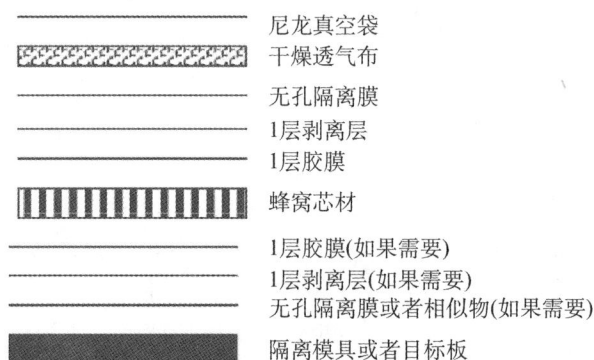

	尼龙真空袋
	干燥透气布
	无孔隔离膜
	1层剥离层
	1层胶膜
	蜂窝芯材
	1层胶膜(如果需要)
	1层剥离层(如果需要)
	无孔隔离膜或者相似物(如果需要)
	隔离模具或者目标板

图 5.4.3　稳定装配件用包装

(1) 如果需要,在工程板或者工具上铺一层无孔的隔离膜或者类似的东西。隔离膜要超过芯材边缘2～6英寸(in)(50～150mm)。

(2) 把蜂窝芯材组装件放到隔离膜上。

(3) 在芯材组装件上铺另一层无孔的隔离膜。

(4) 在铺层上方铺1～2层干燥的透气的布或者类似的材料。使用另外的干燥布覆盖尖角和其他突出部分,以防止在固化时真空袋被刺穿。

(5) 在整个组装件上套一个尼龙真空袋,并用密封胶密封到工具上。

如果组件会在下一步再进行固化,那将经历额外的固化周期,这使胶膜和预浸料的保压固化时间可能会缩短。

5.4.4　芯材特性和芯材变形

芯材的尺寸一般是不稳定的,而且容易由于压力而变形。如没有其他约束,虽然在厚度方向的强度非常高,芯体在长和宽方向非常弱。芯材抵抗变形的能力(尤其是轻一些的密度)会明显比在固化时作用在倒角上的水平力低一些,在固化周期中,在高温下,芯材可能会变得弱一些,软一些。

另外,一些材料更容易发生芯材压塌。应该排除倾向于共固化于芯材的面板材料,理想的情况是用最需要用的零件。但是至少要保留有效的部分可以用于辨别面板。这个板面积至少 2 in×2 in(0.6 m×0.6 m),需要列举所有符合的代表质量要求的标准。所有产品的材料,包括芯材应该至少达到极限的倒角(一般 20°~30°角),还有面板厚度、边带宽度。使用最厚的芯材,或者 0.50~0.75 in(13~19 mm)都会好一些。芯材切割的光滑性可能会降低芯材和面板间的摩擦因数,潜在地影响芯材变形。

5.4.5　预浸料和黏合材料特性与芯材变形

在摩擦力的基础上,预浸料树脂和胶膜的黏性会显著地影响芯材变形。使用填充材料或者其他的流变改性剂来改变热黏性曲线,增加预浸料或者胶膜的硬度。在给定的温度和黏性下,可以测量预浸料的摩擦因数(温度随时间的变化的函数)。

在温度和黏度范围内,与纤维层的树脂润滑性一样,固化周期中的预浸料树脂黏度曲线也是一个因素。可能影响树脂黏性的化学分子和配方,也会影响芯材压缩变形,这可能可以解释一些由于使用相同的纤维或织物但是不同的树脂体系在芯材变形方面的不同。

由于黏性曲线同时影响抵抗阻力的能力和树脂的润滑性,在冷库中或者室温下老化的预浸料和预浸料的数量会影响固化程度和黏性曲线。一些系统随温度的变化更加敏感,因此加工的可变性会更加广泛。这就导致故意对预浸料的分段加热会明显影响观察到的芯材变形水平。增加触变性是很有价值的,这会提供在低剪切速率下增加黏性,但是在高剪切速率下允许一些移动。

由于黏度的影响依赖于温度,预浸料渗透性可能在高温固化时明显地改变。遗憾的是在预浸料制作时,这些摩擦和渗透的基本因素通常不受控,更不会对其进行测量。它们又可能依赖于固化周期、零件几何和制作技术。

在抵抗滑移中,预浸料的柄、帘、体或刚度性能也是抵抗滑移的一个因数。相同的树脂和纤维会由于纤维或织物制造中的尺寸受到明显影响;反过来也会抵抗树脂的流动,增加有效黏性,有助于抵抗芯材压塌。

这意味着纤维本身的编排和质量也会有影响。相对硬一些的纤维浸润剂会提高纤维完整性,也会增加预浸料的透气性,这对于里面气泡的排除有好处。相反的,芯胞内的气泡会直接暴露在真空里。浸润剂或者表面材料中出来的纤维或者织物越硬,预浸料也会越硬。

通过改变树脂在预浸料中的物理分布,树脂浸入过程也会影响芯材压缩变形。轻一些的浸入,让大部分的树脂留在表面,这对于润滑会提供更多的树脂,这也会导致更高的芯材变形。如果更为先进的浸透使得更多的树脂流入纤维,而少一些树脂用来润滑,层间的摩擦会升高。预浸料制造者可以使用树脂浸入指数作为预浸料性能量化的指标。

在预浸料加工过程中,致密化的水平也是一个影响因数,但是某种程度上是独立的。相对于未致密的,使材料致密化降低了摩擦因数,但也会降低透气性,以及在本章中提到的其他影响。编织越开放,树脂越容易进入加强处内部和下表面。考虑到这些关系和其他可能导致不利的方面,低树脂含量也会由于少的树脂增加芯材变形。更极端的测试是浸入时,在低拉应力下,预浸料上稍微增加空隙量并减少面上的树脂。

也可通过改变纤维束和编织方式提高层间摩擦因数,并进而降低压塌发生。纤维纱的物理构造不能扭曲、再扭曲或扭曲后反扭曲。扭曲的纤维一般具有最大的摩擦因数,增加纤维的缠结,纤维或者织物的粗糙度也会增加摩擦。预浸料的摩擦因数在固化时凝结前,在可见的温度下会提高。纤维越不平行,纤维能提供的流阻越大,也提高了透气性。编排的开放性也很重要。

预浸料的透气性连同面板厚度、压力、时间曲线决定芯胞的压力水平。温度改变导致的在芯胞中残留气体的膨胀会导致压力短期的轻微增加,气体会随着时间慢慢排除。堵住预浸料中已经完成的闭室的出口,透气性可以直接通过压力的变化率测出,这种测量方法也适用于同种材料、不同铺层的测试。扭曲的材料具有高一些的透气性,平行的材料透气性低一些,特别是,如果预浸料在材料制造时已经被处理过(额外致密化),由于低的树脂含量,达到低透气性可能有点困难。

5.4.6　固化周期和芯材变形

固化曲线可以明确地影响芯材变形的程度,时间和中间保压、加热速率比较关键。在固化蜂窝平板时,相比于层压板的固化,需要采取更多的保护,尤其是使用压力方法。当层压板固化周期可能包裹超过 $100\,\mathrm{psi}(200\,\mathrm{in}\,\mathrm{Hg})$ 的压力时,夹层板的固化周期中压力一般低于 $50\,\mathrm{psi}(100\,\mathrm{in}\,\mathrm{Hg})$。对于轻质量的一般用于航空航天的夹层组装件,在真空袋中的真空水平一般最大限制在 $5\sim6\,\mathrm{psi}(10\sim12\,\mathrm{in}\,\mathrm{Hg})$。

施加压力是夹层结构的固化芯材和面板的关键因素。芯材的变形会限制最大压力的应用。在最大固化温度下使用的固化压力,不能导致芯材的破坏。对于高一些密度的芯材,这会是一个实质性的约束,在固化时,共固化的面板或者面板和芯材的粘合会进一步降低压力,伴随着质量的影响。即使降低压力,蜂窝的芯材可能对于侧压力会更敏感。固化时诱发的侧边载荷必须使用工具或者夹具作用来防止芯材的压塌。

最初的固化周期一般由材料制造商建议,但是由于设备的约束、生产经验,或者解决特殊质量问题,使用者一般会更改。在给定的温度下,中间保压也会在某种程度上影响提高固化树脂的程度,导致更高的黏性,反过来为芯材变形提高更大的阻力。由于黏性足够低来抵抗阻力,因此流数的概念可以应用(见参考文献 5.4.6)。同样的,一切不变的情况下,更短的凝胶时间越有利于阻止芯材变形。材料性能会被这些改变而明显地影响,因此描述真实的固化过程特征很重要。

芯材固化时的气体压力曲线,反过来反映出对于预浸料在共固化面板时的树脂压力也是一个显著的因素。参见在 5.2.2 节讨论的树脂压力,由于在芯材中的气体压力也会影响树脂的压力。实际上,芯材中是一定程度的真空,由于这会把面板更多的压入芯胞且会让凹坑更明显，可能会导致效果更差。

为了提高共固化面板的质量，可以使用内部包装压力技术来提高芯胞压力。由于在芯胞中有一定程度的气体压力，因此面板会有小程度的树脂压力，如果压力过高，气体可以承担一些载荷，降低芯材和面板的摩擦。在固化时，芯材漂浮在层间，导致芯材变形或者在芯材和面板间连接不到位。

5.5　质量问题：包括无损评估（NDI）

用于复合材料层压板的目视和无损检测标准不能随意用于夹层结构。夹层结构的表面质量与一些高质量层压板的表面有很大不同。与主要按强度设计的层压板相比，夹层结构主要按刚度设计，其可接受的缺陷和损伤尺寸通常较大。夹层结构的无损检测应包括临界损伤尺寸等标准。由于夹层结构芯材对信号的衰减行为，其结构本身可能限制无损检测方法的选择。

由于存在偏差，需要对蜂窝芯材进行机加、热成形或芯材粘接等操作，在此之后，应该对蜂窝芯材进行目视检查。一些超过可接受限度的偏差可能仍然是可修改的。这样的话，这些芯材就会按照规定的进行返工。应拒收超过可接受和可修改限度的芯材，并且应提交材料给物料审定机构（MRB）进行处置。蜂窝芯材潜在的偏差实例和可接受的限度如表 5.5 所示，表中还包括可能的可修改限制和程序。所有这些缺陷、限制和程序都可能会随使用情况而不同。

在包含一定数量芯格的面积内存在空隙或芯材与面板之间的分离通常是可接受的，此面积与特定的设计相关。可接受的空隙需要与最近的其他空隙、几何边界、紧固件或其他特征有一定的距离。

需要制订完整的计划，对一给定的零件进行目视和计量检查及无损检测。包括无损检测过程的全部特征，通常包括生产过程中可能遇到的零件、本质、类型、尺寸、对所有缺陷和异常的可接受限度的无损检测标准的基准。如需控制芯材的条带方向或其他方向，则必须为此建立公差。

需要对设计许用值和根据缺陷与性能和成本等因素构建的均衡进行完整的评估。审查得足够详细的话，甚至在最高质量的结构中都能辨别出一些异常情况。即便这些异常是可接受的，如果它们不符合初始制订的质量要求，在后续生产中暴露出来的话可能是破坏性的。

初始胶接结构通常应用进行生产的所有的材料、工艺、文件、人员制成。此胶接结构作为评估的一部分被破坏掉，通常被指为破坏性试验件。如可能，从零件上机加出试验件或元件进行力学测试。对于夹层结构，这些测试通常包括平面拉伸或滚鼓剥离试验。对于固体介质胶接，通常开展浮动滚子或 T 型剥离和搭接剪切试验。例如，芯材周围的胶接边带。共固化面板的试验与第 1 卷和第 3 卷中复合材料层压板的试验相似，通常包括玻璃化转变温度、层厚和短梁剪切。

表 5.5　蜂窝芯材可能的偏差和可能可接受限制以及修改程序
（可接受限制和可修改限制只是一些例子，并非推荐；任何这些限制必须胶接夹层结构的具体应用和材料系统进行验证）

可能的偏差	可接受限制实例	潜在的修改限制	可能的修改程序
芯格边撕开	最大面积：0.25 in² 最大长度：0.5 in 最大频度：任何方向上每 12 in 一处	质量增加量<10%时不受限	与新的芯材截面粘接
芯格边磨损或有芒刺	加工的纤维毛寸小于 0.1 in	尺寸保留前提下无限制	用 180 或者更精细的砂纸磨平
芯材结合：泡沫粘合收缩	不超过 10% 的对接深度	无限制	向 MRB 提交
芯材结合：厚度错配	不超过 0.006 in	尺寸保留前提下无限制	对不匹配区域轻微磨砂处理
芯材结合：非粘合	必须形成连续的粘合/结合接口	限制在 20% 的对接深度	修复结合处或者中心选取结合
轮廓	必须在被固定时处于平铺工具上	只能被改造一次	按照规定修改
预先密封芯材	距离芯材表面收缩小于 0.03 in	无限制	填入附加复合物
消减的芯材	无	无	重新换芯材
表面坑洼	最大尺寸：深度 0.02 in，长度 0.5 in，距离其他坑洼处 6 in	无限制	将预浸料填充入坑洼处
表面不规律，表面突出或者平整区域	必须不能影响最终的集成后外形轮廓	尺寸保留前提下无限制	用 180 或者更精细的砂纸磨平
节点分离：完全	12 in 直径范围内不超过 2 个。沿带向不相邻	在不达到总数 25%情况下无限制否则芯材将被修正	在新芯材中进行拼接或者粘合
节点分离：部分	12 in 直径范围内不超过 12 个。沿带向不相邻	在不达到总数 25%情况下无限制否则芯材将被修正	在新芯材中进行拼接或者粘合

　　上升滚筒剥离测试一般应用于质量控制测试来测量使用材料和工艺的效果，在适配性和胶黏剂数量，芯材和面板材料、加工、构造、工具和工艺如表面处理和固化上提供反馈。作为一个质量控制测试，上升滚筒剥离是有用的，但是由于几何参数和其他因素的影响，对于材料间的对比效果差一些。平面拉力测试一般用于材料间的对比，也可用于无法使用上升滚筒剥离测试的成形质量控制。

　　考虑到从零件中制造的样品可能不会和用于测试的样件一模一样，至少失效模式会与得到的载荷值一样重要。如果芯材能够失效（不是由样件外形导致），这对于夹层结构来说是一个非常积极的反馈。

图 5.5(a)展示了一个在上升滚筒剥离测试下希望得到芯材失效的例子。说明的是芯材仍然贴合在剥去的面板上。图 5.5(b)显示的是一个在上升滚筒剥离测试下的粘合失效的例子。说明的是在剥去的面板上没有明显的芯材，仍然有很多胶黏剂在芯材上。粘合失效是不能令人满意的，因为它说明胶黏剂没有很好的粘结到芯材(或者面板上)，也可能说明在表面处理时有污染或者问题。

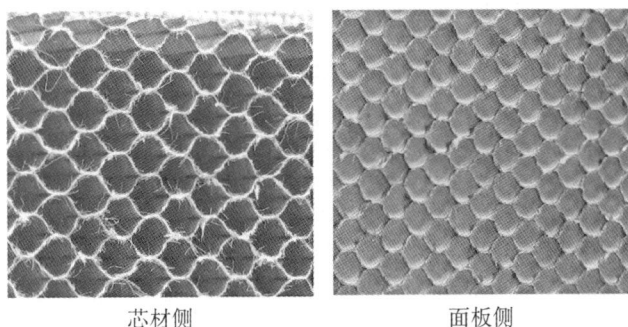

芯材侧　　　　　　　　　　　面板侧

图 5.5(a)　在上升滚筒剥离实验件中芯材失效的例子

初始破坏试验件为可通过特制嵌入物或损伤制成，这些嵌入物和损伤可从容件切除。用此试验件也可用于标定无损检测。制造更一般的符合 NDI 标准的夹层复合材料，这个标准在 ARP 5606(见参考文献 5.1)中讨论过，这个复合材料用来作为破坏评估和维修评价，但是主要用在检查结构的最初制造。这个标准适用于寻找脱胶和分层中应用的超声波、共振和敲击测试的 NDI 程序。对于特殊的结构材料和几何构型，如何检查代表这些或者其他可用的 NDI 标准，需要做一些评估。

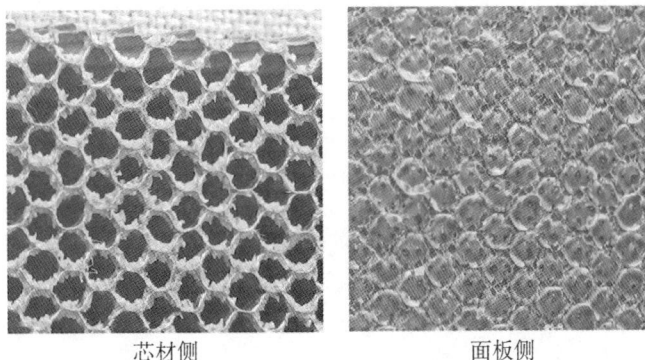

芯材侧　　　　　　　　　　　面板侧

图 5.5(b)　在上升滚筒剥离试验件中粘合失效的例子

移去所有测试样件和非破坏检查标准之后，结构所剩下的是从芯材上剥下的面板。然后通过目视方法评估芯体和面板，并标注出胶接是否好，总体是否有压溃、扭曲和运动等不可接受的破坏，以及不适当的压力。

在最后组装中不能接受的缺陷一般在部组或者其他胶接的时候可以接受，如果缺陷会在接下来的制造步骤中除去。这样的一个例子就是空隙可能会在夹层结构边缘，此边缘会在随后修剪掉，这会作为调整的一部分，可以完全移除缺陷。

关于夹层结构工艺的更多信息，参见文献 5.5。

参 考 文 献

5.1　　　　SAE Aerospace Recommended Practice, ARP 5606. Composite Honeycomb NDI Reference Standards [S]. September 2001.

5.2.4　　Mil‐HDBK‐349. Manufacture and Inspection of Adhesive Bonded, Aluminum Honeycomb Sandwich Assemblies for Aircraft [S]. September 1994.

5.3.1.1　SAE Aerospace Recommended Practice, ARP 4916. Masking and Cleaning of Epoxy and Polyester Matrix Thermosetting Composite Materials [S]. March 1997.

5.3.1.2　SAE Aerospace Recommended Practice, ARP 4977. Drying of Thermosetting Composite Materials [S]. August 1996.

5.3.1.5　SAE Aerospace Recommended Practice, ARP 4991. Core Restoration of Thermosetting Composite Components [S]. February 2007.

5.3.2a　Frank-Susich D, Ruffner D, and Laananen, D. Computer Aided Cure Optimization [C]. Proceedings of the 37th International SAMPE Symposium (A93‐15726 04‐23), March 1992, pp. 1075‐1088.

5.3.2b　Frank-Susich D, et al. Cure Cycle Simulation for Thermoset Composites [J]. Composite Manufacturing, 1993, 4(3).

5.4.6　　Hoisington M A, Seferis J C, Thompson, D. Scale-up for Hot Melt Prepreg Manufacturing [C]. Proceedings of the International SAMPE Symposium and Exhibition, 37th, Anaheim, CA, Mar. 9‐12, 1992, (A93‐15726 04‐23), 264‐277.

5.5　　　Bitzer T. Honeycomb Technology: Materials, Design, Manufacturing, Applications and Testing [M]. Chapman & Hall, 1997.

第6章 质量控制

6.1 引言

为保证夹层结构符合工程设计要求,质量控制是必须的。主要包括检测每一个批次原材料如芯子、面板和胶黏剂,确保它们满足必须满足的最低性能要求;其次为生产过程控制,包括组装中是否使用正确的材料和合理的固化循环;最后,需检验已完工的夹层结构尺寸容差和协调性。

许多关于热固性复合材料层压板质量控制的论述同样适用于夹层结构(见第3卷第6章)。此外,在第3卷第6.3.2节讨论了多种适用于夹层结构的无损检测方法。本章只关注夹层结构的质量控制。

6.2 材料生产质量认证程序

6.2.1 规范和文档

材料、制造过程和材料试验技术的规范必须符合工程设计要求。

本卷第2章描述了表证芯子材料、面板和它们之间粘接特性的可接受的试验方法;第3卷第5.11节讨论了对规范和文档的要求;第3卷第5.11.2.4节提供了统计变量采样计划的信息,用以控制材料特性试验认证的频数和范围。

6.2.2 验收检验

复合材料用户通常制订出技术条件、规定来料检验程序(对用于夹层结构的芯子、胶黏剂和面板材料),保证材料符合工程要求。第3卷第5.11.2.4节对此进行了一般性的讨论,关于控制材料特性认证试验频数和范围以达到预定质量水平的详细采样计划见 ANSI/ASQC - Z1.4_1993 和 ANSI/ASQC - Z1.9_1993[见参考文献6.2.2(a)和(b)]。

蜂窝芯的典型性能由做成它的材料[如铝、元芳纶(Nomex)、Korex]、密度、芯格尺寸和芯格形状(如六角形、膨化形、波浪形)决定,另一些芯子如发泡材料和木材等的性能主要由最终芯子的构形和密度决定。

不同用户间的验收试验要求可以不同,关于蜂窝芯验收试验要求的一个典型实例如表 6.2.2 所示。密度较大的芯子可以有不同的试验要求和方法。

表 6.2.2　蜂窝芯验收试验要求的一个典型实例
需做的试验

性能	产品接收 (制造商)[1]	产品接收 (用户)[1]	ASTM 标准 [见参考文献 6.2.2(c)～(f)]
外观和尺寸	×		
尺寸稳定性[2]	×		D6772
芯格尺寸	×	×	
密度	×	×	C271
裸露芯子压缩强度[3]	×	×	C365
压缩稳定性强度和模量	×	×	C365
剪切强度和模量(纵向和横向)	×	×	C273

注：[1] 制造商是指芯子材料制造商，用户是指夹层零件制造商，产品验收试验为供应商或用户最初验收时做的试验。

　　[2] 指试件升温后再冷却到室温时尺寸变化的试验。

　　[3] 可能要求进行在实验室标准室温条件、高温和(或)吸湿(水或其他液体)条件下的试验。

目视检验方法可用来检查芯子的非一致性，如芯格扭曲(畸变)、芯子壁破损或屈曲、胶接点分离、局部的富胶接点和芯子边缘的毛刺或缺损等。图 6.2.2 给出了一片带有扭曲(畸变)芯格的实例。也可能要求做另一些试验如芯格间水气迁移、电传导和弯曲试验等。

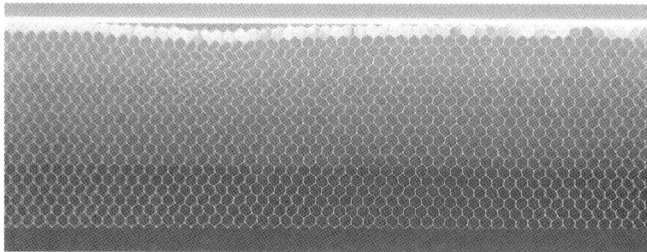

图 6.2.2　蜂窝芯子中扭曲的芯格

易变质的材料如胶黏剂和预浸带在储存期内出库后或在允许使用寿命内应进行验收和再确认试验；室温条件下芯子通常是稳定的，无须进行确认试验，但需要进行特殊处理以防止水气吸收。

6.3　零件制造认证

6.3.1　制造过程认证

第 3 卷第 5 和第 6 章讨论了材料控制、材料储存和处理、加工、设施和设备、过程中的控制、零件固化及过程控制试验件等。

非金属蜂窝芯需要特殊的储存条件,因为它吸收水汽后有降低强度的趋势,芯材在机加工前可先在空气中干燥以增加稳定性。一旦加工完成,可高温干燥并在使用前一直封装在密闭容器中。

夹层板的固化循环通常不同于由同样材料做成的层压板的固化循环,带非金属蜂窝芯的夹层结构通常采用低压固化,因为较高的压强会引起芯子的改变,特别是在带斜面的区域,过高的压强甚至会引起芯子塌垮损伤。许多制造商对于带有复合材料面板的夹层结构采用修正的温度剖面,包括在渐渐上升到最终的固化温度过程中有一个常温保持。

6.3.2 无损检测

第 3 卷第 6.3.2 节讨论了常用的无损检测(NDI)技术,包括目测、超声和 X 线检测。另外一些适用于蜂窝夹芯结构的 NDI 方法在第 3 卷第 12.4 节中讨论。

超声检测是复合材料/蜂窝夹芯结构最常用的 NDI 技术,一种透射式的 C 扫描方法能用于检查面板损伤、蜂窝芯的塌垮和其他损伤及面板和芯子间胶接区损伤。脉冲回波 A 扫描可用来分别检测每个面板的疏松孔隙和其他非均匀性损伤,检测蜂窝芯拼接区损伤特别困难。热成像 NDI 技术已显现出能有效地识别(检出)夹层结构的缺陷,例如大的分层和水分残留。

在夹层结构制造中特别需要对 NDI 技术制定一些相应的标定标准,这些标准可以针对具体的缺陷如芯子塌垮或芯子-面板间脱粘等。参考文献 6.3.2 讨论了编制标准时要考虑结构变量。

6.3.3 破坏性试验

第 3 卷第 6.3.3 节讨论了试验类型和有关被试零件的种类及试验频数。第一项蜂窝夹芯零件试验特别有用,它可验证生产过程是否能满足优异的芯子/面板间粘接和芯子斜削区可接受的质量,所有这些缺陷都难于用 NDI 技术检测出。

6.4 统计过程控制

第 3 卷第 6.5 节讨论了质量手段、控制图表、工艺能力、工艺反馈调整和试验设计等,这一讨论可同时应用于夹层(板)和固化的层压板。

6.5 材料和工艺变化的处理

第 3 卷第 6.4 节讨论了新材料和工艺过程的取证、偏差和风险及产品备用状态。

参 考 文 献

6.2.2(a) ANSI/ASQ Z1.4-2008, Sampling Procedures and Tables for Inspection by Attributes [S].

6.2.2(b) ANSI/ASQ Z1. 9 – 2008, Sampling Procedures and Tables for Inspection by Variables for Percent Nonconforming [S].

6.2.2(c) ASTM Standard C271. Standard Test Method for Density of Sandwich Core Materials [S]. American Society for Testing and Materials, West Conshohocken, PA., 2011.

6.2.2(d) ASTM Standard C273. Standard Test Method for Shear Properties of Sandwich Core Materials [S]. American Society for Testing and Materials, West Conshohocken, PA., 2011.

6.2.2(e) ASTM Standard C365. Standard Test Method for Flatwise Compressive Properties of Sandwich Cores [S]. American Society for Testing and Materials, West Conshohocken, PA., 2011.

6.2.2(f) ASTM Standard D6772. Standard Test Method for Dimensional Stability of Sandwich Core Materials [S]. American Society for Testing and Materials, West Conshohocken, PA., 2007.

6.3.2 SAE ARP 5606. Aerospace Recommended Practice for Composite Honeycomb NDI Reference Standards [S]. SAE international, Warrendate, PA. 2011.

第7章 可支持性

7.1 引言

可支持性是设计进程中一个完整的部分,它确保支持要求与设计结合在一起。支持要求包括技巧、工装、设备、设施、零备件、技术、文件、数据、材料和分析,用来确保复合材料部件在预期的寿命期间保持结构的完整性。

寿命周期的费用是由研制开发、采购、运行支持及报废处理的费用所组成,它是用户对任何应用(如对新武器系统或商用运输机)的最主要的要求。

复合材料设计通常由最大强度/质量和(或)最大刚度/质量为依据,高性能的设计由于应变水平提高及无多余的传载途径常常使可支持性较小,结构元件和材料应该选择能抵御固有的和诱发的损伤,特别是分层和冲击损伤,这种类型的损伤对于夹层结构尤为关键,因为夹层结构的构造本质(相对薄的面板材料)潜在地显现出较差的抗冲击性能。其他对可支持性有重要关系的设计考虑包括有耐久性、可靠性、损伤容限及生存力,本节的内容是更为综合的可支持性章(第3卷14章)的概要,该章可提供附加的详细资料。此外,损伤容限和耐久性的内容在7.2.4节中作简要描述,详细资料在第3卷12章中提供。

7.2 可支持性设计

7.2.1 运行服务经验

在20世纪60年代早期,复合材料被引入商用飞机工业,先进的纤维如硼、芳纶、碳等为增加强度、减少重量、改善抗腐蚀性及比铝合金有更大的抗疲劳性提供了可能。

最初的复合材料零件,特别是薄的夹层板及次结构,经历了耐久性问题,诸如低的抗冲击性能、液体的侵入和腐蚀等,蜂窝夹层件的面板通常只有3层或更少,它适合刚度和强度的需求,但没有考虑不利的使用环境。由于面板薄,通常很容易用目视检查的方法检测出损伤,如芯材的压损、冲击损伤及脱胶等,但是没有相对较复杂的无损检测技术的帮助也会成为不可检测。初始的偶然损伤由于没有被检测到,因而也没有修复,造成了在循环载荷和其他物理现象下(如液体侵入芯材)损伤面积的增大。金属芯材的材料也会经历由于湿气侵入的影响、不相容材料的连接产生电流的影响和(或)不合适的腐蚀防护造成腐蚀。

修理过程如果处理不当也会进一步损伤夹层结构,大多数修理材料的固化温度超过水的沸点,它可能会在修理过程中出现水驻留的区域,进而引起面板和芯材界面的脱胶。因此在执行修理之前,通常要进行芯材烘干。在有些情况下,一些使用的液体如液压油会污染打算修理的区域,要完全去除芯材材料里的液压油几乎是不可能的,在那里芯材不断渗出液体以致无法实现充分的胶接。

NASA 赞助的飞机能效(ACEE)计划中,包含由部件操作者的报告整理成文的使用经验数据,它支持夹层复合材料的设计与制造,如波音 B727 - 200 的升降舵、B737 的扰流板和水平安定面。有 5 个 B727 升降舵的机身组合体已经累积了超过331 000 h 和 189 000 次循环,108 个 B737 扰流板已经累积超过 2 888 000 h 和 3 781 000次循环,由这些部件收集到的使用公开数据没有显示出任何耐久性和腐蚀的问题,13 个空气制动器仍然在飞机上,7 个已经退役用来评估其刚度和剩余强度。

碳-环氧夹层零件产品已经显示出重量减轻、抗分层、改善疲劳及防腐蚀的优点,某些零件使用记录差,这可归因于脆性、内含非耐久性设计细节、差的加工质量、空隙(多)的面板(厚度不足)及糟糕的安装或差的密封连接件。

7.2.2　可检查性

通常可用的复合材料无损检测方法是:目测、透射超声波(TTU)、脉冲回声超声波、X 线、增强的光学方案和热记录仪。大多数航空公司和军事操作人员使用轻击与回声及低频粘接试验来确定损伤的位置,然后目测检查。由于目测检查占优,在设计阶段就应预先做出考虑,有完整的外部和内部接近口以便于所有部件的目测检查。

夹层结构的布局对于封闭的区域、已渗入夹层蜂窝芯液体的检查、面板的脱胶、泡沫芯、芯材内的损伤及加强筋或框与夹层部件的内面板相胶接的结合垫都存在检查的困难。

7.2.3　材料选择

对于夹层结构来说,选择合适的芯材、面板和黏接材料是很重要的,要考虑它是怎样加工的、它的使用环境以及与周围材料的相容性。在选择材料系统时也应考虑修理和修理过程的方便。

7.2.4　损伤阻抗

部件将受到来自维护人员、工具、跑道上的砂砾、使用设备、冰雹、闪电等的硬伤。注意其他类型的损伤也可能被复合材料夹层结构所遇到,但是此处不予提及。大多数复合材料部件是按特定的损伤阻抗、损伤容限和耐久性准则来设计的。一个可支持的夹层结构必须能忍受合理的损伤水平而无须费钱重做或因此停工。

损伤阻抗是力或能量与冲击性踩踏或类似冲击事件形态之间关系的测量并得

到损伤特征图,高损伤阻抗结构对给定的冲击事件生成较小的损伤。损伤阻抗水平应这样来规定,即不生成明显可见损伤的冲击不会使结构的强度降低到小于设计要求。

夹层结构的损伤阻抗可以通过增加面板的厚度和(或)使用较密的芯材来得到改善,然而较厚的板会减少损伤的可见度,从而可能导致增加检测不到内部损伤的风险,例如,造成断裂或芯材局部压损的冲击事件后,较厚的面板很可能"弹回"到原先的外形,这也会造成面板和芯材的脱胶。具有较高应变能力的增强纤维对损伤阻抗有正面影响,而选择坚韧的基体材料可以大大增强损伤阻抗。正如以上所讨论的,在冲击损伤以后,水侵入到夹层板内部是跟构造相关的另一个可支持性关心的问题。

7.2.5　环境顺应性

夹层结构设计、修理和维护的很多方面受到环境规制和规范的制约,环境顺应性主要是有关正确处置危险的废品,废品流的重要部分是由那些在它们有用的寿命期内不能使用的材料所组成。通常含重金属的危险废品有镀镉的连接件及含铬酸盐的密封剂和底漆等。

必须考虑镀层的去除问题。对于大多数聚合物基复合材料,很多化学的去漆剂是不可接受的,因为活性成分会侵袭基体。油漆磨蚀去除技术,如可塑介质的喷射,已被证明对聚合物基复合材料是成功的。清洁是主要维护过程之一,它会产生危险的废物。先前采用臭氧消耗溶剂和其他危险化学品的很多清洁过程正在被水清洁过程所替代。如果部件的构成担心水的侵入,如大多数夹层结构,那么该部分的水清洁也会是一个问题。

碳纤维层压板在切割和修剪加工时会产生颗粒,这种颗粒被生命环境工程师认为是有害的粉尘。安全限量(TLV)限制值由美国政府和工业卫生工作者会议(ACGIH)于 1997 年更新,为复合材料工人们规定了复合材料纤维/粉尘的暴露极限值。超过了这个极限值要使用国立职业安全与健康研究所(NIOSH)认证的带有高效粒子空气(HEPA)过滤器的防毒面具。夹层结构中使用的树脂和胶黏剂会造成某些工人的皮肤过敏,因此要强制性使用防硅和防纤维的手套,这样也有助于确保获得无污染胶接夹层装配。

没有固化的预浸料、胶黏剂及树脂要按危险材料处理,废料在丢弃前要固化以减少危险材料丢弃费用,确保含有碳纤维的废料被送到无燃烧的垃圾填埋场是很重要的。树脂燃烧所释放的粉状碳纤维可以代表一种呼吸和电气事故。

7.2.6　可靠性和可维护性

结构可维护性是指通过在设计阶段发展客户所关心的合适的检查和维护方法所获得的,当设计结构的时候,为了修理,可达性是一个重要因素。应该提供充分的接近通道用于严格的检查、检测损伤区域、安装修理零件及使用修理工具和粘接设备。

当有效应用复合材料于飞机和其他结构时,考虑可修理性是设计的基本要素。对修理的考虑会影响铺层方式和设计应变水平的选择。在总体设计阶段要设定修理的思想原理,并且伴随部件的设计要发展修理设计,候选的修理设计应作为发展试验计划的一部分进行试验,修理的理念和材料应最大可能限度地标准化。

7.2.7　可修理性

部件的"可修理性"需要作为设计进程中的一个部分来加以考虑,从合理的/足够的安全边界开始,应包括合理的修理尺寸极限规定。图 7.2.7 显示了在波音/NASA 复合材料飞机结构先进技术(ATCAS)所执行的《复合材料机身计划》中建立的维护发展理念。在设计选择期间,必须考虑检查和修理的程序,在特定的部件上所需要的任何防闪电雷击的系统也应设计成可修理的。

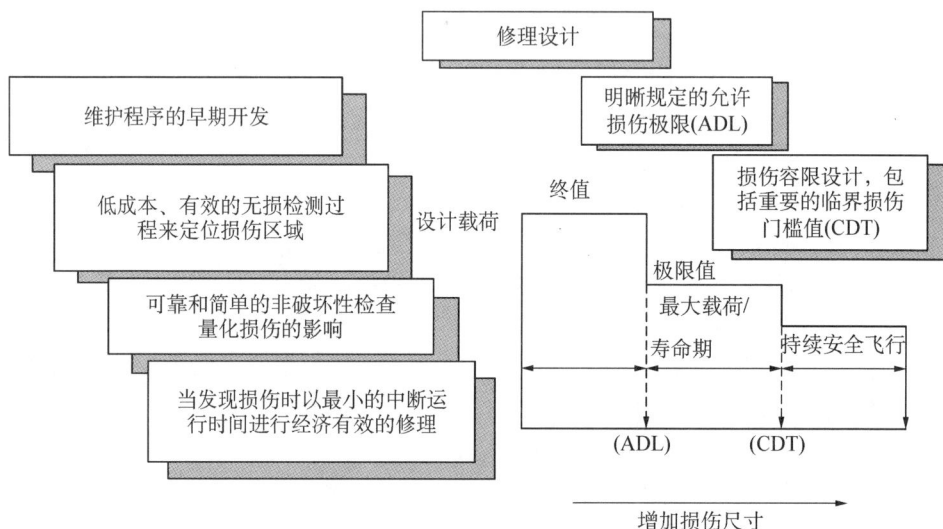

图 7.2.7　可维护夹层结构的规则(见参考文献 7.2.7)

设计理念的发展应包括并行的努力去建立维护程序,如果在设定设计特点之后去建立维护程序通常会造成不必要的复杂的修理。

检查技术与潜在的损伤水平是固有地联系着的,所以检查计划必须随着设计一起成熟,为了一开始就检测到损伤区域,需要有处理大面积结构的成本有效方法,目测的方法是最常用的,但是能检测出不太严重损伤较为复杂的方法也是能用的。举例来说,如果所选择的检查方法必须在承受极限载荷时进行,在飞机寿命期内可能发现不了损伤;而通过定期检查就能很容易检测到的损伤水平,对限制载荷而言是更有利的[见图 7.2.7,进一步的讨论见第 3 卷 12.2.2 节和图 12.2.3(a)]。

由于最后设计得出的大部分区域其承载能力会超过要求值,因此知道在一个特定位置的损伤状态是否使强度减少到极限载荷和限制载荷情况是很重要的。对于航空应用来说这些损伤状态分别定义为允许损伤极限(ADL)和临界损伤门槛值(CDT)。应该做出明确规定的允许损伤极限,以便在定期检查期间快速决定修理的需要,最小允许损伤极限也可以被包括在设计要求或目标中以减少必须修理的数目。

结构的某些区域设计可以是由制造和耐久性的考虑来决定的,诸如最小厚度(提供最小冲击损伤阻抗和避免埋头紧固件孔的尖锐边缘),筋条、肋和框的凸缘宽度,螺栓间距和边距的要求及避免过快的铺层减少或增加。对可维护夹层结构的另一个要求是建立无损检测(NDI)和无损评估(NDE)程序来确定实际损伤位置和损伤量化评估。

结构修理事项 夹层结构通常用粘接的嵌入或阶梯式的补片来修理,在修理薄面板时通常使用相当浅的嵌入/阶梯斜削比(例如,30:1,有时浅到50:1);修理较高受载区域厚面板的夹层结构时,浅的斜削比会造成大量未损伤材料的除去及大的补片尺寸,这时修理可能是嵌入和外部补片的联合。厚的面板需要厚的补片,它可能需要特殊的处理以获得适当的坚固性,补片和胶层的多孔性与通常现场处理使用真空压力和加热毯有关,一般喜欢用低温固化,因为担心渗入在芯材内的水蒸发引起附加损伤。此外,周围的结构的热沉作用使得用加热毯来获得和控制较高的温度很困难,而且有可能产生热梯度造成周围结构的翘曲或退化。对于厚的夹层结构可能需要在结构的每一侧使用加热毯以控制整个厚度的温度。较短时间的处理通常与较高温度固化相联系,为了让一架受损飞机停止服役时间最短,高温固化是可取的。

湿气侵入事项 在设计夹层结构时必须考虑湿气入侵问题,夹层结构设计应该注意湿气在芯材内的影响。在修理损伤夹层结构时,粘接修理之前通常要完成一个干燥周期,这样任何留存的湿气不会干扰固化周期。有很多这样的案例:如果不采用适当的干燥过程,在真空袋加热固化的周期内夹层组件的面板被掀掉了。累积在密封不好的夹层结构内的死水会造成过重(引起重量/平衡事件、差的燃油经济性等)并且会造成结冰时的重大损伤。有些夹层结构应用中需要有排水的规定。

7.3 支持的实施

修理的目的是恢复一个损伤结构在强度、耐久性、刚度、功能性、安全性、外形及服务寿命等方面达到可接受的能力,理想的情况下,修理将使结构回复到原先的能力和外形。在给定的载荷条件下,修理的设计评估包括修理概念的选取、合适的修理材料和修理过程的选择及明确提出修理的详细布局。

7.3.1 零件检测

飞机夹层结构零件的损伤通常是在例行的巡视检查中,由航空站检查发现的或由飞行员和(或)机组人员注意到的一些大损伤。主要的检查模式是目测,如果需要的话可在航空站内进行复杂的检测。一旦损伤在使用中被识别,那么损伤要用量化的特征来描述,如凹坑的深度、表面损伤的程度和划痕的长度,而且还应考虑在离开冲击和损伤发生区域的周边可能已经造成的损伤。这种检测一般是由锤击试验来定义损伤的程度,接着用仪器无损检测技术更为彻底地描述损伤的特征。在检查方面一个好的通用性参考是 SAE ARP 5089《复合材料无损检测和无损检验手册》(见参考文献 7.3.1)。目测检查是迄今为止的最古老和最经济的无损检测方法,幸运的是大多数类型的损伤如烧焦、污染、坑、穿破、磨蚀或复合材料表面的剥落等都是目测可识别的损伤。但是对于钝器冲击产生的损伤很可能目视不明显，因为表面可能会弹回到原先的外形而几乎不留痕迹。在有关对夹层结构的检查技术方面，第6章提供较为全面的讨论。

7.3.2　损伤评估

损伤评估是检查和修理之间的中间阶段，包括决定是否和如何修理一个损伤结构、修理的实质（永久或暂时）及修理后和在修理结构剩余寿命期内的检查。

评估员的任务——评估员的任务是权威解释检测结果，并且决定所需的修理及结构的剩余寿命。在外场，评估员的任务受限于制造商的操作指南，在修理站内和制造商的设施里，如果获得工程批准其任务可以延伸。对于较大的损伤需要试验证明。

评估员的资格——评估员一般不知道由于损伤结构会退化到什么程度，一个合格的工程代表应该有技术背景来理解检测的结果和可得到的设计信息，应该熟悉修理能力并具有必须的技能和经验，在计算和（或）先前资料的基础上，确定因损伤而造成的结构退化程度。

损伤评估的信息——在评估过程中需要下面的信息：损伤特征、损伤的几何外形、损伤位置和由于损伤引起的结构退化，可用的检查和修理能力必须在此阶段作为设计过程的一部分做出评价。

7.3.3　修理设计准则

修理设计准则应该确保被修理的部分与无损伤的部分一样，具有结构的完整性和功能性。修理设计准则应由原始制造商或认知的工程权威部门来建立并且通常按《结构修理手册》(SRM)开展修理。对特定飞机，《结构修理手册》常常把结构划分"区域"以表明需要复原强度的量或能接受的各种标准修理。划分区包括容许在大的强度富裕区域内使用简单修理，也包括限制操作员在过于复杂的修理区域进行修理，只能用原有设备制造商(OEM)所设定的进行修理。

对于永久性修理的修理设计准则基本上是对那些可被修理零件的设计，它们是恢复原始结构的刚度、静强度满足在预期的环境中承受高至极限载荷情况并包括结构稳定性（过屈曲结构除外），确保部件在剩余寿命中的耐久性，满足原来零件的损伤容限要求和恢复系统的功能性。另外，在修理情况中还有可用的其他准则，对飞机结构而言，它们包括最小的气动外形改变、最低的重量代价、最小的传载路径改变及与飞机的运行时间相兼容。

1）零件刚度

在任何修理中首先考虑更换受损的结构材料，这意味着特别对大型修理来说修理材料的刚度和置换应该尽可能与母体材料相匹配，这就避免了对部件整体动力性能的再计算，如颤振或结构载荷的再分配。此外，很多轻型飞行器结构是按满足刚度要求来设计的，它比强度要求更为关键，因此对这类结构的修理必须保持所要求的刚度，才能满足其弯曲和稳定性的要求。

2）静强度和稳定性

任何永久性的修理必须设计成在极限设计载荷水平下、在极度的温度变化行程、湿气水平和目视损伤水平中能承受所作用的载荷。如果没有可用的载荷，则必须严格遵照特定的《结构修理手册》所推荐的修理，该修理隐含着一种假设，即特定的修理满足所有的静强度和稳定性要求。

在设计修理时要特别关注传载路径的改变，当强度恢复是必须时，就必须注意修理后刚度对结构载荷再分配的影响。如果补片的刚度小于原始的结构，补片可能不能分担载荷，这就造成了周围结构的过载；相反地，过于刚硬的补片会引来大于分担的载荷，造成它所连接的相邻区域过载。母体材料和补片之间的刚度不匹配会造成剥离应力，从而产生补片的脱粘。

3）耐久性

耐久性是指飞行器全寿命中结构发挥有效功能的能力。对于商用运输机其设计寿命能大于 50 000 个起落，军用战斗机设计为 4 000～6 000 飞行小时。影响耐久性的因素中包括有温度和相对湿度的环境，虽然母体复合材料结构可以没有耐久性风险，但是结构修理对使用寿命期间由重复载荷引起的损伤更敏感。

4）损伤容限

复合材料结构按损伤容限设计来承受意外的损伤。实际上，这是通过降低设计应变来完成的，使得结构在冲击造成的损伤下能承受极限载荷，修理也必须使结构有能力忍受预先确定的冲击损伤的水平。

5）气动光顺

高性能的飞行器取决于光顺的外表面以使阻力最小，在最初的制造期间就规定了光顺性的要求，通常根据不同气动光顺性的水平来规定区域，大多数《结构修理手册》规定修理的光顺性要求与零件最初制造是一致的。

6）运行温度

大多数飞行器在使用期间经历了温度的极端值，对这种飞行器的修理必须接受该飞行器设计时温度极值，低温来自于高空飞行或是寒冷气候下的地面存放，很多飞机是按最低使用温度 $-65℉(-54℃)$ 设计的，高温要求则随不同类型飞行器而变，商用运输机和大多数旋翼飞行器的最高温度是 $160℉(71℃)$，通常发生在大热天停在地面的时候，然而，在起飞和初始爬升期间经历很大载荷的部件，可能要求在高温达 $200℉(93℃)$ 时极限设计载荷的确认。超声速运输机、战斗机和轰炸机通常经历的气动热高达 $220℉(104℃)$ 或在特殊情况下高至 $265℉(130℃)$，尤其是在升力面的前缘。暴露在发动机热影响下的部件，如发动机舱和反推力装置，可能在局部区域须承受更高的温度。

7）环境

修理可能受很多环境影响，包括下列这些：

（1）液体——盐水或盐雾，燃油或润滑剂，液压油，去油漆剂以及湿气。

（2）机械载荷——震动、噪声或气动振动，以及操作载荷。

（3）热循环。

吸入湿气会以几种方式影响胶接修理：

（1）母体层压板起泡——当"湿"的层压板加热固化胶接修理时，所吸收的湿气会造成局部分层或起泡。胶接前低温干燥、低的加热速率和降低固化温度都能减少起泡的趋势。

（2）夹层结构的面板/芯材膨胀——当零件加热固化胶接修理的时候，湿气在蜂窝夹层结构蜂窝内膨胀，且产生足够的压力使面板和芯材分离，特别是当温度和湿气使粘接强度减少的时候。同样，这个过程会足够严重使低密度芯材的蜂窝壁破坏。通常用预干燥的办法来防止这种类型的胶接失效。

（3）胶接处的多孔性——当修理在一个"湿"的层压板中进行胶接时，湿气趋于造成胶接处的多孔性，这种多孔性会降低胶接处的强度。可以通过预干燥、降低温度的固化以及选择抗湿气的胶黏剂使这个问题降到最低。

（4）它也会降低胶接剂的防湿能力，实际上阻碍了化学胶接的过程，造成弱的/差的胶接面。

8）暂时性修理：对于暂时或临时性修理，修理设计准则会降低要求，但是如果暂时性修理要在结构上存在相当长的时间就可能接近永久性的修理。在可能的情况下，大多数飞机用户选择永久性修理，因为暂时性修理可能损伤母体结构从而需要更费钱的永久性修理。暂时性修理会复原它的功能，但是静强度要求可能会降至限制载荷或最大载荷的范围内，损伤容限和耐久性的目标常常会严重下降，这可通过较短的检查间隔来补偿。

7.3.4 复合材料结构修理

修理任务开始于损伤程度确定以后，修理的目标是恢复结构在强度、刚度、使用性能、安全性、使用寿命及外表形状方面所要求的能力。最理想情况是让修理恢复结构的原始外形和能力。为了开始修理过程，必须知道部件的结构构造，并且应从7.3.3节所叙述的考虑中选择合适的设计准则，一个受损部分经过螺栓或胶接连上新材料后它的载荷传递连续性被重新建立了。

7.3.4.1 损伤去除和现场准备

现场准备的第1项任务是去除涂层，通常用砂轮手工打磨或其他机械方法，一般不愿使用化学除漆剂，因为它会侵袭复合材料的树脂系统，而且也会浸入到蜂窝芯材内。一旦最外面的涂层和底漆去除了且损伤层明确界定了，用砂轮打磨或其他机械方法把受损的层去除，受损的芯材必须裁掉，小心不要损伤另一个面板的内表面。

在损伤去除以后，修理区域应彻底清理污染物，如液压油或发动机滑油，如果修理涉及温度高于200°F（93℃）的固化周期，那么总是应该彻底地干燥修理区域，未检测到的湿气在高温固化期间会转化成蒸汽，引起膨胀的芯材和面板脱胶，对于在室温下固化的蜂窝部分，湿气的存在也是不希望的，特别当芯材材料为铝的时候。对

胶接修理,现场准备通常包括斜削型的砂轮打磨或者阶梯型的铺层切割以使载荷能
逐步传入和传出修理材料。

7.3.4.2　胶接修理

胶接修理通常使用外补片或内补片,补片与母体材料齐平。补片可以是阶梯形
或斜削形的,斜削角度通常要小,使载荷容易进入连接处且防止胶黏剂逃逸,其厚度
长度比在 1/10~1/40 之间,胶黏剂放在修理材料和母体材料之间,通过剪切应力的
方式把载荷从母体材料传递给补片。补片边缘的应力集中可以通过补片的阶梯形
或斜削形得以减小,如图 7.3.4.2 所示。

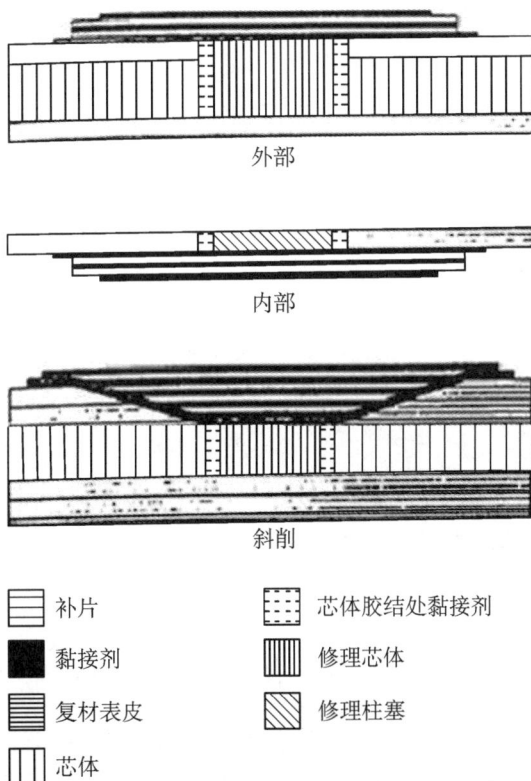

图 7.3.4.2　基本胶接修理

斜削形的连接(嵌接)从载荷传递的观点是较为有效的,因为它使母体和补片的
中性轴紧紧对齐而减小了载荷的偏心。然而,这种布局有几个缺点:为了维持小的
斜削角度必须除去大量的实心材料;置换铺层必须准确地放置在修理连接处;置换
层的固化如果不是热压罐固化的话会造成大的强度减小;胶黏剂会跑到连接处的底
部产生不均匀的胶接层。如果做得合适,这种修理方式会使该部分的强度与原始部
分一样强。

补片可以是预固化的,然后二次胶接到母体材料上,它由预浸料制成然后与胶

黏剂同时共固化,或者补片可以用干纤维布和糊状树脂制成然后共固化(所谓"湿"铺层修理)。

修理材料——胶接修理需要选择修理材料和胶黏剂,对胶接修理,在 Air Force TO 1-1-690[见参考文献 7.3.4.2(a)]和 NAVAIR 01-1A-21[见参考文献 7.3.4.2(b)]提供了关于材料的详细描述,材料供应商已开发了独特的材料,它们是对修理过程进行过优化的。修理材料通常在强度和刚度方面低于原始的零件材料。

共固化胶接修理采用母体材料预浸料、修理材料预浸料或是带有层合树脂的干织物,对于湿铺层修理的树脂通常为双组分材料,它不需要冷藏库,然而,把两部分混合起来且把混合树脂展开到织物上需要严格按规定并由有经验的人员来实施协调一致的修理。

胶黏剂有膜状和糊状两种,膜状胶黏剂采用有网格和无网格的携带布,其厚度通常在 0.0025~0.01 英寸(in)(0.064~0.25 mm)之间,携带布提供了改进的处理使之具有较为均匀的胶接面并有助于减少电化腐蚀。虽然膜状胶黏剂比糊状胶黏剂具有较为均匀的胶接面厚度,但是缺少冷藏设备时候常常需要使用糊状胶黏剂。湿铺层修理可以用双组分材料组成的糊状胶黏剂来完成,它在混合前具有长的保存期限。

7.3.4.3 修理分析

从结构的观点来看,胶接修理是胶接连接件,修理的几何外形通常是二维的,如果修理一个夹层结构,芯材承受面外的载荷,这就是为什么胶接修理对夹层结构来说是非常有效的原因,夹层结构修理分析在第 3 卷 14.6 节中解决。

在某些情况下,其几何外形可以近似为搭接或对接的连接模型,能使用二维有限元模型来计算面板、补片以及黏接层的载荷分布,通常用非线性解来说明胶黏剂的非线性应力应变性能(见第 3 卷第 10.4.5 章)。

有几种特别开发的计算机程序可以用来分析胶接修理,在参考文献 7.3.4.3(a)中讨论了 PGLUE[见参考文献 7.3.4.3(b)]、A4EI[见参考文献 7.3.4.3(c)]和 ESDU8039[见参考文献 7.3.4.3(d)]这 3 种计算程序,PGLUE 程序包含有网格自动生成,它建立三维有限元模型,其中包括 3 个组件,分别是带有切口的板、补片及连接补片和板的胶黏剂,分析中考虑了胶黏剂的塑性。然而,经空军宇航结构信息与分析中心(ASIAC)对该版本程序的一般应用意见,它不考虑有致命性影响的剥离应力。传统的胶接连接件的程序,诸如 A4EI 和 ESDU8039,只是把通过修理的那一片模型化而不考虑修理区域周边变硬的二维效应,这两个计算胶接连接件的程序允许补片是阶梯状的。A4EI 考虑了胶黏剂剪切应力方面的塑性,但是并不预测剥离应力;而 ESDU8039 预测了连接件中的剥离应力,但是不考虑塑性。

失效分析考虑:

(1) 连接件应该按这样的方式设计,即胶层不是关键的连接元件。

(2) 剥离和横向剪切应力应该通过设计达到最小程度(斜削或阶梯式的黏合物,充填等)。

（3）要结合胶黏剂的非线性应力应变性能（通常由弹塑性应力应变曲线近似描述）。

（4）在厚度方向上依赖于胶黏剂的弹性性质。

（5）胶黏剂性能是环境和长期退化的函数。

7.3.4.4　修理步骤

修理步骤一般由原始设备制造商（OEM）规定并在控制文档中写成文件，如《商用飞机的结构修理手册》《海军 01-1A-21》[见参考文献 7.3.4.2(b)]和《空军 TO 1-1-690》[见参考文献 7.3.4.2(a)]。胶接修理需要紧密控制修理过程和修理环境，胶接连接件的结构完整性极大地依赖于工作区域的干净和它周围环境的温度和湿度。

（1）胶接修理步骤：由于夹层结构是一种胶接构造，面板薄，夹层结构的损伤通常通过胶接进行修理，下面的段落描述不同的经典夹层结构修理场景，它们应用于某些普通飞机的部件。

（2）芯材修复：对于全高度的芯材更换有 3 种常用的方法，即芯材充填法、糊状胶接剂法和薄膜/泡沫法，图 7.3.4.4(a)展示了这 3 种方法。芯材充填法用玻璃纤维加强膏状胶黏剂更换受损的蜂窝体，它仅限于小的损伤尺寸。必须计算修理重量并与《结构修理手册》制订的飞行控制重量和平衡极限相比较。另外两种方法可以互用，取决于可用的胶黏剂，然而，糊状胶黏剂法与薄膜/泡沫方法相比要重得多，特别是当损伤直径＞4 英寸 in(100 mm)时。需用薄膜/泡沫方法的泡沫胶黏剂是一种

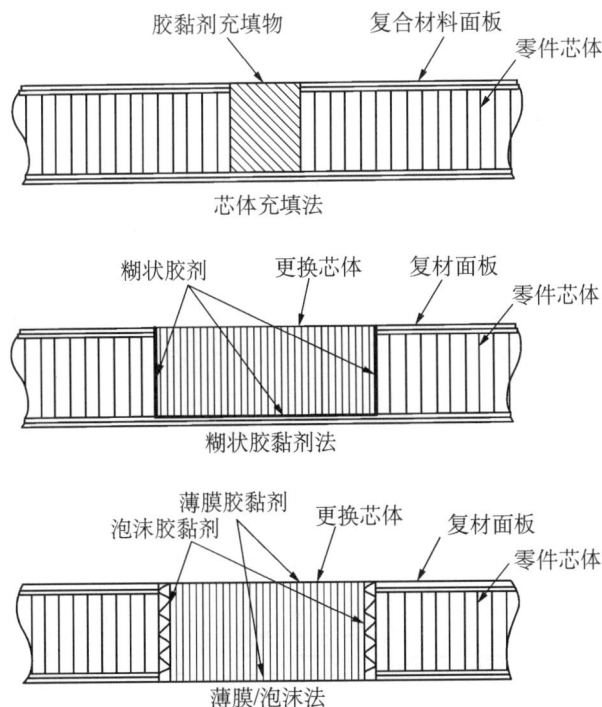

图 7.3.4.4(a)　芯材更换方法——全高度

稀的无支持的环氧树脂薄膜,含有一种发泡剂,在固化期间被释放造成了发泡动作,膨胀过程需要在正压下完成,以成为强的、高度构造化的泡沫。与薄膜胶黏剂一样,泡沫胶黏剂需要高温固化和冷藏。芯材更换通常是用独立的固化周期来完成的,而不是与补片共固化。

对于部分深度损伤,可以用不同的方法把更换的蜂窝贴到母体蜂窝内,如图7.3.4.4(b)所示。两种方法分别是预浸料/薄膜胶黏剂胶接和湿铺层胶接。在《SAE ARP 4991-芯材修复》(见参考文献7.3.4.4)中,含有对简单构型如何完成芯材修复的描述。

随着芯材的更换,夹层结构修理进入如前描述的面板胶接修理。当修理夹层结构一侧面板的时候,被修理的面板其刚度不应与基础面板有很大的不同。在胶接面板之前的一个附加步骤是把一个预浸的玻璃纤维栓塞胶接到暴露芯材的顶部以保持芯材和面板之间的连续性。对夹层结构的胶接修理,其蜂窝必须彻底干燥以防止在固化期间面板脱胶[见图7.3.4.4(c)]。固化压力必须较低以避免压坏蜂窝。如果使蜂窝干燥难以实施的话,可以用较低的温度[200℉(93℃)]固化。

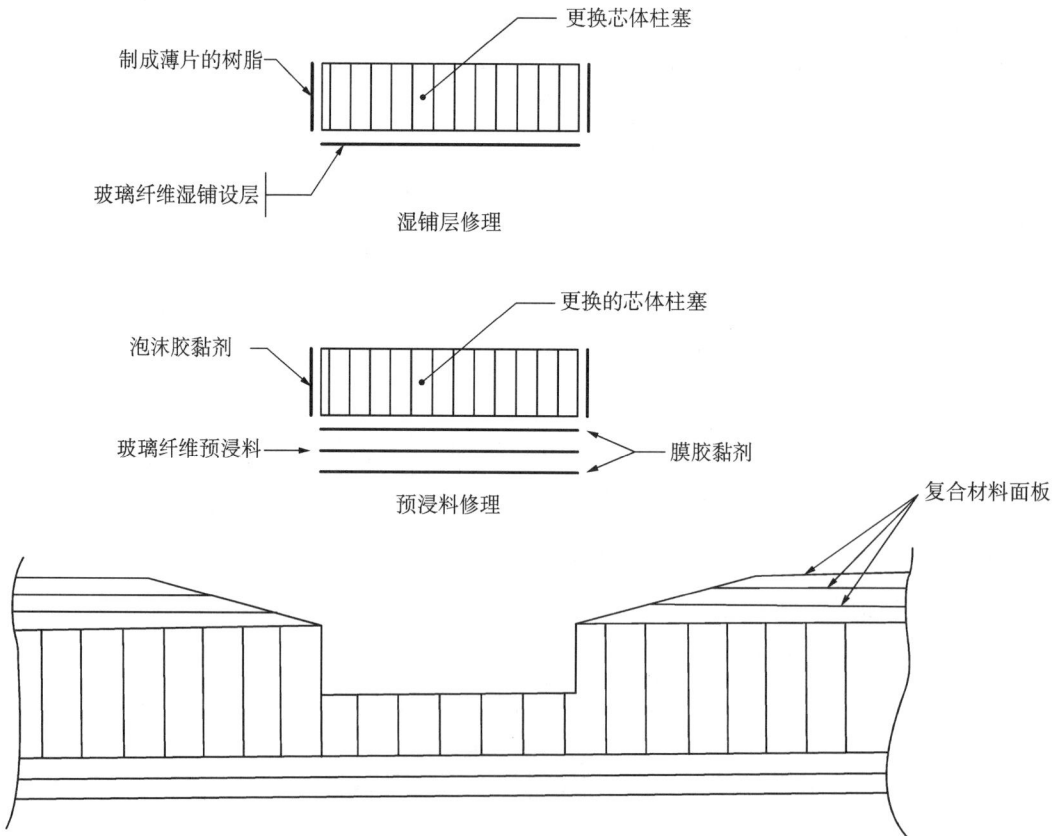

图 7.3.4.4(b)　芯材更换——部分深度

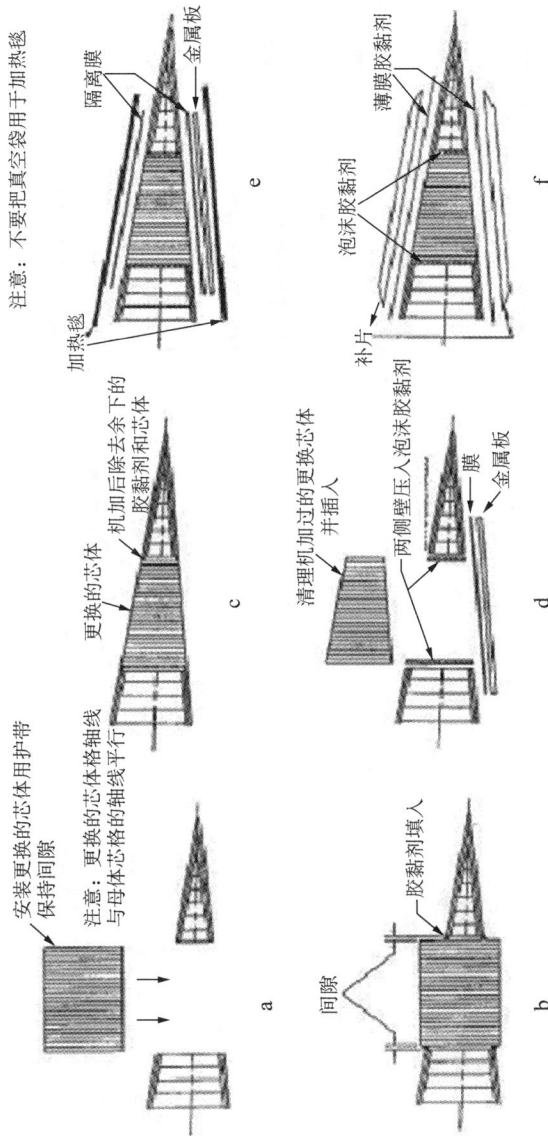

图 7.3.4.4(c) 夹层操纵面的胶接修理

a-去除另一侧的表皮,其大小和形状与受损表皮一样 b-把更换芯体填入 c-机械加工芯体与原表面持平 d-铺设更换芯体和泡沫胶黏剂 e-用加热毯和正压使泡沫胶黏剂膨胀 f-用加热毯和真空袋把补片用膜胶黏剂胶接埋入

偶尔,夹层结构用螺栓连接外补片来修理,在这种情况下,在通过螺栓的蜂窝处,必须充填与更换芯材相同的充填物,以强化蜂窝。该区域的直径应至少是螺栓直径的3倍,带限制夹紧力的特种螺栓用在这类修理中。

夹层结构修理实例——夹层修理实例取自《NAVAIR 01 - 1A - 21》[见参考文献7.3.4.2(b)]。修理的步骤[见图7.3.4.2(b)]有:去除受损材料,干燥修理区域,安置更换的芯材,使用含玻璃增强的糊状胶黏剂粘住更换芯材,机械加工芯材使之与零件的外形相匹配,用加热毯安装带泡沫胶黏剂的芯材以及用附加的固化周期安装面板补片。

7.3.4.5 修理检查

复合材料和胶黏剂需要保证在它们在寿命期内,如冷藏室储存的时间、预热时间和在车间中放置时间等有广泛的记录档案;铺层操作应检查其正确的纤维方向;固化周期必须被监控以确保遵守规定。对于大的修理,要有一小块壁板与修理一起固化,该壁板作为试验的样品进行测试以提供对修理质量的信赖度,已完成的修理应该用无损检测的方法进行检查,以确定结构的完整性。

7.3.4.6 修理确认

修理检查不足以保证修理是按设计要求完成的,修理设计应得到试验验证数据库和分析的支持,许用值可以基于反映较低的固化温度和压力而降低的母体材料性能确定,或可根据在修理分析中使用的材料来建立许用值和材料性能。除了样品试验,还有各种不同的元件试验来验证修理设计,通常要做这些试验来支持《结构修理手册》中所包括的修理设计,其范围从简单连接件样品到全尺寸修理的试验。简单二维连接试件用于修理设计的发展,如搭接胶接试件样品用于获得连接的剪切强度,更为复杂的元件用于验证修理设计和修理过程。

7.4 保障要求

完成彻底的复合材料结构修理需要特殊的知识和技巧,在飞机应用中,必须让修理技术员经过正规程序的培训得到证书,因为他们将被期望完成各种各样不同类型材料的结构胶接修理。

材料——修理材料提出了另一个后勤支持的问题,大多数飞机上的结构组件是由预浸料复合材料制造的,出于支持性的考虑,希望能使用不同的修理材料。修理材料可以是预浸料或带有层压树脂的干布,能提供极好结构性能的薄膜和泡沫胶黏剂需要冷藏,层压树脂和糊状胶黏剂提供了一种在室温下可储存的选择,但是降低了性能。如果受损结构含有防雷击的计划,那么该结构必须复原。

设施——外场或站内的复合材料修理设施有:铺设区、零件准备区、零件固化区和材料存储区,需要有一个环境控制的铺设区以防止修理表面和材料的污染。对直接在飞机上修理或被安排在外场环境下修理,相对湿度和温度的控制就不太可能,这时要求在修理区周围有某些形式的遮蔽。在车间里,修理材料应该被准备和密封在袋中,只有在立即安装前才能打开袋子。由于站内修理设施必须完成的修理范围可大到整个部件的再制造,因此这些设施应与原来设备制造商的设施一样。站内房屋面积紧缺、小于外场的环境,这时可采用独立的铺设、胶接、工具制造、零件机加工及零件和工具的存储区域。在再制造期间,部件与飞机分离,处于移动状态。因此,大的工业性冷藏、固化、机加和检查设备会用来在站里完成修理操作。

技术资料——需要不同形式的技术资料来支持对飞机结构的复合材料修理,技术资料从《结构修理手册/军用技术手册》,到零件图和模型,到载荷书籍和有限元模型。

设备——加热毯、热黏合器、加热灯、加热枪和热传送炉是轻便的加热和固化设备,通常可以在站内和外场找到,这些设备通常与真空袋一起使用,在修理前加快去除湿气,并给修理提供固化时的压力,它们能用于制造预固化的复合材料修理补片到部件的胶接修理。不管什么样的可携带加热源,都必须广泛使用热电偶来密切监视固化温度。加热毯由夹在耐温的柔性材料之间的加热元件组成。热黏合器是可编程的热和真空控制元件,该元件给加热毯自动地提供能量直至达到操作员规定的固化循环,热黏合器常常包括有一个真空泵。红外线加热灯和加热枪也可用于复合材料修理的高温固化。工业炉在站内作为一种干燥和固化复合材料零件的方法及进行修理是必需的。热压罐是加压的炉子,通常在站内设施中有,用于零件的修理和制造,要求它的经典压强为 $85\,lbf/in^2$($586\,kPa$)以获得最大的复合材料预浸料层压件的坚固性,使得大的结构修理成为可能。

能维持材料在 $0℉$($-18℃$)或更低温度的冷藏设备是需要的,以保持大多数预浸材料和胶黏剂的保存期。对于除漆和固化复合材料的机械加工,需要有与胶接区和固化区分离的通风(下方或侧方气体流动)设施,以除去机加操作期间产生的灰尘。外场和站内的设施都需要有复合材料部件无损检测的设备,可能需要 X 线摄影仪、温度记录仪(远红外)、超声波和激光剪切成像检查设备,用于修理前的损伤测绘、修理进行中的检查以及修理后的检测。

参 考 文 献

7.2.7   Flynn B, et. al. Advanced Technology Composite Fuselage—Repair and Damage Assessment Supporting Maintenance [R]. NASA CR-4733, 1997.

7.3.1   Composite Repair NDI and NDT Handbook [S]. ARP 5089, SAE, 1996.

7.3.4.2(a)   General Advanced Composite Repair Manual [S]. Technical Manual, TO 1-1-690, U.S. Air Force, July 1984.

7.3.4.2(b)   General Composite Repair [S]. Organizational and Intermediate Maintenance, Technical Manual, NAVAIR 01-1A-21, January 1994.

7.3.4.3(a)   Francis CF, Rosenzweig E, Dobyns A, et al. Development of Repair Methodology for the MH-53E Composite Sponson [C]. in 1997 USAF Aircraft Structural Integrity Program Conference, Sam Antonio, TX, 2-4 December 1997.

7.3.4.3(b)   Dodd S, Petter H, Smith H. Optimum Repair Design for Battle Damage Repair, Volume II: Software User's Manual [S]. WL‑TR‑91‑3100, McDonnell Douglas Corp., February, 1992.

7.3.4.3(c)   Hart Smith J. Adhesive-Bonded Scarf and Stepped-Lap Joints [S]. NASA CR 112237, Douglas Aircraft Co., January, 1973.

7.3.4.3(d)   Elastic Adhesive Stresses in Multistep Lap Joints loaded in Tension [S]. ESDU 80039, Amendment B, Engineering Sciences Data Unit International plc, London, November 1995.

7.3.4.4   Core Restoration of Thermosetting Composite Materials [S]. ARP 4991, SAE, 2007.